新能源发电变流技术

主编 张 兴

参编 杨淑英 刘 芳 李 飞

刘胜永 王付胜 刘 淳

机 械 工 业 出 版 社

由于当今经济社会可持续发展的需要，人们迫切呼吁建立以清洁、可再生能源为主的新能源结构逐渐取代以污染严重、资源有限的化石能源为主的传统能源结构。大规模开发和利用以太阳能、风能为代表的新能源对于我国能源结构调整和绿色可持续发展具有重要意义，而新能源发电变流技术则是新能源发电系统不可或缺的核心关键技术。本书面向具有一定电力电子技术基础的高年级本科生或研究生，以典型新能源发电技术为切入点，深入浅出地阐述和讨论新能源发电概述、并网逆变器及其控制、并网光伏发电及逆变器技术、风电变流器及其控制、微网逆变器及其控制、储能功率变换系统及其控制、新能源发电中的孤岛效应、新能源发电并网导则及故障穿越等内容。

本书旨在培养电气工程或自动化等专业本科生、研究生了解和掌握新能源发电系统中的电力电子技术理论，并提高学生针对新能源发电中相关变流技术的研究及应用能力。另外，本教材也可作为新能源发电变流技术开发和应用工程技术人员的参考用书。

图书在版编目（CIP）数据

新能源发电变流技术/张兴主编.—北京：机械工业出版社，2018.8（2025.1重印）

ISBN 978-7-111-60026-8

Ⅰ.①新…　Ⅱ.①张…　Ⅲ.①新能源-发电-变流技术-研究
Ⅳ.①TM61

中国版本图书馆CIP数据核字（2018）第109287号

机械工业出版社（北京市百万庄大街22号　邮政编码100037）
策划编辑：江婧婧　责任编辑：翟天睿
责任校对：肖　琳　封面设计：鞠　杨
责任印制：郜　敏
北京富资园科技发展有限公司印刷
2025年1月第1版第5次印刷
169mm×239mm · 21.5印张 · 468千字
标准书号：ISBN 978-7-111-60026-8
定价：69.90元

电话服务　　　　　　　　　网络服务
客服电话：010-88361066　　机　工　官　网：www.cmpbook.com
　　　　　010-88379833　　机　工　官　博：weibo.com/cmp1952
　　　　　010-68326294　　金　　书　　网：www.golden-book.com
封底无防伪标均为盗版　　机工教育服务网：www.cmpedu.com

前言

随着现代社会经济的快速发展，气候变化问题已经成为当今国际政治经济和环境领域的热点问题之一，化石能源造成的环境和气候变化问题也越来越受到广泛的关注。2015 年 12 月巴黎气候变化大会所达成的《巴黎协定》主要目标是将本世纪全球平均气温上升幅度控制在 2℃以内，并将全球气温上升控制在前工业化时期水平之上 1.5℃以内。为实现《巴黎协定》所提出的目标，开发和利用可再生能源是全球能源应用的大势所趋。

可再生能源作为一种更加清洁的能源，在能源供应多元化发展中扮演着越来越重要的角色，根据国际能源署（International Energy Agency，IEA）预测到 2021 年，可再生能源在全球能源消费结构中的占比将增至 42%，可再生能源发电在电力能源中的占比将达到 28%，到 2035 年可再生能源发电（包括水电）占全球发电量增长的 50%，并且在全球发电总量中的占比将增加至 31%，从而成为电力行业最主要的燃料。按照 IEA 的推荐，将可再生能源分为三类，第一类为大型水电站，第二类为生物质能，第三类为新的可再生能源，即新能源，包括太阳能、风能、小水电、海洋能等。此外，新能源除了包含太阳能、风能、小水电、海洋能等一次能源外，通常还包含燃料电池等二次能源。

新能源发电及其产业的快速崛起，与世界各国日益重视环境保护，倡导节能减排密切相关。风电、光伏作为清洁能源，受到全球各国的普遍重视，各国纷纷出台了鼓励新能源发展的措施，促进了风电、光伏等新能源的发展。同时，由于技术的进步，新能源发电的成本也快速下降，这是其崛起的另一重要推动力。在 1997 ~ 2016 年这二十年间，全球新能源发展迅猛。风电装机容量从 7.64GW 增长到 468.99GW，光伏装机容量从 0.23GW 增长到 301.47GW，分别增长了 60 倍和 1310 倍。与此同时，风电和光伏发电量也快速增长，分别从 1997 年的 12TWh 和 0.8TWh 增长到 2016 年的 959.5TWh 和 331.1TWh，风电发电量增长了 79 倍，光伏发电量增长了 413 倍。显然，以风电、光伏为代表的新能源发电已经成为电力供应中不可忽视的成分。另外，据彭博新能源财经发布的预测报告《2016 年新能源展望》指出，到 2040 年，欧洲 70% 的电力将来自风能、太阳能、水力发电和其他可再生能源，而 2015 年这一占比仅为 32%。美国可再生能源发电的份额将从 2015 年的 14% 跃升至 2040 年的 44%。

随着我国现代化进程的加速和国力的增强，近 20 年来新能源发电在我国得以快速发展，但无论是从装机容量还是从发电量来看，新能源占比仍然有较大的提升空间。从装机容量来看，截止到 2017 年三季度末，我国煤电装机 10.81 亿 kW，水电 3.39 亿 kW，核电3582万kW，风电1.57亿kW，光伏1.2亿kW，生物质1423万kW；煤电装机占全部装机容量的61.87%，水电装机占19.4%，核电占2.05%，风电占9.0%，光伏占6.87%，生物质占0.81%。从发电量来看，2017年前三季度，我国煤电发电3.45万亿kWh，水电8147亿kWh，核电1834亿kWh，风电2128亿kWh，光伏857亿kWh，生物质568亿kWh。煤电发电量占比高达71.84%，水电占16.95%，核电占3.82%，风电占4.43%，光伏占1.78%，生物质占1.18%。

可见，在我国，煤电无论是装机容量还是发电量均占绝对优势，风电、光伏的发电量合计仅占全部发电量的5.21%，而煤电发电量则占全部发电量的71.84%，风电、光伏等新能源替代煤电的空间巨大，同时也迫切需要加强政策和技术创新，在提升新能源发电综合效率的同时进一步降低新能源发电成本。

由于当今经济社会可持续发展的需要，人们迫切呼吁建立以清洁、可再生能源为主的新能源结构来逐渐取代以污染严重、资源有限的化石能源为主的传统能源结构。大规模开发和利用以太阳能、风能为代表的新能源对于我国能源结构调整具有重要意义。随着我国社会经济与科技创新能力的快速进步与发展，我国新能源开发和利用成果显著，技术创新水平不断提高，涌现出多个世界一流的新能源发电企业，新能源产业发展势头良好，因此对新能源发电相关专业技术人才的需求量也随之大增。

面对如此巨大的国内外需求，国内诸多高等院校、研究院所以及相关企业都已投入了大量的资金和人员积极开展新能源发电相关研究和产业化工作，在大力发展新能源发电技术的形势下，国内一些学者、专家及时编写了多部有关新能源发电技术的论著和教材，这些论著和教材在推动新能源发电技术的研究和产业技术进步方面起到了积极的作用。然而，这些论著和教材大都是从系统层面或从单一新能源发电技术层面论述新能源发电技术的相关理论基础和系统应用技术，更是鲜有系统介绍新能源发电系统中电力电子变流技术且适用于电气和自动化等相关专业本科生及研究生的教材问世。编者长期从事电力电子技术课程的本科和研究生教学工作，并依托合肥工业大学电力电子与电气传动国家重点学科以及教育部光伏系统工程研究中心，与阳光电源股份有限公司开展了长期的产学研合作，在光伏、风电、微电网以及储能等新能源发电中的电力电子变流技术研究方面有了一定的理论与应用技术积累，也相继出版了有关光伏并网和风电变流器技术的相关学术专著。在此基础上，总结和编写一本系统论述新能源发电变流技术的本科教材已显得十分必要和迫切。然而，如何能编写好一本介绍新能源发电中的电力电子变流技术，且适用于具有一定电力电子技术基础的高年级本科生或研究生的电力电子后续课程教材，对编者而言一直是一件非常困难的事。首先，新能源发电及其变流技术的发展日新月异，新思想、新概念、新内容等层出不穷，要系统论述则编者水平远不能及；其次，教材的主要内容应能体现新能源发电变流技术的应用特点和理论体系，并且要与已有电力电子技术课程相衔接，既要有一定的深度又要有一定的广度，这对于需要兼顾教和学两方面的教材编撰而言无疑具有相当的挑战。好在已有多部介绍新能源发电的论著和教材相继出版，可以提供较为丰富的教学参考资料和文献。本教材的编撰也只是想探索热点领域电力电子应用技术的教学，拓展和延伸现有电力电子技术课程体系，并在电力电子技术后续系列课程的建设上做初步的尝试，希望能在得到各位专家和同行批评指正的同时，共同推进新能源发电变流技术的教学，不断完善电力电子技术教学的课程体系。

本书以“电力电子技术”课程内容为基础，从新能源发电中的电力电子变流器及其控制角度出发，深入浅出地讨论新能源发电概述、并网逆变器及其控制、并网光伏发电及逆变器技术、风电变流器及其控制、微网逆变器及其控制、储能功率变换系统及其控制、新能源发电中的孤岛效应、新能源发电并网导则及故障穿越等内容，为新能源发电系统中电力电子变流技术的应用与研究提供了一定的理论基础。

本书由合肥工业大学张兴教授主编，合肥工业大学杨淑英教授、刘芳博士、李飞博士以及广西科技大学刘胜永教授等参编，具体编写分工如下：其中张兴教授编写了全书大纲、前言以及第2章、第3章（除3.2.1.2节外）、第7章，合肥工业大学杨淑英教授编写了第4章、第8章的8.1~8.3节，合肥工业大学刘芳博士编写了第5章，合肥工业大学李飞博士编写了第1章，广西科技大学刘胜永教授编写了第6章，另外，合肥工业大学王付胜副教授和合肥学院刘淳博士分别编写了第3章的3.2.1.2节和第8章的8.4、8.5节，全书由合肥工业大学张兴教授统稿。

在本书的编写过程中，得到了合肥工业大学丁明教授、苏建徽教授、茆美琴教授和黄海宏教授的关心与支持，同时也得到了台湾联合大学江炫璋教授，合肥工业大学谢震教授、马铭遥教授、张国荣教授、杜燕副教授、王佳宁副教授、杨向真副教授、赖继东副教授，安徽大学郑常宝教授、胡存刚教授，安徽理工大学祝龙记教授，合肥学院王庆龙教授、余畅舟博士、徐海珍博士，安徽工业大学刘晓东教授、郑诗诚教授，广西科技大学罗广文教授，安徽建筑大学李善寿副教授，铜陵学院谢东副教授以及固纬电子（苏州）有限公司郭国栋经理、庄曜全博士，合肥汇联电子有限公司蔡先保经理等人的大力协助，他们以读者的视角，从教与学以及实验等方面提出了很多宝贵的意见和建议。另外，研究生李明、王宝基、宋超、陈巧地、高帅、王明达、胡玉华、江文超、刘晓玺、高泽宇、张杰、王梦、张喆、邓金鑫、吴凡、王艺潮、黄耀等参与了相关章节的文献整理、文档修订与绘图等工作，在此一并向他们表示衷心的感谢。另外，在本书的编写过程中，编者参阅了大量的论著与文献，主要部分已列入了参考文献中，在此也对参考文献的作者表示衷心的感谢。

本书的出版是机械工业出版社多方联系与努力的结果，也得到了阳光电源股份有限公司董事长曹仁贤教授以及赵为博士、屠运武博士、顾亦磊博士等人的大力支持，在此一并表示诚挚的感谢。

由于编者水平有限，故疏漏甚至谬误在所难免，敬请广大读者批评指正。

编者

目　录

前言

第1章

新能源发电概述

在全球经济高速发展的今天，能源安全关乎国家安危，作为经济发展的原动力，能源不仅影响着当今的世界格局，还关系到世界的安宁。能源是国民经济发展不可或缺的重要基础，是现代化生产的主要动力来源，现代工业与农业都离不开能源动力。但随着化石能源的快速消耗，能源短缺的问题日益突出，如果能源的供应出现严重短缺或中断，那么与能源息息相关的社会经济民生将受到剧烈的冲击并造成巨大的混乱。

气候变化问题已经成为当今国际政治经济和环境领域的热点问题之一，化石能源造成的环境问题也越来越受到广泛的关注。化石燃料燃烧产生的大量以二氧化碳为代表的温室气体引发了全球天气异常，随之而来的粮食减产和沙漠化等问题对人类的生存和发展造成了极大的威胁；机动车燃烧化石燃料与煤炭燃烧所产生的颗粒性污染物造成大面积雾霾，危害人们的身体健康。这些污染与危害已经远远超出一个国家和地域的范畴，成为世界范围的公害，研发和应用新能源技术、建立高效能源利用体系已刻不容缓。

“新能源”是1978年12月20日第三十三届联合国大会第148号决议首次使用的一个专业化名称。1981年8月联合国召开的新能源和可再生能源会议上正式界定了其基本含义，即新能源以新技术和新材料为基础，使传统的可再生能源得到现代化的开发利用，用取之不尽、用之不竭的可再生能源来不断取代资源有限、对环境有污染的化石能源。新能源的“新”不仅有别于传统化石能源为主的“旧”能源的能源利用形式，而且有别于旧式的只强调转换效率，不注重能源需求侧的综合利用效率，只强调经济，不注重资源、环境代价的传统能源利用理念。新能源的“新”不仅在于它的形式，更在于它在如今对于环境和资源利用的新意义。

按照国际能源署（International Energy Agency，IEA）的推荐，可再生能源分为三类，第一类为大型水电站，第二类为生物质能，第三类为新的可再生能源，即新能源，包括太阳能、风能、小水电、海洋能等。此外，按目前国际惯例，新能源除了包含太阳能、风能、小水电、海洋能等一次能源外，还包含燃料电池等二次能源。

太阳能是指太阳所发出的能量，一般以阳光照射到地面的辐射总量来计算，太阳能的转换和利用有光-热转换、光-电转换和光化学转换，并以光-电转换为主要利用形式。太阳能能量巨大，具有典型的可再生性，并决定了几乎所有可再生能源的可再生性。虽然太阳辐射能巨大，但其能量密度较低，分布不均匀，并具有典型的间隙性和随机性。

风能是由于太阳辐射造成地球表面温度不均匀引起各地温度和气压的不同，导致空气运动而产生的能量，具有总量大、分布广、无污染等诸多特点，但在利用上也存在能量密度低、随机性大、难以存储等诸多问题。

小水电是指装置容量较小的水力发电系统，与大水电相比具有淹没土地少、对生态环境影响小、造价低、工期短等优点，但其发电季节波动性强、负载适应性差。

海洋能是指蕴藏在大海中的能源，主要产生于太阳的辐射以及其他星球的引力。海洋能包括潮汐能、波浪能、海流能、海水温差能和海水盐差能等不同的能源形态。海洋能在海洋总体水体中蕴藏量巨大，但单体能量较小，有稳定海洋能和不稳定海洋能之分。

燃料电池是一种主要使用氢气为燃料进行化学反应产生电力的装置，是继水力、火力、原子能发电方式之后的“第四种发电方式”，燃料电池发电属于二次能源。燃料电池具有节能、转换效率高、对人体无化学危害、对环境无污染、几乎零排放等优点。燃料电池发电的主要不足在于燃料种类单一、密封要求高、比功率低、造价高等。

发展新能源是当今世界能源应用的大势所趋。首先，发展新能源是必要的，是经济、社会和环境的协调发展所要求的。就我国国情来讲，虽然能源总量丰富但人均不足，当前正处在经济飞速发展的阶段，对能源需求量不断增大，发展新能源具有强烈的紧迫性。其次，发展新能源有利于社会经济环境相协调，有利于促进国内能源结构调整，有利于促进环境保护与自然恢复，有利于经济转型升级并扩大就业，实现可持续发展。

在国际上早已将新能源认作可以替代化石燃料的常规能源。2015 年初，就已有至少 164 个国家拥有可再生能源发展目标，约 145 个国家颁布了可再生能源支持政策。从目前世界各国的既定战略和发展规划上来看，大规模开发利用新能源已经成为世界各国能源发展战略的重要组成部分，世界新能源利用总量将会不断增加，在总体能源供应中也将占据越来越重要的地位。据预测，到 2070 年，世界上 80% 的能源将依靠新能源进行供给，前景广阔。

新能源资源丰富、分布广泛，可以就地开发就地消纳，有着化石能源不能比拟的安全性和灵活性；新能源是清洁能源，又能够循环利用；新能源应用技术不断成熟，成本不断降低，经济可行性不断改善。新能源在拥有环境友好、可持续利用与分布广泛等优点的同时，也有着能量密度低、随机性和间歇性等缺点，需要在应用中不断探索和研究，使新能源成为好用的绿色能源。

新能源发电离不开电力电子技术。无论是独立发电还是并网发电，无论是大规模发电还是分布式发电，都需要利用电力电子变换器进行电能变换和控制。电力电子技术是实现新能源安全、稳定、高效、灵活和经济的高性能发电的技术保障。

可以预见，新能源发电领域及市场投资将越来越大，并将创造巨大的社会价值、经济价值和就业机会。新能源是 21 世纪最具发展前景的能源，随着经济、技术的不断发展，新能源必将成为人类的主流能源。以下简要介绍几种典型的新能源及其应用。

1.1 光伏发电

1.1.1 光伏发电概述

光伏发电是利用太阳电池将光能直接转变为电能的发电方式。光伏发电是大规模利用太阳能的主要形式和发展方向，是未来世界上发展最快、最有前途的新能源技术之一。

根据德国太阳能协会的统计数据，截至2016年底，全球太阳能光伏装机容量累计超过300GW，如图1-1所示。2016年全球光伏新增装机容量76.6GW，比2015年增长大约52.9%。2016年我国光伏新增装机容量为34.54GW，超过了分列2~5位的美国(14.7GW)、日本(8.6GW)、印度(4GW)、英国(2GW)新增装机容量的总和，显示出全球特别是我国太阳能光伏强劲的发展势头，预计2018年全球光伏装机总量将达到522GW。

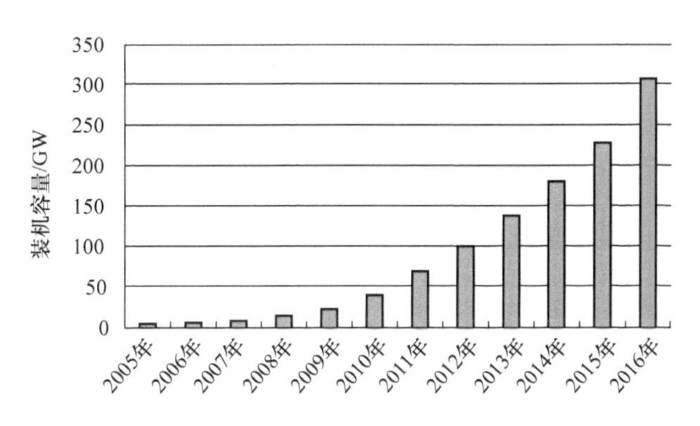

图1-1 全球光伏年度累计装机容量

我国的光伏发电产业呈现快速发展态势，已逐步形成产业化、规模化、竞争化的局面，对于我国能源结构的改善以及清洁能源体系的建设发挥了一定的积极作用。光伏产业发展初期，我国的光伏市场发展缓慢；2002年“送电到乡”工程的启动推动了我国光伏市场的起步发展，光伏装机容量从每年几十千瓦，逐步进入到兆瓦级别；2009年我国开始实施“金太阳示范工程”，国家能源局开始实行特许权招标制度，自此我国的光伏发电市场进入快速发展通道，规模化发展开始起步；2011年国家上网电价政策出台，进一步推动了我国光伏市场的发展，当年新增并网装机容量达到2.07GW，跻身全球光伏新增装机容量第三位；2017年，我国光伏发电新增装机再度刷新历史，达到53.06GW，同比增长53.62%，累计装机容量已达到130.25GW，如图1-2所示。自2012年以来，我国光伏发展迅猛，其中光伏新增装机容量已连续5年位居全球首位，累计装机容量也连续3年位居全球第一。

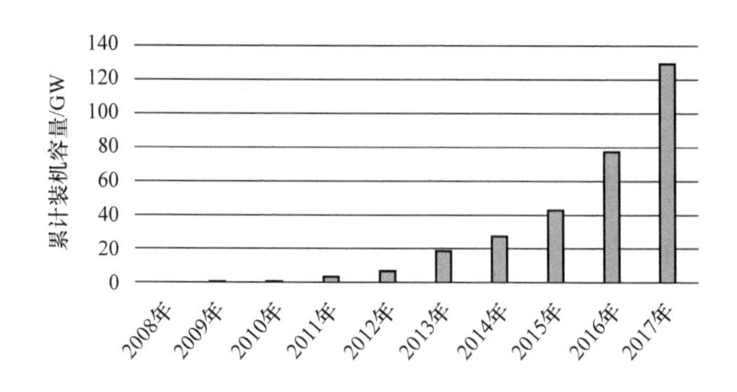

图 1-2 我国光伏年度累计装机容量

随着《巴黎协定》的生效，将会进一步推动我国光伏行业的发展，同时光伏产业的研发力度不断加深、生产工艺不断进步，光伏产品的能耗将持续降低，效率逐渐提高，成本也将继续下降，国内光伏市场仍然会有较大的发展空间。目前，我国已经将新能源产业上升为国家战略产业，未来将会继续加大对新能源产业的投资。此外，我国光伏行业的市场将会产生一些新的变化，光伏市场将会从西部向中东部地区转移，光伏电站将会由大型地面电站转向分布式光伏电站，尤其是户用光伏、建筑光伏以及光伏综合应用等，将会成为新的关注点和成长点。

1.1.2 光伏发电的原理及分类

1.1.2.1 光伏发电基本原理

光伏发电凭借太阳电池将太阳的辐射能转换为电能，而太阳电池转换能量的能力是基于半导体的光伏效应。光伏效应也称为光生伏特效应，是指半导体在受到光照射时产生电动势的现象。

典型的晶体硅太阳电池结构如图 1-3 所示。在制备晶体硅太阳电池的过程中，先向晶体硅里掺入 3 价的硼原子，构成 P 型硅片，之后在其表面掺入 5 价的磷原子，得到一层比较薄的 N 型硅片。由于 P 型硅片空穴较多，N 型硅片内的电子较多，因此在 P 型硅片和 N 型硅片的交界面就会形成一个带有内电场的空间电荷区，即 PN 结。从电池上部引出的电极称为上电极，下部引出的电极称为下电极。两电极通过欧姆接触的方式分别与 N 型硅片（N 区）和 P 型硅片（P 区）相连。

当太阳光照射太阳电池表面时，一部分太阳光被太阳电池的上表面反射掉，另一部分则被太阳电池吸收，还有少量透过太阳电池。在被吸收的光子中，能量大于半导体禁带宽度的光子会激发半导体材料中原子的价电子，产生光生电子 - 空穴对，又称光生载流子。如果光生载流子产生于空间电荷区中，则会立即被内电场分离，电子进入 N 区，空穴进入 P 区。如果空穴产生于 N 区，那么空穴便开始向 PN 结边界扩散，一旦到达 PN 结边界，便立刻受到内电场的作用，越过空间电荷区进入 P 区。如果电子产生于 P

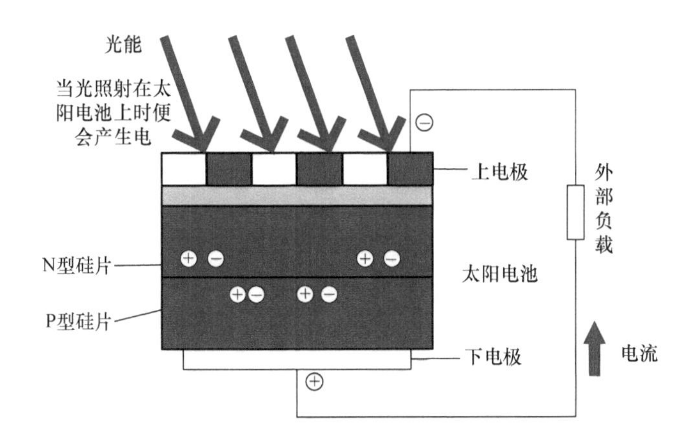

图1-3　典型的晶体硅太阳电池结构

区，则电子向PN结边界扩散，并在到达PN结边界后被内电场推入N区。因此，上述过程便会在PN结两侧产生正、负电荷的累积，从而形成与内电场方向相反的光生电场。光生电场不仅抵消了内电场的作用，还产生了光生电动势，这就是太阳电池光伏效应的基本过程。

太阳电池实际上就是一个大面积的平面二极管，其工作原理可进一步由图1-4所示的等效电路来描述。图1-4中R_L是太阳电池的外接负载，太阳电池的输出电压即负载电压为U_L，太阳电池的输出电流即负载电流为I_L。

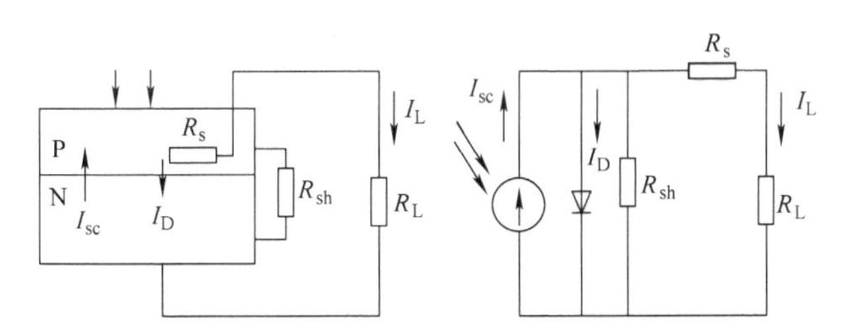

图1-4　太阳电池的等效电路

图1-4中，I_{sc}为光子在太阳电池中激发的电流，其大小取决于光照强度，即辐照度、电池面积和本体温度T；I_D为通过PN结的总扩散电流（即二极管电流），其方向与I_{sc}相反，I_D可定量描述为

$$I_D = I_{D0}(e^{\frac{qE}{AKT}} - 1) \tag{1-1}$$

式中　q——电子的电荷，且$q=1.6\times10^{-19}$C；

K——玻耳兹曼常数，且$K=1.38\times10^{-23}$J/K；

A——常数因子，且正偏电压大时$A=1$，正偏电压小时$A=2$；

I_{D0}——太阳电池在无光照时的饱和电流，且满足

$$I_{D0} = AqN_C N_V \left[\frac{1}{N_A} \left(\frac{D_n}{\tau_n} \right)^{1/2} + \frac{1}{N_D} \left(\frac{D_p}{\tau_p} \right)^{1/2} \right] e^{-\frac{E_g}{kT}} \tag{1-2}$$

式中　A——PN 结面积；

N_C，N_V——导带和价带的有效态密度；

N_A，N_D——受主杂质和施主杂质的浓度；

D_n，D_p——电子和空穴的扩散系数；

τ_n，τ_p——电子和空穴的少子寿命；

E_g——半导体材料的带隙。

由式（1-1）可知，I_D大小与太阳电池的电动势 E 和温度 T 等有关。

图 1-4 中，R_s为串联电阻，主要由电池的体电阻、表面电阻、电极导体电阻、电极与硅表面间接触电阻组成；R_{sh}为并联电阻，又称为旁漏电阻，主要是由硅片的边缘不清洁或体内的缺陷引起的。一般太阳电池的串联电阻R_s很小且并联电阻R_{sh}很大，因此，在进行等效电路计算时，通常可以忽略R_{sh}、R_s的影响，故可得到理想的太阳电池特性方程为

$$I_L = I_{sc} - I_{D0}\left(e^{\frac{qU_L}{AKT}} - 1\right) \tag{1-3}$$

求解式（1-3）可得

$$U_L = \frac{AKT}{q} \ln\left(\frac{I_{sc} - I_L}{I_{D0}} + 1\right) \tag{1-4}$$

上述基于$I_L - U_L$的定量关系描述了太阳电池的外特性，也称为输出特性，这是光伏发电系统设计的重要基础。辐照度和温度是确定太阳电池输出特性的两个重要参数，固定温度并改变辐照度，或者固定辐照度并改变温度，可得到太阳电池的输出随负载变化的两个重要的输出特性曲线簇，如图 1-5 所示。

从图 1-5 所示特性曲线可以看出太阳电池的输出随辐照度和温度的变化趋势，且可以看出太阳电池既非恒流源，也非恒压源，而是一个非线性直流电源。太阳电池提供的功率取决于阳光所提供的能量，因此无法为负载提供无限大的功率。在固定的温度和辐照度下，当太阳电池的电压随着负载电阻值的增加而从 0（短路条件下）开始增加时，电池的输出功率也从 0 开始增加；当电压达到一定值时，功率可达到最大，这时若负载电阻值继续增加，则功率将跃过最大点并逐渐减少至 0，即电压达到开路电压 U_{oc}。太阳电池输出功率达到最大的点称为最大功率点，如何能在不同的环境参数下使太阳电池始终工作在最大功率点，从而最大限度地提高太阳能光伏发电系统的输出功率，这就是在理论和实践中需要研究的太阳电池最大功率点跟踪（Maximum Power Point Tracking，MPPT）技术，通常太阳电池通过电力电子变换器实现 MPPT 控制。常见的太阳电池 MPPT 方法有功率匹配电路、扰动与观察法、滞环比较法、实际测量法和二次插值法等。

1.1.2.2　光伏发电系统的分类

将一系列单体太阳电池进行串联形成串联电池组可以获得较高的输出电压；将一系列单体太阳电池进行并联可以获得较大的输出电流；将多组串联电池组进行并联可以获

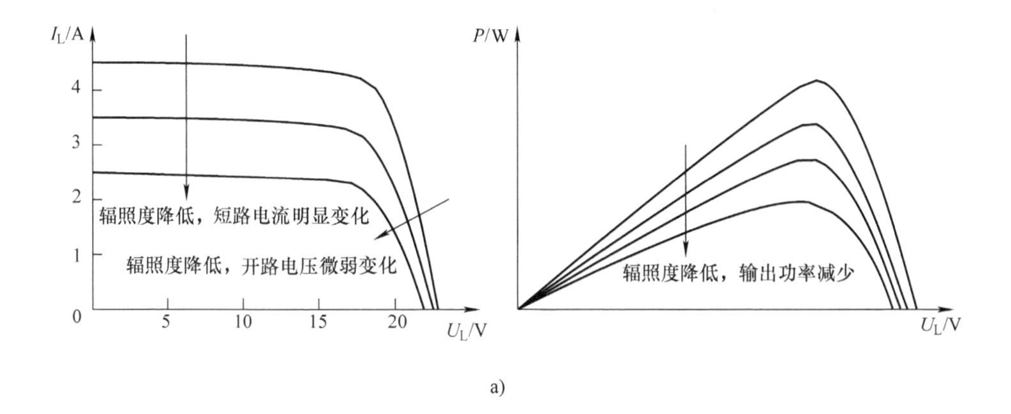

a)

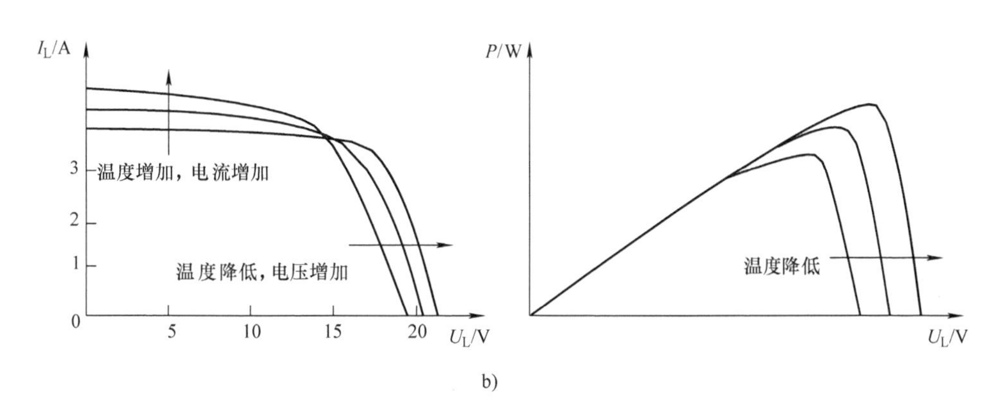

b)

图 1-5　辐照度、温度变化时的太阳电池输出特性曲线簇

a）同一温度不同辐照度下的太阳电池输出特性曲线簇

b）同一辐照度不同温度下的太阳电池输出特性曲线簇

得较高的输出电压与较高的输出电流。太阳电池经过串并联并且封装后，就可以组成大面积的光伏组件，多个光伏组件构成光伏阵列后，配合功率变换器、连接和汇流线缆、配电开关和保护装置等就形成了光伏发电系统。

光伏发电系统的分类如图 1-6 所示。

在图 1-6 中，按照是否与电网连接，可将光伏发电系统分成与电网相连的并网光伏系统和独立运行的离网光伏系统。其中，并网光伏系统按照其并网电压等级、规模和安装特征等，还可以分为集中式并网光伏系统和分布式并网光伏系统两类。目前，全球光伏发电系统的主流应用方式是并网光伏发电，即太阳电池通过并网逆变器与电网相连，并通过电网将光伏系统所发电能进行再分配。离网光伏系统不与电力系统相连，主要用于为边远无电地区供电，或作为备用电源使用。以下简要介绍几种典型的光伏发电系统。

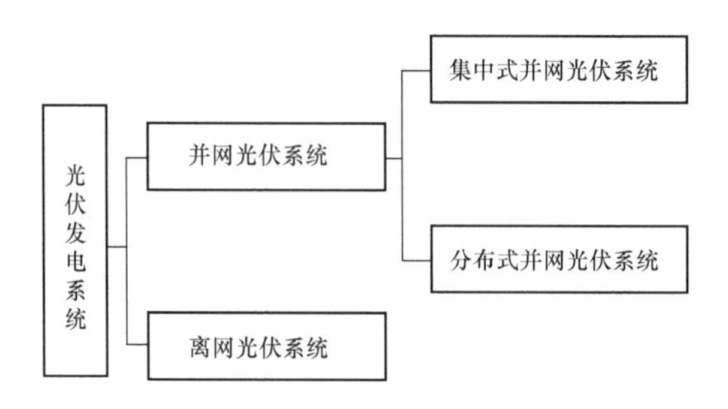

图 1-6　光伏发电系统的分类

1. 集中式并网光伏系统

集中式并网光伏系统通常都具有相当大的容量与规模，离负载点较远，所发电量全部输入电网，并由电网统一调配向用户供电，接入方式大多使用中压或高压接入。

集中式并网光伏系统其系统结构如图 1-7 所示。该系统中，由多组光伏组件串并联构成的光伏阵列通过汇流箱与大功率集中式光伏逆变器相连，光伏逆变器实现光伏阵列 MPPT 控制，并将光伏阵列输出的直流电转换成交流电，再经过升压变压器传输给高压电网。图 1-8 所示为某兆瓦级集中式并网光伏电站现场照片，其中光伏逆变器和升压变压器位于图 1-8 中的设备小房中（也可以采用集装箱）。

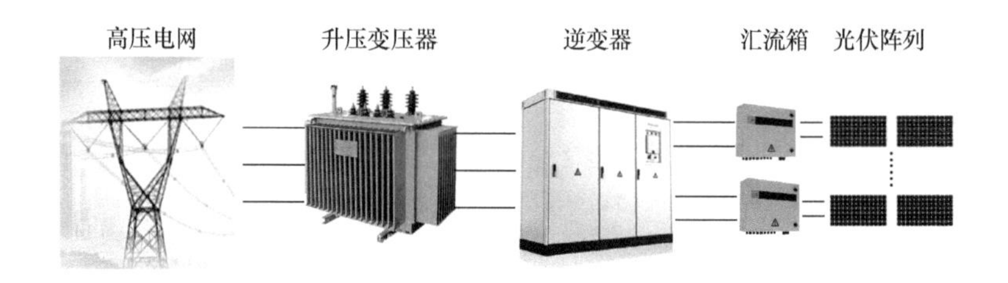

图 1-7　集中式并网光伏系统结构

图 1-8　兆瓦级集中式并网光伏电站现场

集中式并网光伏系统一般建立在太阳能充足、地形平坦的无人荒漠或空旷地区，发电量较大。集中式并网光伏系统建设周期相对较短，运维成本也相对较低，便于集中管理和维护。

2. 分布式并网光伏系统

分布式并网光伏系统通常在不同地点接入配电网，以满足特定用户的需求，支持现存配电网的经济运行。分布式光伏并网系统主要基于厂区、公用建筑物表面、户用屋顶以及其他分散空闲场地。图 1-9 所示为光伏户用并网系统效果图，这种光伏户用并网系统利用太阳能光伏发电，就近解决用户的用电问题，并可通过并网实现供电差额的补偿与外送，是一种典型的分布式并网光伏系统。在图 1-9 中，放置在屋顶的太阳电池阵列吸收光能，并通过功率变换器（户用式光伏逆变器）为家庭负载供电或者将电能输入电网。

图 1-9　光伏户用并网系统效果图

这类分布式并网光伏系统接入电网时有两种计量发电量和使用电量的方式。一种是“全额上网”方式，该方式将光伏系统所发电能全部传输到电网中；另一种称为“自发自用，余电上网”方式，该方式的光伏系统所发电量供用户负载使用后，多余电量再经户用双向智能电表输送到电网中。一般来说，光伏电量的价格高于电网电量的价格，使得光伏发电用户可以得到收益，也体现了政府鼓励发展可再生能源的政策导向。分布式并网光伏系统属于自给自足的发电运行模式，对电网的依赖程度少于其他并网方式，从而可以减少对线路的损害程度，降低损耗。另外安装在建筑物表面和屋顶等的分布式并网光伏系统，实现了一地两用，有效减少了光伏系统的占地面积，是今后大规模光伏发电的重要应用形式。

3. 离网型光伏发电系统

离网型光伏发电系统是一种不与电网相连的独立光伏发电系统，其典型特征为不与电网连接，因此通常需要用蓄电池来存储夜晚或阴雨天系统用电的能量，其发电系统结构如图1-10所示。离网型光伏发电系统由光伏阵列发电，经控制器对蓄电池进行充放电控制管理后，可直接为直流负载供电，也可以通过逆变器为交流负载供电，蓄电池支持光伏发电系统的持续稳定供电。离网型光伏发电系统主要应用于解决边远山区、海岛、通信基站等地的基本用电需求，因此设计容量一般不大，通常在100kW以内。

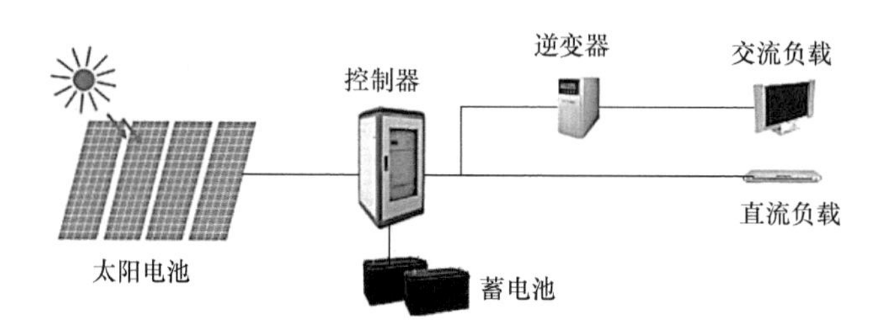

图1-10　离网型光伏发电系统结构

在上述各类光伏发电系统中，太阳能的转换与控制均离不开电力电子功率变换器，如实现光伏直流-直流变换、光伏直流-交流变换等，而太阳电池的MPPT也需要由功率变换器来实现其控制，从而最大限度地利用太阳能，以实现高效光伏发电。

1.2　风力发电

1.2.1　风力发电概述

风力发电是指利用风力发电机组直接将风能转化为电能的发电方式。作为新能源的一种，风力发电对于解决与传统能源相关的环境和社会问题是一个有效可行的方法。据估测，全球可利用的风能资源约为20000GW，约是全球可利用水力资源的10倍，只要利用1%的风能能量，就可产生世界现有发电总量的8%~9%。风力发电由于环保清洁、施工周期短等特点，受到全世界各国的广泛重视和大力推广。

2000年以来，全球风电产业呈现出规模化发展和快速发展的趋势，2000~2016年全球风电累计容量如图1-11所示。据全球风能协会（Global Wind Energy Council，GWEC）的统计，2016年全球风电累计和新增装机容量分别为486.7GW和54.6GW，从图1-12所示的2016年世界主要国家风电新增和累计装机容量数据可以看出，我国、美国、德国和印度引领了2016年的风电市场，并且我国风电发展已遥遥领先于其他各国。

自2006年以来，我国风电装机容量出现了大规模、爆发式增长浪潮，2007~2017年我国累计装机容量如图1-13所示。根据GWEC的统计数据，从近几年全球风电累计装机容量的分布看，全球风电市场主要集中在亚洲、北美和欧洲，主要包括我国、美国、德国、印度和西班牙。2014年，我国新增装机容量达到23.196GW，同比增长44.2%，累计装机容量为114.609GW，同比增长25.4%，新增和累计装机容量两项数

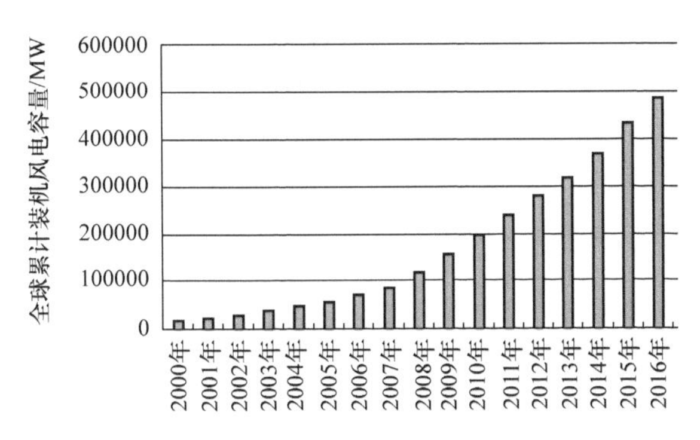

图 1-11　2000～2016 年全球风电累计容量

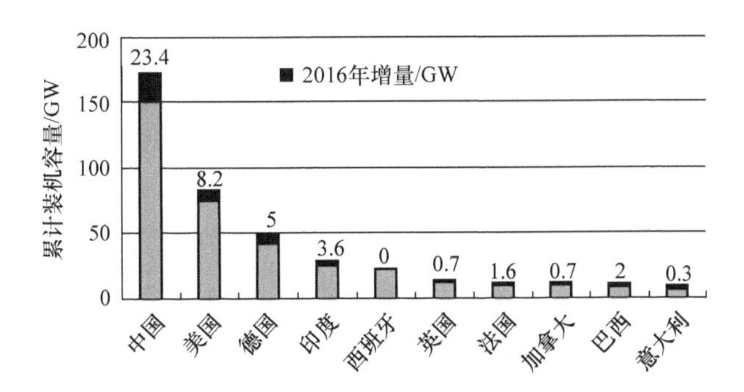

图 1-12　2016 年世界主要国家风电新增和累计装机容量

据均居世界第一。2017 年，全国新增装机容量 15GW，累计装机容量达到 184GW，然而，与常规能源发电相比，风电仍占较小的份额。

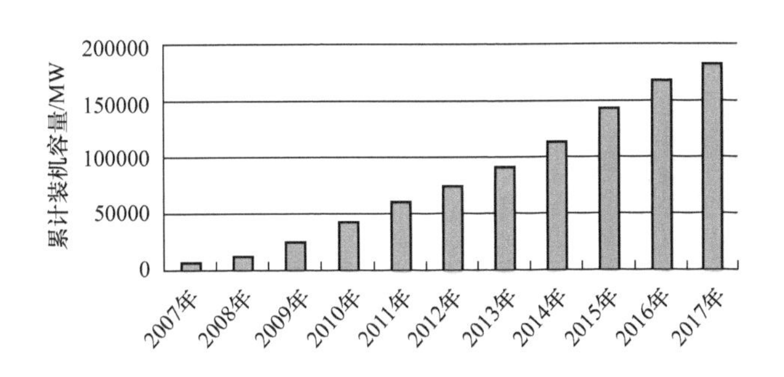

图 1-13　2007～2017 年我国累计装机容量

从全球风电发展总趋势分析，风力发电将从陆地向海上发展和延伸，并呈现大容量、分散式发展趋势。就风力发电技术而言，随着单机容量的持续增加，风电机组设计、制造及控制技术也产生了巨大革新。风电机组从失速调节发展到变桨距调节，从定速运行发展到变速运行，从齿轮箱传动发展到无齿轮箱直驱技术等。随着风力发电技术的不断创新和发展，风电机组的风能利用率不断提高，发电效率不断增加，发电成本显著降低，经过近 10 年的快速发展，风力发电已成为发电成本最接近火电成本的新能源。

1.2.2 风力发电的原理及分类

1.2.2.1 风力发电基本原理

风力发电是利用风力带动风力机旋转，旋转的风力机通过传动装置和控制系统驱动发电机发电，风力发电结构原理如图 1-14 所示，主要由风力机、传动装置、发电机、控制系统等部分组成。

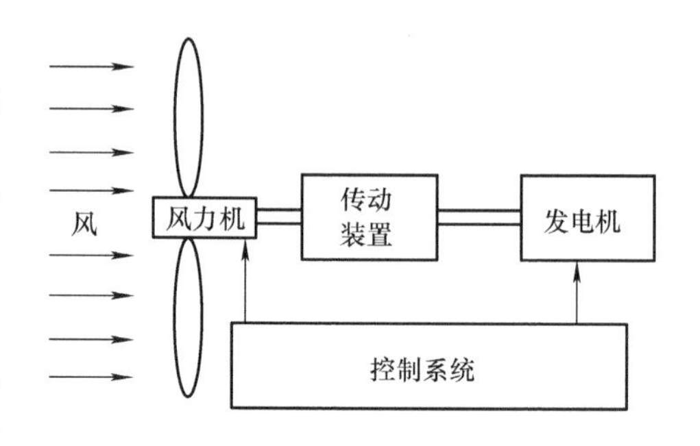

图 1-14 风力发电结构原理

在风力发电系统中，风力机是将风能转换为机械能的动力机械，风力机一般有水平轴风力机和垂直轴风力机两种机型，其机型实物如图 1-15 所示，在实际风力发电系统工程应用中，大都采用水平轴风力机机型。典型水平轴风力机的结构组成如图 1-16 所示，水平轴风力机通常由风轮、塔架、机舱等部分组成，其中，风轮是由轮毂及安装于轮毂上的若干桨叶组成的，是风力机捕获风能的部件；塔架作为风力机的支撑结构，可以保证风轮能在具有较高风速的位置运行；机舱内有着传动装置、控制系统以及发电机等。常规的大功率风电机组中，其风力机在大约 3m/s 的微风处便可以驱动发电机发电。

a)

b)

图 1-15 风力机机型实物图

a）水平轴风力机 b）垂直轴风力机

风力机是风能转换的关键部件，当风吹向风力机的叶片时，空气流动的动能作用在叶轮上，将动能转换成机械能，从而推动叶片旋转并带动发电机发电。风力机的主要作用是将风能转化成机械能，风力机从大自然中获得的风能转化成的机械功率为

$$P_{m} = \frac{1}{2}C_{p}\rho v_{1}^{3}A \qquad (1\text{-}5)$$

式中　P_{m}——机械功率；

C_{p}——风能利用系数；

ρ——空气密度，单位为 kg/m^{3}；

v_{1}——当前风速，单位为 m/s；

A——桨叶扫过的面积，单位为 m^{2}。

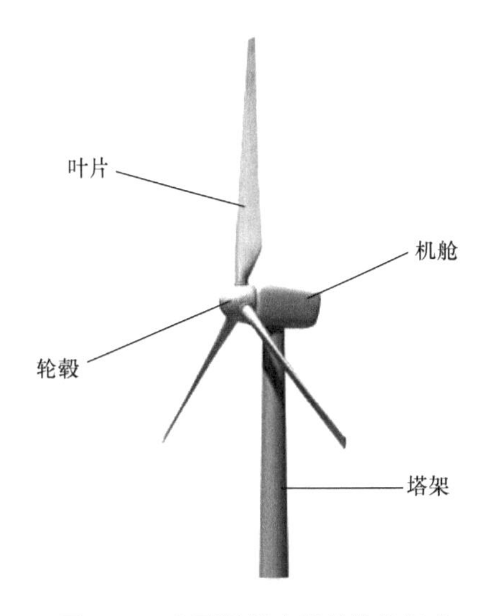

图 1-16　水平轴风力机的结构组成

风能利用系数 C_{p} 为叶尖速比 λ 和叶片桨距角 β 的函数。叶尖速比 λ 是风轮叶片尖端线速度与风速的比值，叶片越长，或者叶片转速越快，同风速下的叶尖速比就越大；桨距角 β 是叶片顶端翼型弦线与叶片旋转平面的夹角，在变桨距风力机中，通过控制桨距角 β 就可以控制风力机叶轮的风能功率，通常桨距角 $\beta = 0°$时，风力机风能利用系数 C_{p}最大。

风力机的机械输出功率与风力机的利用系数、风力机的扫风面积、空气质量密度以及风速的三次方成正比，显然，风速对能量转化起主导作用。对于已安装完成的风力机，其输出功率主要取决于风速和风能利用系数。在桨距角 β 一定时，风能利用系数与叶尖速比 λ 的关系如图 1-17 所示。对应于风力机的最大风能利用系数 C_{pm}，有一个对应的叶尖速比，称之为最佳叶尖速比 λ_{m}。为了使风力机在不同风速下能维持最大的风能利用系数 C_{pm} 运行，风力机应按当前风速的变化实时进行变速控制，以满足最佳叶尖速比 λ_{m} 运行控制，从而实现风能的最大捕获。

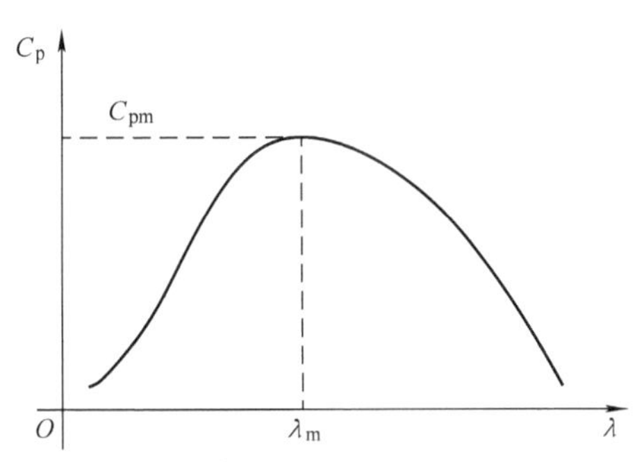

图 1-17　风能利用系数与叶尖速比的关系

1.2.2.2　风力发电系统的分类

风力发电系统是在将风能转换为电能的过程中，机械、电气及其控制设备的组合。风力发电系统根据是否并入电网可以分为并网型风力发电系统和离网型风力发电系统。为使离网型风力发电机组能提供稳定的电力，一般可以配备储能单元，即将风力发电机组输出的电能存储起来，再供给用户使用。通常，离网型风力发电系统容量较小，仅在偏远地区或特殊应用上使用，占风力发电系统比例较小。并网型风力发电系统与电网连

接，并向电网输送电能，商用风力发电系统大都是并网型风电机组，其具体结构及配置关系如图1-18所示。

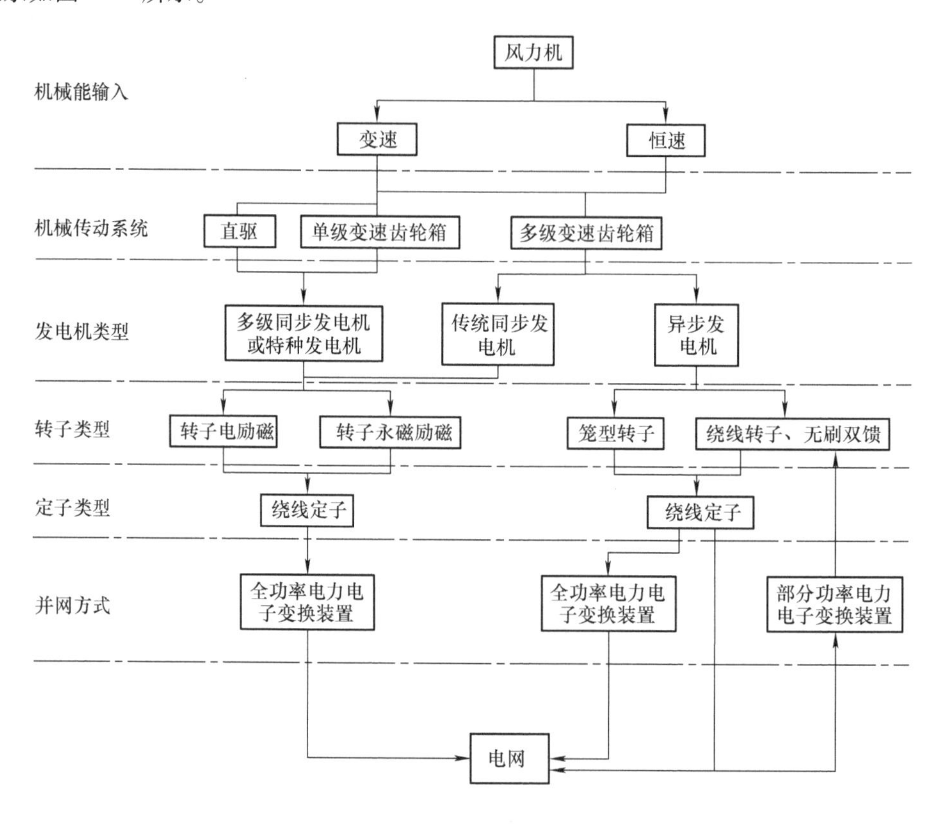

图1-18　风力发电系统结构及配置关系图

当风电机组并网运行时，要求其输出频率与电网频率保持一致，因此，并网型风力发电系统可以分为恒速恒频风力发电系统和变速恒频风力发电系统两类，简要介绍如下。

1. 恒速恒频风力发电系统

恒速恒频风力发电系统是指在风电机组运行过程中，能保持发电机转速恒定并输出与电网频率一致的恒频电能的风力发电系统。恒速恒频风力发电系统是大型风电发展初期的主流装机类型。主要采用同步发电机或笼型感应发电机，而风力机主要有定桨距失速型风力机和变桨距风力机两类。恒速恒频风力发电系统的主要优点是结构简单、造价较低、可靠性高、并网容易。但恒速恒频风力发电系统也存在以下缺点：①由于风力机转速不能随风速而变，因此风能利用率低；②不能有效控制无功，需要额外补偿无功；③输出功率具有较大的波动性，从而降低了供电稳定性；④由于风速大幅突增时，风能不能快速有效地传递给主轴、齿轮箱和发电机，因此会产生较大的机械应力，从而使很多构件在使用过程中产生比较严重的机械性损坏。

随着大规模风电并网技术的发展，恒速恒频风力发电系统已被变速恒频风力发电系统所取代而退出了主流市场。

2. 变速恒频风力发电系统

变速恒频风力发电系统是指在风电机组运行过程中，能控制发电机的转速随风速而变化并输出与电网频率一致的恒频电能的风力发电系统。变速恒频风力发电系统已成为风电装机的主流机种，这类风电系统通过发电机的变速恒频控制实现风力机的最大风能捕获，以提高系统的效率及发电量，并且由于其可实现动态无功调节和故障穿越，因此具有较好的电网适应性。

变速恒频风力发电系统有多种形式，例如可以通过发电机与电力电子装置相结合来实现变速恒频发电，也可以通过改造发电机本身结构而实现变速恒频，不同系统具有各自的特点，适用于各种不同场合。

1）交流励磁双馈型风力发电系统。这类风力发电系统采用转子交流励磁的双馈型异步发电机设计，双馈型异步发电机的定子直接连接电网，而转子则通过交直交变流器与电网相连，实现基于转子励磁控制的双馈型异步发电机变速恒频控制。转子励磁控制的基本原理为当风速变化引起发电机转速变化时，通过交直交变流器控制转子电流频率，使得定子频率恒定（与电网频率相同）。由于这种变速恒频控制方案是在异步发电机转子电路中实现的，而异步发电机转子功率是由发电机转速运行范围所决定的转差功率，且仅为定子额定功率的一部分，所以连接转子的交直交变流器功率会大幅降低，通常只需发电机功率的1/3，因此变流器的成本将会大幅降低。然而，由于双馈发电机的定子与电网直接连接，所以当电网故障时，会通过定转子耦合发生暂态电磁冲击，从而增加了转子变流器的控制难度，降低了风电机组的电网适应性。另外，双馈发电机有集电环和电刷，需要定期维护，而齿轮箱也会导致系统噪声增加，是影响机组可靠性的重要因素。

双馈型风力发电系统是当前风电机组的主流机型，其系统结构如图 1-19 所示。

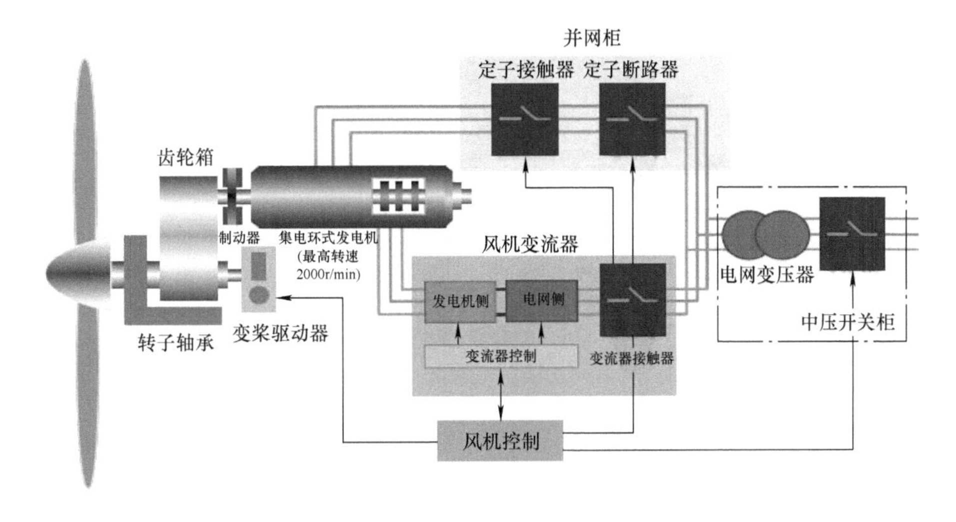

图 1-19　双馈型风力发电系统结构

2）全功率型风力发电系统。这类风力发电系统是将发电机定子通过与发电机功率相同的交直交全功率变流器连接并入电网，从而实现变速恒频发电运行，由于这类风力发电系统的发电机与电网无直接连接，故具有较好的电网适应性。这种交直交全功率型风力发电系统可以根据经济与工程技术要求采用同步发电机（包括电励磁同步发电机和永磁同步发电）、笼型异步发电机、绕线转子异步发电机等多种发电机；另外还可以采用无齿轮箱和低速发电机的全功率直驱型设计，也可以采用有齿轮箱和高速发电机的全功率设计。全功率型风力发电系统结构如图1-20所示。其中，采用低速永磁同步发

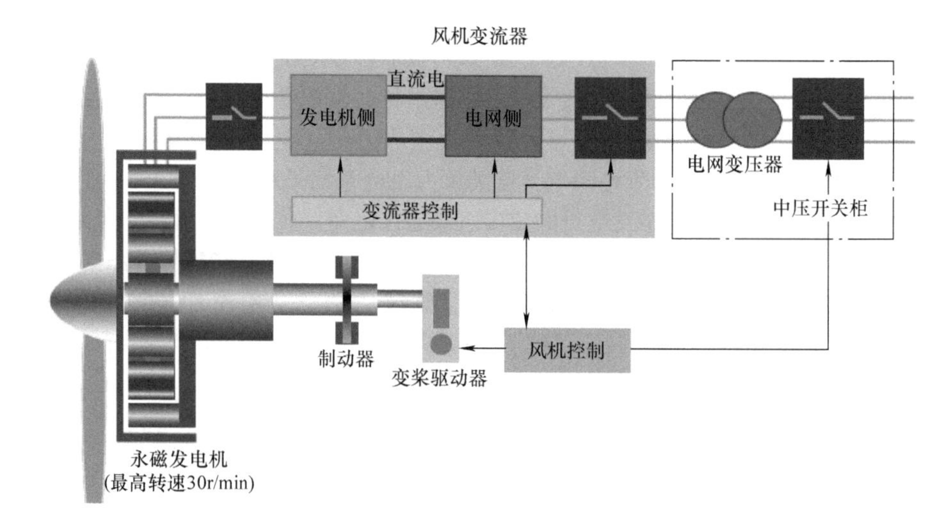

a)

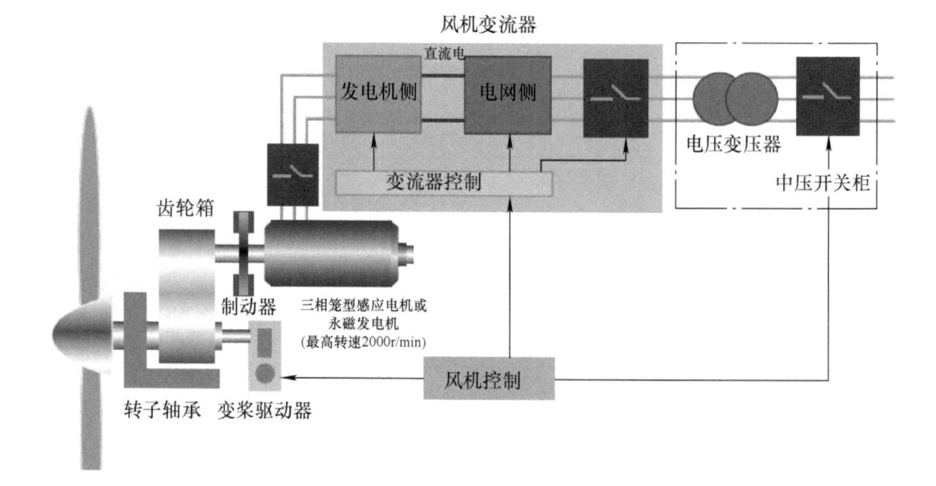

b)

图1-20 全功率型风力发电系统结构

a）低速永磁同步全功率直驱型机组 b）高速异步（永磁同步）全功率型机组

电机的永磁同步直驱型风力发电系统结构如图1-20a所示，这种风电机组一方面由于发电机采用永磁同步发电机设计，因此无需外部励磁，有效提高了发电机效率；另一方面，风力机与发电机之间采用了无齿轮箱的直驱设计，可有效减小系统运行的噪声，提高机组运行的可靠性。永磁同步直驱型风力发电系统的主要不足在于发电机体积大、重量重、成本高，另外全功率变流器的应用在一定程度上也相应增加了功率变换系统的体积和成本。为减小发电机体积，可以采用如图1-20b所示的基于高速异步感应发电机或高速永磁同步发电机的全功率风力发电系统，这种风力发电系统的优点就是发电机体积小、重量轻、造价相对较低，然而有齿轮箱的系统设计在一定程度上仍然影响了系统运行的可靠性。

3）半直驱全功率型风力发电系统。永磁直驱风电机组因省去齿轮箱而具有运行效率高、故障率低等优点。然而，随着风力发电系统逐渐由陆上向海上发展，永磁直驱风电机组因其低速发电机的体积和重量过大而受到一定的限制，但如果采用高速发电机设计，虽然可以减小发电机体积和重量，但必须采用多级齿轮传动设计，而这种多级齿轮箱设计不仅增加了系统重量和体积，也增加了齿轮箱的故障率。为此，出现了采用一级齿轮箱传动设计的“半直驱全功率型风力发电系统”，其系统结构如图1-21所示。这种半直驱全功率型风力发电系统最大限度地克服了低速发电机和多级齿轮传动的不足，其发电机多采用中速永磁同步发电机设计，在有效减小发电机和齿轮箱体积、重量的同时，有效提高了发电机运行效率。

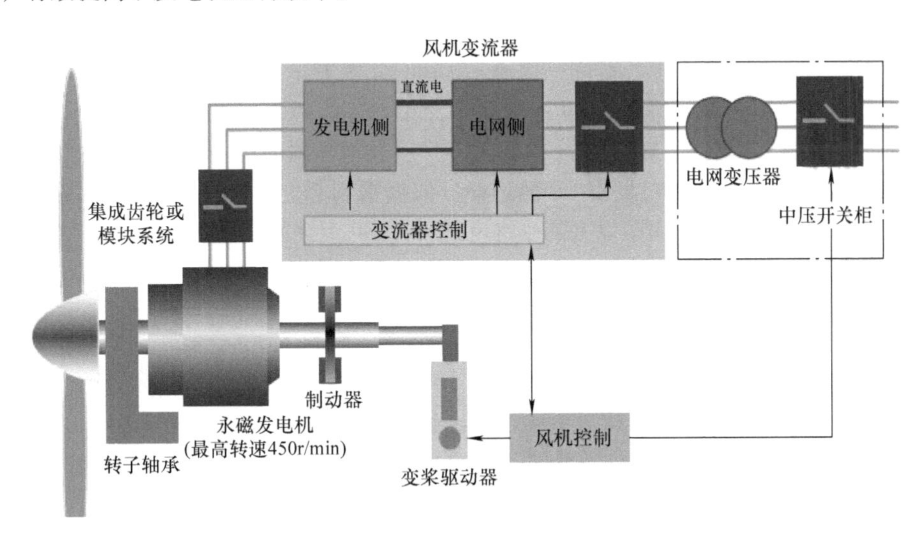

图1-21　半直驱全功率型风力发电系统结构

综上所述，从结构上来看，风力发电机组可分为机械、电气和控制三大部分，然而风力发电机组的高性能运行离不开电力电子技术的支撑，而借助电力电子功率变换器技术可以实现风力发电机组电气和控制两大部分的优化。

1.3 小水力发电

1.3.1 小水力发电概述

水力发电作为一种可再生、无污染的清洁能源，早已受到人们重视，现在大中型水电站已经是世界范围内广泛应用且较为成熟的可再生能源技术。然而，大中型水电站对环境有诸多负面影响，诸如大坝阻挡了天然河道的畅通，也阻隔了泥沙的下泄，同时还改变生态系统环境；而建设水电站又必须大面积淹没土地，进而造成大量移民等。而小水力发电作为一种新能源，对生态环境的影响要小得多，因而日益受到人们的重视。

小水力发电站和大中型水电站一样，都是水力发电。通常所谓的“小水电”是指装机容量很小的水电站或者水力发电装置及电力系统等，其装机容量规模因各国国情而异。在我国，“小水电”是指由地方、集体或个人集资兴办与经营管理的，装机容量在25MW及以下的水电站和配套的地方供电电网。小水电属于非碳清洁能源，既不存在资源枯竭问题，又不会对环境造成污染，是我国实施可持续发展战略不可缺少的组成部分。因地制宜地开发小水电等可再生能源，将水力资源转变成高品质的电能，在保障国家经济社会发展和改善人民群众生活质量、解决无电缺电地区人口用电、促进江河治理、生态改善、环境保护、地方社会经济发展等方面都发挥了重要作用。

我国的小水电资源储藏量十分丰富，理论蕴藏量估测为1.5亿kW，可开发装机容量超过7万MW。至2016年，全国已建成小水电站4.5万余座，新增小水电装机容量超过3500万kW，10年累计发电1.39万亿kWh，相当于节约5亿t标准煤，减排二氧化碳12亿t，减排二氧化硫415亿t。在低碳环保、节能减排、可持续发展的大背景下，大力发展小水电以改善能源结构是必然选择。依据水利部规划，至2020年，我国将建成10个装机容量达500万kW以上的小水电强省，100个装机容量达20万kW以上的大型小水电基地，300个装机容量达10万kW以上的小水电大县。

1.3.2 小水力发电的原理及分类

1.3.2.1 小水力发电基本原理

水力发电站是通过水轮机将水能转化为电能的发电系统，水轮发电机组是小水电系统实现能量转换的核心装置。小水力发电能量流图如图1-22所示。

由图1-22可以看出，水轮发电机组的能量转换过程分为两个阶段。

第一阶段将水的势能转化为水轮机的机械能。水流在不同高度地形都具有不同的势能，当位于高处的水流流至低处冲击水轮机时，将水位变化所产生的势能转换为水轮机的机械能。

第二阶段首先将水轮机的机械能转换为电能，再通过电网的输电线路传输给用电设备。水轮机受到水流的冲击后带动同轴相连的发电机旋转，旋转的发电机转子带动励磁磁场旋转，发电机定子绕组切割励磁磁力线产生感应电动势，一方面输出电能，另一方

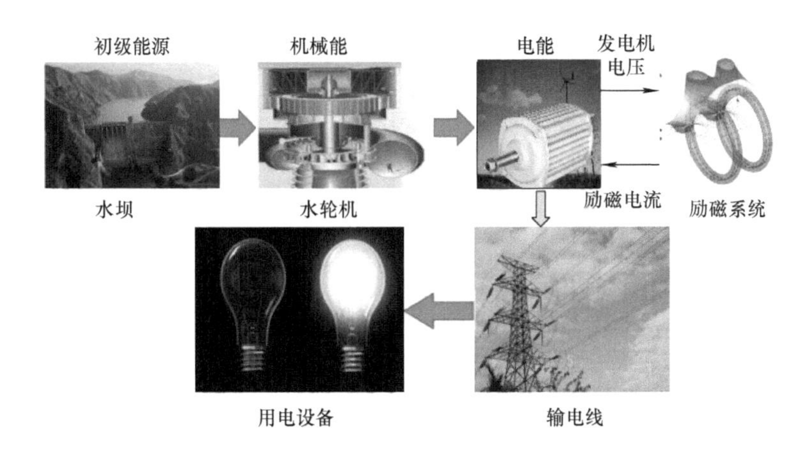

图1-22　小水力发电能量流图

面会在转子产生一个与其旋转方向相反的电磁制动转矩。水流不间断地冲击水轮机装置，水轮机从水流中获得的旋转力矩克服发电机转子中产生的电磁制动转矩，当两者达到平衡时，水轮机组将以某一恒定的转速运转，从而稳定地发出电力，完成能量的转换。

在单位时间内，水轮机输出的功称为出力。水力发电机组的出力取决于所利用的水头（单位重量的水所具有的能量）和流量，实际出力的计算公式为

$$P=9.81\eta Q(H-\Delta H) \tag{1-6}$$

在做初步估算时，可用以下简化公式：

$$P = KQH_{W} \tag{1-7}$$

式中　P——水力发电机组的实际出力；

Q——水电站水轮机组的过水流量；

H——水电站上下游的水位差（又称为水电站的水头）；

ΔH——水头损失；

H_W——作用于水轮机的净水头，$H_W = H-\Delta H$；

η——机组（包括水轮机、发电机和传动设备等）的总效率；

K——出力系数，一般小水电站 $K=6.0\sim6.5$。

水轮发电机组是将水的势能转化为电能的重要能量转换装置，一般由水轮机、发电机、调速器、励磁系统、冷却系统和电站控制设备等组成。典型水轮发电机组中主要设备的种类、功能等简介如下：

1）水轮机。常用的水轮机有冲击式和反击式两种。

2）发电机。发电机大部分采用的是电励磁同步发电机。

3）励磁系统。由于发电机一般为电励磁同步发电机，所以需要通过对直流励磁系统的控制实现对电能的调压、有功功率和无功功率的调节，以期达到提高输出电能质量

的目的。

4）调速和控制装置（包括调速器和油压装置）。调速器用于调节水轮的转速，使得输出电能的频率达到供电要求。

5）冷却系统。小型水轮发电机主要采用空气冷却，利用通风系统帮助发电机定、转子及铁心表面进行散热冷却。

6）制动装置。额定容量超过一定值的水轮发电机均设有制动装置。

7）电站控制设备。电站控制设备大都采用计算机数字化控制，从而实现水力发电的并网、调频、调压、调节功率因数、保护和通信等功能。

1.3.2.2 小水力发电系统的分类

小水力发电根据其集中水头的方式可分为引水式、堤坝式和混合式。我国小水力发电站多半是较为经济的引水式小水电站。

1. 引水式小水电站

引水式小水电站是在河流坡降较陡、落差比较集中的河段，以及河湾或相邻两河河床高度相差较大的地方修建一个引水低坝或无坝，采用引水渠来集中河段的自然落差，以形成电站的水头，这种用引水渠集中水头的电站称为引水式小水电站，其原理示意如图 1-23 所示。引水式小水电站中低坝的作用主要是引导水流进入引水渠，而不是以集中水头为目的。引水式小水电站不存在淹没和筑坝技术的限制。

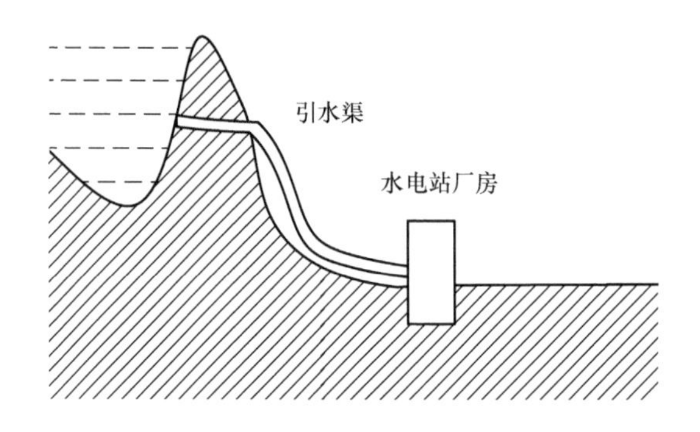

图 1-23 引水式小水电站原理示意图

2. 堤坝式小水电站

堤坝式小水电站在河道上修建拦水坝（或闸），抬高上游水位以集中落差，并形成水库调节流量，再通过输水管将水库里的水引至水轮发电机组驱动发电机发电。由于水电站厂房所处的位置不同，所以堤坝式水电站又可分为河床式、坝后式两种，其原理示意如图 1-24 所示。

河床式水电站大多建在河床平宽、流量较大的河流中、下游平缓的河段上，由厂房和堤坝共同承担起阻挡水的任务。坝后式小水电站的厂房设在堤坝下游处，有堤岸将水隔挡，汇集水流形成一定落差，再由较短的引水管引水发电，厂房建筑与坝体分开，一般修建在水头较大的河流中、下游处。相对于河床式小水电站，坝后式小水电站的坝可以建得较高，从而可以获得较大的水头。

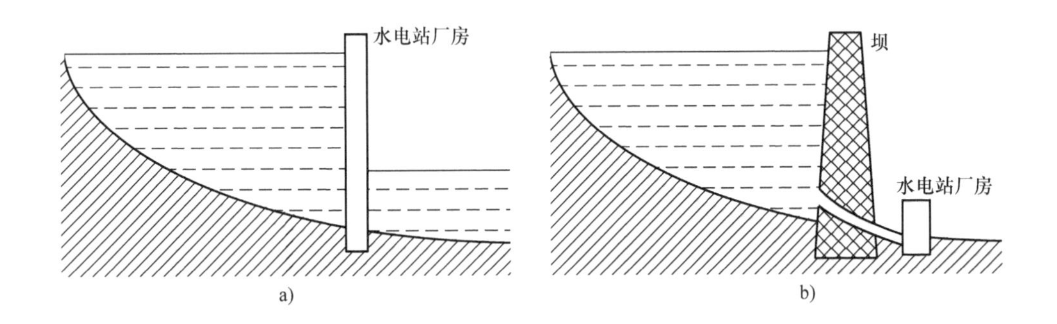

图 1-24　堤坝式小水电站原理示意图

a）河床式小水电站　b）坝后式小水电站

3. 混合式小水电站

混合式小水电站的水位落差有两种获得方式，即通过修建引水工程而获得落差，或者通过大坝蓄水而获得落差，其原理示意如图 1-25 所示。混合式小水电站具有堤坝式小水电站和引水式小水电站的特点。当上游河段地形平缓，下游河段坡降较陡时，宜在上游筑坝形成水库，调节水量，下游修建引水渠道，集中较大落差。混合式小水电站的水头是由坝和引水渠共同形成的，且坝一般构成水库。

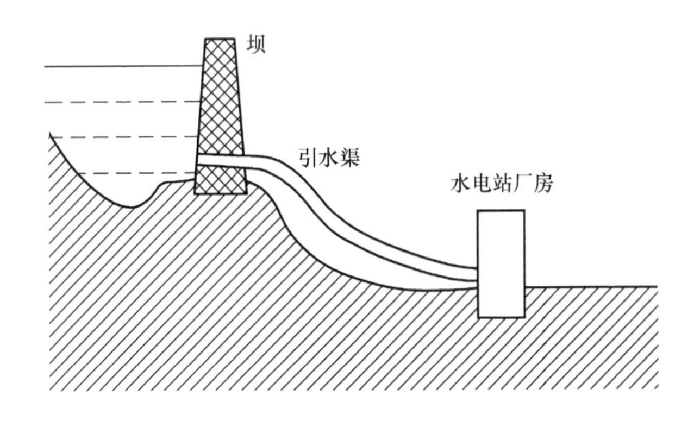

图 1-25　混合式小水电站原理示意图

在小水电能量变换的整个过程中，机电装置如水轮机、同步发电机等起到转换能量的作用，与此同时，含有电力电子装置的系统如励磁系统等起到对机电装置的调节和控制作用，提升了小水电系统的发电性能。

1.4 海洋能发电

1.4.1 海洋能发电概述

海洋能是指依附在海水中的能源，通过各种物理过程或化学过程接收、存储和散发能量。海洋能主要是以潮汐、波浪、海流、温度差、盐度差等为主要形式的新能源。潮汐能和海流能源自地球和其他星体之间的引力；波浪能是因大气运动而产生的，其与波浪高度的二次方和波动水域面积成正比；海水温差能是一种热能，产生的原因是低纬度的海面接受太阳辐射使得海水的表面温度较高，与深层水之间形成的温度差产生热交换，其能量与温差大小成正比；海水盐差能（或称海水化学能）是在河口水域由于入海径流的淡水与海洋盐水间存在盐度差而产生的。

发展海洋能是确保国家能源安全、实施节能减排的客观要求。海洋能是可再生而且储量丰富的清洁能源，据估算，全球约有 30 亿 kW 潮汐能、700 亿 kW 波浪能、500 亿 kW 温差能、50 亿 kW 海流能、300 亿 kW 盐差能。我国海洋能源十分丰富，据估算，潮汐能资源约为 1.9 亿 kW，波浪能的开发潜力约为 1.3 亿 kW，沿岸波浪能 0.7 亿 kW，海流能 0.5 亿 kW，海洋温差能和盐差能分别有 1.5 亿 kW 和 1.1 亿 kW。海洋能的开发利用可以实现能源供给的海陆互补，减轻沿海经济发达和能耗密集地区的常规化石能源供给压力。如今，海洋能发电作为对海洋能开发利用的主要途径正在被积极探索和应用。

近 30 年来，受化石燃料引起的能源危机和环境日益恶化的影响，作为主要可再生清洁能源之一的海洋能发电技术取得了很大发展，但受到海洋复杂环境的影响，海洋能发电的转换效率仍然较低，还处于示范和试验阶段。为了推进海洋能应用的技术进步，中国、美国、加拿大、智利、韩国和欧洲的诸多国家都开展了海洋能研究与示范应用研究。从各国的情况看，潮汐发电技术比较成熟，全世界潮汐电站的总装机容量为 265MW，年发电量约达 6 亿 kWh。波浪能、海流能、盐差能和温差能发电技术处于初步研发试验阶段，主要制约因素是海洋水深、缺氧、高压的恶劣复杂环境，导致目前开发、利用海洋能存在技术难度大、对材料和设备的要求比较高以及经济性较差等问题。

1.4.2 海洋能发电的原理及分类

根据呈现方式的不同，海洋能一般分为潮汐能、波浪能、海流能、温差能、盐差能等几种，以下分别阐述几种海洋能的发电原理。

1.4.2.1 潮汐能

潮汐是一种由于月球、太阳引力的变化而导致海水平面周期性升降的自然现象。因潮汐造成的海水涨落和潮水流动所形成的水的动能和势能即为潮汐能。潮汐能的利用一般可以分为两种，一种是利用潮汐的动能，即直接利用潮汐前进的力量来推动水轮机发电；另一种是利用潮汐的势能，在电站上下游有落差时引水发电。由于潮汐的动能利用困难且效率低，因此潮汐发电多采取利用潮汐势能进行发电。潮汐电站一般在海湾或河口修建拦水堤坝将海湾或河口与大海隔开，拦水坝中间安装进水闸口、排水闸门和水轮发电机组，利用坝内外潮水涨落时形成的水的势能变化来发电。潮汐电站的装机容量一般按照以下经验公式进行计算：

$$P = 200H^2S \tag{1-8}$$

式中　H——平均潮差；

S——水库面积。

潮汐发电的原理示意如图 1-26 所示。涨潮时，打开进水闸门，并关闭排水闸门，海水经闸门流入水库，冲击涡轮机以带动发电机发电；落潮时，关闭进水闸门，并打开排水闸门，水从水库流向大海，又从相反的方向冲击涡轮机以带动发电机发电。

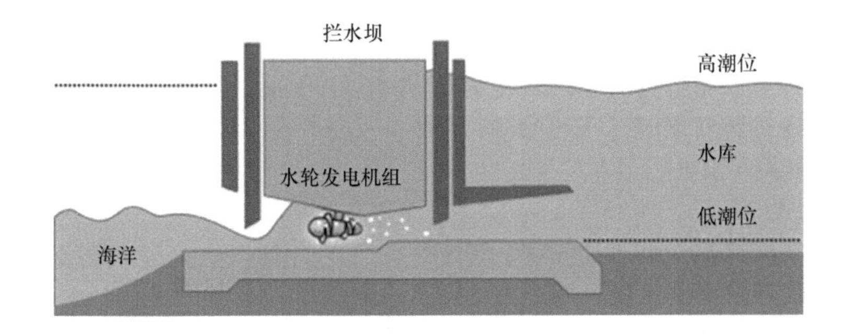

图 1-26　潮汐发电的原理示意图

1.4.2.2　波浪能

波浪能是指海洋表面波浪所具有的动能和势能，是由风推动波浪产生并以海水的动能和势能形式储存的机械能。波浪能是海洋能源中能量最不易掌握和利用的一种不稳定能源。通常，波浪能以单位时间在传播峰面单位长度上的能量 P_w 来表示，即

$$P_w = \frac{\rho g^2}{32\pi}H^2T \tag{1-9}$$

式中　ρ——海水密度；

g——重力加速度；

H——波浪高；

T——波浪周期。

波浪能发电的能量转换一般可以分为两次转换阶段。一次转换阶段是指通过波浪能采集系统将波浪能转换为机械能；二次转换阶段是指通过涡轮发电机组（可以是空气涡轮机、水轮机、液压马达等动力机械）将机械能转换为电能。波浪能利用研究已有相当长的历史，其发电方式多种多样，按能量转换的中间环节的不同，波浪能发电可以分为机械式、气动式和液压式三大类，现简要介绍如下。

1. 机械式

机械式波浪能发电是通过某种传动机构实现波浪能从往复运动到单向旋转运动的传递来驱动发电机发电的一种波浪能发电方式，机械式波浪能发电系统原理示意如图1-27所示。混凝土框架建在海底，上平台在海面以上，平台上有机械传动装置与发电机；在框架下方有下横架，装有两个滑轮；在上平台与下横架之间有一个浮子，浮子上下方连接绳索，绳索经过上平台传动装置的带轮、滑轮，与下横架的两个滑轮环绕一周，呈拉紧状态；浮子漂浮在海平面上，随着海浪起伏上下运动，浮子的运动通过绳索带动带轮正反向转动；在传动装置内有棘轮机构将正反转变为单向旋转，再通过齿轮增速，飞轮稳速，带动发电机匀速旋转发电。

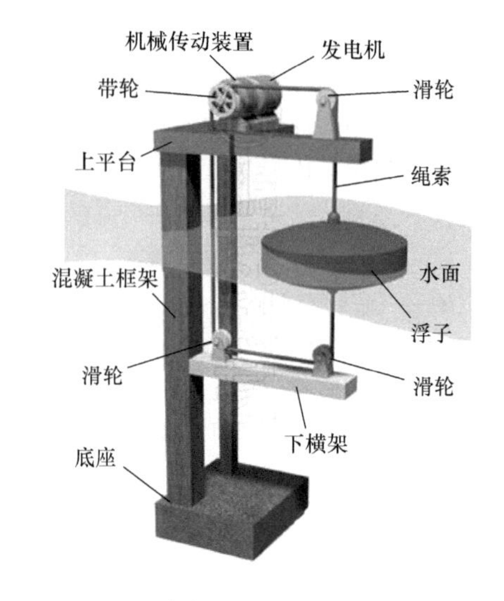

图1-27 机械式波浪能发电系统原理示意图

2. 气动式

气动式波浪能发电是通过气室、气袋等泵气装置将波浪能转换成空气能，再由汽轮机驱动发电机发电的一种波浪能发电方式。气动式波浪能发电系统原理示意如图1-28所示。发电系统主要有一个由空箱构成的气室，在空箱淹没于水面以下部分有一个开口，在气室上部有气流通道（空气出入口）；当波峰接近空箱时，水进入空箱，推动箱内水位上升，上升的水位使箱内气压增加，气室内空气通过出入孔排出，由于气孔狭小，故气体以高流速喷出；在波谷接近空箱时，水从空箱抽出，箱内水位下降，下降的水位使箱内气压降低，外面空气通过出入孔高速进入气室；在气流通道内安装气动汽轮机，进出的气流就会推动汽轮机旋转，汽轮机带动发电机进行发电。

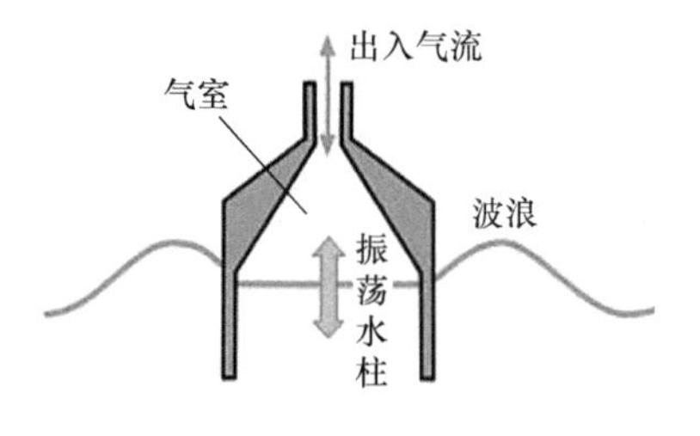

图1-28 气动式波浪能发电系统原理示意图

3. 液压式

液压式波浪能发电是通过某种泵液装置将波浪能转换为液体（油或海水）的势能或压力能，再由液压马达或水轮机驱动发电机发电的一种波浪能发电方式。液压式波浪能发电系统原理示意如图1-29所示。液压式波浪能发电系统由浮力摆、液压缸、液压控制箱、液压马达、发电机和底座构成；该系统利用海水波动推动摆板来回摆动吸收波浪的能量，在海面下的浮力摆就会随波浪来回摆动，从而带动活塞在液压缸内来回移动；油在液压缸两端的管道内来回流动，四个单向阀组成一个全波整流回路，将来回流动的油变成单方向流动的油，整流后的油通过节流阀推动液压马达旋转，液压马达带动发电机进行发电；控制节流阀可以调节液压马达的转速，蓄能器像电路中的电容一样将波动的油压过滤得平缓一些，使液压马达均匀旋转；当波浪大而使得液压缸输出油压过高时，多余的油将通过溢流阀排空返回；单向阀、节流阀、溢流阀等都在液压控制箱内。

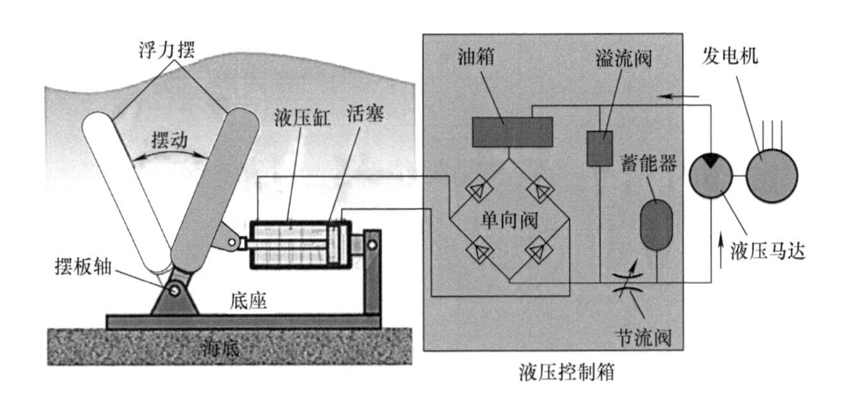

图1-29　液压式波浪能发电装置原理示意图

1.4.2.3　海流能

海流能是另一种以动能形式表现的海洋能，其主要是指海底水道和海峡中较为稳定的海水流动以及由于潮汐导致的有规律的海水流动所产生的能量。海流具有一定的宽度、长度、深度和速度，并且有一定规律。海流能平均功率的计算公式为

$$P = 0.515AV^2 \tag{1-10}$$

式中　P——海流功率；

A——海流横截面积；

V——海流的速度。

目前，海流能的利用方式主要是发电，其原理与风力发电相似。海流能发电系统归纳起来有两种，一种是链式发电系统，另一种是旋转式发电系统。

1. 链式海流能发电

一种典型的链式海流能发电系统原理示意如图1-30所示。该系统主要由环状链条、降落伞、驱动轮和发电机组成；环状链条上安装有许多降落伞，当降落伞顺着海流方向时，因海流的冲击，降落伞张开；当降落伞转到与海流方向相反时，伞口收拢；挂有降落伞的链条的方向可以一直与流速较大的海流方向保持一致，自动地向驱动轮的下游漂移；带有降落伞的链条运动使得驱动轮转动，驱动轮与船上的发电机相连，进而驱动发电机发电。

2. 旋转式海流能发电

一种典型的旋转式海流能发电系统原理示意如图1-31所示。该系统工作原理与水

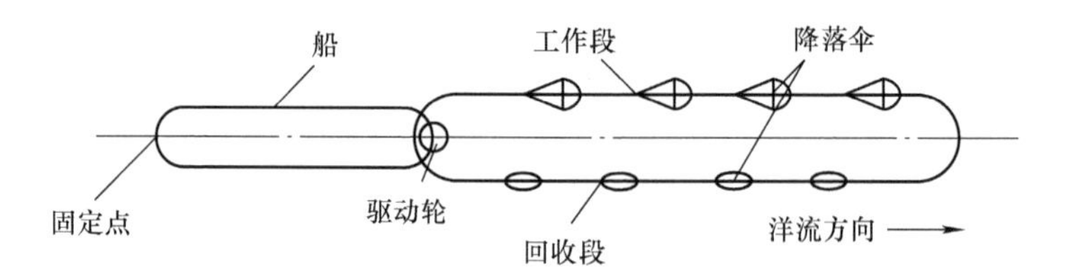

图 1-30 链式海流发电系统原理示意图

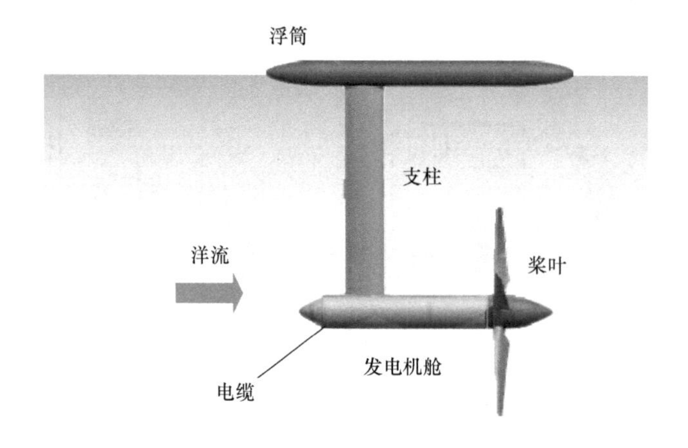

图 1-31 旋转式海流发电系统原理示意图

平轴风力机相似，利用水流对桨叶产生的升力推动转轮旋转；该系统的转轮通过增速齿轮箱与发电机连接，一同安装在机舱内；机舱通过支柱与上方浮筒固定连接，浮筒与机舱共同产生浮力，使浮筒略浮出海面即可，最后通过海底电缆向陆地送电。

1.4.2.4 温差能

海洋温差能是指由海洋表层海水和深层海水之间温差产生的热能，是海洋能的一种重要形式。海洋温差能转换是先将海洋热能转换为机械能，再将机械能转换为电能的过程。根据温差能发电工质及循环系统的不同，一般可分为开式循环、闭式循环和混合循环三种类型。

1. 开式循环

开式循环海水温差能发电技术又称为克劳德循环发电技术，其系统原理示意如图1-32所示。开式循环海水温差能发电系统由闪蒸器、汽轮发电机、冷凝器、温水泵和冷水泵等组成。首先利用真空泵将系统内部抽到一定程度的真空，然后将由温水泵抽出的温海水在闪蒸器内低压沸腾成蒸汽，产生的蒸汽进入汽轮机并推动汽轮机做功，带动发电机发电；从汽轮机排出的蒸汽在冷凝器内被由冷水泵抽出的深层冷海水冷凝，重新凝结成水。

开式循环优点是直接以海水为工质，产生电力同时还产生淡水。缺点是海水沸点高、汽轮发电机工质压力低、损耗大，同时抽取真空需要消耗大量能量，系统效率低。

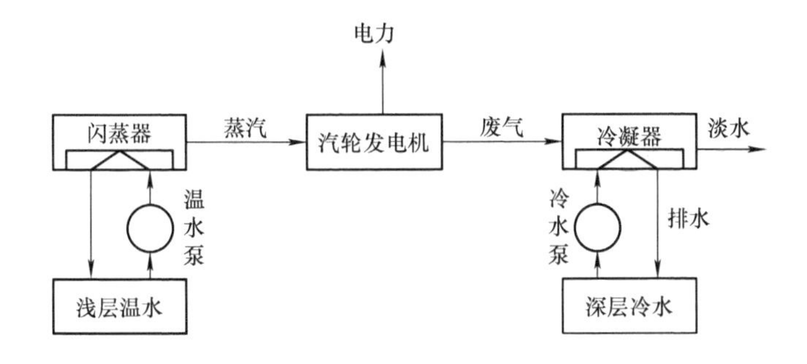

图 1-32　开式循环海水温差能发电原理示意图

2. 闭式循环

闭式循环海水温差能发电技术又称为朗肯循环发电技术，该技术使用氨等沸点较低的工质，推动汽轮发电机旋转来发电，其原理示意如图 1-33 所示。低沸点的工质通过蒸发器与海洋表层温水进行热交互，从而使工质蒸发产生高压蒸汽；膨胀的蒸汽推动汽轮发电机旋转，汽轮机排出的工质气体在冷凝器中被深海冷水冷凝成液体，并再次进入蒸发器内，继续进行下一个系统循环。

闭式循环的优点在于工质沸点低，可以在低温下产生高压气体，又可以在较低的压力下冷凝，提高了汽轮发电机的压差，增加系统转换效率。缺点是蒸发器和冷凝器均采用表面式换热器，体积较大，且不能产生淡水。

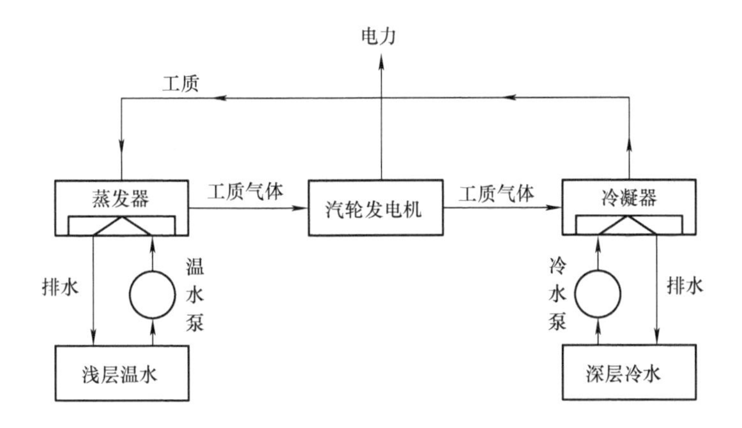

图 1-33　闭式循环海水温差能发电原理示意图

3. 混合循环

混合循环温差发电系统是在闭式循环系统的基础上结合开式循环系统改造而成的，混合循环温差发电系统原理示意如图 1-34 所示。在混合循环温差发电系统中，与开式循环蒸发过程类似，温海水首先进入闪蒸器，迅速蒸发成蒸汽；然后蒸汽进入蒸发器，释放其热量以蒸发氨等低温工质；同时海水蒸气冷凝出淡水，低沸点的气体工质驱动汽轮发电机发电；工质在冷凝器内凝结后再次泵入蒸发器内，完成一个循环，其方法类似于闭式循环蒸发过程。

混合循环系统综合了开式循环和闭式循环的优点，既可以产生淡水，又有较高的效率。

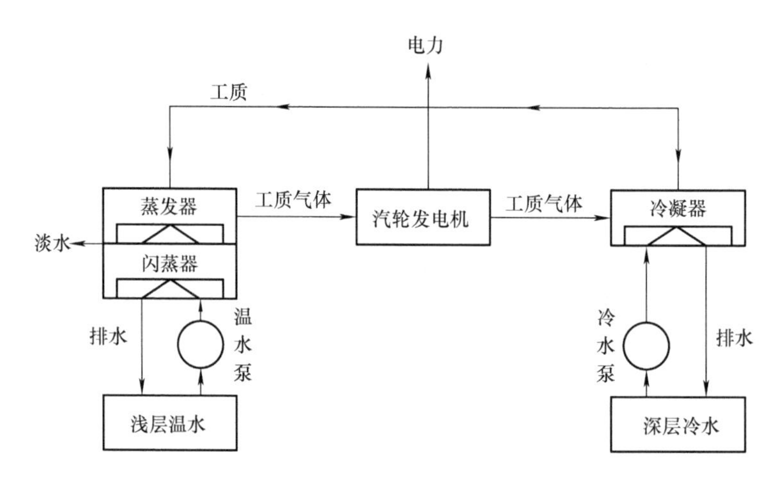

图 1-34　混合循环温差发电系统原理示意图

1.4.2.5　盐差能

盐差能主要存在于河海交界处，是指两种含盐浓度不同的海水之间或者海水和淡水之间的化学电位差能，盐差能是以化学能形态存在的海洋能。盐差能发电的具体实现方式主要有渗透压法、渗析电池法、蒸汽压差法等，其中渗透压法最受业界关注。

1. 渗透压法

渗透压法盐差能发电时是将含盐浓度不同的海水之间的化学电位差能转换成水的势能，再利用水轮机进行发电的一种盐差能发电方式，其发电系统原理示意如图 1-35 所示。水泵将海水送入渗透器（渗透器左侧是半渗透膜），淡水通过半透膜进入海水一侧，使海水一侧的水平面明显高于淡水一侧，海水从更高侧流下推动水轮机旋转，并带动发电机发电。

2. 渗析电池法

渗析电池法盐差能发电是利用河水和海水之间的电位差能进行发电的一种盐差能发电方式，其发电原理示意如图 1-36 所示。容器里左边装淡水，右边装海水；氯离子交换膜将海水和淡水隔开，只许氯离子通过；在淡水与海水中各放一块电极板，只要淡水与海水之间的盐度差得以保持，电动势就会一直存在。

3. 蒸汽压差法

蒸汽压差法盐差能发电是利用淡水与海水的不同蒸汽压力进行发电的一种盐差能发

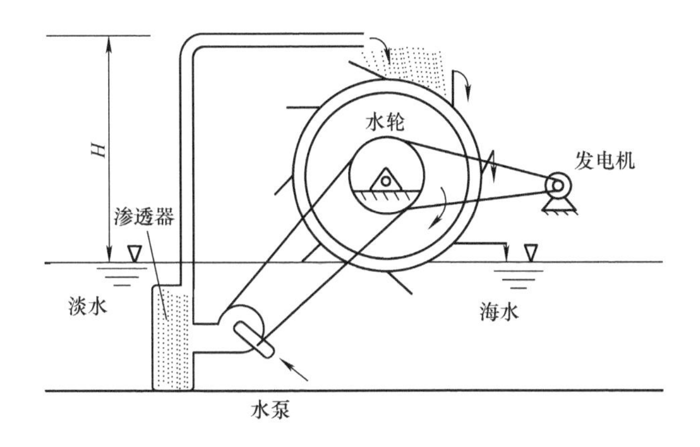

图 1-35　渗透压法盐差能发电系统原理示意图

电方式，其发电原理示意如图 1-37 所示。在相同加热温度下，淡水比海水蒸发得快，将淡水与海水在同室内隔开加热，水蒸气很快会从淡水一侧上方流向海水一侧上方，只要在其间安置收集流道，并在流道中装有汽轮发电机组，就可以驱动汽轮发电机发电。

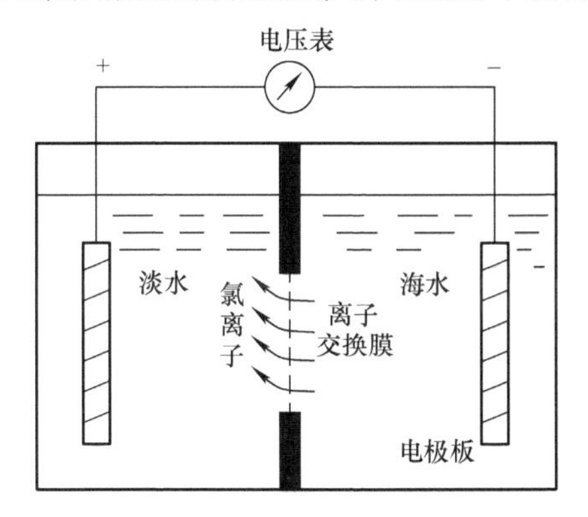

图 1-36　渗析电池法盐差能发电原理示意图

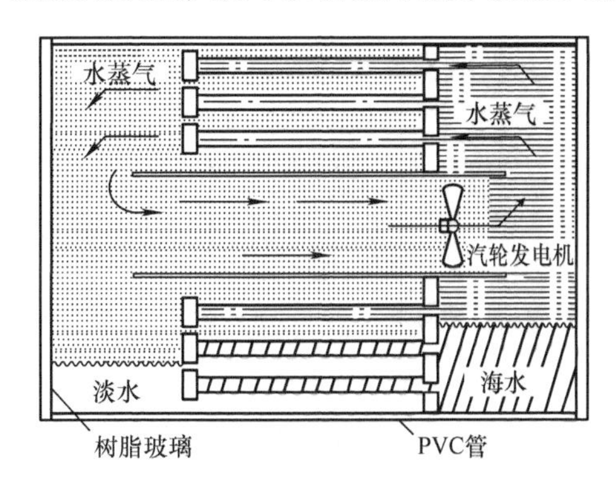

图 1-37　蒸汽压差法盐差能发电原理示意图

由于海洋能的能量密度根据海水流速、温度风速等诸多环境因素而变化，因此需要对海洋能发电系统进行调节，以获得最大的输出功率，而海洋能发电系统的输出功率、幅值、相位以及频率的调节都是利用电力电子变换器来完成的。

1.5　燃料电池发电

1.5.1　燃料电池发电概述

燃料电池是一种将存储在燃料和氧化剂中的化学能按电化学原理转化为电能的能量

转化系统。因为燃料电池不存在热机过程，所以不受卡诺循环的限制，在其反应过程中不仅不会产生有害污染，而且还具有较高的转化效率。其中燃料电池的燃料主要是氢气，而氢气又可以通过从光伏、风电等新能源获得的电能电解水来获得，从而构成了可再生燃料电池。该系统所有的能量都是通过新能源产生的。

燃料电池的研究和开发已取得了较好的理论和应用研究成果，从而使得燃料电池有望取代传统发电机及内燃机，广泛应用于发电和新能源汽车领域。更为重要的是，这种重要的新型发电方式实现了电能生产与消费的同步，可显著提高燃料利用率、降低燃料污染并解决电力供应问题，提高电网安全性。

在国际新能源汽车领域，日本、韩国和欧美国家的汽车企业相继推出燃料电池电动汽车，如现代汽车的第五代氢燃料电池车——Nexo，其续驶里程高达805km，100km加速仅9.9s；而丰田的第一款氢燃料电池车Mirai，2017年在美国的销量就已经突破了3000辆，大规模量产已经是必然之势。另外，日本新能源和产业技术综合开发机构还制定了宏伟目标，计划至2040年在日本普及氢燃料电池车，并积极推进相关技术研发，以提高燃料电池性能，并降低整车的制造成本。未来日本氢燃料电池车的续驶里程将达到1000km，到2040年氢燃料电池车的保有量将由目前的2000辆增加至300万~600万辆。

在我国，燃料电池技术的研究和应用也取得了长足进步。在2008年奥运会期间，上海大众推出了直接甲醇燃料电池（Direct Methanol Fuel Cell，DMFC）车；在2010年上海世博会期间，我国展出了196辆氢燃料电池汽车。2015年，上海汽车推出了续驶400km、“无污染，零排放”的荣威750E燃料电池汽车。2016年，福田汽车集团推出了欧辉系列12m和8.5m级别（长度）的燃料电池大巴，并进一步推进研究，计划在几年内研发出具备大规模批量生产和商业化应用的原创燃料电池核心技术、整车以及配套支持设备。现在国家已经计划将燃料电池客车作为燃料电池商业化的突破口。

另外，燃料电池在舰船尤其是潜艇，以及航空航天领域都得到了广泛的应用。

1.5.2 燃料电池发电的原理及分类

燃料电池单体由阳极（燃料电极）、阴极（氧化电极）及电解质膜组成，其基本结构如图1-38所示。通常电池的活性物质贮存在电池内部，阻碍了电池容量的扩展、限制了电池容量的增加。而燃料电池本身不包括活性物质，因此可以将燃料电池看作化学能转化为电能的高效机器。工作时，燃料和氧化物由外部供给，进行反应。原则上只要反应物不断输入，

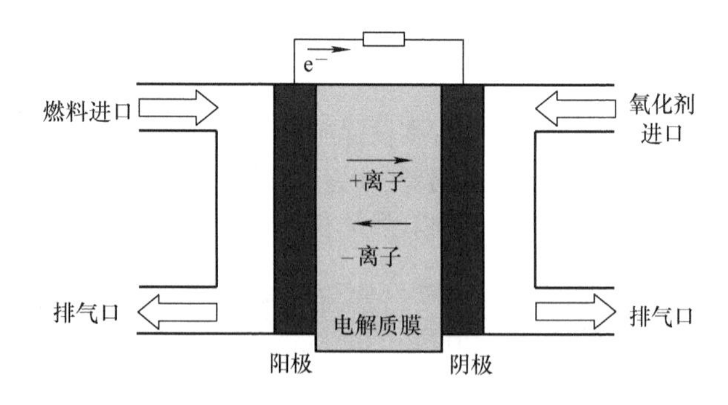

图1-38 燃料电池基本结构

反应产物不断排出，燃料电池就能实现连续发电。

以氢燃料电池为例，氢燃料电池的工作过程是电解水的逆过程。其电化学反应过程如下：首先阳极气体通道中的燃料氢气在通过阳极时与催化剂发生化学反应，产生氢离子，并释放出电子；在阳极侧形成的氢离子经由电解质隔膜转移到阴极的催化层上，而电子则需经过外部电路到达阴极，到达阴极的氢离子便会与阴极上的氧化剂氧离子发生化学反应生成水，并消耗电子。

燃料电池发电系统除了燃料电池本体外，还要与外围装置共同组成发电系统，其系统构成如图1-39所示。燃料电池发电系统的组成主要有燃料重装系统、空气供应系统、DC－AC变换系统、控制系统和余热回收系统等，另外在高温燃料电池中还有剩余气体循环系统等。

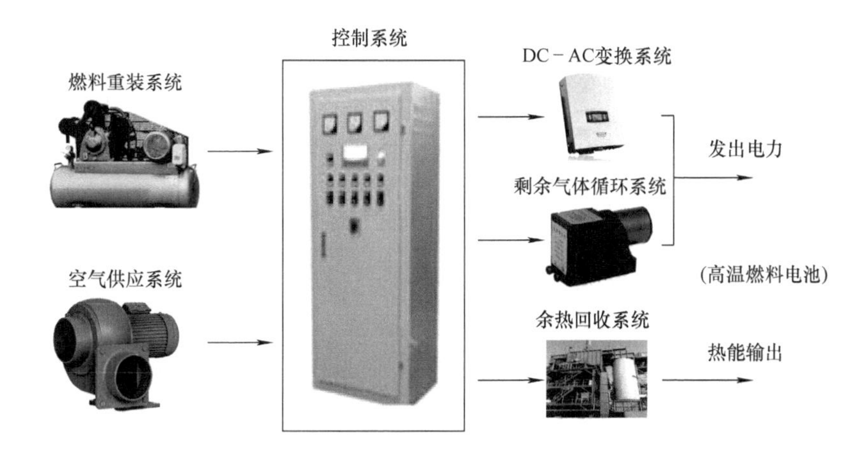

图1-39 燃料电池发电系统的构成

燃料电池发电系统中各主要组成部分的功能如下：

1）燃料重装系统是将得到的燃料转化为燃料电池能使用的以氢为主要成分的一个转换系统；

2）空气供应系统是可使用电动机驱动的送风机或空气压缩机；

3）DC－AC变换系统是直流到交流的逆变装置；

4）控制系统是控制燃料电池发电时的起停、运行和外接负载等的装置；

5）余热回收系统用于回收燃料电池发电时所产生的热能；

6）剩余气体循环系统。在高温燃料电池发电装置中，由于燃料电池排热温度高，因此安装可以使用蒸汽轮机与燃气轮机的剩余气体循环系统。

燃料电池按其所用的电解质大致可分为碱性燃料电池（Alkaline Fuel Cell，AFC）、磷酸型燃料电池（PAFC）、质子交换膜燃料电池（Proton Exchange Membrane Fuel Cell，PEMFC）、熔融碳酸盐燃料电池（Molten Carbonate Fuel Cell，MCFC）和固体氧化物燃料电池（Solid Oxide Fuel Cell，SOFC）五大类型。每类燃料电池需要特殊的材料和燃料，且应用于特殊的场合。表1-1列出了各种燃料电池的基本情况。

表1-1 各类燃料电池的基本情况

	低温燃料电池（60～120℃）		中温燃料电池（160～220℃）	高温燃料电池（600～1000℃）	
类型	AFC	PEMFC	PAFC	MCFC	SOFC
应用	太空飞行、国防	汽车、潜水艇、移动电话、笔记本电脑	热电联产电厂	联合循环热电厂、电厂船	电厂、家庭电源传送
开发状态	在太空飞行中的应用	家庭电源试验项目、轿车、公共汽车	具有200kW功率的电池在工业中的应用	容量为280kW～2MW的试验电厂	100kW的试验电厂
电解体	氢氧化钾溶液	质子可渗透膜	磷酸	锂和碳酸钾	固体氧化钴
燃料	纯氢气	氢气、甲醇、天然气	天然气、氢气	天然气、煤气、沼气	天然气、煤气、沼气
氧化剂	纯氧气	大气中的氧气	大气中的氧气	大气中的氧气	大气中的氧气
效率	60%～90%	43%～58%	37%～42%	高于50%	50%～65%
研发机构	美国国际燃料电池公司	加拿大Ballard公司 美国Plug Power、Analytic Power公司 日本三菱、三洋、松下、东芝公司	美国Onsi公司 日本三菱、三洋、东芝公司	美国能源研究所 德国MTU公司 荷兰ECN公司	德国西门子公司 美国西屋公司 日本三菱公司 日本富士电机公司

燃料电池系统与电力电子技术有着十分紧密的关系，在燃料电池发电系统中，功率变换系统（DC－DC变换器和DC－AC变换器）是燃料电池的核心部分之一。由于燃料电池直接输出的电压不高，因此通常不能将燃料电池的输出直接接到逆变器上，一般在中间插入一级DC－DC变换器。DC－DC变换除了升/降压匹配之外，还可以阻断负载侧向燃料电池流入反向电流，另一方面可避免逆变器直流侧纹波电流对燃料电池脉冲冲击的不利影响。

思 考 题

1. 什么是新能源？新能源与传统能源的区别是什么？新能源具体包含哪些种类？
2. 请简述太阳电池光伏效应的基本原理及电力电子技术在光伏系统中的作用。

3. 集中式并网光伏系统和分布式并网光伏系统各有什么优点？如果要在山地、湖面、屋顶和荒漠地区分别建设光伏电站，那么应分别采用何种并网光伏系统？

4. 变速恒频风力发电系统相对于恒速恒频风力发电系统有哪些优点？

5. 小水力发电系统可以分为哪几类？各有什么优点？

6. 海洋能主要有哪几种形式？最成熟的海洋能发电形式是什么？

7. 简述燃料电池发电系统基本原理。与传统的能源转换系统相比，它具有什么优点？

参考文献

[1] 左然，施明恒，王希麟. 可再生能源概论 [M]. 北京：机械工业出版社，2015.

[2] 程明，张建忠，王念春. 可再生能源发电技术 [M]. 北京：机械工业出版社，2012.

[3] 朱永强. 新能源与分布式发电技术 [M]. 北京：北京大学出版社，2010.

[4] 张兴. 曹仁贤，等. 太阳能光伏并网发电及其逆变控制 [M]. 北京：机械工业出版社，2011.

[5] 张兴. 曹仁贤，等. 永磁同步全功率风力发电变流器及控制 [M]. 北京：电子工业出版社，2016.

[6] 慧晶，方光辉. 新能源发电与控制技术 [M]. 北京：机械工业出版社，2012.

[7] 姚兴佳，刘国喜，朱家玲，等. 可再生能源及其发电技术 [M]. 北京：科学出版社，2010.

[8] 方玉建，张金凤，袁寿其. 欧盟 27 国小水电的发展对我国的战略思考 [J]. 排灌机械工程学报，2014，32 (07)：588－599，605.

[9] 阿卜力米提·阿帕尔，孟涛. 对我国小水电产业发展现状的分析 [J]. 城市建设与商业网点，2009 (17).

[10] 陈发智. 同步发电机励磁控制系统研究与开发 [D]. 武汉：华中科技大学，2009.

[11] 沈文平. 同步发电机励磁控制系统研究 [J]. 机电信息，2009 (36)：32.

[12] 马冬娜. 海洋能发电综述 [J]. 科技资讯，2015，13 (21)：246－247.

[13] 王义强. 海洋温差发电上原循环系统的研究 [D]. 青岛：青岛理工大学，2011.

[14] 闫怀志，卢道英，闫振民. 环境能源发电：太阳能、风能和海洋能 [M]. 北京：机械工业出版社，2013.

[15] 步宏飞. 燃料电池发电系统 DC/DC 变换器的研究 [D]. 南京：南京航空航天大学，2006.

[16] 麦洋. 燃料电池发电系统研究与仿真 [D]. 成都：西南交通大学，2010.

第2章

并网逆变器及其控制

2.1 并网逆变器概述

并网逆变器的控制策略是新能源并网系统并网控制的关键，并且无论何种新能源并网发电系统都不能缺少网侧的 DC－AC 变换单元。并网逆变器一般分为电压源型并网逆变器和电流源型并网逆变器，在新能源发电系统中主要采用电压源型并网逆变器，因此本章主要讨论电压源型并网逆变器及其控制策略。在电压型并网逆变器拓扑中，依据电网相数可分为单相并网逆变器和三相并网逆变器，依据输出电平数可分为两电平并网逆变器和三电平并网逆变器等，本章主要讨论三相两电平电压型并网逆变器的建模与控制。

三相电压源型并网逆变器主电路拓扑如图 2-1 所示。实际上，由于并网逆变器交流输出接入电网，因此是一种有源逆变器，而有源逆变器通常属于整流器技术范畴。由于并网逆变器一般采用全控型开关器件及 PWM 控制，因此并网逆变器也可称为 PWM 整流器。

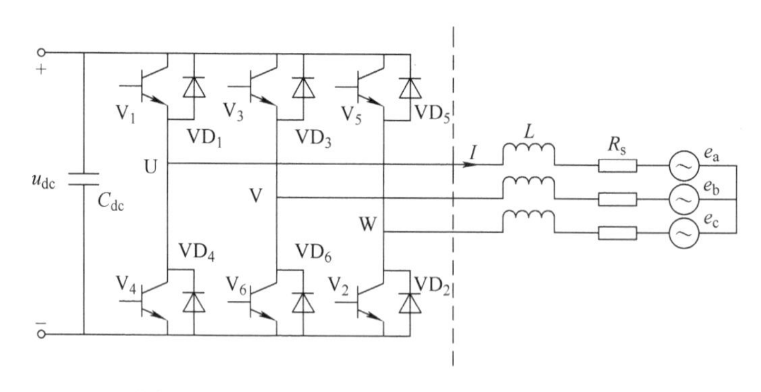

图 2-1　三相电压源型并网逆变器主电路拓扑

对于电压源型并网逆变器而言，典型的并网控制策略就是通过调节逆变器的三相交流输出电压（幅值、相位）来控制其三相并网电流（幅值、相位），进而实现并网逆变器网侧有功和无功功率的控制。在电力电子技术中，电压源型逆变器由于只能输出有限的开关状态，在空间对应数个离散电压矢量，因此习惯上通常将三相逆变器的输出电压、电流向量称为电压矢量和电流矢量。若忽略图 2-1 中并网逆变器输出等效电阻 R，并按照发电机惯例，则三相电压源型并网逆变器发电运行时几个典型状态的矢量关系如图 2-2 所示。

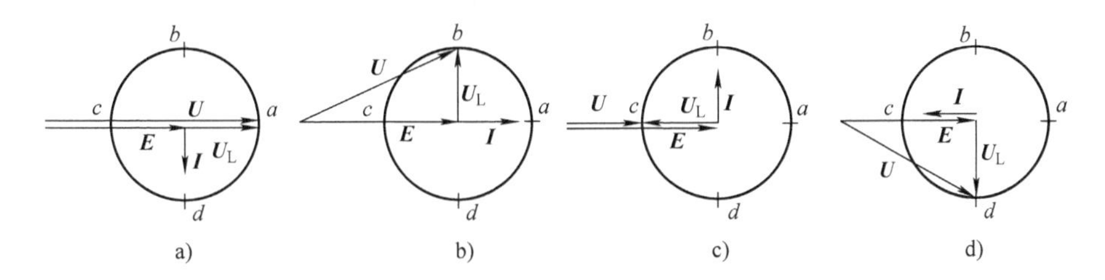

图 2-2　三相电压源型并网逆变器交流侧典型运行状态时的矢量关系

a）纯感性运行　b）单位功率因数发电运行　c）纯容性运行　d）单位功率因数整流运行

图 2-2 中，$\boldsymbol{E}$ 表示电网的电压矢量，$\boldsymbol{U}_{\mathrm{L}}$ 表示滤波电感 L 上的电压矢量，$\boldsymbol{U}$ 表示逆变器桥臂输出即交流侧的电压矢量，$\boldsymbol{I}$ 表示输出的电流矢量。

由图 2-2 中的矢量图不难分析出相应的矢量关系，即

$$\boldsymbol{U}=\boldsymbol{U}_{\mathrm{L}}+\boldsymbol{E} \tag{2-1}$$

考虑并网逆变器的稳态运行，由于 $|\boldsymbol{I}|$ 不变，$|\boldsymbol{U}_{\mathrm{L}}|=\omega L|\boldsymbol{I}|$ 也不变，因此并网逆变器交流侧电压矢量的端点形成一个以矢量 $\boldsymbol{E}$ 端点为圆心，以 $|\boldsymbol{U}_{\mathrm{L}}|$ 为半径的圆。显然，通过控制并网逆变器输出电压矢量的幅值和相位即可控制电感电压矢量的幅值和相位，进而也就控制了输出电流矢量的幅值和相位（$\boldsymbol{U}_{\mathrm{L}}=\mathrm{j}\omega L\boldsymbol{I}$）。

实际上，可按图 2-2 所示的矢量关系来讨论并网逆变器的运行状态。

如图 2-2a 所示，若按照发电机惯例（将电网等效为逆变器的负载，且电流从逆变器流向电网，此时电流方向与图 2-2a 所示参考方向相同），则当控制并网逆变器的输出电流并使其滞后电网电压相位 90°时，电网呈现出纯电感特性；但若按照电动机惯例（将逆变器等效为电网的负载，且电流从电网流向逆变器，此时电流方向与图 2-2 所示参考方向相反），则并网逆变器此时为纯电容运行状态。

如图 2-2b 所示，若按照发电机惯例（将电网等效为逆变器的负载，且电流从逆变器流向电网，此时电流方向与图2-2b所示参考方向相同），则当控制并网逆变器的输出电流并使其与电网电压同相位时，电网呈现出纯电阻特性（吸收功率）；但若按照电动机惯例（将逆变器等效为电网的负载，且电流从电网流向逆变器，此时电流方向与图 2-2b所示参考方向相反），则并网逆变器此时呈现出负阻特性（吸收负功率－发电），表明此时并网逆变器为单位功率因数发电运行状态。

如图 2-2c 所示，若按照发电机惯例（将电网等效为逆变器的负载，且电流从逆变器流向电网，此时电流方向与图 2-2c 所示参考方向相同），则当控制并网逆变器的输出电流并使其超前电网电压相位 90°时，电网呈现出纯电容特性；但若按照电动机惯例（将逆变器等效为电网的负载，且电流从电网流向逆变器，此时电流方向与图 2-2c 所示

参考方向相反)，则并网逆变器此时为纯电感运行状态。

如图 2-2d 所示，若按照发电机惯例（将电网等效为逆变器的负载，且电流从逆变器流向电网，此时电流方向与图 2-2d 所示参考方向相同)，则当控制并网逆变器的输出电流并使其与电网电压同相位相差 180°时，电网呈现出负阻特性（吸收负功率 - 发电)；但若按照电动机惯例（将逆变器等效为电网的负载，且电流从电网流向逆变器，此时电流方向与图 2-2d 所示参考方向相反)，则并网逆变器此时呈现纯电阻特性（吸收功率)，表明此时并网逆变器为单位功率因数整流运行状态。

实际上，当控制并网逆变器桥臂电压矢量 $\boldsymbol{U}$ 沿图 2-2 所示圆周运行时，即可实现并网逆变器的四象限运行。换言之，通过控制并网逆变器的输出电流矢量即可实现并网逆变器的有功和无功功率控制。

总之，并网逆变器并网控制的基本原理可概括如下：首先根据并网控制给定的有功和无功功率指令，以及检测到的电网电压矢量计算出所需的输出电流矢量 $\boldsymbol{I}^*$；再由式（2-1）和 $\boldsymbol{U}_{\mathrm{L}} = \mathrm{j}\omega L\boldsymbol{I}^*$ 即可计算出并网逆变器交流侧输出的电压矢量指令 $\boldsymbol{U}^*$，即 $\boldsymbol{U}^* = \boldsymbol{E} + \mathrm{j}\omega L\boldsymbol{I}^*$；最后通过正弦脉宽调制（Sinusoidal Pulse Width Modulation，SPWM）或空间矢量脉宽调制（Space Vector Pulse Width Modulation，SVPWM）使并网逆变器交流侧按照指令输出所需电压矢量，以此实现并网逆变器网侧电流的控制。

上述并网控制方法实际上是通过式（2-1）运算得出的并网逆变器交流侧电压矢量来间接控制输出电流矢量的，因而称为间接电流控制（Indirect Current Control，ICC)。这种间接电流控制方法无需电流检测且控制简单，但也存在明显不足：①对系统参数变化较为敏感；②由于其基于系统的稳态模型进行控制因而动态响应速度慢；③由于无电流反馈控制，因而并网逆变器输出电流的波形品质难以保证，甚至在动态过程中含有一定的直流分量。

为了克服间接电流控制方案的上述不足，实际应用中通常采用直接电流控制（Direct Current Control，DCC）方案。直接电流控制方案依据系统动态数学模型，构造了电流闭环控制系统，不仅提高了系统的动态响应速度和输出电流的波形品质，同时也降低了其对参数变化的敏感程度，提高了系统的鲁棒性。

在直接电流控制前提下，如果在如图 2-3 所示的同步旋转坐标系中，电网电压矢量 $\boldsymbol{E}$ 以同步旋转坐标系 d 轴进行定向，即 $e_{\mathrm{d}} = |\boldsymbol{E}|$，$e_{\mathrm{q}} = 0$，则通过控制并网逆变器输出电流矢量 $\boldsymbol{I}$ 的幅值以及相对于电网电压矢量 $\boldsymbol{E}$ 的相位，即可控制并网逆变器的有功电流 i_{d} 和无功电流 i_{q}，以此实现并网逆变器的功率控制。

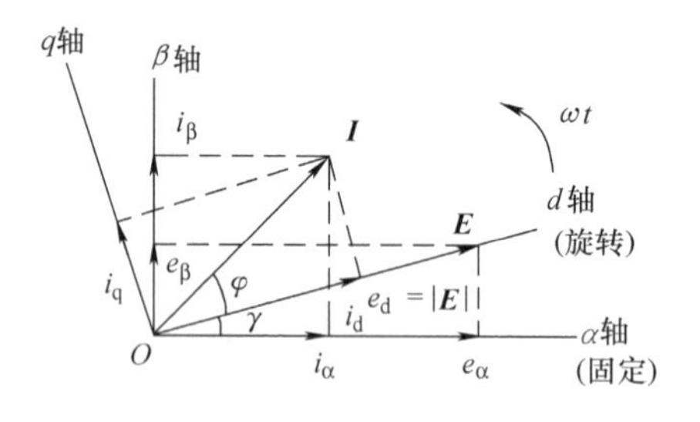

图 2-3 VO - DCC 矢量关系

由于上述电流矢量控制是以电网电压矢量位置为定向参考的，因此称其为基于电压定向的直接电流控制（Voltage Oriented - Direct Current Control，VO - DCC)。可见，VO - DCC 策略是在电压定向基础上通过直接电流控制实现并网逆变器的输出有功和无功功率的控制。显然，VO - DCC 策略的控制性能依赖于电网电压矢量位置的准确获得，而电网电压矢量位置则可以通过电网电压的锁相环控制运算获得。

另外，在并网系统中，对逆变器并网电流的谐波有严格的限制要求，即要求并网电流的总谐波畸变率（Total Harmonic Distortion，THD）足够小（一般要求并网电流的 THD≤5%），因此并网逆变器的输出滤波器设计就极为关键。为有效降低并网逆变器输出滤波器体积和损耗，其滤波器通常采用 *LCL* 型滤波器设计。然而，这种 *LCL* 型滤波器由于其幅频特性中存在谐振峰，因此降低了并网逆变器的控制稳定性，甚至还会导致并网逆变器的振荡。

根据上述基于 VO - DCC 策略的并网逆变器控制要求，以下首先将讨论同步坐标系下并网逆变器的数学模型，在此基础上讨论并网逆变器的电流内环和直流电压外环的控制设计，并介绍几种针对基于 *LCL* 型滤波器的并网逆变器的控制策略，最后还将概述锁相环技术基础。

2.2　同步坐标系下并网逆变器的数学模型

讨论基于矢量定向的并网逆变器控制策略时，根据选择的参考坐标系不同，其控制（调节）器设计主要分为基于同步旋转坐标系（dq）以及基于静止坐标系（abc 或 $\alpha\beta$）两种结构的控制器设计。值得注意的是，同步旋转坐标系是与选定的定向矢量同步旋转的，如图 2-3 所示的坐标系（dq）与矢量 $\boldsymbol{E}$ 同步旋转。对于基于同步旋转坐标系的并网逆变器控制而言，利用坐标变换一方面可将静止坐标系中的交流量变换成同步坐标系下的直流量，这样采用比例积分（Proportional Integal，PI）调节器设计即可实现同步坐标系下直流量的无静差控制，另一方面通过前馈补偿还可以实现并网逆变器有功和无功的解耦控制。

可见，对于三相并网逆变器的控制而言，大都采用基于同步旋转坐标系的控制设计。为方便讨论并网逆变器的 VO - DCC 控制策略，以下首先介绍同步坐标系下并网逆变器的数学模型。

由图 2-2 分析可知，在三相静止 abc 坐标系下，并网逆变器的电压方程为

$$\boldsymbol{U}_{\mathrm{abc}} - \boldsymbol{E}_{\mathrm{abc}} = \boldsymbol{I}_{\mathrm{abc}} R + L\frac{\mathrm{d}\boldsymbol{I}_{\mathrm{abc}}}{\mathrm{d}t} \tag{2-2}$$

式中，矢量 $\boldsymbol{X}_{\mathrm{abc}} = (x_{\mathrm{a}}, x_{\mathrm{b}}, x_{\mathrm{c}})^{\mathrm{T}}$，$x$ 表示相应的物理量，下标表示 abc 坐标系中各相的变量。

当只考虑三相平衡系统时，系统只有两个自由度，即三相系统可以简化成两相系统，因此可将三相静止 abc 坐标系下的数学模型变换成两相垂直静止 $\alpha\beta$ 坐标系下的数学模型，即

$$\boldsymbol{X}_{\alpha\beta} = \boldsymbol{T}\boldsymbol{X}_{\mathrm{abc}} \tag{2-3}$$

式中，变换矩阵 $\boldsymbol{T}=\begin{pmatrix}1 & 0\\ \frac{1}{\sqrt{3}} & \frac{2}{\sqrt{3}}\end{pmatrix}$，矢量 $\boldsymbol{X}_{\alpha\beta}=(x_\alpha,\ x_\beta)^{\mathrm{T}}$。

显然，相应的逆变换可表示为 $\boldsymbol{X}_{\mathrm{abc}}=\boldsymbol{T}^{-1}\boldsymbol{X}_{\alpha\beta}$，并将其带入式（2-2）化简得

$$\boldsymbol{U}_{\alpha\beta}-\boldsymbol{E}_{\alpha\beta}=\boldsymbol{I}_{\alpha\beta}R+L\frac{\mathrm{d}\boldsymbol{I}_{\alpha\beta}}{\mathrm{d}t} \tag{2-4}$$

再将两相静止 $\alpha\beta$ 坐标系下的数学模型变换成同步旋转 dq 坐标系下的数学模型，即

$$\boldsymbol{X}_{\mathrm{dq}}=T(\gamma)\boldsymbol{X}_{\alpha\beta} \tag{2-5}$$

式中，变换矩阵 $\boldsymbol{T}(\gamma)=\begin{pmatrix}\cos\gamma & \sin\gamma\\ -\sin\gamma & \cos\gamma\end{pmatrix}$，矢量 $\boldsymbol{X}_{\mathrm{dq}}=(x_{\mathrm{d}},\ x_{\mathrm{q}})^{\mathrm{T}}$。

同上，式（2-5）的逆变换可表示为 $\boldsymbol{X}_{\alpha\beta}=\boldsymbol{T}(\gamma)^{-1}\boldsymbol{X}_{\mathrm{dq}}$，将其代入式（2-4）并进行相应的数学变换可得

$$\boldsymbol{U}_{\mathrm{dq}}-\boldsymbol{E}_{\mathrm{dq}}=L\begin{pmatrix}0 & -\omega_0\\ \omega_0 & 0\end{pmatrix}\boldsymbol{I}_{\mathrm{dq}}+L\frac{\mathrm{d}\boldsymbol{I}_{\mathrm{dq}}}{\mathrm{d}t}+\boldsymbol{I}_{\mathrm{dq}}R \tag{2-6}$$

式中　ω_0——同步旋转角频率，且 $\omega_0=\mathrm{d}\gamma/\mathrm{d}t$。

若忽略线路电阻 R，则由式（2-6）可得同步旋转坐标系下的 dq 模型方程如下：

$$\begin{cases}u_{\mathrm{d}}=L\dfrac{\mathrm{d}i_{\mathrm{d}}}{\mathrm{d}t}-\omega_0 Li_{\mathrm{q}}+e_{\mathrm{d}}\\ u_{\mathrm{q}}=L\dfrac{\mathrm{d}i_{\mathrm{q}}}{\mathrm{d}t}+\omega_0 Li_{\mathrm{d}}+e_{\mathrm{q}}\end{cases} \tag{2-7}$$

式中　e_{d}，e_{q}——电网电动势矢量 $\boldsymbol{E}_{\mathrm{dq}}$ 的 d，q 轴分量；

u_{d}，u_{q}——三相逆变器交流侧电压矢量 $\boldsymbol{U}_{\mathrm{dq}}$ 的 d，q 轴分量；

i_{d}，i_{q}——三相逆变器交流侧电流矢量 $\boldsymbol{I}_{\mathrm{dq}}$ 的 d，q 轴分量。

观察式（2-7）不难发现，并网逆变器的电流控制不仅取决于对动态电流的跟踪控制，而且受 d，q 轴电感压降和电网电压扰动的影响，并且，d，q 轴存在相互耦合，为此，可采用基于前馈解耦的电流环控制策略。

如果电流控制器采用 PI 调节器设计，则式（2-7）中的电流微分项（动态电流）可由 PI 调节器运算获得，而其他耦合扰动项则采用前馈补偿运算，即在构建控制方程时保留式（2-7）中的耦合扰动项，以此构建的基于 u_{d}，u_{q} 的并网逆变器电流控制方程如下：

$$\begin{cases}u_{\mathrm{d}}=\left(K_{\mathrm{iP}}+\dfrac{K_{\mathrm{iI}}}{s}\right)(i_{\mathrm{d}}^{*}-i_{\mathrm{d}})-\omega_0 Li_{\mathrm{q}}+e_{\mathrm{d}}\\ u_{\mathrm{q}}=\left(K_{\mathrm{iP}}+\dfrac{K_{\mathrm{iI}}}{s}\right)(i_{\mathrm{q}}^{*}-i_{\mathrm{q}})+\omega_0 Li_{\mathrm{d}}+e_{\mathrm{q}}\end{cases} \tag{2-8}$$

式中　K_{iP}，K_{iI}——电流内环比例调节增益和积分调节增益；

i_{d}^{*}，i_{q}^{*}——i_{d}，i_{q} 电流指令值。

将式（2-8）带入式（2-7）可得

$$\begin{cases} L\dfrac{\mathrm{d}i_{\mathrm{d}}}{\mathrm{d}t}=\left(K_{\mathrm{iP}}+\dfrac{K_{\mathrm{iI}}}{s}\right)(i_{\mathrm{d}}^{*}-i_{\mathrm{d}}) \\ L\dfrac{\mathrm{d}i_{\mathrm{q}}}{\mathrm{d}t}=\left(K_{\mathrm{iP}}+\dfrac{K_{\mathrm{iI}}}{s}\right)(i_{\mathrm{q}}^{*}-i_{\mathrm{q}}) \end{cases} \tag{2-9}$$

观察式（2-9）可知，电流控制的 d，q 轴耦合得以消除，可见通过扰动量的前馈补偿即可实现并网逆变器电流环的解耦控制。由于扰动耦合项是通过前馈补偿进行解耦的，因此这实际上是一种前馈解耦控制。基于前馈解耦的并网逆变器电流环控制结构如图 2-4 所示。这种前馈解耦方案算法较为简单，便于工程实现，但其解耦性能依赖于系统模型参数的准确性。

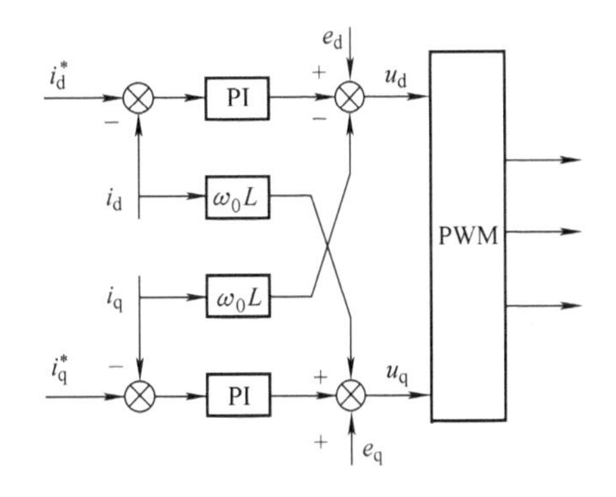

图 2-4　基于前馈解耦的并网逆变器电流环控制结构

2.3　基于电网电压定向的直接电流控制策略

如图 2-3 所示，若同步旋转 dq 坐标系与电网电压矢量 $\boldsymbol{E}$ 同步旋转，且同步旋转坐标系的 d 轴与电网电压矢量 $\boldsymbol{E}$ 重合，即 $e_{\mathrm{d}}=|\boldsymbol{E}|$，$e_{\mathrm{q}}=0$，则根据瞬时功率理论，系统的瞬时有功功率 p 和无功功率 q 分别为

$$\begin{cases} p=\dfrac{3}{2}(e_{\mathrm{d}}i_{\mathrm{d}}+e_{\mathrm{q}}i_{\mathrm{q}}) \\ q=\dfrac{3}{2}(e_{\mathrm{d}}i_{\mathrm{q}}-e_{\mathrm{q}}i_{\mathrm{d}}) \end{cases} \tag{2-10}$$

由于在基于电网电压定向时，$e_{\mathrm{q}}=0$，故式（2-10）可简化为

$$\begin{cases} p=\dfrac{3}{2}e_{\mathrm{d}}i_{\mathrm{d}} \\ q=\dfrac{3}{2}e_{\mathrm{d}}i_{\mathrm{q}} \end{cases} \tag{2-11}$$

若不考虑电网的波动，则 e_{d} 为一定值，则由式（2-11）表示的并网逆变器的瞬时有功功率 p 和无功功率 q 仅与并网逆变器输出电流的 d，q 轴分量 i_{d}，i_{q} 成正比。这表明如果电网电压不变，则通过控制 i_{d}，i_{q} 就可以分别控制并网逆变器的有功和无功功率。

在图 2-1 所示的并网逆变器中，直流侧输入有功功率的瞬时值为 $p=i_{\mathrm{dc}}u_{\mathrm{dc}}$，若不考虑逆变器的功率损耗，则由式（2-11）可知 $i_{\mathrm{dc}}u_{\mathrm{dc}}=p=\dfrac{3}{2}e_{\mathrm{d}}i_{\mathrm{q}}$。可见，当电网电压不变且忽略逆变器的功率损耗时，并网逆变器的直流侧电压 u_{dc} 与并网逆变器输出电流的 d 轴分量 i_{d} 成正比，由于并网逆变器的有功功率 p 与 i_{d} 成正比，因此并网逆变器直流侧电压 u_{dc} 的控制可通过控制有功功率 p 或 i_{d} 来实现。

显然，基于电网电压定向的三相并网逆变器控制可以采用直流电压外环和有功、无功电流内环的双环控制结构，其中电流环采用基于前馈解耦的电流控制。其双环控制结构如图 2-5 所示。

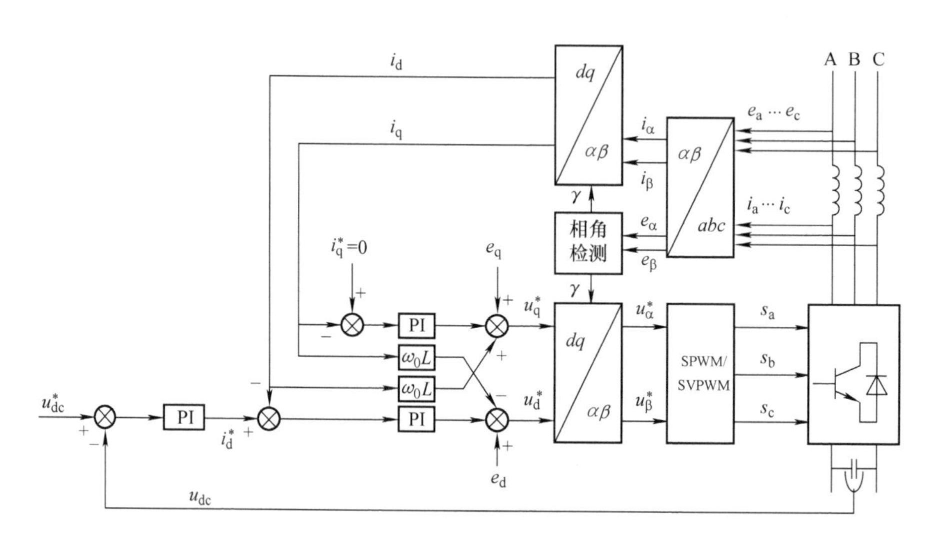

图 2-5 基于电压矢量定向（VO－DCC）的并网逆变器双环控制结构

在图 2-5 中，VO－DCC 控制系统由直流电压外环以及有功和无功电流内环组成。直流电压外环的作用是为了稳定或调节直流电压，显然，引入直流侧电压反馈并通过一个 PI 调节器即可实现直流电压的无静差控制。由于直流电压的控制可通过 i_d 的控制来实现，因此直流电压外环 PI 调节器的输出量即为有功电流内环的电流参考值 i_d^*，从而对并网逆变器输出的有功功率进行调节。无功电流内环的电流参考值 i_q^* 则是根据需要向电网输送的无功功率参考值 q^*，且由 $q^*=e_d i_q^*$ 运算而得，当令 $i_q^*=0$ 时，并网逆变器运行于单位功率因数状态，即仅向电网输送有功功率。

在图 2-5 中，电流内环是在 dq 坐标系中实现控制的，即并网逆变器输出电流的检测值 i_a，i_b，i_c 经过 $abc/\alpha\beta/dq$ 的坐标变换转换为同步旋转 dq 坐标系下的直流量 i_d，i_q，将其与电流内环的电流参考值 i_d^*，i_q^* 进行比较，并通过相应的 PI 调节器控制分别实现对 i_d，i_q 的无静差控制。电流内环 PI 调节器的输出信号经过 $dq/\alpha\beta$ 逆变换后，即可通过 SPWM 或 SVPWM 得到并网逆变器相应的开关驱动信号 S_a，S_b，S_c，从而实现逆变器的并网控制。

另外，图 2-3 中坐标变换的相角 γ 检测实际上是通过锁相环控制运算而得到的。

若不考虑电网扰动，则当采用 dq 坐标系的前馈解耦控制时，并网逆变器解耦后的 i_d 电流内环控制结构如图 2-6 所示（i_q 电流环与 i_d 环相同）。当开关频率足够高时，其逆变桥的放大特性可由比例增益 K_{PWM} 近似表示。

前面的分析表明，并网逆变器的直流电压是通过逆变器的有功功率 p 或有功电流 i_d 进行控制的，而又由图 2-1 分析易得 $C\dfrac{du_{dc}}{dt}=i_c$，$i_c=i_{dc}-i_i$。因此要构建并网逆变器的

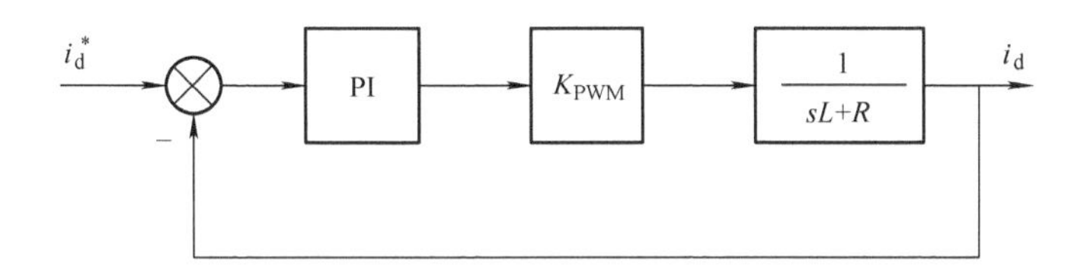

图 2-6　电流内环控制结构

直流电压外环，关键在于求得电流内环的输出 i_d 与逆变桥直流输入电流 i_{dc}之间的传递关系。

实际上，由 $p=i_{dc}u_{dc}=\frac{3}{2}e_d i_d$，可得 $i_{dc}=\frac{3}{2}\frac{e_d i_d}{u_{dc}}$，若令稳态时 $u_{dc}=U_{DC}$，则

$$i_{dc}=\frac{3}{2}\frac{e_d i_d}{U_{DC}} \tag{2-12}$$

从而可得直流电压外环的控制结构如图 2-7 所示。

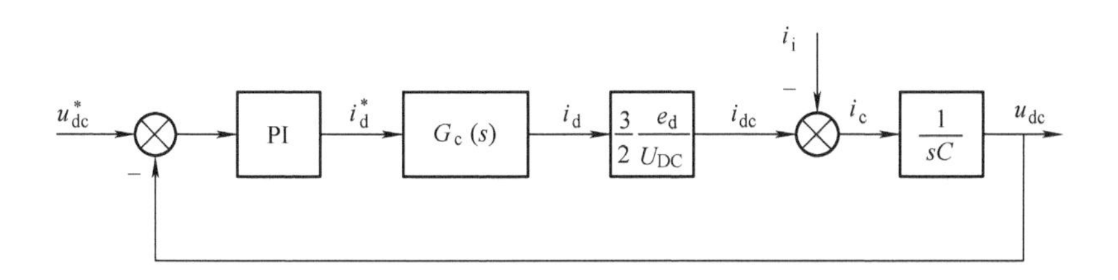

图 2-7　直流侧电压环控制结构

图 2-7 中的 $G_c(s)$ 为电流内环的闭环传递函数。

2.4　基于 *LCL* 滤波的并网逆变器控制

2.4.1　概述

随着并网逆变技术的发展，如何进一步提高逆变器的运行效率、降低逆变器的体积和成本，已成为业界关注的重点。实际上，在并网逆变器主电路拓扑中，除了功率器件以外，还包括并网逆变器的输出滤波器，因此进一步降低输出滤波器的损耗、体积和成本，将有助于提升并网逆变器的性价比。对于并网逆变器而言，最简单的输出滤波器就是 *L* 滤波器，而采用 *L* 滤波器设计的并网逆变器存在以下问题：

1）为了抑制并网电流谐波，满足并网谐波指标要求，故需要较大的滤波电感设计，这样不仅增加了滤波器的体积，而且增加了损耗和成本；

2）较大的滤波电感设计增加了控制系统惯性，降低了电流内环的响应速度；

3）滤波电感的增大将导致电感压降的增加，为了确保并网控制的实现，需适当提高逆变器的直流侧电压，这为电路控制和设计带来了一定的困难。

因此，在并网逆变器的输出滤波器设计中通常采用 *LCL* 滤波器设计，其结构如图 2-8所示。相比于 *L* 滤波器，*LCL* 滤波器一般具有三阶的低通滤波特性，因而对于同样开关频率的谐波电流指标，可以采用相对较小的滤波电感设计，从而可以有效降低滤波器损耗、体积和成本。

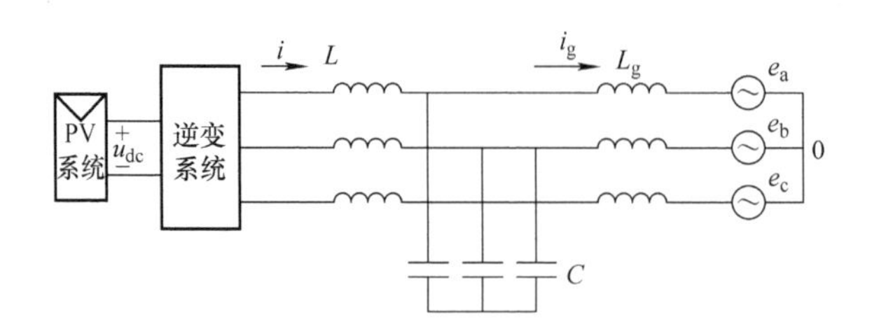

图 2-8　基于 *LCL* 滤波的光伏并网系统

然而，相比于 *L* 滤波器，*LCL* 滤波器也不可避免地存在其自身的缺陷，以下以典型的单相滤波器电路为例进行分析。

图 2-9 所示为并网逆变器中采用的 *L* 滤波器和 *LCL* 滤波器电路。在并网逆变器的并网控制中，对于电压型逆变器而言，网侧电流的控制实际上是通过逆变器桥臂侧输出电压的 *PWM* 控制来实现的，因此，首先研究上述两种滤波器输入电压对输出电流的传递特性，即

L 滤波器
$$\frac{I_g(s)}{U(s)}=\frac{1}{sL} \tag{2-13}$$

LCL 滤波器
$$\frac{I_g(s)}{U(s)}=\frac{1}{L_gCLs^3+(L_g+L)s} \tag{2-14}$$

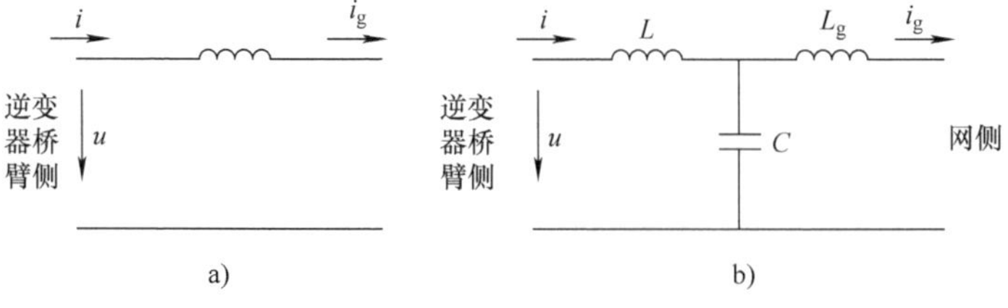

图 2-9　典型的 *L* 滤波器和 *LCL* 滤波器

a）*L* 型滤波器结构　b）*LCL* 型滤波器结构

可见，由于电容支路的增加，使得并网逆变器的电流控制系统由一阶系统变为三阶系统，根据式（2-14）可作出 *LCL* 滤波器的伯德图，如图 2-10 所示。可见，在某一频率范围内，系统将产生谐振，从而影响系统的稳定性能，而 *LCL* 滤波器的谐振频率

ω_{res} 为

$$\omega_{res}=\sqrt{\frac{L+L_g}{LL_gC}} \tag{2-15}$$

从式（2-15）不难看出，*LCL* 滤波器中三个储能元件的参数对谐振频率 ω_{res} 均有影响，因此，式（2-15）是 *LCL* 滤波器参数设计的重要依据。

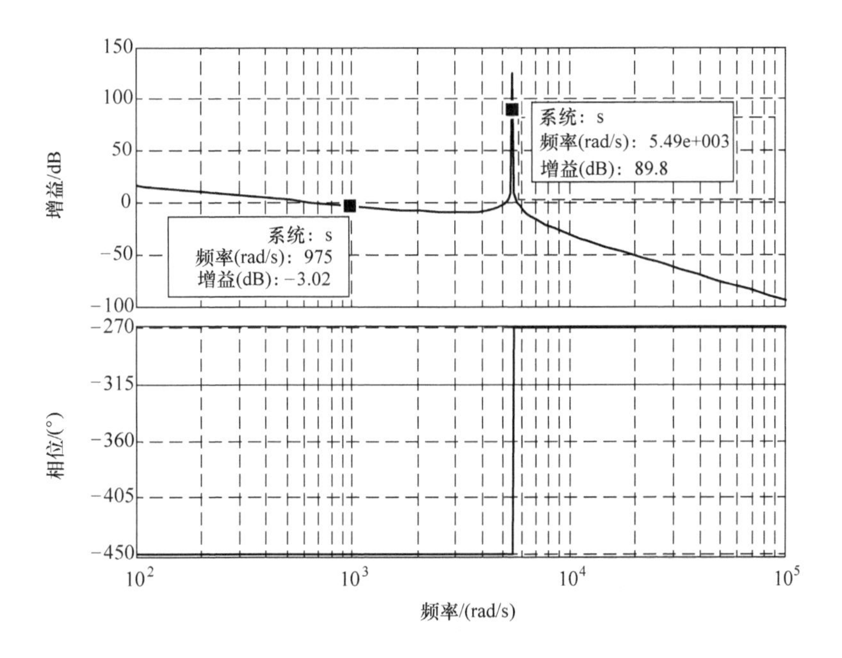

图 2-10　*LCL* 滤波器的伯德图

实际上 *LCL* 滤波器的这种谐振特性是由于较低的系统阻尼所导致的，因此需要在理论上研究基于 *LCL* 滤波器的并网逆变器阻尼控制方案。一般而言，并网逆变器阻尼控制方案主要包括无源阻尼和有源阻尼两类控制方案，以下分别进行讨论。

2.4.2　无源阻尼法

为了抑制 *LCL* 滤波器的谐振特性，提高系统的稳定性，最简单的方法就是在滤波器的回路中串入电阻来增加系统的阻尼，即无源阻尼法。根据电阻与元器件连接方法的不同，可以分为如图 2-11 所示的几种无源阻尼方案，即网侧电感串联电阻、网侧电感并联电阻、电容支路串联电阻以及电容支路并联电阻。下面分别进行阻尼性能的分析讨论。

1. 网侧电感串联电阻时的无源阻尼特性分析

如图 2-11 所示，当网侧电感串联电阻，即图中 $R_2=\infty$，$R_4=\infty$，$R_3=0$，$R_1\neq0$ 时，*LCL* 滤波器输入（并网逆变器桥臂侧电压）到输出（网侧电流）的传递函数

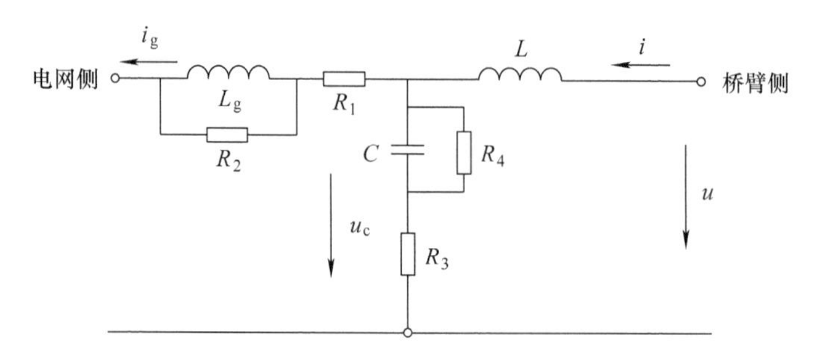

图 2-11 无源阻尼安放位置

$I_g(s)/U(s)$可描述为

$$\frac{I_g(s)}{U(s)}=\frac{1}{L_gCLs^3+CLR_1s^2+(L_g+L)s+R_1} \tag{2-16}$$

由式（2-16）可作出$I_g(s)/U(s)$的伯德图，如图 2-12 所示，其中Z_{Lg}为网侧电感的电感感抗，从中可以分析阻尼电阻对系统特性的影响。

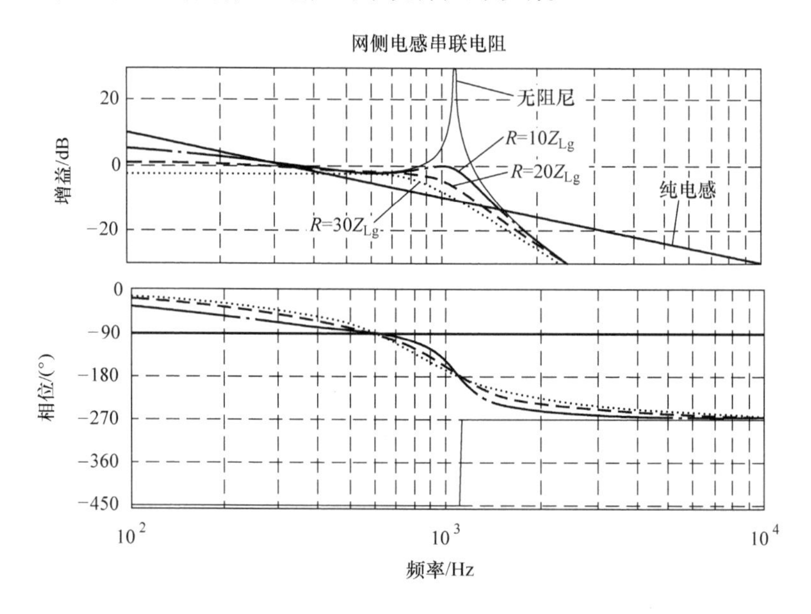

图 2-12 $I_g(s)/U(s)$随电感串联电阻变化的伯德图

由图 2-12 分析，当串入阻尼电阻时，其谐振峰得以衰减，且阻尼电阻越大，其谐振峰越小。从整个频率段的幅频特性来看，阻尼电阻的加入，其系统阻尼有所增加，并且其高频衰减特性基本保持不变；然而，阻尼电阻的加入，使系统低频增益随阻尼电阻值的增加而有所下降，从而影响了系统稳态控制性能。

另外，由图 2-12 可以看出，当阻尼电阻较大时（如为网侧电抗的 10 倍以上）才能明显抑制谐振峰，这显然将导致损耗的增加。因此，无论是从控制性能还是系统功率损耗的角度分析，这种网侧电感串联电阻的无源阻尼方案并不适用于工程应用。

2. 网侧电感并联电阻时的无源阻尼特性分析

如图 2-11 所示，当网侧电感并联电阻，即图中 $R_2 \neq \infty$，$R_4 = \infty$，$R_3 = 0$，$R_1 = 0$ 时，*LCL* 滤波器输入（并网逆变器桥臂侧电压）到输出（网侧电流）的传递函数 $I_g(s)/U(s)$ 可描述为

$$\frac{I_g(s)}{U(s)} = \frac{L_g s + R_2}{L_g C L R_2 s^3 + L L_g s^2 + (L_g + L) R_2 s} \tag{2-17}$$

由式（2-17）可作出 $I_g(s)/U(s)$ 的伯德图，如图 2-13 所示，从中可以分析阻尼电阻对系统特性的影响。

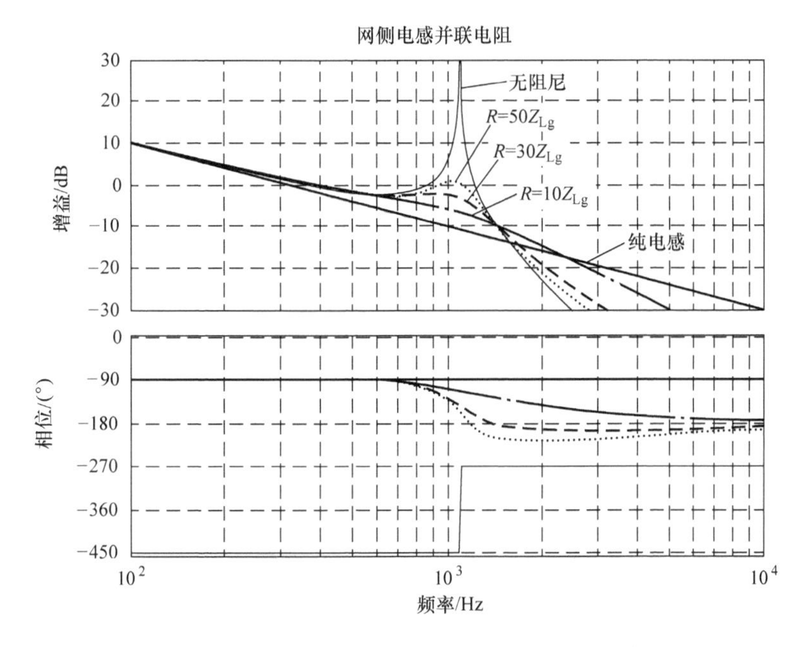

图 2-13　$I_g(s)/U(s)$ 随电感并联电阻变化的伯德图

由图 2-13 分析，当并入阻尼电阻时，其谐振峰得以衰减，且阻尼电阻越小，其谐振峰越小。从整个频率段的幅频特性来看，阻尼电阻的加入，其系统阻尼有所增加；然而，阻尼电阻的加入却改变了其高频衰减特性，即随着阻尼电阻的减小，高频段的幅值衰减速率变慢，从而导致高频衰减滤波性能的下降。由于这种网侧电感并联电阻的无源阻尼法方案无法兼顾其阻尼和滤波特性，因此也不适用于工程应用。

3. 电容支路串联电阻时的无源阻尼特性分析

如图 2-11 所示，当电容支路串联电阻，即图中 $R_2 = \infty$，$R_4 = \infty$，$R_3 \neq 0$，$R_1 = 0$ 时，*LCL* 滤波器输入（并网逆变器桥臂侧电压）到输出（网侧电流）的传递函数 $I_g(s)/U(s)$ 可描述为

$$\frac{I_g(s)}{U(s)}=\frac{CR_3s+1}{L_gCLs^3+C(L_g+L)R_3s^2+(L_g+L)s} \tag{2-18}$$

由式（2-18）可作出 $I_g(s)/U(s)$ 的伯德图，如图 2-14 所示，其中 Z_C 为电容支路的电容容抗，从中可以分析阻尼电阻对系统特性的影响。

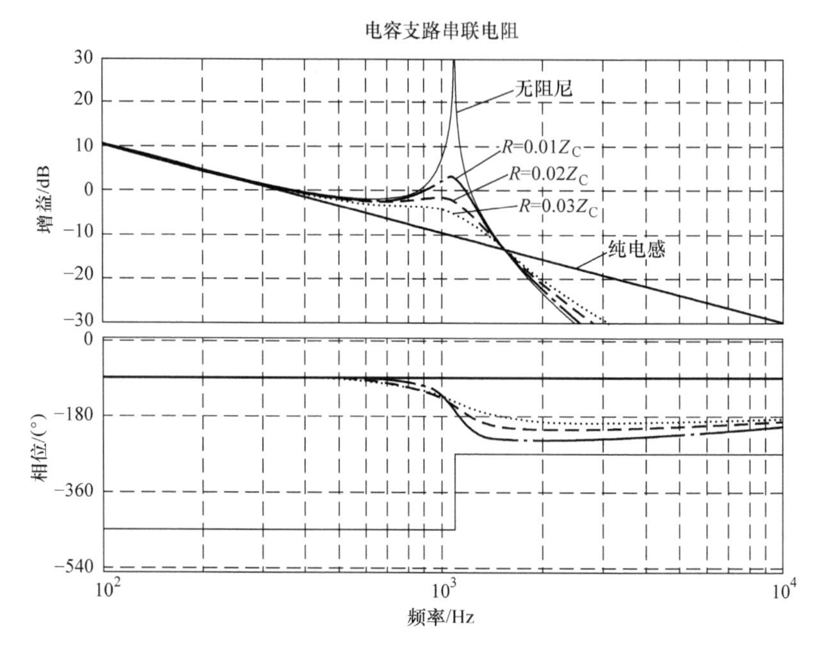

图 2-14　$I_g(s)/U(s)$ 随电容串联电阻变化的伯德图

由图 2-14 分析，当串入阻尼电阻且阻尼电阻与电容容抗相比较小时，阻尼电阻越大，其谐振峰越小。从整个频率段的幅频特性来看，串入阻尼电阻并不影响系统的低频特性；虽然随着阻尼电阻的增加，高频段的衰减速率会受到一定影响，但是，当阻尼电阻与电容容抗相比较小时，不会显著影响其滤波性能，且阻尼电阻的功率损耗也相应较小。显然，这种电容支路串联电阻的无源阻尼方案较适用于工程应用。

4. 电容支路并联电阻的无源阻尼特性分析

如图 2-11 所示，当电容支路并联电阻，即图中 $R_2=\infty$，$R_4\neq\infty$，$R_3=0$，$R_1=0$ 时，*LCL* 滤波器输入（并网逆变器桥臂侧电压）到输出（网侧电流）的传递函数 $I_g(s)/U(s)$ 可描述为

$$\frac{I_g(s)}{U(s)}=\frac{R_4}{L_gCLR_4s^3+LL_gs^2+(L_g+L)R_4s} \tag{2-19}$$

由式（2-19）可作出 $I_g(s)/U(s)$ 的伯德图，如图 2-15 所示，从中可以分析阻尼电阻对系统特性的影响。

由图 2-15 分析，当并入阻尼电阻时，其谐振峰得以衰减，且阻尼电阻越小，其谐振峰越小。从整个频率段的幅频特性来看，这种电容并联电阻的无源阻尼方法的特点就

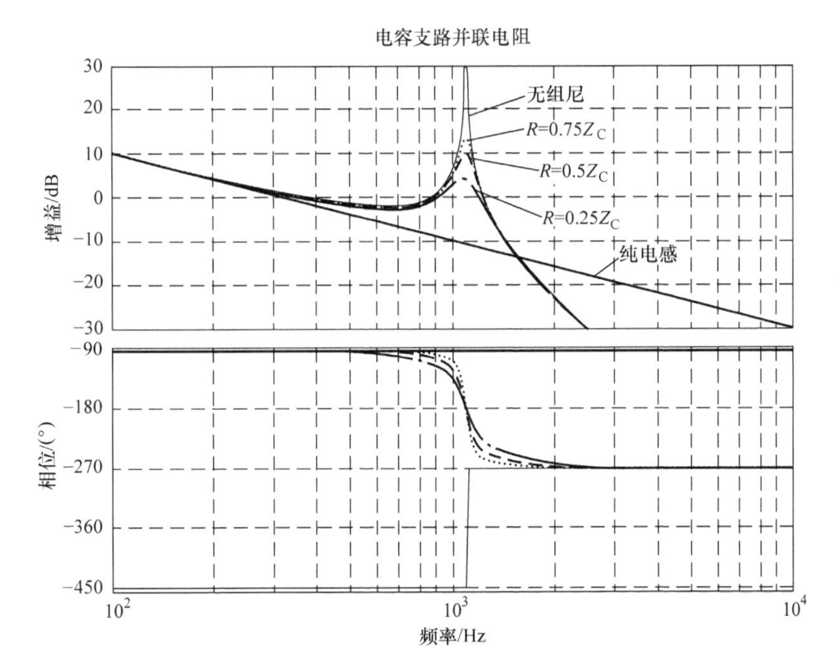

图 2-15　$I_g(s)/U(s)$ 随电容并联电阻变化的伯德图

是在不改变低频和高频段频率特性的同时，能抑制中频段的谐振峰；然而，图 2-15 表明，阻尼电阻的电阻值为电容容抗的 25% 时还不能完全将谐振峰值衰减掉，由于阻尼电阻并联在电容两端，因此随着阻尼电阻阻值的减小，其功率损耗也随之增加，所以这种电容并联电阻的无源阻尼方案并不适用于工程应用。

综上所述，从控制特性、滤波特性、阻尼特性以及功率损耗的角度综合分析，由于电容支路串联电阻的方案综合性能要优于其他三种，因此，工程上一般都采用此种无源阻尼方案来增加并网逆变器的系统阻尼。

2.4.3　有源阻尼法

由 2.4.2 节分析中不难看出，通过增加阻尼电阻能够有效抑制 *LCL* 滤波器的谐振，有利于控制系统的稳定性。然而，阻尼电阻的增加一方面会影响滤波器对高次谐波的滤波性能，另一方面也会增加系统损耗，降低系统效率，尤其是在大功率场合，阻尼电阻发热严重。

实际上，可以采用控制算法来增加系统阻尼，从而避免增加电阻提高阻尼而导致的额外损耗，这种通过控制算法来增加并网逆变器系统阻尼的控制方法即为有源阻尼法。这种有源阻尼控制的基本思想可以从如图 2-16 所示的系统伯德图上加以描述。当基于 *LCL* 滤波器的并网逆变器系统由于缺少阻尼而使其伯德图的幅频特性出现正谐振峰时，可以通过控制算法产生一个负谐振峰并与之叠加，从而抵消或削弱系统伯德图的正谐振峰特性，以此增加系统阻尼，提高系统控制稳定性。

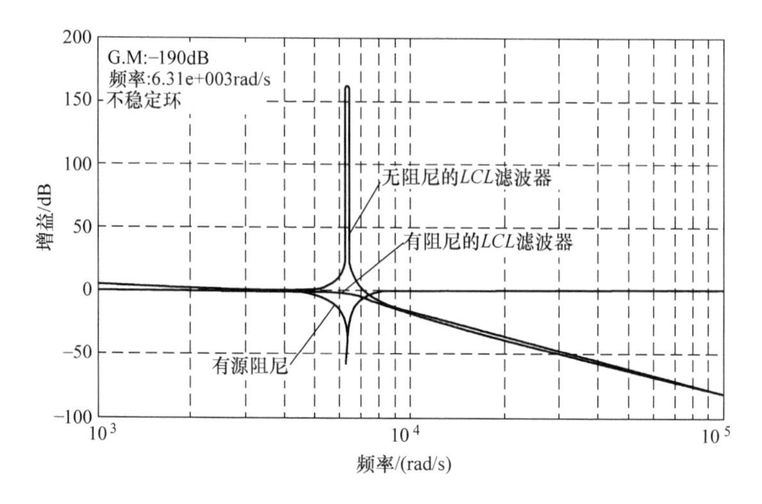

图 2-16 有源阻尼原理示意图

显然，有源阻尼控制只是通过控制算法增加系统阻尼，没有附加阻尼电阻，因此没有增加额外损耗，从而提高了系统效率。然而，并网逆变器的有源阻尼控制一般需要增加电压或电流传感器，并且控制系统结构相对复杂，这在一定程度上也影响了有源阻尼法在并网逆变器控制中的工程应用。

有源阻尼法主要分为虚拟电阻法和陷波器校正法，分别讨论如下。

1. 虚拟电阻法

虚拟电阻法就是从无源阻尼控制出发，将相应的无源阻尼控制结构图进行等效变换，并以控制算法替代并实现无源阻尼的控制特性。以下就从工程上常用的电容支路串联电阻的无源阻尼控制结构出发，导出相应的虚拟电阻法有源阻尼控制系统结构。

图 2-17 所示为电容支路串联电阻的 *LCL* 并网逆变器无源阻尼电流环控制结构。其中，$G_C(s)$ 为电流环控制器的传递函数，根据自控原理中的系统结构等效变换规则，可将图 2-17 变换为相应的等效结构，如图 2-18 所示。

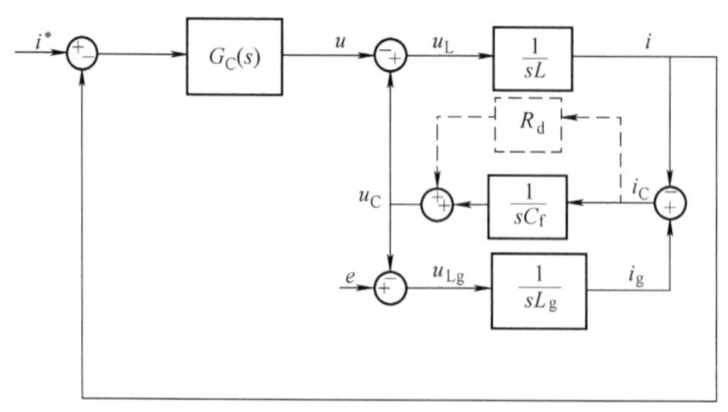

图 2-17 电容支路串联电阻的 *LCL* 并网逆变器电流环控制结构

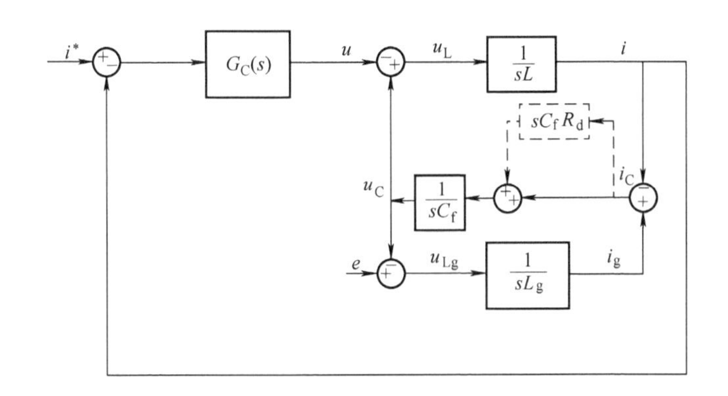

图 2-18　电容支路串联电阻电流环控制结构的等效变换

图 2-18 所示的等效结构表明，电容支路串联电阻的无源阻尼控制结构相当于在原有无阻尼结构的基础上多了一个阻尼电流分量 $i_C sCR_d$，而该阻尼电流分量实际上也可以通过引到电流控制器的输入端，通过控制器的调节控制加以实现，从而达到有源阻尼控制的目的。这种基于虚拟电阻的有源阻尼电流环控制结构如图 2-19 所示。

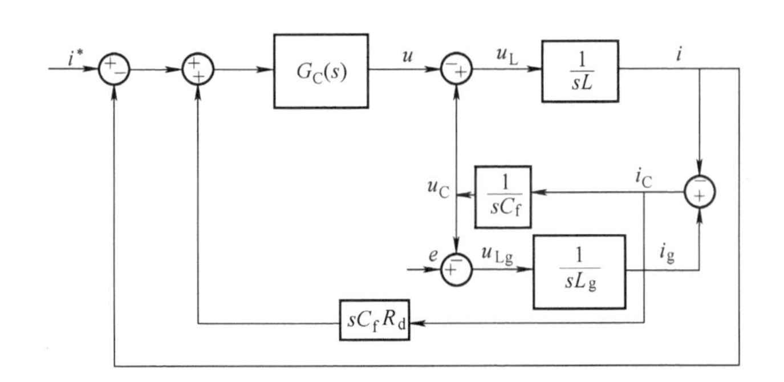

图 2-19　基于虚拟电阻的有源阻尼电流环控制结构

根据这种思想，可以设计出基于虚拟电阻法（电容串联电阻）的 *LCL* 并网逆变器有源阻尼控制结构，如图 2-20 所示。

这种控制结构的思想是检测 *LCL* 滤波器电容支路的电流 i_C，并与 sCR_d 相乘后叠加到电压外环的输出电流指令上，并经电流环控制器（PI）控制，以实现有并网逆变器的有源阻尼控制。

下面对上述虚拟电阻法进行频率特性分析，首先将图 2-19 所示的电流环控制结构简化，如图 2-21 所示。

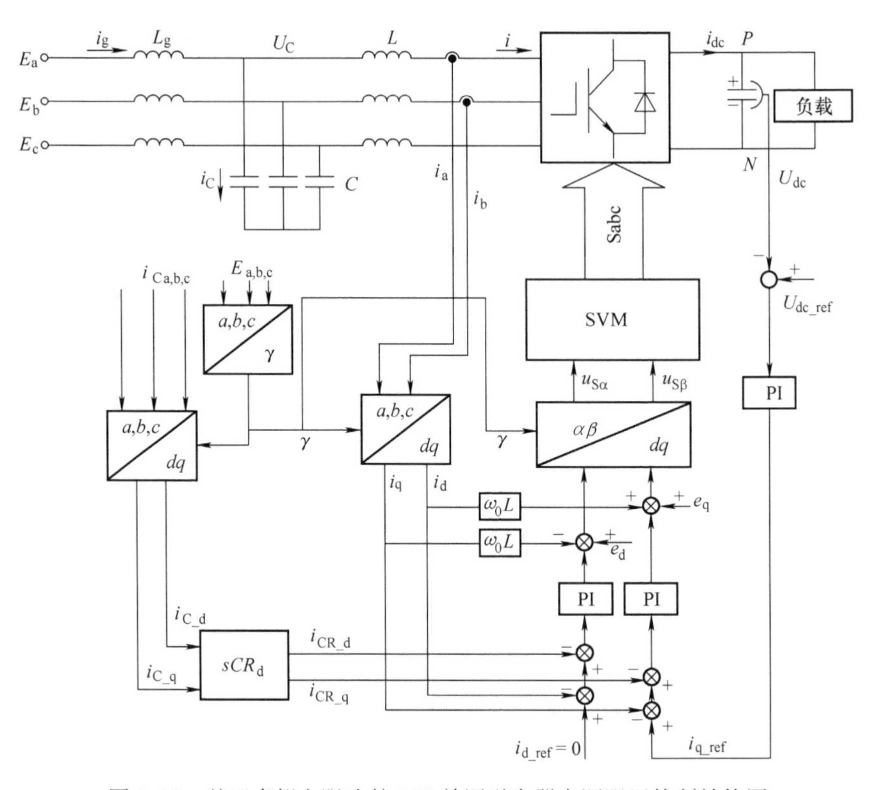

图 2-20 基于虚拟电阻法的 LCL 并网逆变器有源阻尼控制结构图

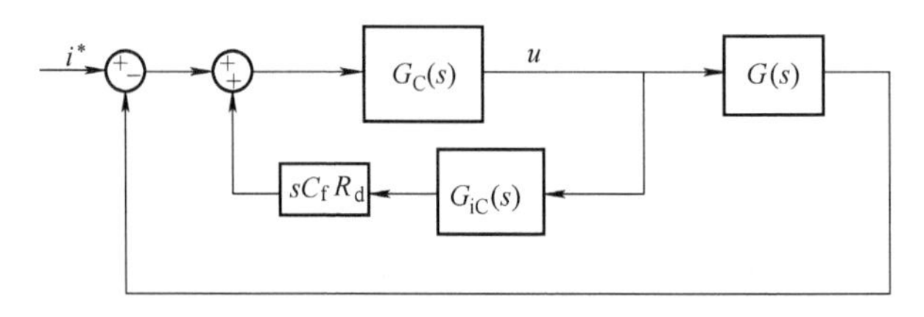

图 2-21 虚拟电阻法电流环控制结构的简化

其中

$$G(s) = -\frac{I(s)}{U(s)} = \frac{s^2 + \frac{1}{L_g C_f}}{Ls\left(s^2 + \frac{L_g + L}{L_g C_f L}\right)} = \frac{1}{Ls}\frac{(s^2 + z_{LC}^2)}{(s^2 + \omega_{res}^2)} \tag{2-20}$$

$$G_{iC}(s) = \frac{L_g Cs}{L_g LCs^2 + (L + L_g)} \tag{2-21}$$

根据图 2-17 和图 2-21 以及式（2-20）和式（2-21）可以画出不同阻尼方案时控制系统的开环伯德图，如图 2-22 所示。

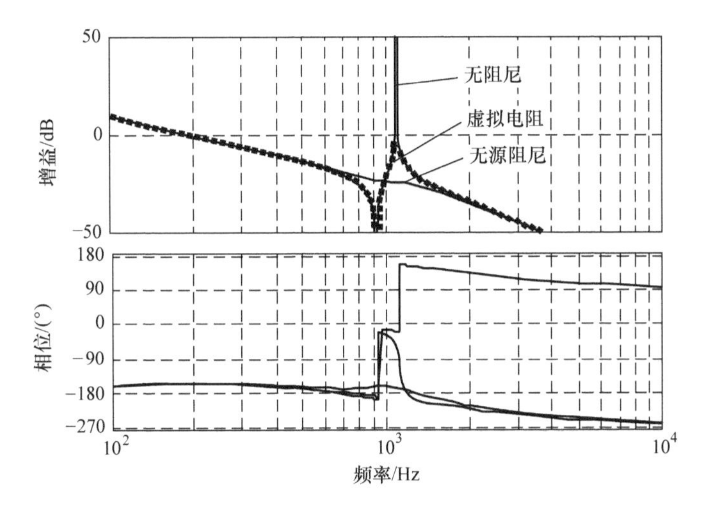

图 2-22　不同阻尼方案时控制系统伯德图及其比较

从图 2-22 可以看出，无阻尼方案在谐振频率处产生一个谐振峰；采用无源阻尼方案时，原谐振频率处的谐振峰得到极大的衰减且远小于 0dB；而采用基于虚拟电阻的有源阻尼方案时，系统谐振峰也得到较大的衰减。然而，从图 2-22 所示的特性对比可以看出，由于控制器结构及控制带宽的局限性，这种基于虚拟电阻法的有源阻尼方案从控制特性上并不能完全等效于相应的无源阻尼方案。

2. 陷波器校正法

实际上，为了实现有源阻尼控制，可以在控制系统中构造一个具有负谐振峰特性的环节，并以此抵消 *LCL* 滤波器产生的正谐振峰。由于陷波器具有这种负谐振峰特性，因此可以通过控制结构的设计，将陷波器特性引入系统控制中，这便是基于陷波器校正法的有源阻尼控制策略的基本思路。那么，如何将陷波器特性引入系统控制结构中呢？仍从 *LCL* 并网逆变器电流环出发进行讨论。实际上，可以将电流环前向通道打开，同时引入适当的变量反馈，并将变量反馈构成的闭环环节整定为陷波器环节，如图 2-23 中方框所示，就可以实现基于陷波器校正的 *LCL* 并网逆变器的有源阻尼控制。图 2-23 中 $D(s)$ 即为构造的陷波器有源阻尼环节。

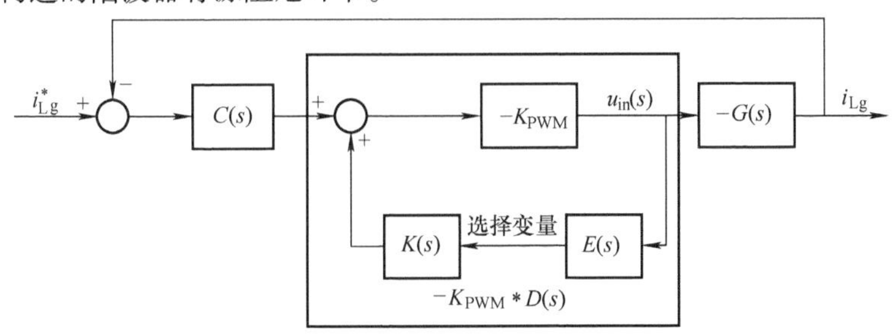

图 2-23　陷波器结构有源阻尼算法结构简图

对于LCL并网逆变器而言，可以看出系统中可供选择的反馈变量有五个，即网侧电感电压$u_2(s)$、滤波电容电压$u_C(s)$、滤波电容电流$i_C(s)$、桥臂侧电感电压$u_1(s)$、桥臂侧电感电流$i_1(s)$。图2-23中$E(s)$为$u_{in}(s)$到所选反馈变量的传递环节，即采用矩阵描述为

$$[u_2(s)\quad u_C(s)\quad i_C(s)\quad u_1(s)\quad i_1(s)]^T = E(s)u_{in}(s) \tag{2-22}$$

不同反馈变量选择所对应的各环节传递函数为

$$\begin{bmatrix} E(s) \\ K(s) \end{bmatrix} = \begin{bmatrix} -\frac{1}{LC_f}\frac{1}{s^2+\omega_{res}^2} & \frac{1}{LC_f}\frac{1}{s^2+\omega_{res}^2} & \frac{s}{L}\frac{1}{s^2+\omega_{res}^2} & -\frac{L_gC_fs^2+1}{L_gC_f}\frac{1}{s^2+\omega_{res}^2} & -\frac{L_gC_fs^2+1}{LL_gC_fs}\frac{1}{s^2+\omega_{res}^2} \\ -Ks & Ks & K & K\frac{L_gC_fs}{L_gC_fs^2+1} & K\frac{L_gC_fs}{L_gC_fs^2+1} \end{bmatrix} \tag{2-23}$$

式中　$K(s)$——不同反馈变量所对应的陷波器的配置函数。

显然，为了消除图2-23中$G(s)$位于ω_{res}处的正谐振峰，可以将$D(s)$构造成陷波器结构，使得$D(s)$在谐振点ω_{res}处产生一个负谐振峰，因此需要构造的陷波器传递函数$D(s)$如下：

$$D(s) = \frac{1}{1+K_{PWM}K(s)E(s)} = \frac{s^2+\omega_{res}^2}{s^2+Qs+\omega_{res}^2} \tag{2-24}$$

式中　Q——陷波器的品质因数。

陷波器$D(s)$的波特图如图2-24所示，显然，在频率ω_{res}处，其增益为0，而对于偏离ω_{res}的信号，由于$s^2+\omega_{res}^2$远大于Qs，故其增益为1。

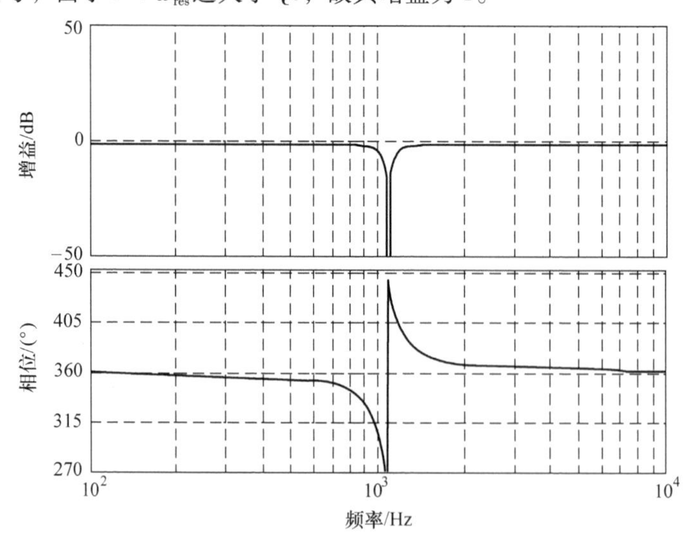

图2-24　陷波器的基本特性图

可见，图 2-24 中陷波器环节 $D(s)$ 的构造依赖于反馈变量的选择，对于不同的反馈变量，所需要的配置函数 $K(s)$ 也不同。

从式（2-22）和式（2-23）中可以看出，当选用 u_2 或者 u_C 作为反馈变量时，需要将 $K(s)$ 配置成微分环节；当选用 u_1 或者 i_1 作为反馈变量时，需要配置的 $K(s)$ 较为复杂，而且配置参数和系统参数有关；当选用 i_C 作为反馈变量时，只需要将 $K(s)$ 配置成一个比例环节，且不受系统参数影响。以下分别研究以 u_C 和 i_C 为反馈变量时的陷波器校正有源阻尼法的实现。

（1）以 u_C 为反馈变量时的陷波器校正有源阻尼法的实现。

观察式（2-22）和式（2-23）不难分析，当选用 u_C 作为反馈变量时，需要将 $K(s)$ 配置成微分环节。而微分环节工程实现时易引入噪声，为此可以采用超前－滞后环节代替微分环节的实现思路。超前－滞后环节的表达式为

$$L(s)=k_d\frac{T_ds+1}{\alpha T_ds+1} \tag{2-25}$$

式中，$\alpha<1$。

在本系统设计中，将超前－滞后环节串联在电容电压反馈检测通道中，然后将输出值叠加到电流调节器输出，从而实现以 u_C 为反馈变量的基于陷波器校正法的有源阻尼控制，其控制结构如图 2-25 所示。

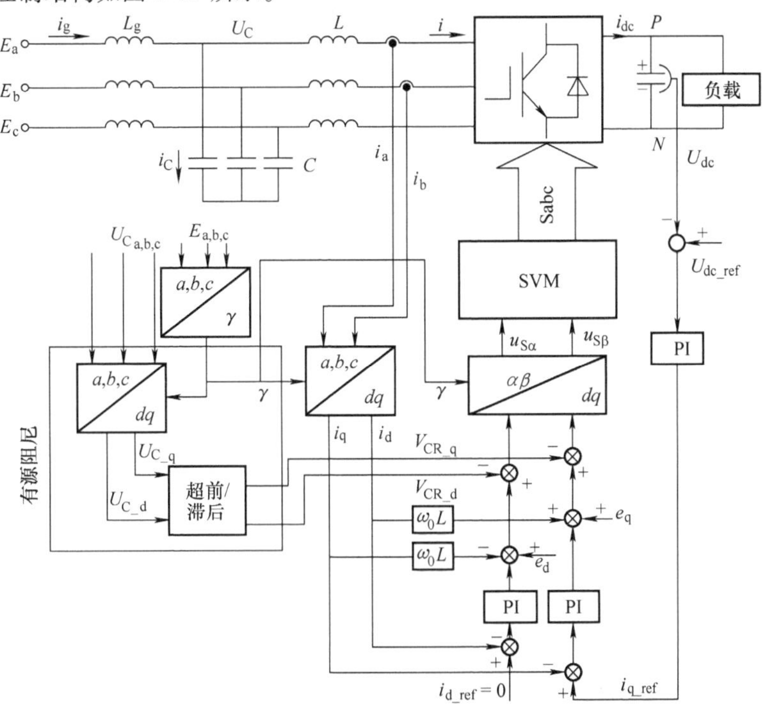

图 2-25　以 u_C 为反馈变量的基于陷波器校正法的有源阻尼控制

根据以上分析，可以画出以 u_C 为反馈变量的基于陷波器校正法的有源阻尼电流内环控制结构，如图 2-26 所示。

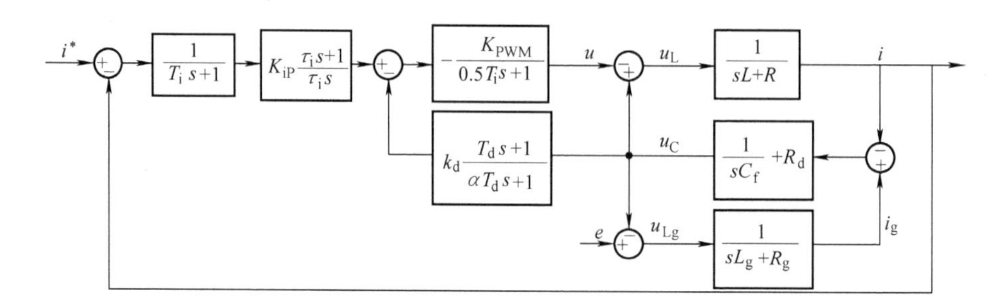

图 2-26 以 u_C 为反馈变量的基于陷波器校正法的有源阻尼电流内环控制结构

将图 2-26 进一步简化，如图 2-27 所示。

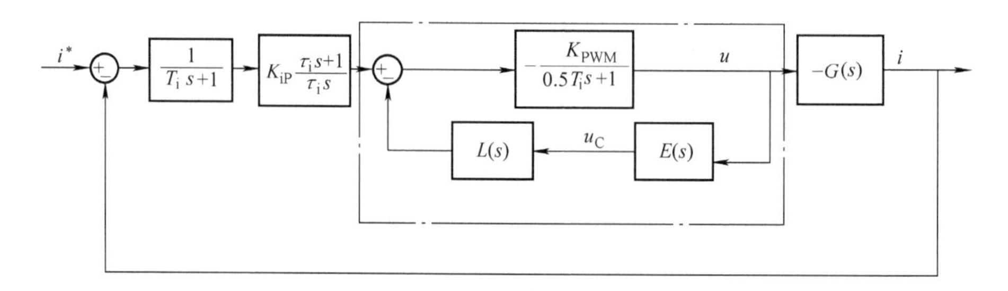

图 2-27 以 u_C 为反馈变量的基于陷波器校正法的有源阻尼电流内环简化控制结构简图

其中

$$E(s)=\frac{U_C(s)}{U(s)}=\frac{1}{LC_f}\frac{1}{(s^2+\omega_{res}^2)} \tag{2-26}$$

$$G(s)=-\frac{I(s)}{U(s)}=\frac{s^2+\frac{1}{L_gC_f}}{Ls\left(s^2+\frac{L_g+L}{L_gC_fL}\right)}=\frac{1}{Ls}\frac{(s^2+z_{LC}^2)}{(s^2+\omega_{res}^2)} \tag{2-27}$$

则图 2-27 中点画线框的陷波器环节的表达式为

$$D(s)=\frac{1}{1-L(s)E(s)} \tag{2-28}$$

基于上述关系式，画出 $D(s)$，$G(s)$ 以及 $D(s)$ $G(s)$ 的伯德图，如图 2-28 所示。

显然，以 u_C 为反馈变量和超前－滞后环节的引入，在系统前向控制通道中构成了一个陷波器环节 $D(s)$。这一环节由于在低频段和高频段满足 $D(s)=1$，因而对电流环

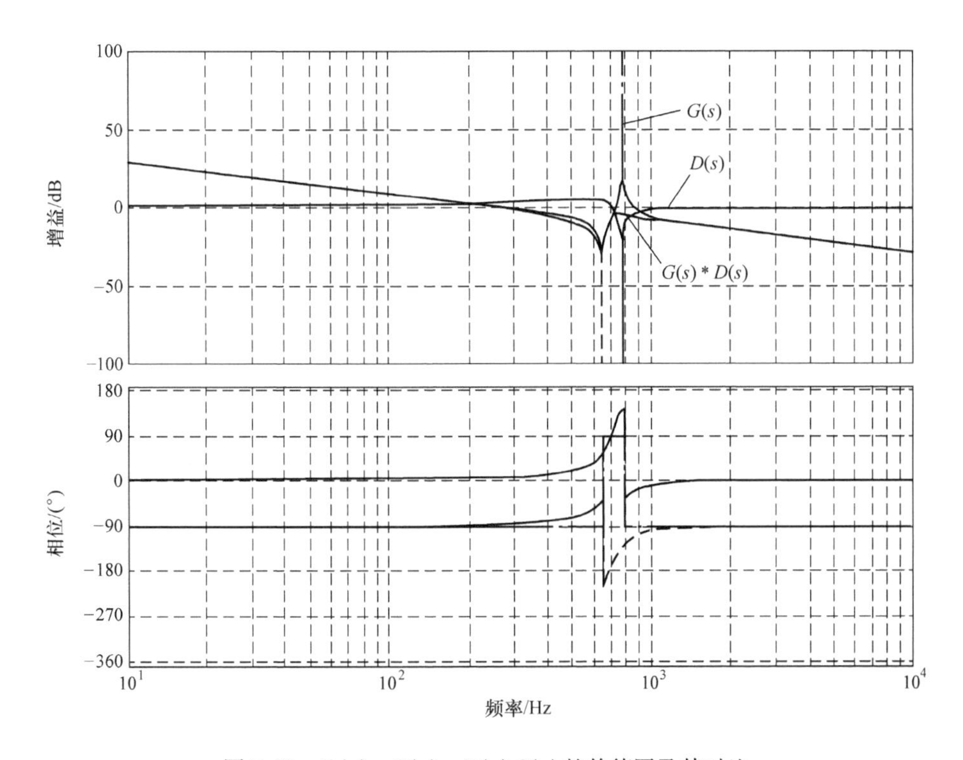

图 2-28 $D(s)$，$G(s)$，$D(s)G(s)$的伯德图及其对比

性能没有影响，而在谐振频率附近，$D(s)$ 引入了与 $G(s)$ 的正谐振峰相抵消的负谐振峰，从而有效地增加了系统阻尼。由于需要检测电容电压，因此需要在系统中设置电压传感器。

（2）以 i_C 为反馈变量时的陷波器校正有源阻尼法的实现。

观察式（2-22）和式（2-23）不难分析，当选用 i_C 作为反馈变量时，只需要将 $K(s)$配置成一个比例环节，且不受系统参数影响，显然，这种方案可以较方便地实现基于陷波器校正的 *LCL* 并网逆变器的有源阻尼控制，系统控制结构图如图 2-29 所示。

根据图 2-29 可以得出以 i_C 为反馈变量的基于陷波器校正法的有源阻尼控制框图，如图 2-30 所示。

图 2-30 中，K 为比例配置系数，$E(s)=\dfrac{s}{L}\dfrac{1}{s^2+\omega_{res}^2}$。

根据图 2-30 可以得出系统有、无有源阻尼控制时的开环伯德图，如图 2-31 所示。

根据图 2-31 可以看出，基于陷波器校正的有源阻尼可以有效地抑制系统的谐振，增加系统阻尼。

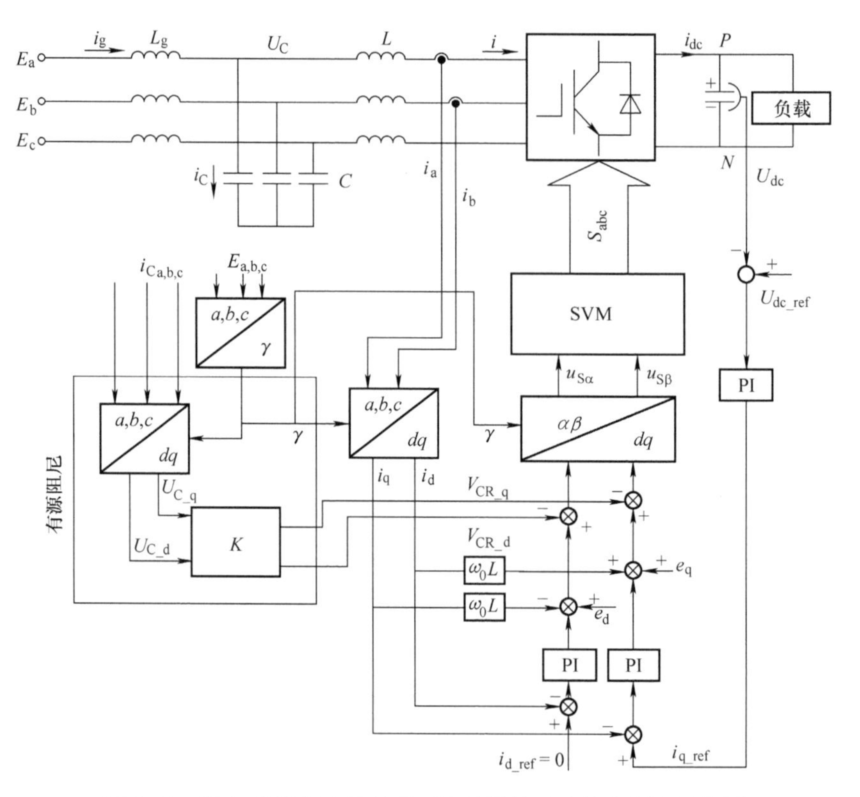

图 2-29　以 i_C 为反馈变量的基于陷波器校正法的有源阻尼控制

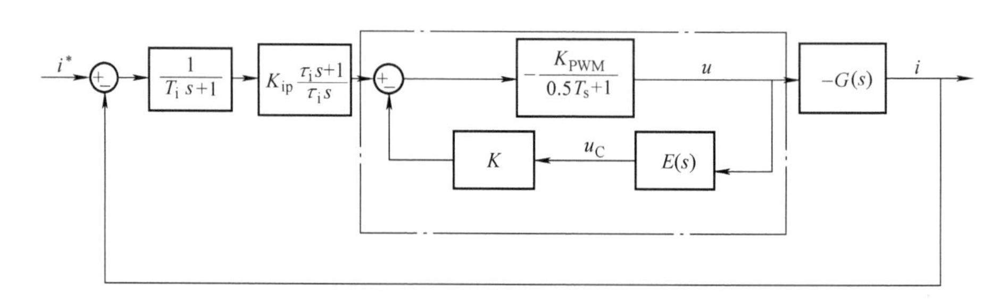

图 2-30　以 i_C 为反馈变量的基于陷波器校正法的有源阻尼控制框图

2.4.4 *LCL* 滤波器参数设计

从并网逆变器的控制要求分析，并网逆变器 *LCL* 滤波器参数的选取主要可从以下三个方面进行考虑，即

1）满足谐波电流指标的要求；

2）满足电流跟踪响应的要求；

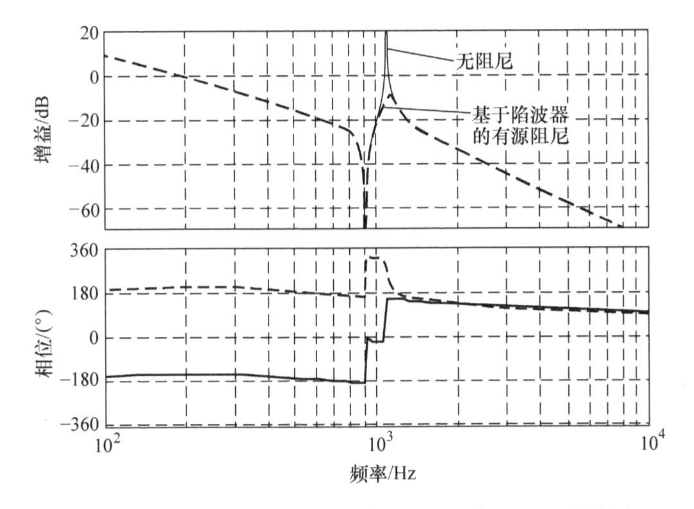

图 2-31　有、无有源阻尼控制时的电流内环开环伯德图

3）满足有功功率、无功功率控制的要求。

具体讨论如下。

2.4.4.1　*LCL* 滤波器参数设计的边界条件

LCL 滤波器的参数设计有以下四个边界条件。

1. 总电感电感量（桥臂电感 L + 网侧电感 L_g）**参数的上限设计**

从稳态条件下并网逆变器输出有功和无功功率的能力考虑，并网逆变器 *LCL* 滤波器中最大总电感量（$L+L_g$）的参数设计应予以限制。首先考虑并网逆变器对有功和无功功率的稳态控制性能，由于稳态时 *LCL* 滤波器可等效为电感为 $L+L_g$的 L 滤波器，因此由并网逆变器数学模型的分析可知，稳态条件下并网逆变器交流侧的矢量关系如图 2-32 所示。

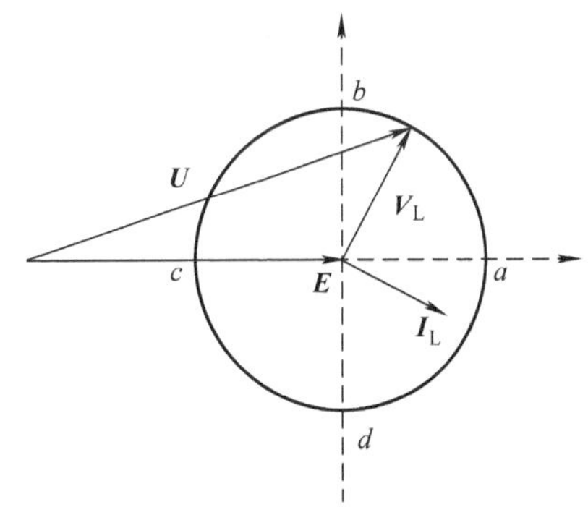

图 2-32　稳态运行时并网逆变器交流侧的矢量图

图 2-32 中，$\boldsymbol{E}$ 为网侧电压矢量；$\boldsymbol{U}$ 为交流侧电压矢量；$\boldsymbol{I}_L$ 为电感电流矢量；$\boldsymbol{V}_L$ 为电感电压矢量。

由图 2-32 不难看出，在电网电压矢量 $\boldsymbol{E}$ 不变的情况下，参照图 2-2，若要控制并网逆变器运行在图 2-32 所示圆周的任意一点（四象限运行），则并网逆变器交流侧电压矢量 $\boldsymbol{U}$ 必须满足一定的幅、相控制要求（$\boldsymbol{U}$ 必须能沿 2-32 所示圆周轨迹运动），而交流侧电压矢量 $\boldsymbol{U}$ 的幅值与并网逆变器直流电压成正比，换言之，当并网逆变器直流侧电压一定时，其并网逆变器交流侧电压矢量 $\boldsymbol{U}$ 幅值的最大值也随之确定。考虑到 $\boldsymbol{V}_L$ 的幅值，即图 2-32 中圆轨迹半径与电感、电流大小成正比，因此当并网逆变器满足额定电流输出时，滤波电感大小直接影响 $\boldsymbol{V}_L$ 幅值的大小，进而影响并网逆变器交流电压

矢量 $\boldsymbol{U}$ 的幅值取值。然而，并网逆变器的交流电压矢量 $\boldsymbol{U}$ 幅值的最大值取决于直流侧电压和 PWM 调制电压利用率，当直流侧电压和 PWM 策略确定后，$\boldsymbol{U}$ 幅值的最大值也随之确定。因此对于一个 $\boldsymbol{U}$ 的幅值最大值确定的并网逆变器而言，如果满足额定电流控制，则必须限制其滤波电感取值，以使并网逆变器运行于图 2-32 所示圆周相应位置时满足相应的矢量幅值要求。如果将图 2-32 所示圆周由 a、b、c、d 四点分成四个圆弧段，参照图 2-2 可知，位于不同圆弧段上时并网逆变器具有不同的运行状态，而对应于不同的运行状态和不同的工作电流，电感取值的上限值大小也随之变化。进一步研究表明，当考虑并网逆变器能在图 2-32 所示圆周的任意一点运行时（四象限运行），并网逆变器运行于 a 点时，$\boldsymbol{U}$ 的幅值要求最大，此时对电感设计的上限值要求最小；而运行于 c 点时，$\boldsymbol{U}$ 的幅值要求最小，此时对电感设计的上限值要求最大。对于要求四象限运行的并网逆变器而言，设计滤波电感上限值时应考虑最严重的情况，即考虑并网逆变器运行于 a 点的情况，如果采用空间电压矢量调制即 SVPWM，则桥臂输出相电压基波峰值为 $V_{dc}/\sqrt{3}$（注：若并网逆变器采用正弦脉宽调制即 SPWM 控制，则桥臂输出相电压基波峰值为 $V_{dc}/2$），则由图 2-32 所示矢量关系可计算出采用 SVPWM 控制时滤波器总电感取值的上限值为

$$L + L_g \leqslant \frac{V_{dc}/\sqrt{3} - E_P}{\omega I_{LP}} \tag{2-29}$$

式中 E_P——网侧电压的峰值；

I_{LP}——电感电流的峰值。

实际上，当并网逆变器只运行于单位功率因数发电运行时，参照图 2-2，即并网逆变器运行于图 2-32 所示圆周 b 点，根据相应的三角关系也可相应地计算出相应的滤波器电感上限值如下：

$$L + L_g \leqslant \frac{\sqrt{(V_{dc}/\sqrt{3})^2 - E_P{}^2}}{\omega I_{LP}} \tag{2-30}$$

2. 滤波电容 C_f 参数的上限设计

在并网逆变器中，其 LCL 滤波器中的滤波电容值越大，高频电流的滤波能力就越强，而产生的无功功率也会相应增加，从而降低了逆变器的功率变换能力。因此，在并网逆变器 LCL 滤波器的设计中，对电容产生的无功功率一般需要进行限制，工程上通常要求电容产生的无功功率不超过系统额定功率的 5%，即有

$$3 \times u_C^2 \times \omega C_f \leqslant 5\% \times P_n \tag{2-31}$$

式中 u_C——电容电压；

P_n——并网逆变器的额定功率。

当网侧电感上的压降相对较小时，电容电压 u_C 可近似为电网相电压 u_n，即 $u_C = u_n$，因此有

$$C_f \leqslant 5\% \times \frac{P_n}{3 \times 2\pi f \times u_n^2} \tag{2-32}$$

3. 谐振频率 f_{res} 的上下限设计

对于不同功率等级的并网逆变器而言，其开关频率也不尽相同。当考虑并网逆变器的不同开关频率条件时，*LCL* 滤波器谐振频率 f_{res} 的设计一方面需要考虑滤波器应充分滤除开关频率次谐波，另一方面应使控制系统具有足够的控制带宽和稳定裕度，即工程上一般需要满足 $(3\sim20)\times f_n \leqslant f_{res} \leqslant (0.5\sim0.1)\times f_{sw}$。通常可以按不同开关频率范围初步确定 *LCL* 滤波器谐振频率 f_{res} 的大致设计范围，即

$$\begin{cases} 20f_n \leqslant f_{res} \leqslant 0.2f_{sw}, & f_{sw} > 10\text{kHz} \\ 10f_n \leqslant f_{res} \leqslant 0.3f_{sw}, & 3\text{kHz} < f_{sw} \leqslant 10\text{kHz} \\ 5f_n \leqslant f_{res} \leqslant 0.5f_{sw}, & 1\text{kHz} \leqslant f_{sw} \leqslant 3\text{kHz} \end{cases} \tag{2-33}$$

式中　f_n，f_{sw}——电网基频和并网逆变器的开关频率。

4. 无源阻尼电阻 R_d 的设计限制

在大功率并网逆变器的 *LCL* 滤波器设计中，由于开关频率相对较低，为了提高 *LCL* 并网逆变器的稳定性，通常在滤波电容中串入阻尼电阻。而阻尼电阻 R_d 的设计需要在系统阻尼和损耗之间折中考虑。在 *LCL* 滤波器参数的工程设计中，阻尼电阻的取值一般不超过谐振角频率 ω_{res} 处滤波电容 C_f 容抗的 1/3，即

$$R_d \leqslant \frac{1}{3\omega_{res}C_f} \tag{2-34}$$

2.4.4.2　*LCL* 滤波器电感参数设计

LCL 滤波器电感参数包括桥臂侧电感 L 和网侧电感 L_g。尽管并网变流器的谐波指标如 IEEE519、IEEE929、IEC61000 等所关注的是并网接入点的电流谐波和电压谐波，但就变流器本身的设计和控制而言，桥臂电流纹波也需要一定的限制，桥臂电流的纹波过大不仅会使滤波元件的损耗增大，而且还使功率开关管承受较高的开关应力，同时还会影响到并网逆变器的控制。因此并网逆变器采用 *LCL* 滤波时，工程上一般将 *LCL* 滤波器的桥臂侧电感值取得相对较大，而网侧电感值取得相对较小，即

$$L_g = \gamma L \tag{2-35}$$

式中　γ——网侧电感、桥臂侧电感比例系数，工程上 $\gamma \leqslant 0.5$。

考虑滤波电容 C_f 设计时，先按照式（2-32）算出电容最大值，而电容初选值一般可选择为此最大值的一半，即

$$C_f \leqslant 2.5\% \times \frac{P_n^2}{3\times 2\pi f_n u_n^2} \tag{2-36}$$

对于 *LCL* 滤波器设计而言，其谐振频率的表达式为

$$\omega_{res} = 2\pi f_{res} = \sqrt{\frac{L_g + L}{L_g L C_f}} \tag{2-37}$$

将式（2-35）代入式（2-36）得

$$\omega_{res} = 2\pi f_{res} = \sqrt{\frac{L_g + L}{L_g L C_f}} = \sqrt{\frac{\gamma L + L}{\gamma L L C_f}} = \sqrt{\frac{(\gamma + 1)}{\gamma L C_f}} \tag{2-38}$$

由式（2-33）初步以f_{res}取值的上限频率代入式（2-38）得出桥臂侧电感初步设计值为

$$L=\frac{\gamma+1}{\gamma C_f(2\pi f_{res})^2} \tag{2-39}$$

考虑到工程设计中，*LCL* 滤波器网侧电感值一般相对较小，因此初步设计时，式（2-39）中网侧电感、桥臂侧电感比例系数初步取 $\gamma=0.2$。值得注意的是，考虑到诸如集中式光伏逆变器输出直接接入变压器的应用情况，工程设计时其 *LCL* 滤波器的网侧滤波电感常由变压器漏感代替，实际并不接入滤波电感，而变压器漏感可根据变压器短路容量等参数进行估算获得。

以上 *LCL* 滤波器参数设计实际上是一种初步的参数设计，工程设计时，根据初步的设计参数，再依据并网电流的谐波指标、系统稳定性和滤波器体积、效率等进一步通过系统分析和仿真进行参数调整和优化，从而最终确定 *LCL* 滤波器参数。

2.5 并网逆变器控制中的锁相环技术

2.5.1 锁相环概述

锁相环（Phase Locked Loop，PLL），顾名思义，其基本功能是锁定被测信号的相位。在并网逆变器控制中，为实现其并网运行时有功和无功功率（电流）控制，需动态获取电网电压的相位信息，这样就要求采用锁相环对电网电压相位进行锁相。显然，锁相环技术作为并网逆变器控制技术的核心之一，其性能直接影响到并网逆变器的并网控制性能。

在并网逆变器中的锁相环主要锁定电网电压的相位，且在必要时还可提供有关电网电压的频率和幅值信息。在实际应用时，特别是在大规模新能源并网发电场合，常要求并网逆变器适应非理想电网环境（三相不平衡、相位突变、电压跌落或骤升、频率变化、谐波污染）的运行，这对锁相环提出了更高的控制性能要求。鉴于锁相环在并网逆变器控制中的重要性，研究并提出了多种锁相环的控制与设计方案，从而使锁相环技术得到不断改进和完善。

从实现方式上看，锁相环一般可分为硬件锁相环和软件锁相环，而软件锁相环的技术思想一般来源于硬件锁相环；从控制结构上看，锁相环一般可分为开环锁相环和闭环锁相环；而从并网逆变器应用场合看，锁相环又可分为三相锁相环和单相锁相环。以下所述锁相环技术均指并网逆变器控制时对电网电压的锁相技术，首先讨论锁相环的基本实现方法。

2.5.2 锁相环的基本实现方法

锁相环的基本实现方法主要包括过零鉴相法和乘法鉴相法，过零鉴相法实际上是一种开环锁相法，而乘法鉴相法则是一种闭环锁相法，现分别讨论如下。

2.5.2.1 过零鉴相法——开环锁相法

过零鉴相法是一种较为简单的开环锁相法。其基本原理是通过实时检测电网电压的过零点和频率信息来跟踪电网电压的相位，进而实现锁相。

过零鉴相法锁相原理框图如图2-33所示，当电网电压经电压互感器检测处理后，由过零检测电路实时检测电压过零点，并分别在电压正、负半周及正、负过零点发出正方波和正脉冲信号，同时提供给微处理器作为电网电压的同步基准信号，使系统实时跟踪电网电压频率的变化，可见图2-33所示过零鉴相法锁相方案实际上是一种开环软件锁相方案。另外，要实现过零鉴相法的准确锁相必须满足以下两个条件：

1）信号的周期和采样周期成整数倍关系；

2）采样点的时间间隔应当保持严格的一致性。

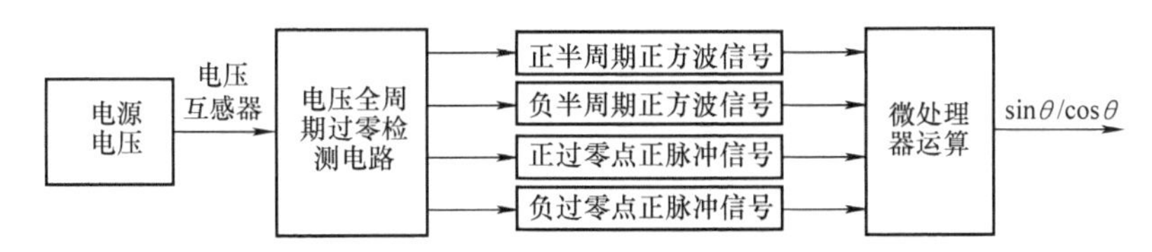

图2-33 过零鉴相法锁相原理框图

显然，过零鉴相法锁相方案的原理和实现都比较简单，但由于电网电压每个周期只有两个过零点，所以这就限制了锁相环的锁相速度；而电网电压本身的畸变以及检测电路中的各种干扰信号可能会使得过零点难以准确地被检测，甚至在过零点处导致过零信号的振荡；另外，当三相电网不平衡时，这种方法无法通过某一相过零点的信息来获取电网电压正序分量的相位信息。因此，这种过零鉴相法锁相方案只适合于电网电压平衡、频率较为稳定且对锁相环响应速度要求不高的并网逆变系统中。

2.5.2.2 乘法鉴相法——闭环锁相法

1. 乘法鉴相锁相环的基本构成

乘法鉴相锁相环的基本控制结构如图2-34所示，从结构上看，乘法鉴相法实际上是一种由乘法鉴相器（Phase Detector，PD）、环路滤波器（Loop Filter，LF）和压控振荡器（Voltage Controlled Oscillator，VCO）组成的闭环锁相环方案。显然，乘法鉴相锁相环实际上是一种硬件闭环锁相环。图2-34中，输入信号为$u_i(t)$，输出信号为$u_o(t)$，将$u_o(t)$直接反馈到输入端，经环路的闭环反馈控制后，使输出信号的角频率等于输入信号的角频率。此时输出、输入信号的相位差达到一固定的稳态相差，即环路达到“锁定”状态，从而实现锁相功能。

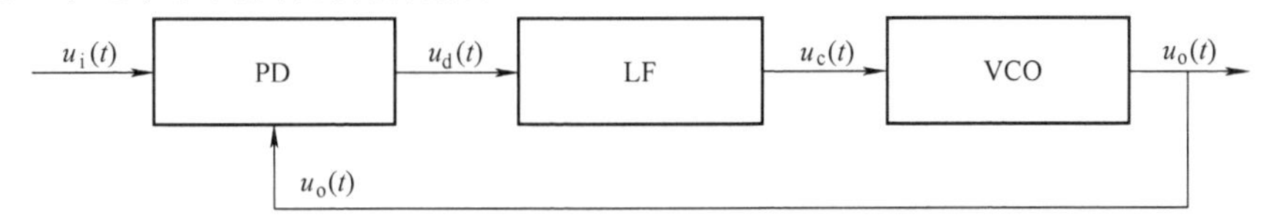

图2-34 基于乘法鉴相法的锁相环结构图

在图2-34所示的锁相环系统中，乘法鉴相器的作用是将压控振荡器的输出信号$u_o(t)$与输入信号$u_i(t)$进行相位比较，从而产生对应于两信号相位差的误差电压$u_d(t)$；环路滤波器的作用是滤除误差电压$u_d(t)$中的二次谐波分量和噪声，以确保环路控制系统的稳定性；压控振荡器的作用是完成电压/频率的变换，即压控振荡器的输出信号频率与误差电压$u_d(t)$的大小成正比。

乘法鉴相法锁相环路实际上是一个相位误差的闭环控制系统。即通过比较输入信号与压控振荡器输出信号之间的相位差，产生一个对应于两个信号相位差的误差电压，该误差电压经滤波处理后去调整压控振荡器的输出频率（相位）。当环路锁定时，输入信号与压控振荡器输出信号的频率差为零，此时相位差为不再随时间变化的定值，且误差电压也为一定值。

为了进一步对环路做定量分析，下面先简述组成锁相环路的乘法鉴相器、环路滤波器以及压控振荡器三个基本单元的基本功能及数学模型。

（1）乘法鉴相器。

乘法鉴相器是锁相环中用来实现相位比较的单元，乘法鉴相器通过锁相环输入信号$u_i(t)$与输出信号$u_o(t)$的相位比较，以此输出一个对应于两信号相位差的误差电压信号$u_d(t)$。

鉴相器可由模拟电路和数字电路多种方案实现，其输出特性也有正弦形、锯齿形及三角形等多种特性形式。通常采用正弦形特性进行原理分析，即鉴相器输出电压$u_d(t)$与相位差θ_e之间的关系为

$$u_d(t) = U_d\sin\theta_e(t) \tag{2-40}$$

可见，任何一个理想的乘法器都可以作为有正弦特性的鉴相器，这种采用乘法器实现的鉴相器称为乘法鉴相器，如图2-35所示。

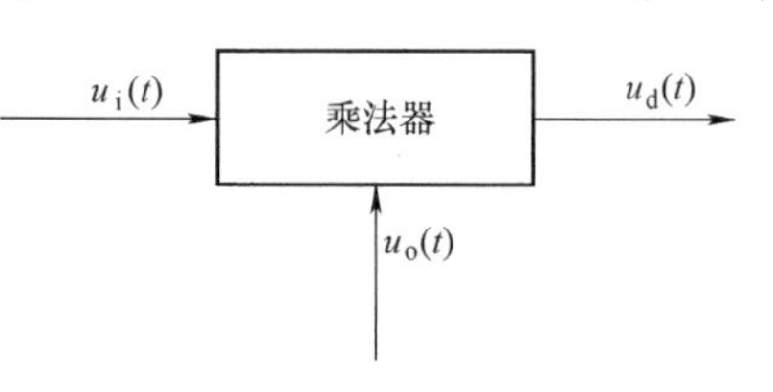

图2-35 采用乘法器构成的鉴相器结构

输入信号$u_i(t)$和压控振荡器的输出信号$u_o(t)$分别加在乘法器的两个输入端上，设输入信号为

$$u_i(t) = U_i\sin[\omega_i t + \theta_i(t)] \tag{2-41}$$

式中 U_i——输入信号的振幅；

ω_i——输入信号的角频率；

$\theta_i(t)$——输入信号以其载波相位$\omega_i t$为参考的瞬时相位。

另外，压控振荡器的输出信号为

$$u_o(t) = U_o\cos[\omega_0 t + \theta_o(t)] \tag{2-42}$$

式中 U_o——压控振荡器输出信号的振幅；

ω_0——压控振荡器固有振荡频率；

$\theta_o(t)$——压控振荡器输出信号以其固有振荡相位$\omega_0 t$为参考的瞬时相位。

动态情况下，两信号的频率不同，为简化运算，常以ω_0为参考频率，重新定义输入信号的瞬时相位，即

$$[\omega_i(t)+\theta_i(t)]=\omega_0 t+[(\omega_i-\omega_0)t+\theta_i(t)]=\omega_0 t+\theta_1(t) \tag{2-43}$$

式中　$\theta_1(t)=(\omega_i-\omega_0)t+\theta_i(t)=\Delta\omega_0 t+\theta_i(t)$；

$\Delta\omega_0 t$——压控振荡器的固有频差。

与之类似，压控振荡器输出信号的瞬时相位也可写成

$$\omega_0 t+\theta_o(t)=\omega_0 t+\theta_2(t) \tag{2-44}$$

式中，$\theta_2(t)=\theta_o(t)$。

采用以上新的相位定义后，锁相环的输入、输出信号可分别写成

$$\begin{cases}u_i(t)=U_i\sin[\omega_0 t+\theta_1(t)]\\ u_o(t)=U_o\cos[\omega_0 t+\theta_2(t)]\end{cases} \tag{2-45}$$

将锁相环的输入、输出信号经乘法鉴相器后的输出电压信号 $u_d(t)$ 为

$$\begin{aligned}u_d(t)&=K_m u_i(t)u_o(t)=K_m U_i\sin[\omega_0 t+\theta_1(t)]U_o\cos[\omega_0 t+\theta_2(t)]\\&=\frac{1}{2}K_m U_i U_o\sin[2\omega_0 t+\theta_1(t)+\theta_2(t)]+\frac{1}{2}K_m U_i U_o\sin[\theta_1(t)-\theta_2(t)]\end{aligned} \tag{2-46}$$

式中，K_m 为乘法器的比例系数。

由式（2-46）可以看出，等式右边含有 $2\omega_0$ 的正弦项（二次谐波），若设置一个具有低通滤波特性的环路滤波器，其中滤除二次谐波，则乘法鉴相器输出电压信号可近似简化为

$$u_d(t)=\frac{1}{2}K_m U_i U_o\sin[\theta_1(t)-\theta_2(t)] \tag{2-47}$$

令乘法鉴相器的输出电压振幅 $U_d=K_m U_i U_o/2$，而两相乘电压的瞬时相位差 $\theta_e(t)=\theta_1(t)-\theta_2(t)=\Delta\omega_0 t+\theta_i(t)-\theta_o(t)$，那么式（2-47）就可写成式（2-40）的形式，即

$$u_d(t)=U_d\sin\theta_e(t) \tag{2-48}$$

若设式（2-48）所对应正弦曲线过零点处的斜率为 K_d，则 K_d 称为鉴相器的灵敏度或鉴相器的线性化增益系数（单位为V/rad），其数值为

$$K_d=\left.\frac{du_d}{d\theta_e}\right|_{\theta_e=0}=\left.\frac{d}{d\theta_e}(U_d\sin\theta_e)\right|_{\theta_e=0}=U_d \tag{2-49}$$

式（2-49）表明，K_d 在数值上与鉴相器的输出电压振幅 U_d 相等。因此，式（2-40）又可写成以下形式：

$$u_d(t)=K_d\sin\theta_e(t) \tag{2-50}$$

显然，式（2-50）就是鉴相器的数学模型，其结构如图2-36所示。

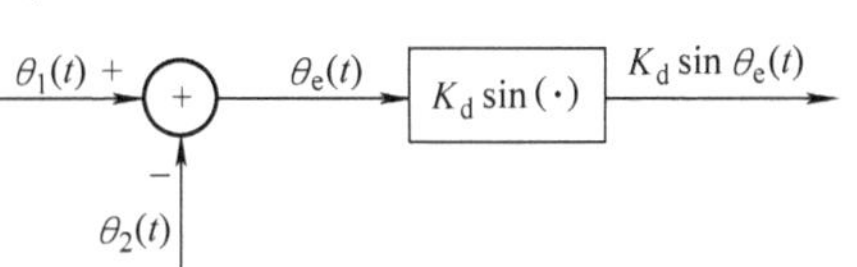

图2-36　正弦鉴相器的数学模型

（2）压控振荡器。

压控振荡器是一种输出振荡频率 $\omega_v(t)$ 受输入控制电压 $u_c(t)$ 控制的变换器，即一种电压-频率变换器。无论采用何种振荡电路以及何种控制方式的振荡器，其压控振荡器特性总可以用瞬时频率 $\omega_v(t)$ 与控制电压

$u_c(t)$的特性曲线来描述。若以特性曲线的中点为静态工作点，并以此点作为坐标原点，则可得到压控振荡器的 ω_v-u_c 特性曲线，如图2-37所示。图2-37中，坐标原点处的角频率是未加控制电压（即 $u_c=0$）而仅有静态偏压时的振荡角频率 ω_0（称 ω_0 为固有振荡角频率）。振荡频率 $\omega_v(t)$以 ω_0 为中心，并随控制电压 $u_c(t)$ 的变化而变化，显然，ω_v-u_c 特性曲线在较大范围内呈线性关系。

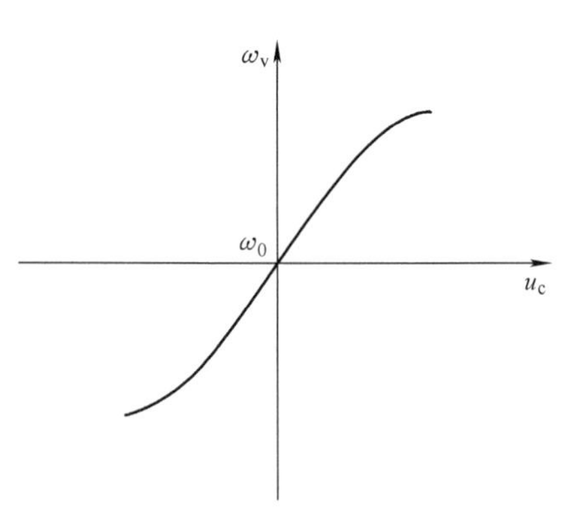

图2-37 压控振荡器特性曲线

在 ω_v-u_c 特性曲线的线性范围内，特性曲线可表示为

$$\omega_v(t) = \omega_0 + K_0 u_c(t) \tag{2-51}$$

式中 K_0——压控振荡器的控制灵敏度或增益系数，单位为rad/(V·s)。

在锁相环路中，压控振荡器的输出对鉴相器起作用的不是瞬时角频率，而是它的瞬时相位，此瞬时相位可由式（2-51）求得，即

$$\int_0^t \omega_v(t)\mathrm{d}(t) = \omega_0 t + K_0\int_0^t u_c(t)\mathrm{d}(t) \tag{2-52}$$

比较式（2-52）与式（2-44）可知，以 $\omega_0 t$ 为参考的输出瞬时相位为

$$\theta_2(t) = K_0\int_0^t u_c(t)\mathrm{d}(t) \tag{2-53}$$

显然，式（2-53）就是压控振荡器相位控制特性的数学模型。为分析方便，式（2-53）中的积分运算采用微分算子 $p=\mathrm{d}/\mathrm{d}t$ 的倒数来表示，即

$$\theta_2(t) = K_0\frac{u_c(t)}{p} \tag{2-54}$$

可见，压控振荡器在锁相环路中起到了一次积分作用，即压控振荡器实际上是锁相环路中的固有积分环节，其模型如图2-38所示。

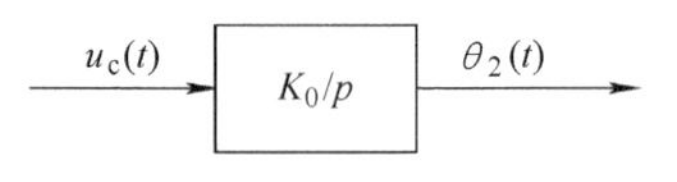

图2-38 压控振荡器模型

（3）环路滤波器。

环路滤波器主要用来滤除鉴相器输出信号中的二次谐波分量和噪声，其通常采用线性滤波器设计。由于线性滤波器的输出电压 $u_c(t)$与输入电压 $u_d(t)$之间的关系可用一个常系数线性微分方程表示，因此若不考虑电路的初始扰动，则基于频域表述的环路滤波器输出、输入关系为

$$U_c(s) = F(s)U_d(s) \tag{2-55}$$

式中 $F(s)$——环路滤波器的传递函数。

利用时域卷积公式，其基于时域表述的环路滤波器的输出和输入关系为

$$u_c(t) = \int_0^t u_d(\tau) f(t-\tau) d\tau \tag{2-56}$$

式中　$f(t)$——环路滤波器的脉冲响应函数。

实际上，由于不考虑初始扰动，传递函数中的拉普拉斯算子 s 和微分方程中微分算子 p 是一一对应的，因此可使用微分算子来描述环路滤波器输出和输入关系的时域表示式，即

$$u_c(t) = F(p) u_d(t) \tag{2-57}$$

以时域描述的环路滤波器的模型如图 2-39 所示。

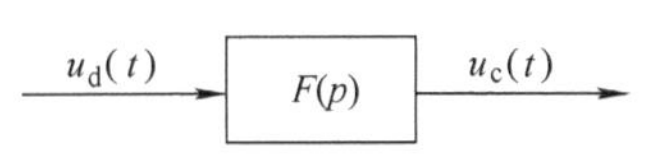

图 2-39　环路滤波器模型

2. 乘法鉴相法锁相环路的基本相位方程

将图 2-36、图 2-38、图 2-39 所示的锁相环路中三个基本环节的模型图按照图 2-34 所示闭环控制结构连接起来，就构成了锁相环路的相位反馈系统，其结构如图 2-40 所示。由图 2-40 可以看出，系统给定值是输入信号的相位 $\theta_1(t)$，系统所受调节值是压控振荡器的输出信号相位 $\theta_2(t)$。由于输出相位直接加到鉴相器上进行相位比较，因此锁相环路的相位反馈系统可以看成是单位反馈系统。

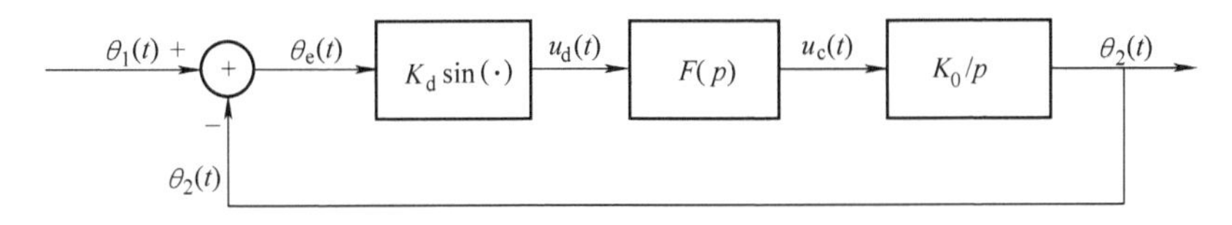

图 2-40　锁相环路的相位反馈系统结构

由图 2-40，并结合锁相环基本环节的数学模型式（2-50）、式（2-54）及式（2-57），可得到相位反馈系统的输出信号相位方程，即

$$\theta_e(t) = \theta_1(t) - \theta_2(t) = \theta_1(t) - K_0 F(p) \frac{u_d(t)}{p} = \theta_1(t) - K_0 K_d F(p) \frac{1}{p} \sin\theta_e(t) \tag{2-58}$$

对式（2-58）两端微分，可得锁相环路的基本相位方程为

$$\frac{d\theta_e(t)}{dt} + K_0 K_d F(p) \sin\theta_e(t) = \frac{d\theta_1(t)}{dt} \tag{2-59}$$

锁相环路的基本相位方程是分析锁相环路各种性能的基础，针对式（2-59）表示的基本相位方程，有以下几点值得注意：

1）基本相位方程与图 2-40 所示锁相环路的相位反馈系统相对应。基本相位方程完整地描述了输入信号与压控振荡器输出信号之间的相位差 $\theta_e(t)$ 从环路闭合的那一瞬间起的时域变化关系。求解这一微分方程，可以确定环路工作的全部性能。

2）基本相位方程给出了环路输入瞬时相位 $\theta_1(t)$ 与输出瞬时相位 $\theta_2(t)$ 之间的关系，而不是给出输入电压 $u_i(t)$ 与输出电压 $u_o(t)$ 之间的关系。由于锁相环路实际上是一个基于相位的闭环系统，因此只要研究锁相环路的基本相位方程，就能获得这个系统的

完整性能。

3）基本相位方程是非线性微分方程，其阶数取决于环路滤波器的 $F(p)$。

4）基本相位方程是在不考虑干扰作用并且内部参数为常数的条件下导出的。显然，实际系统中存在的干扰、噪声以及参数漂移对锁相环的环路控制性能有一定的影响。

3. 锁相环路的锁定问题

当锁相环路输入一个频率和相位不随时间变化的信号，即 $u_i(t)=U_i\sin(\omega_i t+\theta_i)$ 时，由于 ω_i 与 θ_i 是不随时间变化的量，因此由式（2-43）微分得

$$\frac{d\theta_1(t)}{dt}=\omega_i-\omega_0=\Delta\omega_0 \tag{2-60}$$

将式（2-60）代入基本相位方程式（2-59），得

$$\frac{d\theta_e(t)}{dt}+K_0K_dF(p)\sin\theta_e(t)=\Delta\omega_0 \tag{2-61}$$

显然，由式（2-61）即可解出锁相环路闭环后的瞬时相位差 $\theta_e(t)$ 随时间变化的规律。进一步考察式（2-61），左边第一项是瞬时相位差 $\theta_e(t)$ 对时间的微分，表示环路的瞬时频差；左边第二项是闭环后压控振荡器受控制电压作用而产生的频率变化 $\omega_v-\omega_0$，称之为控制频差。

式（2-61）表明，在锁相环环路闭环后的任何时刻，瞬时频差与控制频差的代数和总是等于固有频差 $\Delta\omega_0$。假如通过环路的控制作用能够使式（2-61）左边第二项的控制频差逐渐变化至固有频差 $\Delta\omega_0$，这时式（2-61）左边第一项的瞬时频差将趋向于零，即有

$$\lim_{t\to\infty}\frac{d\theta_e(t)}{dt}=0 \tag{2-62}$$

因此，锁相环路的瞬时相位差 $\theta_e(t)$ 则趋向于一个固定的值，并将一直保持下去，这样可认为锁相环路进入锁定状态。

在进入锁定状态之后，压控振荡器的输出信号与环路输入信号之间存在一个固定的稳态相位差，但压控振荡器的输出信号与环路输入信号之间则没有频差，即 $\omega_v-\omega_0=\Delta\omega_0=\omega_i-\omega_0$，所以有 $\omega_v=\omega_i$，即压控振荡器的频率被锁定在输入信号的频率上，这是锁相环的一个重要特性。

当满足式（2-62）时，$\theta_e(t)$ 为固定值，鉴相器的输出 $K_d\sin\theta_e(t)$ 为一个恒定的直流信号，将 $p=j\omega=0$ 代入 $F(p)$，可得到环路滤波器对直流的传输特性，即

$$K_0K_dF(0)\sin\theta_{e\infty}=\Delta\omega_0 \tag{2-63}$$

式中　$K_0K_dF(0)$——环路的直流总增益，单位为1/s；

$\theta_{e\infty}$——$\theta_e(t)$ 在时间趋向无穷大时的稳态值，且 $\theta_{e\infty}=\arcsin\dfrac{\Delta\omega_0}{K_0K_dF(0)}$。

稳态误差 $\theta_{e\infty}$ 的作用就是使环路在锁定时仍维持鉴相器有一个固定的电压输出 $K_d\sin\theta_{e\infty}$。此电压通过环路滤波器加到压控振荡器上，通过锁相环路的闭环控制将压控

振荡器的频率调整到与输入信号频率同步的状态。实际上，在环路滤波器之后加入PI调节器，就可以实现稳态零相差的锁相控制。

对于频率和相位不变的输入信号，锁相环路能够实现锁定，这也是对锁相环路的基本要求；而对于频率和相位不断变化的输入信号，应使压控振荡器的频率和相位不断跟踪输入频率和相位的变化，使锁相环路处于“跟踪状态”。换言之，锁相环路的“锁定状态”是针对频率和相位固定的输入信号而言的；而锁相环路的“跟踪状态”则是针对频率和相位变化的输入信号而言的。若锁相环路既不处于“锁定状态”，又不处于“跟踪状态”，则锁相环路处于“失锁状态”。

以上介绍的基于乘法鉴相器的锁相环一般采用硬件加以实现，但硬件锁相环主要由模拟电路构造而成，且模拟电路参数的温度漂移对实际的锁相精度有一定的影响。随着数字信号处理器（Digital Signal Processor，DSP）、现场可编程门阵列（Field Programmable Gate Array，FPGA）等高速处理芯片的发展，基于硬件锁相原理的软件锁相技术（Software Phase Locked Loop，SPLL）由于采用了高性能的数字控制技术，从而显著提高了锁相系统的性能，另外软件锁相技术可以通过多种控制来获得锁相信号的幅值、相位和频率等信息，从而使相应的控制系统获得更多的控制自由度和灵活度，可见软件锁相环技术已经取代传统硬件锁相环技术而成为锁相环技术的主流，因此在介绍了基本锁相环原理基础后，将主要讨论典型的三相、单相软件锁相环方案。

2.5.3　三相软件锁相环技术

三相软件锁相环技术是在上述基本的锁相环控制思路基础上，对三相系统进行静止坐标系到旋转坐标系的变换，利用旋转坐标系的同步锁定来实现三相锁相环的控制。较为典型的三相软件锁相环就是单同步坐标系软件锁相环（Single Synchronous Reference Frame Software Phase Locked Loop，SSRF - SPLL），单同步坐标系软件锁相环一般适用于电网平衡时的频率、相位及幅值的检测。

当电网平衡时，电网电压只存在正序分量，此时，两相静止 $\alpha\beta$ 坐标系和同步 dq 坐标系中的实际电压矢量 $\boldsymbol{U}_s$ 和锁相环输出电压矢量 $\boldsymbol{U}_{SPLL}$ 位置如图2-41所示。

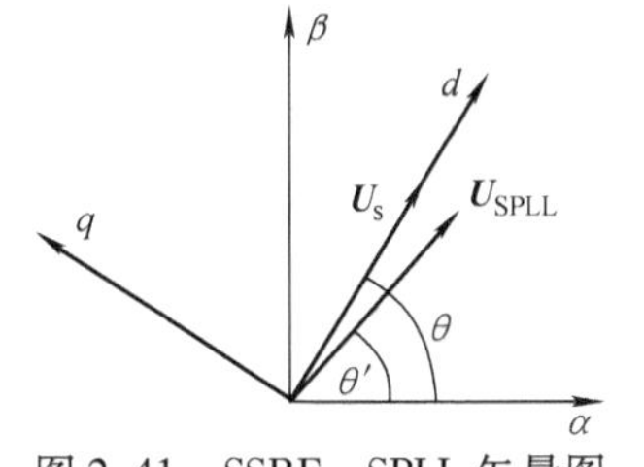

图2-41　SSRF - SPLL矢量图

图2-41中，$\boldsymbol{U}_s$ 为实际电压矢量；$\boldsymbol{U}_{SPLL}$ 为锁相环的输出电压矢量；θ 为实际电压矢量的矢量角度；θ' 为锁相环输出的电压矢量角度。

在图2-41中，实际电压矢量 $\boldsymbol{U}_s$ 以同步坐标系中的 d 轴定向，显然，当锁相环处于准确锁相时，锁相环输出电压矢量 $\boldsymbol{U}_{SPLL}$ 和实际电压矢量 $\boldsymbol{U}_s$ 应该完全重合，即 $\theta'=\theta$。而在电网电压相位突变瞬间，矢量 $\boldsymbol{U}_{SPLL}$ 和 $\boldsymbol{U}_s$ 位置必将产生差异，为此必须采取适当的闭环控制以使锁相环的输出满足 $\theta'=\theta$。SSRF - SPLL 的基本控制结构原理如图2-42所示。

图2-42中，$T_{3/2s}$ 为三相静止 abc 坐标系到二相静止 $\alpha\beta$ 坐标系的变换；$T_{2s/2r}$ 为两相静止 $\alpha\beta$ 坐标系到同步旋转 dq 坐标系的变换；ω_0 为 $\boldsymbol{U}_{SPLL}$ 的旋转角速度；ω^* 为检测电压

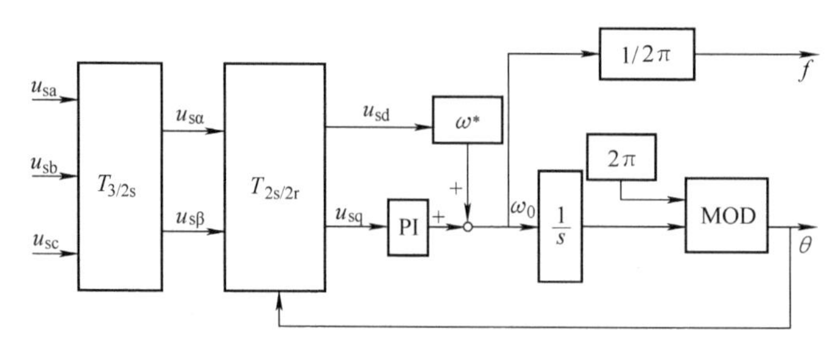

图 2-42 SSRF - SPLL 控制结构原理图

的额定频率；MOD 为求其中除数是 θ 的周期 2π。

在图 2-42 中，首先对电网电压进行 Clark 变换（$abc\rightarrow\alpha\beta$）和 Park 变换（$\alpha\beta\rightarrow dq$），即将三相静止 abc 坐标系的电压变量变换成两相同步旋转 dq 坐标系的电压变量，这种坐标变换的优势在于可将三相静止 abc 坐标系中的正弦量变换成两相同步旋转 dq 坐标系中的直流量。在同步旋转坐标系中，根据锁相环工作的基本性能要求，即必须使矢量 $\boldsymbol{U}_{SPLL}$ 和 $\boldsymbol{U}_s$ 完全重合才能实现相位锁定，显然，只要通过闭环控制使 $u_{sq}=0$ 即可实现锁相。实际上，在图 2-42 所示的 SSRF - SPLL 控制结构中，为实现 $u_{sq}=0$ 控制，将 u_{sq} 输入 PI 调节器，当频率锁定时，u_{sq} 必为一个直流量，由于 PI 调节器具有直流无静差调节特性，因此通过对 u_{sq} 的 PI 调节，可使 u_{sq} 趋于零，从而实现锁相。而将 PI 调节器的输出与实际电网额定频率相叠加以获得锁相环的输出频率。为进一步理解 SSRF - SPLL 原理，可简单分析如下。

假设电网电压为三相平衡电压，并令 A 相电压的初始相位为 0，则三相电网电压可分别表示为

$$\begin{aligned} u_{sa} &= \sqrt{2}U\cos(\omega_1 t) \\ u_{sb} &= \sqrt{2}U\cos(\omega_1 t - 2\pi/3) \\ u_{sc} &= \sqrt{2}U\cos(\omega_1 t - 4\pi/3) \end{aligned} \tag{2-64}$$

式中 U——电网电压的有效值；

ω_1——电网电压角频率。

首先，将三相电网电压由三相静止 abc 坐标系变换到两相静止 $\alpha\beta$ 坐标系，再以 d 轴定向将两相静止 $\alpha\beta$ 坐标系变换到同步旋转 dq 坐标系，可以分别得到

$$\begin{bmatrix} u_{s\alpha} \\ u_{s\beta} \end{bmatrix} = \frac{2}{3}\begin{bmatrix} 1 & -1/2 & -1/2 \\ 0 & \sqrt{3}/2 & -\sqrt{3}/2 \end{bmatrix}\begin{bmatrix} u_{sa} \\ u_{sb} \\ u_{sc} \end{bmatrix} = U\begin{bmatrix} \cos\theta \\ \sin\theta \end{bmatrix} \tag{2-65}$$

$$\begin{bmatrix} u_{sd} \\ u_{sq} \end{bmatrix} = \begin{bmatrix} \cos\theta' & \sin\theta' \\ -\sin\theta' & \cos\theta' \end{bmatrix}\begin{bmatrix} u_{s\alpha} \\ u_{s\beta} \end{bmatrix} \tag{2-66}$$

式中 θ——电网电压矢量的实际角度；

θ'——锁相环的输出估计角度。

经进一步计算，得到电网电压的 dq 分量表达式，即

$$\begin{bmatrix} u_{sd} \\ u_{sq} \end{bmatrix} = U\begin{bmatrix} \cos(\theta - \theta') \\ \sin(\theta - \theta') \end{bmatrix} = U\begin{bmatrix} \cos((\omega_1 - \omega_0)t + \varphi_{error}) \\ \sin((\omega_1 - \omega_0)t + \varphi_{error}) \end{bmatrix} \tag{2-67}$$

式中　ω_0——锁相环的估计频率；

φ_{error}——电网电压矢量实际相角与锁相环估计相角的初始相位差。

分析式（2-67）可知，假设同步旋转 dq 坐标系以 d 轴定向，当频率没有锁定时（$\omega_0 \neq \omega_1$），u_{sq}为一个交流分量；而当频率锁定而相位没有锁定时（$\omega_0 = \omega_1$，$\varphi_{error} \neq 0$），u_{sq}为一个直流分量，其直流分量大小与 φ_{error}成正比；而当频率、相位完全锁定时（$\theta' = \theta$，$\omega_0 = \omega_1$，$\varphi_{error} = 0$），$u_{sd} = U$ 且 $u_{sq} = 0$。

根据上述规律，只要通过如图 2-42 所示的基于 u_{sq}输入的 PI 调节控制，即可实现 SSRF－SPLL 控制，从而实现锁相。

显然，在理想电网电压情况下，一个具有高带宽的如图 2-42 所示的 SSRF－SPLL 可以精确而且快速地实现锁相，并输出电网电压的频率和幅值信息。而当电网电压中含有谐波时，可以通过适当降低 SSRF－SPLL 系统带宽来抑制谐波的干扰，而且由于系统本身存在两个积分环节，因此对高频分量有较强的抑制作用，所以，采用 SSRF－SPLL 方案一般不需要增设滤波环节。实际上，通过参数的优化设计可使 SSRF－SPLL 在具有较好的高频滤波特性的同时，还具有较好的实时性。图 2-43～图 2-46 所示为 SSRF－SPLL 的稳态性能和暂态（电压跌落、相位突变、频率偏移）特性。

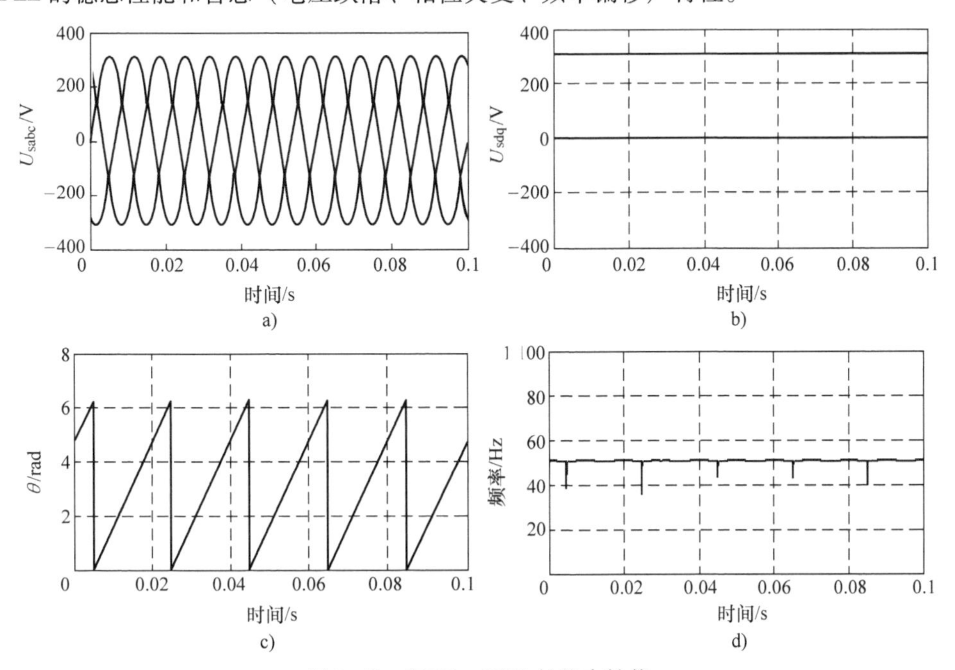

图 2-43　SSRF－SPLL 的稳态性能

a）电网电压　b）u_{sd}和 u_{sq}的值　c）锁相环输出角度　d）锁相环估计频率

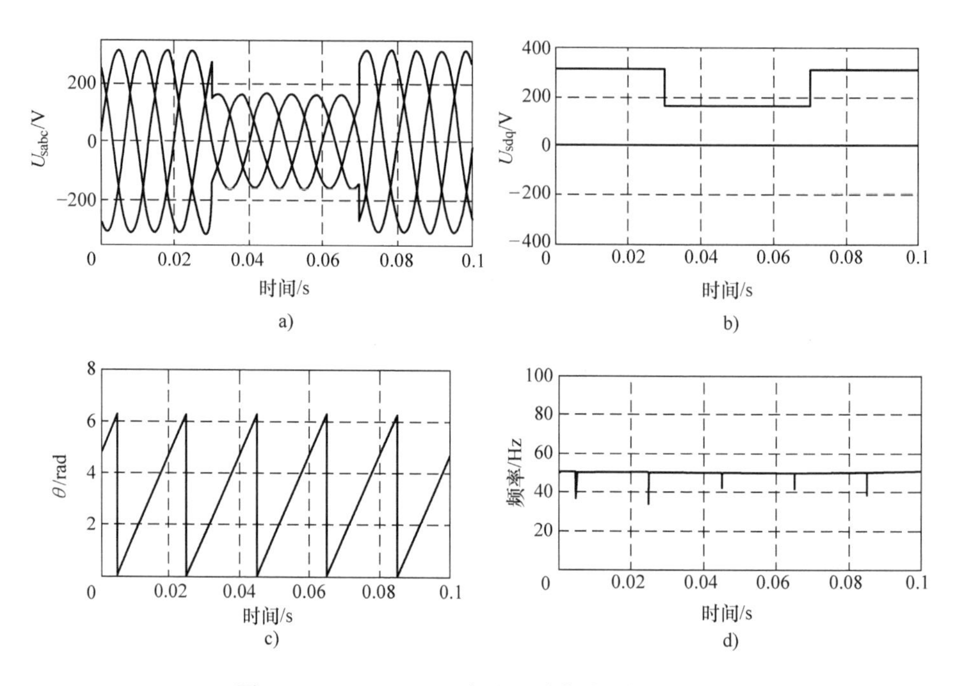

图 2-44　SSRF – SPLL 在电压跌落时的暂态性能

a）电网电压　b）u_{sd}和u_{sq}的值　c）锁相环输出角度　d）锁相环估计频率

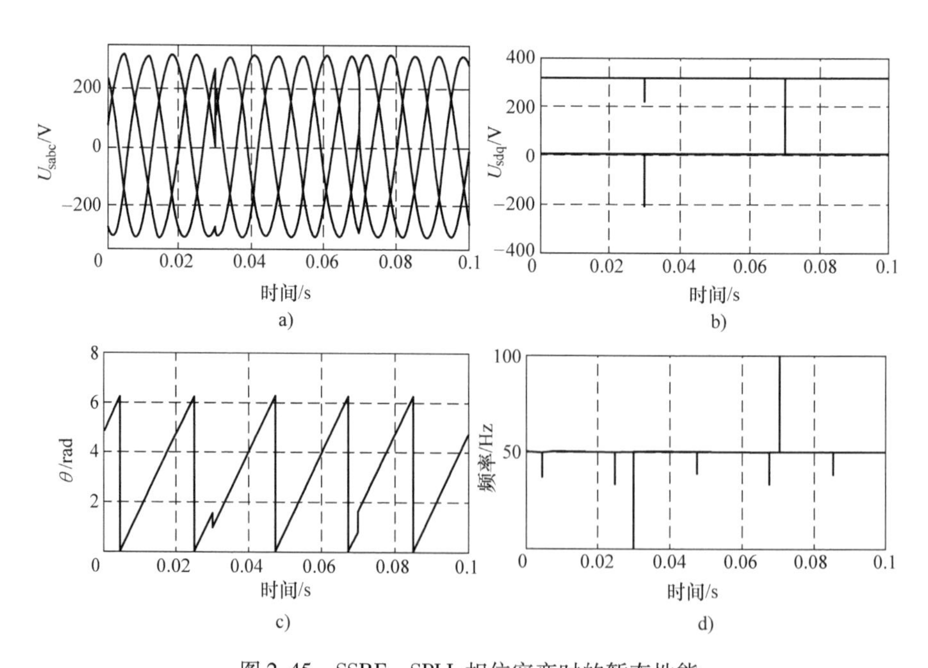

图 2-45　SSRF – SPLL 相位突变时的暂态性能

a）电网电压　b）u_{sd}和u_{sq}的值　c）锁相环输出角度　d）锁相环估计频率

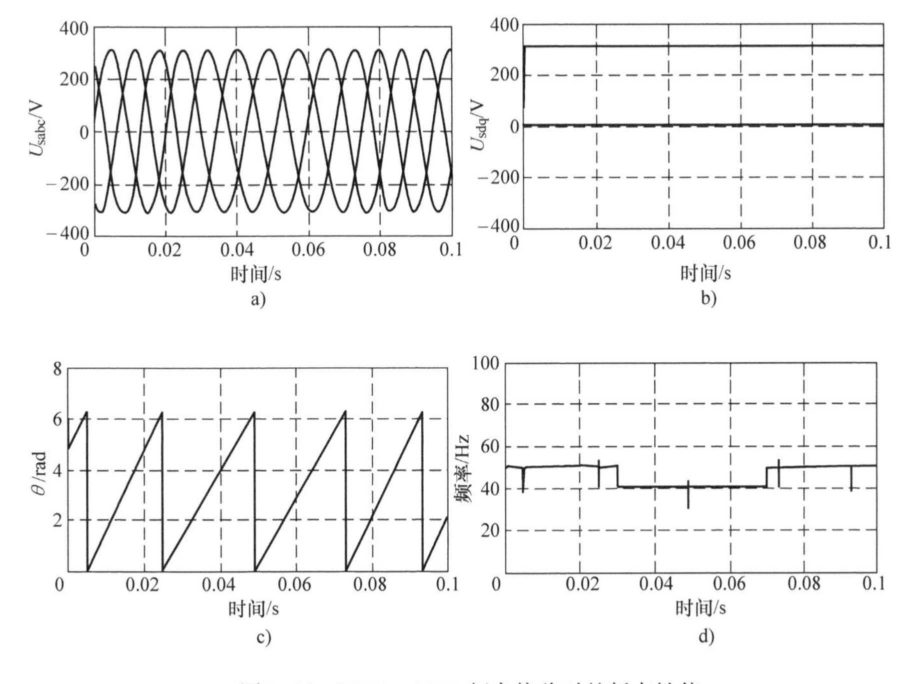

图2-46 SSRF-SPLL频率偏移时的暂态性能

a）电网电压 b）u_{sd}和u_{sq}的值 c）锁相环输出角度 d）锁相环估计频率

图2-43～图2-46所示的SSRF-SPLL稳态和暂态性能表明，这种SSRF-SPLL锁相方法不但能够在稳态情况下准确锁相并检测电压幅值和频率，而且在相位突变、电压跌落以及频率大范围变化等暂态情况下也能准确锁相并检测电压幅值和频率。另外，SSRF-SPLL的动态调整时间小于0.5ms，因此具有较好的锁相快速性。

以上讨论均以三相平衡电网为前提，然而，当电网电压不平衡时，SSRF-SPLL就难以取得令人满意的效果，需要进行相应的改进或采用其他适用于电网不平衡时的锁相环方案。

2.5.4 单相软件锁相环技术

一般而言，锁相环设计的关键是鉴相器的设计，而单相锁相环的鉴相器设计有两种基本设计思路，其一是基于单相变量的设计思路，其二是基于两相正交变量的设计思路。基于单相变量的锁相环设计主要是通过类似乘法鉴相方案或者是通过基于输入信号重构的自适应鉴相方案来实现单相锁相环控制；而基于两相正交变量的锁相环设计主要是通过一定的算法，由输入信号u_α构造出两相静止坐标系下的另一相正交信号u_β，由u_α，u_β作为输入信号，再借鉴三相锁相环的同步旋转坐标锁定原理实现锁相环控制。以下分别对此进行简要讨论。

2.5.4.1 基于单相变量的单相软件锁相环方案

基于单相变量的单相软件锁相环典型方案就是基于虚拟平均无功鉴相的单相锁相环方案。首先回顾一下乘法鉴相锁相环的基本思路，即构造两个正交变量并输入乘法器，再通过具有积分环节的控制环路使乘法器输出的平均值（滤除二次谐波）为零，从而实现锁相。可见，在常规的基于乘法鉴相的锁相环中，其鉴相单元为乘法器，而乘法器的输入为两个正交变量，实际上借鉴乘法鉴相锁相环的基本思路可以直接构建一个闭环锁相环路，即以两个正交变量乘积的平均值为给定变量，并令该给定变量为零构建闭环系统，同样也可实现锁相控制。而给定变量即两个正交变量乘积的平均值可以通过定义虚拟平均无功功率来获得，显然这实际上是一种基于虚拟平均无功鉴相的单相锁相环实现思路，其锁相环控制结构如图2-47所示。

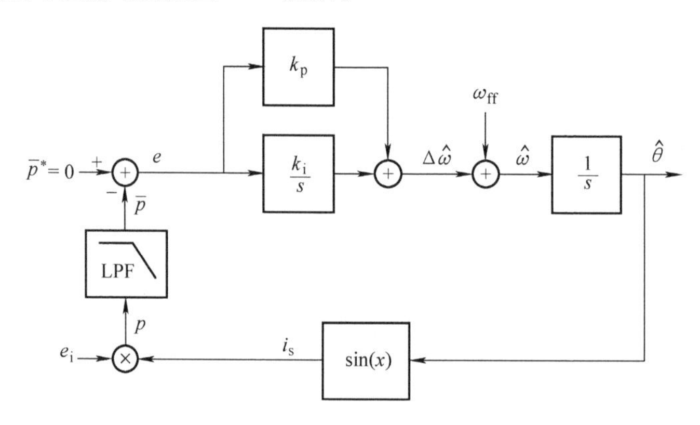

图2-47 基于虚拟平均无功鉴相的单相软件锁相环控制结构

假设输入电压 e_i 的基波分量为 $U\cos\theta$，若相位估计值为 $\hat{\theta}$，则借鉴乘法鉴相器原理，定义另一准确锁相时（$\hat{\theta}=\theta$）与 $U\cos\theta$ 正交的变量，即虚拟电流为 $i_s=\sin\hat{\theta}$，并定义两者的乘积 $U\cos\theta\sin\hat{\theta}$ 为虚拟无功功率 p，去除其中必有的二次谐波后，即为无功功率 p 的平均值，记为 $\bar{p}$。与乘法鉴相器锁相原理一致，当通过闭环控制使 $\bar{p}=0$ 时，虚拟电流 i_s 将与输入电压 e_i 的基波分量正交，从而实现相位锁定，具体分析如下。

图2-47中的虚拟无功功率 $p(\hat{\theta},\ \theta)$ 的表达式为

$$p = U\cos\theta\sin\hat{\theta} \tag{2-68}$$

利用三角函数公式，式（2-68）可以表示为

$$p = \frac{U}{2}\sin(\hat{\theta}-\theta) + \frac{U}{2}\sin(\hat{\theta}+\theta) \tag{2-69}$$

采用低通滤波器对式（2-69）中的无功功率交流量进行滤波，可以得到无功功率的平均值 $\bar{p}$。

稳态时考虑 $\theta=\omega t+\phi$，$\hat{\theta}=\hat{\omega}t+\hat{\phi}$，$\hat{\omega}\cong\omega$，其中上标“^”表示对应的估计值。显然，对于足够小的相位偏差 $\phi-\hat{\phi}$，则有

$$\bar{p} = \frac{U}{2}(\hat{\theta}-\theta) \tag{2-70}$$

由式（2-70）可以看出，若控制平均无功功率$\bar{p}$为零，则在稳态情况下，$\hat{\theta}$将等于输入电网电压相位θ。

这种基于虚拟平均无功鉴相的单相软件锁相环结构比较简单，然而由图 2-47 可以看出，由于采用了低通滤波器以获取平均无功功率，因此导致了较大的系统延迟。实际上，还要考虑电网因素的影响，若输入电网电压为理想正弦信号，则只需要考虑将式（2-69）中的二次谐波滤除即可；若电网电压非理想情况，则情况较为复杂。事实上，根据式（2-69），每一个阶次为n且幅值为U_n的谐波分量都将会产生两项阶次为$n+1$、幅值为$U_n/2$的鉴相输出信号。这表明，低次谐波分量（1~2）Hz 会在鉴相输出信号中产生基波频率附近的分量，显然，这增加了低通滤波器的设计难度。

基于虚拟平均无功鉴相的单相软件锁相环动态响应波形如图 2-48 所示。

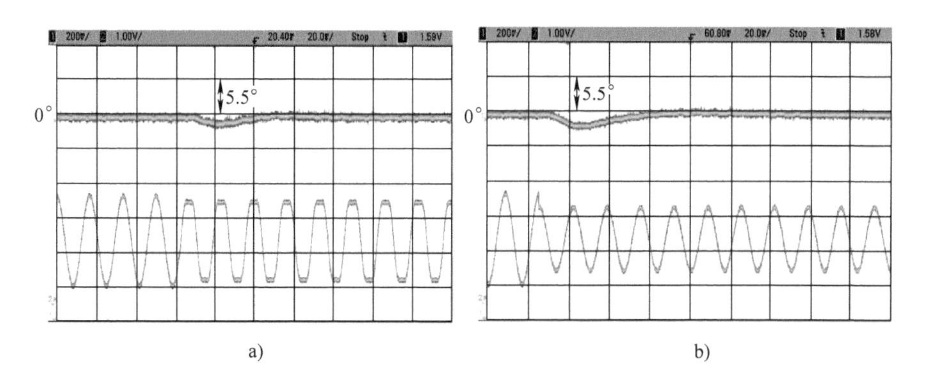

图 2-48　基于虚拟平均无功鉴相的单相软件锁相环动态响应

a）电网电压中注入 15% 三次谐波电压时的锁相环相位误差$\theta-\hat{\theta}$（上）和电压波形（下）

b）电网电压跌落 30% 时的锁相环相位误差$\theta-\hat{\theta}$（上）和电压波形（下）

从图 2-48 所示锁相环的响应波形可以看出，基于虚拟平均无功鉴相的单相锁相环由于存在平均无功滤波器，所以锁相环稳态时对电网谐波电压不敏感，但在电网电压跌落以及相位突变、频率变化等情况下，锁相环动态响应的快速性会受到一定影响。另外，此种基于虚拟平均无功鉴相的单相锁相环不能得到电网电压的幅值信息。

2.5.4.2　基于两相正交变量的单相软件锁相环方案

基于两相正交变量的单相锁相环设计关键在于针对输入信号的虚拟正交信号的获得，由此虚拟正交信号即可采用三相锁相环的基于同步坐标系的锁相环控制策略，以实现单相锁相环的控制。这就是基于虚拟两相鉴相器的单相锁相环方案的基本思路，简单讨论如下。

基于延迟法虚拟两相的单相锁相环方案采用了图 2-49 所示的基于 90°延迟的两相虚拟方案。

图 2-49 中的 90°延时模块用来产生与输入电网电压信号u_β相差 90°的电压信号u_α，并构成静止正交坐标系，再通过 Park 变换得到同步旋转坐标系中的虚拟电压矢量的d，

q 分量 u_d，u_q，当通过闭环控制使 $u_d=0$ 时，输入信号得以锁相。

基于延迟法虚拟两相的单相软件锁相环方案需要通过延迟单元将电网电压延迟 90°，以获得虚拟的 u_β 信号，这显然降低了锁相环的响应速度，尤其当电压发生电压跌落以及相位突变等情况时。另外，此种锁相环方案在输入电压畸变的情况下将会将谐波引入到控制环路中，从而降低了控制环的锁相控制性能。

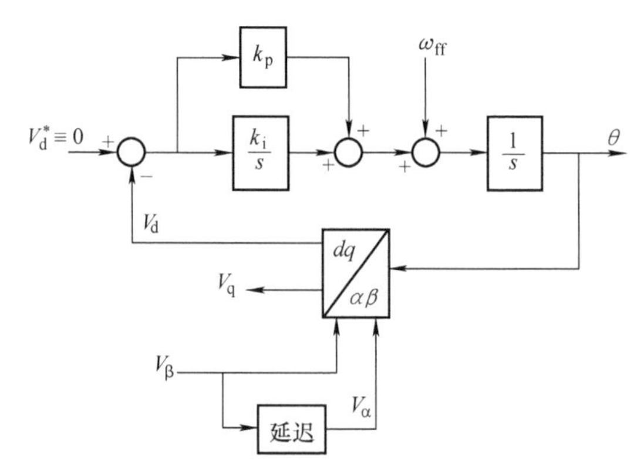

图 2-49　基于延迟法虚拟两相的单相软件锁相环控制结构

从延迟单元的设计角度看，若要实现延时 90°，则要延时 $T/4$ 的时间，显然要能够实现精确延时的前提是已知周期 T，而设计锁相环的目的是跟踪未知的输入频率，因此当频率变化时，利用延时法虚拟两相依然存在动态性能差的问题。

2.5.5　锁相环控制参数整定

在锁相环控制系统中，其控制器参数的整定直接影响锁相环的动态和静态性能，而以上介绍的几种锁相环，除相应的坐标变换以及正交信号发生外，其反馈控制环都具有相似的基本结构，并且控制器大都采用 PI 调节器，以下以 SSRF－SPLL 为例，讨论其控制器的参数整定问题。

如图 2-42 所示，在 SSRF－SPLL 系统中，有

$$\begin{bmatrix} u_{sd} \\ u_{sq} \end{bmatrix} = U\begin{bmatrix} \cos(\theta-\theta') \\ \sin(\theta-\theta') \end{bmatrix} = U\begin{bmatrix} \cos\Delta\theta \\ \sin\Delta\theta \end{bmatrix} \tag{2-71}$$

采用 $u_{sq}=0$ 的闭环控制，当控制器采用 PI 调节器时，若令调节器传递函数为 $K_{SPLL}(sT_{SPLL}+1)/sT_{SPLL}$，则锁相环的控制模型结构如图 2-50a 所示，由于反馈通道中存在正弦变量，因而具有非线性特性。因此为方便参数整定，首先对图 2-50a 所示控制模型进行工作点附件的微偏线性化处理。

实际上，当考虑工作点附件的系统特性时，由于 $\Delta\theta$ 较小，即 $\sin(\Delta\theta)\approx\Delta\theta$，因此，图 2-50a 所示的控制模型得以线性化，即锁相环系统可以当做线性控制系统来处理，并简化为单位反馈系统，另外，若考虑采样延迟对应的等效惯性时间常数 T_s（如取 $T_s=100\mu s$），则锁相环系统线性化控制模型结构如图 2-50b 所示。

图 2-50b 所示锁相环系统线性化控制模型结构的开环传递函数 $H_O(s)$ 为

$$H_O(s) = \left(K_{SPLL}\frac{sT_{SPLL}+1}{sT_{SPLL}}\right)\left(\frac{1}{1+sT_s}\right)\left(\frac{U}{s}\right) = \frac{a_1 s + a_0}{s^2(a_3 s + a_2)} \tag{2-72}$$

式中　K_{SPLL}，T_{SPLL}——PI 调节器的增益和积分时间常数，且

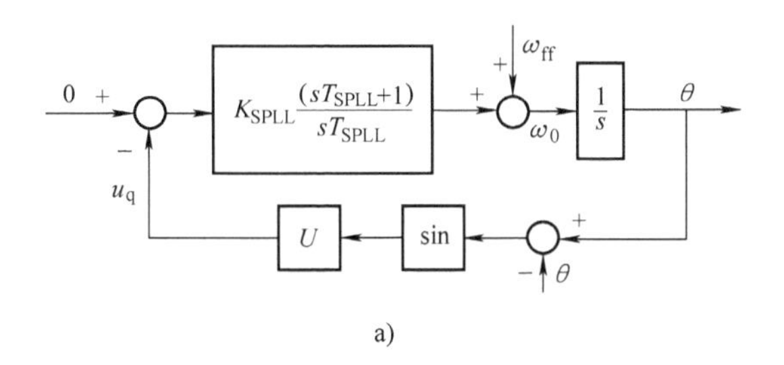

a)

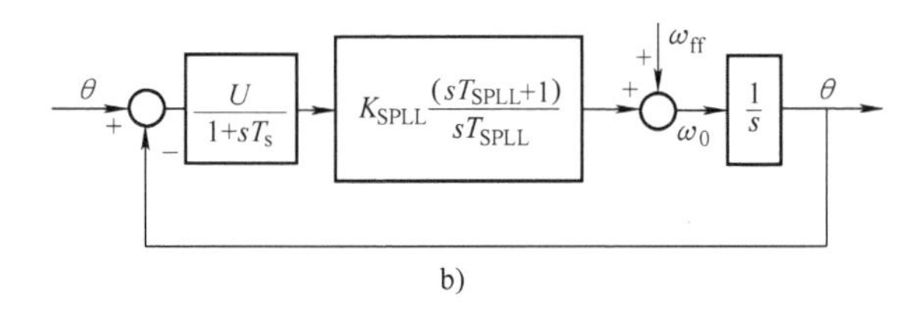

b)

图 2-50　锁相环控制模型结构

a）锁相环控制模型结构　b）锁相环线性化控制模型结构

$$\begin{cases} a_0 = UK_{SPLL} \\ a_1 = UK_{SPLL}T_{SPLL} \\ a_2 = T_{SPLL} \\ a_3 = T_s T_{SPLL} \end{cases} \tag{2-73}$$

显然，对应锁相环系统线性化控制模型结构的闭环传递函数可写为

$$H_C(s) = \frac{UK_{SPLL}T_{SPLL}s + UK_{SPLL}}{T_s T_{SPLL}s^3 + T_{SPLL}s^2 + UK_{SPLL}T_{SPLL}s + UK_{SPLL}} = \frac{a_1 s + a_0}{a_3 s^3 + a_2 s^2 + a_1 s + a_0} \tag{2-74}$$

则相应的特征方程为

$$T_s T_{SPLL}s^3 + T_{SPLL}s^2 + UK_{SPLL}T_{SPLL}s + UK_{SPLL} = 0 \tag{2-75}$$

根据特征方程，列出劳斯判据列表如下：

$$\begin{array}{l|ll} s_1^3 & T_s T_{SPLL} & UK_{SPLL}T_{SPLL} \\ s_1^2 & T_{SPLL} & UK_{SPLL} \\ s_1^1 & UK_{SPLL}(T_{SPLL} - T_s) & \\ s_1^0 & UK_{SPLL} & \end{array}$$

显然，锁相环系统线性化控制模型稳定的充分必要条件是 $T_{SPLL} > T_s$，即 PI 调节器的积分时间常数 T_{SPLL}大于系统不可变部分的采样时间常数 T_s。从上述锁相环系统的开环传递函数 $H_0(s)$可以看出，$H_0(s)$为三阶Ⅱ型系统，以此可考虑采用对称最优化法来整定调节器参数。对称最优化设计的优点是可以使相角裕度最大化。以下将依据对称最优化法详细设计 PI 调节器参数，并计算系统性能指标。

由上述锁相环系统稳定的充分必要条件 $T_{SPLL} > T_s$，并令

$$T_{SPLL} = \alpha^2 T_s \tag{2-76}$$

式中 α——待定因子，且 $\alpha > 1$。

根据对称最优化的一般性方程

$$A_i = a_i^2 + \alpha \sum_{j=1}^{i} (-1)^j a_{i-j} a_{i+j} \tag{2-77}$$

在系统性能最优时，有

$$A_i = 0,\ i = 1,2,\cdots,m \tag{2-78}$$

式中 m——调节器参数的数目。

在本锁相环系统中，$m=2$，因此可列出对称最优化的一般性方程为

$$\begin{cases} A_1 = a_1^2 - \alpha a_0 a_2 = (UK_{SPLL}T_{SPLL})^2 - \alpha UK_{SPLL}T_{SPLL} = 0 \\ A_2 = a_2^2 - \alpha a_1 a_3 = (T_{SPLL})^2 - \alpha UK_{SPLL}T_{SPLL}^2 T_s = 0 \end{cases} \tag{2-79}$$

求解式（2-79），可得锁相环系统的 PI 调节器参数 K_{SPLL}，T_{SPLL} 为

$$\begin{cases} K_{SPLL} = 1/\alpha U T_s \\ T_{SPLL} = \alpha^2 T_s \end{cases} \tag{2-80}$$

将式（2-73）和式（2-80）代入式（2-74），则锁相环系统的闭环传递函数可写为

$$H_C(s) = \frac{\alpha^2 T_s s + 1}{\alpha^3 T_s^3 s^3 + \alpha^3 T_s^2 s^2 + \alpha^2 T_s s + 1} \tag{2-81}$$

经计算，式（2-81）所示的闭环传递函数具有一个极点 $s = -1/(\alpha T_s)$。因此

$$H_C(s) = \frac{\alpha^2 T_s s + 1}{(\alpha T_s s + 1)[\alpha^2 T_s^2 s^2 + \alpha(\alpha - 1) T_s s + 1]} \tag{2-82}$$

由式（2-75）闭环传递函数的特征方程不难得出其特征值为

$$\begin{cases} s_1 = -\dfrac{1}{\alpha T_s} \\ s_2, s_3 = -\dfrac{\alpha - 1}{2\alpha T_s} \pm \dfrac{\sqrt{(\alpha + 1)(\alpha - 3)}}{2\alpha T_s} \end{cases} \tag{2-83}$$

由式（2-83）分析可得系统的阻尼比 ζ 与 α 因子之间的关系为

$$\zeta = \frac{\alpha - 1}{2} \tag{2-84}$$

因此，通过改变 α 值可以改变系统的阻尼，从而满足系统控制性能的要求。在实际系统设计时，在 α 值限定的范围内，一般要求穿越频率 ω_c 处的相角裕度最大。根据对称最优化法的要求，H_0 的幅值和相位图在穿越频率 ω_c 附近应该是对称的，即 ω_c 是 H_0 两个角频率的几何平均值，即

$$\omega_c = \sqrt{\frac{a_1}{a_0} \cdot \frac{a_3}{a_2}} = \sqrt{1/(T_s T_{SPLL})} = 1/(\alpha T_s) \tag{2-85}$$

一般而言，折中考虑系统响应的快速性和稳定性，设计上述锁相环控制系统时，可选取阻尼 $\zeta = 0.707$ 即 $\alpha = 2.414$，并依此计算出相应的 PI 调节器参数。

思　考　题

1. 三相电压源型并网逆变器发电运行时的典型状态有几种？请画出每种的发电运行矢量图。

2. 并网逆变器输出滤波器主要包括几种结构形式？各自有何特点？LCL滤波器设计的步骤有哪些？

3. 已知光伏并网逆变器额定功率为500kW，网侧线电压有效值为315V，直流侧电压范围为460～850V，逆变器开关频率为3kHz，请设计合理的*LCL*滤波器参数。

4. 并网逆变器控制策略主要有几种？各自的特点是什么？

5. 试画出基于电压矢量定向（VO－DCC）的并网逆变器双环控制结构图，并简述其基本控制原理。

6. 在并网逆变器VO－DCC控制策略中，为什么需要加入电流前馈解耦控制？如果不加，那么对系统的动态性能和稳定性能有没有什么影响？

7. 为什么需要在基于*LCL*滤波的并网逆变器控制系统中加入阻尼控制？列举无源阻尼和有源阻尼几种典型方案，并简述原理。

8. 锁相环的功能是什么？常见的锁相环一般可分为几种？其各自特点是什么？

9. 三相软件锁相环的方案有哪些？画出相应的控制结构图，并简述基本原理。

10. 简述单同步坐标系软件锁相环（SSRF－SPLL）的实现过程。

11. 简述锁相环控制参数整定的基本方法和主要步骤。

参考文献

[1] 张兴，张崇巍．PWM整流器及其控制［M］．北京：机械工业出版社，2012.

[2] ZHANG X，WANG Y，YU C，et al. Hysteresis Model Predictive Control for High－Power Grid－Connected Inverters with Output LCL Filter［J］. IEEE Transactions on Industrial Electronics，2016，63（1）：246－256.

[3] 阮新波．LCL型并网逆变器的控制技术［M］．北京：科学出版社，2015.

[4] ZHANG X，CHEN P，YU C，et al. Study of Current Control Strategy Based on multi－sampling for High－Power Grid－connected Inverters with LCL－filter［J］. IEEE Transactions on Power Electronics，2016，PP（99）：1－1.

[5] SHEN G，XU D，CAO L，et al. An Improved Control Strategy for Grid－Connected Voltage Source Inverters with an LCL Filter［J］. IEEE Transactions on Power Electronics，2008，23（4）：1899－1906.

[6] YIN J，DUAN S，ZHOU Y，et al. A Novel Parameter Design Method of Dual－Loop Control Strategy for Grid－Connected Inverters with LCL Filter［C］. Power Electronics and Motion Control Conference，2009. Ipemc'09. IEEE，International. IEEE，2009：712－715.

[7] 张兴，陈鹏，余畅舟，等．基于过采样的LCL并网逆变器有源阻尼控制［J］．太阳能学报，2017，38（3）：767－773.

[8] POH C L，Holmes D G. Analysis of multiloop control strategies for LC/CL/LCL－filtered voltage－

source and current - source inverters [J]. Converter Technology & Electric Traction, 2006, 41 (2): 644 -654.

[9] DANNEHL J, LISERRE M, FUCHS F W. Filter - Based Active Damping of Voltage Source Converters With LCL Filter [J]. IEEE Transactions on Industrial Electronics, 2011, 58 (8): 3623 -3633.

[10] DANNEHL J, FUCHS F W, HANSEN S, et al. Investigation of Active Damping Approaches for PI - Based Current Control of Grid - Connected Pulse Width Modulation Converters With LCL Filters [J]. IEEE Transactions on Industry Applications, 2010, 46 (4): 1509 -1517.

[11] 张兴. 太阳能光伏并网发电及其逆变控制 [M]. 北京: 机械工业出版社, 2011.

[12] 杨淑英, 张兴, 张崇巍, 等. LCL 滤波电压源并网逆变器多环控制策略设计 [J]. 电力系统自动化, 2011, 35 (5): 66 -70.

[13] 陈世伟. 锁相环路原理及应用 [M]. 北京: 兵器工业出版社, 1990.

[14] KAURA V, BLASKO V. Operation of a phase locked loop system under distorted utility conditions [J]. Industry Applications IEEE Transactions on, 1997, 33 (1): 58 -63.

[15] GONZALEZ - ESPIN F, FIGUERES E, GARCERA G. An Adaptive Synchronous - Reference - Frame Phase - Locked Loop for Power Quality Improvement in a Polluted Utility Grid [J]. IEEE Transactions on Industrial Electronics, 2012, 59 (6): 2718 -2731.

[16] XIAO F, DONG L, LI L, et al. A Frequency - Fixed SOGI - Based PLL for Single - Phase Grid - Connected Converters [J]. IEEE Transactions on Power Electronics, 2016, 32 (3): 1713 -1719.

[17] 王赟程, 陈新, 张旸, 等. 三相并网逆变器锁相环频率特性分析及其稳定性研究 [J]. 中国电机工程学报, 2017, 37 (13): 3843 -3853.

第3章 并网光伏发电及逆变器技术

3.1 并网光伏发电系统的体系结构

光伏系统按与电力系统的关系，一般可分为离网光伏发电系统和并网光伏发电系统。离网光伏发电系统不与电力系统的电网相连，作为一种移动式电源，主要用于为边远无电地区供电。并网光伏发电系统与电力系统的电网连接，作为电力系统中的一部分，可为电力系统提供有功和无功电能。然而，随着光伏发电系统的大规模应用，世界光伏发电系统的主流应用方式已发展为并网光伏发电方式，即光伏系统通过并网逆变器与电网连接，通过电网将光伏系统所发的电能进行再分配，如供当地负载或进行电力输电与调峰等。

光伏发电系统中的光伏电池主要包括电池组件或电池阵列，其中电池组件是由若干单体太阳电池串并联连接并严密封装而成的单块光伏电池板，电池组件的输出功率通常在数百瓦以内，而电池阵列则是将若干个光伏电池串并联连接而组成的太阳电池阵列，通常每个电池阵列的输出功率在数十千瓦以内。通过将太阳电池组件或太阳电池阵列与电力电子变换器连接输出，就可以组成光伏发电系统。

并网光伏发电系统主要分为大型地面光伏发电系统和分布式光伏发电系统。大型地面光伏发电系统的规模和装机容量较大（10~500MW），一般设置在荒漠和边远地区并通过升压站接入高压输电网；而分布式光伏发电系统的系统规模和装机容量相对较小（10kW~10MW），一般设置在公共建筑、厂矿企业和家庭屋顶，以及城区、村落分散空余地面等，通常接入当地公共配电网。

对于需要接入高压电网的光伏发电系统，除配电系统（电器开关、汇流箱、防雷等）外，主要由四部分构成，即光伏电池（组件、阵列）、逆变器、升压变压器、电网，如图3-1所示。

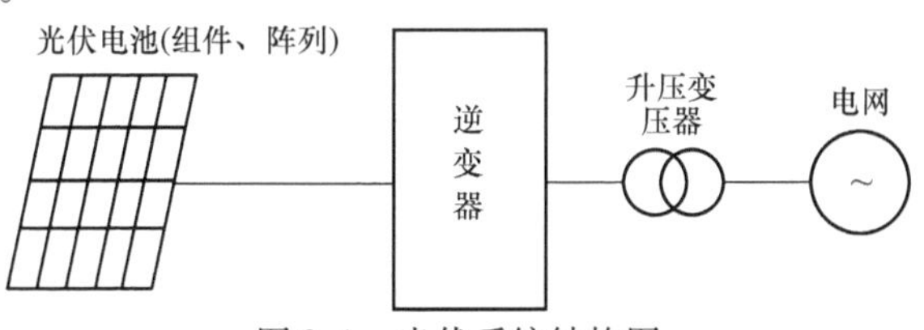

图3-1 光伏系统结构图

其中，光伏电池主要包括电池组件或电池阵列。其应用可以分为单个组件、组件串联、组件并联，以及组件串并联等；逆变器主要将光伏阵列的直流电能通过电力电子变换器变换成交流电能而并入电网，逆变器是并网光伏发电系统变换和控制的核心单元；升压变压器主要是将逆变器输出的低压交流电升压并接入至10kV/35kV高压电网；电网可以是公共配电网，也可以是通过升压站接入的高压输电网。

众所周知，光伏系统追求最大的发电功率输出，系统结构对发电功率有着直接影响。一方面，光伏阵列的分布方式会对发电功率产生重要影响；另一方面，发电系统和逆变器的结构也将随功率等级的不同而发生变化。因此，根据光伏阵列的不同分布以及功率等级，可以将并网光伏系统体系结构分为集中式结构、组串式结构、集散式结构以及交流、直流组件等结构，现分别介绍如下。

3.1.1 集中式结构

图3-2所示为集中式结构并网光伏体系。在集中式结构中，多块光伏阵列经直流汇流箱接入一台集中式逆变器，通常由两台集中式逆变器连接一台箱式变压器来构成一个集中式发电单元。集中式光伏逆变器主流产品的功率等级为500kW～3MW，主要适用于地形和受光条件较好的10MW～1GW功率等级的大型地面（荒漠）光伏电站。集中式结构的主要优点如下：

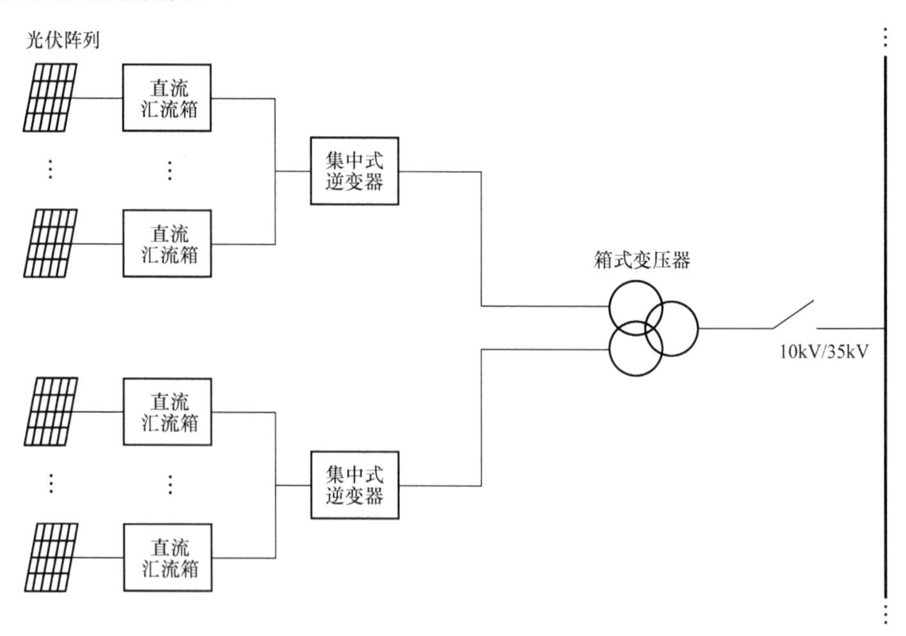

图3-2 集中式结构

1）逆变器功率大、效率高；

2）构建大型光伏电站时逆变器数量相对较少，系统可靠性高；

3）系统运维成本相对较低。

集中式结构的主要不足在于光伏电池旁路二极管和光伏阵列阻塞二极管（常省略）会增加系统损耗；抗热斑和抗阴影能力差，单一或有限路的 MPPT 难以实现良好的最大功率点跟踪，从而影响系统发电效率；系统扩展和冗余能力差。

虽然存在以上不足，但随着并网光伏电站的功率等级越来越大，集中式结构由于其系统输出功率可扩展至数百 MW 甚至达到 GW 级，因此在大型和特大型地面电站中仍是首选的结构方案。

3.1.2 组串式结构

图3-3所示为组串式结构并网光伏体系。在组串式结构中，多块光伏电池通过串联构成光伏组串，每路（或几路）光伏组串连接一台组串式逆变器，采用组串式结构的光伏电站一般情况下需要多个组串式逆变器并网运行，以满足一定的发电功率要求。多台组串式逆变器输出经交流汇流箱连接箱式变压器并入电网。通常每一台组串式逆变器内置多路 MPPT 控制单元，并具有较宽的 MPPT 电压范围。组串式逆变器主流产品的功率等级为 20～100kW，一般适用于地形和受光条件有限（山地、坡面、遮挡）的 100kW～10MW 功率等级的分布式光伏电站。与集中式结构相比，组串式结构具有以下优点：

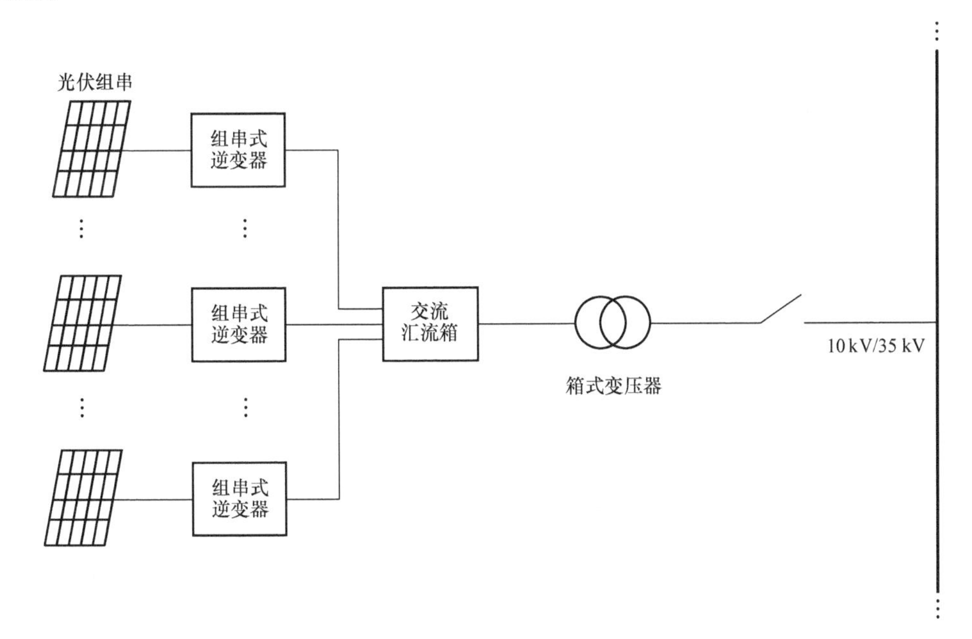

图3-3 组串式结构

1）组串式结构中由于阵列中省去了阻塞二极管，故阵列损耗下降；

2）抗热斑和抗阴影能力增加，多路 MPPT 设计，运行效率高；

3）系统扩展和冗余能力增强。

组串式结构存在的主要不足在于系统仍有热斑和阴影问题，相对于集中式结构，组串式光伏逆变器功率小，逆变器效率有所降低。另外，随着光伏电站功率等级的增加，逆变器数量增多，扩展成本相应增加。

3.1.3 集散式结构

图3-4所示为集散式结构并网光伏体系。在集散式结构中，每一路（或几路）光伏组串连接一个DC/DC变换器（通常为Boost变换器），以实现直流升压和MPPT，因而又称为MPPT控制器。多路光伏组串通过多路MPPT控制器输出并汇集到集中式逆变器的直流侧，显然，集散式结构综合了组串式结构和集中式结构的特点，具有较好的发展前景。集散式并网光伏系统的集中式逆变器主流产品的功率等级为500kW～2MW，其中每个MPPT控制器的功率等级通常为20～40kW，集散式结构一般适用于地形和受光条件有限（山地、坡面、遮挡）的10～100MW功率等级的大型地面光伏电站。

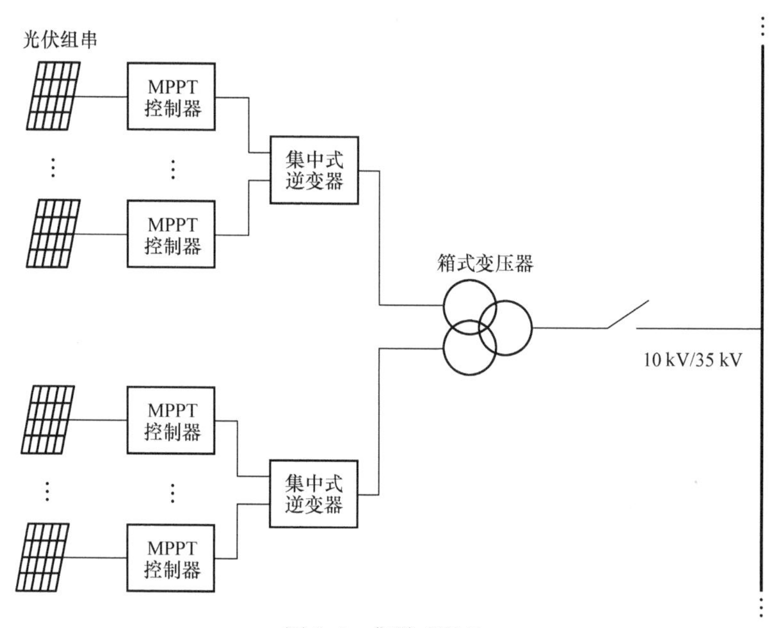

图3-4 集散式结构

集散式结构的主要优点如下：

1）每个DC/DC变换器及连接的光伏阵列拥有独立的MPPT，这类似于组串式结构，从而最大限度地发挥了光伏电池的能效；

2）通过DC/DC变换器的升压控制可有效提高集中式逆变器的直流母线电压和交流输出电压，进而降低并网电流，提高集中式逆变器的运行效率；

3）多支路系统中某个DC/DC变换器出现故障时，系统仍然能够维持工作，并具有良好的可扩充性；

4）适合具有不同型号、大小、方位、受光面等特点的支路的并联，适合光伏建筑一体化形式的分布式能源系统应用。

集散式结构的主要不足在于随着集散式结构系统功率等级的增加，DC/DC 变换器的数量也相应增加，从而在一定程度上影响了系统的可靠性，同时系统成本有所增加。

3.1.4　交流组件式结构

图 3-5 所示为交流组件式结构并网光伏体系。在交流组件式结构中，通常将一块光伏电池和一个微型逆变器（小功率并网逆变器）通过合理的设计集成为一体，从而构成一个可独立并网的光伏电池，通常称此类可并网的光伏电池为交流组件。交流组件式结构是一种组件级光伏发电单元。当然，微型逆变器也可以与光伏电池分置，通常安装在光伏电池的背面，构成一个独立的并网光伏发电系统。

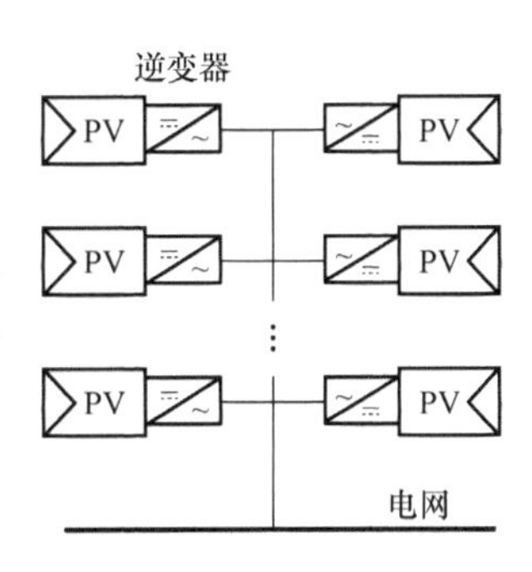

图 3-5　交流组件式结构

交流组件和微型逆变器主流产品的功率等级为 200 ~ 500W，主要用于光伏建筑和户用型并网光伏发电系统。交流组件式结构的主要优点如下：

1）组件级低压快速切断控制，系统安全性高；

2）无阻塞和旁路二极管，光伏电池损耗低；

3）无热斑和阴影问题；

4）每个组件独立 MPPT 设计，最大限度地提高了系统发电效率；

5）易于标准化、规模化生产，每个模块独立运行（即插即用），系统扩展和冗余能力强。

交流模块式结构的主要缺点在于由于采用小容量逆变器设计，因此逆变效率相对较低，系统应用时逆变器数量庞大，成本相对较高，运维也相对困难。

3.1.5　直流组件式结构

图 3-6 所示为直流组件式结构并网光伏体系。在直流组件式结构中，通常将高增益的 DC/DC 变换器和光伏电池通过合理的设计集成为一体，构成一个具有直流升压和 MPPT 功能的即插即用型光伏电池，通常称此类组件为直流组件或智能组件，这种智能组件无疑是今后光伏电池技术发展的一个重要方向和趋势。通常多个直流组件输出连接至一台集中式逆变器，集中式逆变器主要功能是将多个并联在公共直流母线上的直流组件发出的直流电能逆变为交流电能且实现并网运行，同时控制直流母线电压恒定，以保证各个光伏直流组件正常并联运行。

显然，直流组件式结构实际上是一种基于直流组件的集散式结构，特别适用于户用光伏发电和光伏建筑等光伏发电系统中。直流组件式结构不仅有与交流组件式结构相同的组件级光伏发电系统的优势，同时还克服了交流组件式结构中微型逆变器效率相对较低和逆变器数量庞大的不足，是一种应用于小型分布式光伏发电系统较为理想的结构。

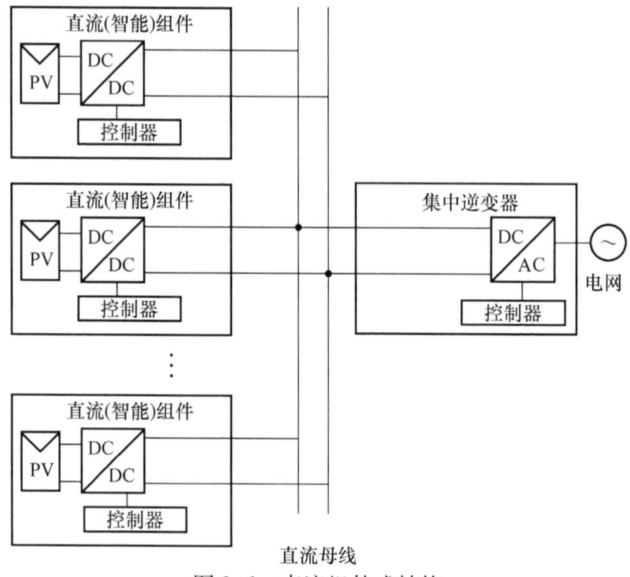

图 3-6　直流组件式结构

3.1.6　协同式结构

图 3-7 所示为协同式结构并网光伏体系。在协同式结构中，根据不同外部光照环境，并通过控制组协同开关动态调整并网系统结构，以达到最佳的光伏能量利用效率。

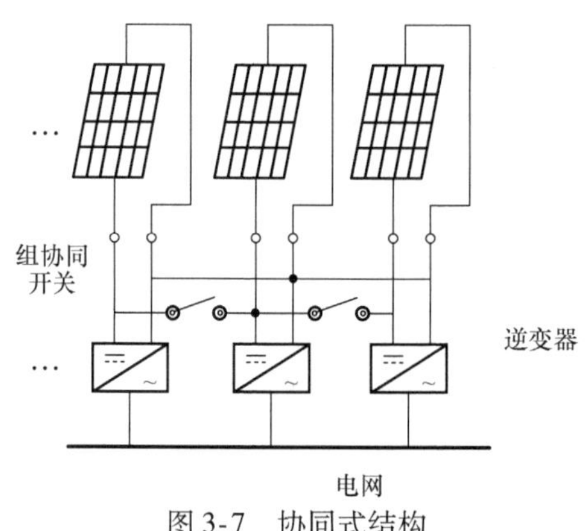

图 3-7　协同式结构

当外部辐照度较低时，控制组协同开关使所有光伏组串只与一个并网逆变器相连，构成集中式结构，从而克服了逆变器轻载运行的低效率问题。随着辐照度的不断增大，组协同开关将动态调整光伏电池的串结构，使不同规模的光伏组串和相应等级的逆变器相连，从而达到最佳的逆变效率，以提高光伏能量利用率。此时，系统结构变成了多个组串式结构同时并网输出。由于这样的组串式结构的功率等级是经由组协同开关动态调整的，并且每个组串都具有独立的 MPPT，因此可以得到更高的光伏系统运行效率。

3.2　并网光伏逆变器

并网光伏逆变器是将太阳电池输出的直流电转换成符合电网要求的交流电再输入电

网的设备，是并网型光伏系统能量转换与控制的核心。并网光伏逆变器的性能不仅影响和决定整个并网光伏系统是否能够稳定、安全、可靠、高效地运行，同时也是影响整个系统使用寿命的主要因素。因此掌握并网光伏逆变器技术对研究、应用和推广并网光伏系统有着至关重要的作用。本节将对并网光伏逆变器进行分类讨论，主要讨论隔离型和非隔离型并网光伏逆变器技术，最后介绍微型逆变器技术。

3.2.1 隔离型并网光伏逆变器结构

当光伏阵列输出电压范围不满足并网逆变器并网控制要求，或者需要强制执行相应电气隔离安全标准时，并网光伏逆变器的输出必须通过隔离变压器并网运行，此时变压器成为光伏逆变系统的一部分。在隔离型并网光伏逆变器中，又可以根据隔离变压器的工作频率将其分为工频隔离型和高频隔离型两类。

3.2.1.1 工频隔离型并网光伏逆变器

在工频隔离型并网光伏逆变系统中，光伏阵列输出的直流电由逆变器逆变为交流电，经过变压器升压和隔离后并入电网。例如，对于需要并入高压电网的并网光伏发电系统，其光伏逆变器输出需要通过升压变压器隔离后接入10kV/35kV电网。

使用工频变压器进行电压变换和电气隔离具有结构简单、可靠性高、抗冲击性能好、安全性能良好、无直流电流等优点，但也存在工频变压器体积大、重量大、系统功率密度低等缺点。

工频隔离型并网光伏逆变器主要分为单相工频隔离型和三相工频隔离型两种基本电路拓扑。

1. 单相工频隔离型并网光伏逆变器

单相工频隔离型并网光伏逆变器原理电路如图3-8所示，一般可采用全桥和半桥逆变器拓扑结构。这类单相结构常用于几个kW以下功率等级的单相并网光伏系统，其中直流工作电压一般小于600V，工作效率小于96%。由于应用于小功率系统时效率较低、体积大，因此工频隔离型单相并网光伏逆变器已较少应用在实际系统中。

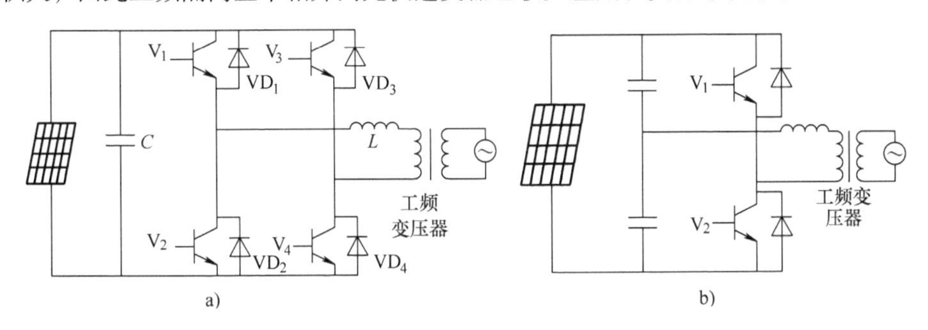

图3-8 工频隔离型单相并网光伏逆变器结构

a）全桥式 b）半桥式

2. 三相工频隔离型并网光伏逆变器

三相工频隔离型并网光伏逆变器电路结构如图 3-9 所示，一般采用三相半桥逆变器拓扑结构，包括两电平和三电平主电路结构。这类采用工频变压器的并网光伏逆变器常用于 10 ~ 500kW 功率等级的三相并网光伏系统，对应最大直流电压为 1kV 的并网光伏系统，其直流侧 MPPT 电压范围一般在 450 ~ 820V 之间，工作效率可达 98% 以上。早期的三相工频隔离型并网光伏逆变器主电路拓扑主要考虑成本和结构简单等因素而常采用两电平拓扑，如图 3-9a 所示。为了进一步适应更高的直流电压，减少输出谐波及损耗，进一步减少滤波器体积，原有的两电平主电路结构大都被 I 型或 T 型三电平拓扑所取代，如图 3-9b 和 c 所示。另外，对于大功率工频隔离型光伏逆变器系统，通常采用组合工频隔离型结构，即两台大功率逆变器输出连接一台双分裂绕组变压器，如图 3-9d 所示。另外，这种三相组合工频隔离型结构，当两台逆变器同时工作时，一方面可以利用变压器二次绕组△/Y联结消除低次谐波电流，另一方面还可以采用移相多重化设计技术以提高等效开关频率，进一步降低并网电流的高次谐波。对于最大直流电压为 1kV 的单级非隔离型并网光伏逆变器，其逆变器直流侧 MPPT 范围约为 450 ~ 820V，而逆变器效率可达 98% ~99%，是效率最高的逆变器类型。

对工频隔离型光伏逆变器而言，其主电路拓扑基本上均采用 I 型或 T 型三电平拓扑。由于 I 型三电平主电路结构采用了二极管钳位拓扑，因此功率器件只承受逆变器直流母线电压的一半，而 T 型三电平主电路结构则采用双向开关控制以形成零电平，具有相对较高的工作效率，但其中功率器件承受了逆变器直流母线电压。通常 I 型三电平主电路结构应用于 1.5kV 电压等级的并网逆变器设计中，而 T 型三电平主电路结构则应用于 1kV 电压等级的并网逆变器设计中。

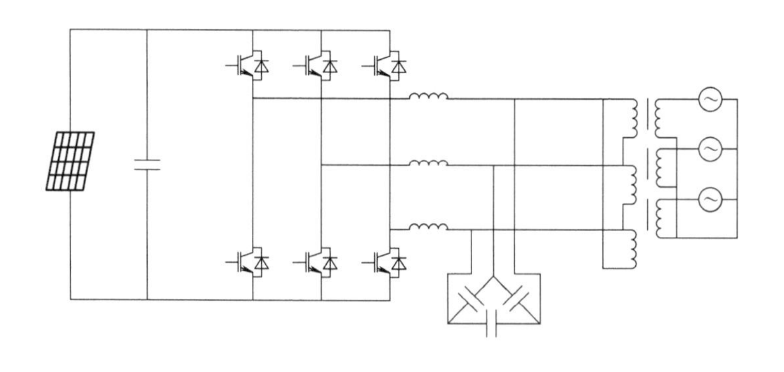

a)

图 3-9 工频隔离型三相并网光伏逆变器结构

a）两电平主电路结构

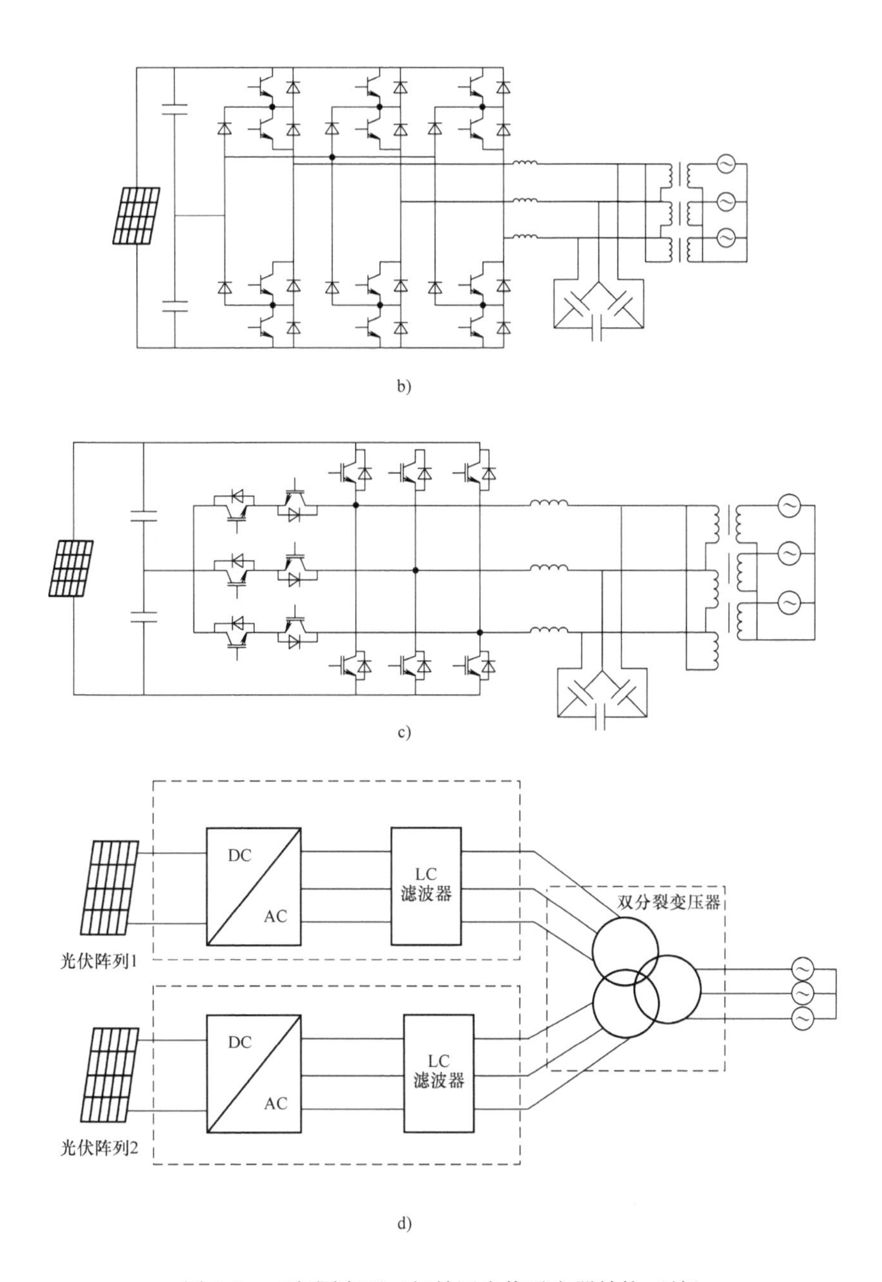

图3-9 工频隔离型三相并网光伏逆变器结构（续）
b）I型三电平主电路结构 c）T型三电平主电路结构 d）组合隔离型主电路结构

考虑到中点钳位（Neutral Point Clamped，NPC）三电平逆变电路在并网光伏发电系统中应用的广泛性，以下简要介绍NPC三电平逆变电路的基本工作原理。

3.2.1.2 NPC三电平逆变桥概述

与两电平逆变器相比，NPC三电平逆变器能获得更低的输出谐波和更高的效率。因此NPC三电平逆变器拓扑在光伏并网逆变器主电路拓扑设计中具有诸多优越性，并逐渐成为光伏逆变器的主流电路拓扑。

1. NPC三电平逆变器拓扑结构及换流

NPC三电平逆变器拓扑自从20世纪80年代初提出以来，得到了快速发展，出现了多种拓扑结构形式，主要包括二极管中点钳位三电平拓扑（简称I型NPC三电平拓扑）、有源中点钳位三电平拓扑（简称ANPC三电平拓扑）、串联开关管NPC三电平拓扑（简称T型NPC三电平拓扑），其各单相桥臂拓扑结构如图3-10所示。当然，三电平逆变器除了NPC拓扑结构外，还包括飞跨电容式拓扑结构和级联式拓扑结构，这些结构在光伏并网逆变器设计中的应用较少，这里不再介绍。以下简要介绍I型NPC三电平拓扑、ANPC三电平拓扑、T型NPC三电平拓扑的基本工作状态及性能比较。

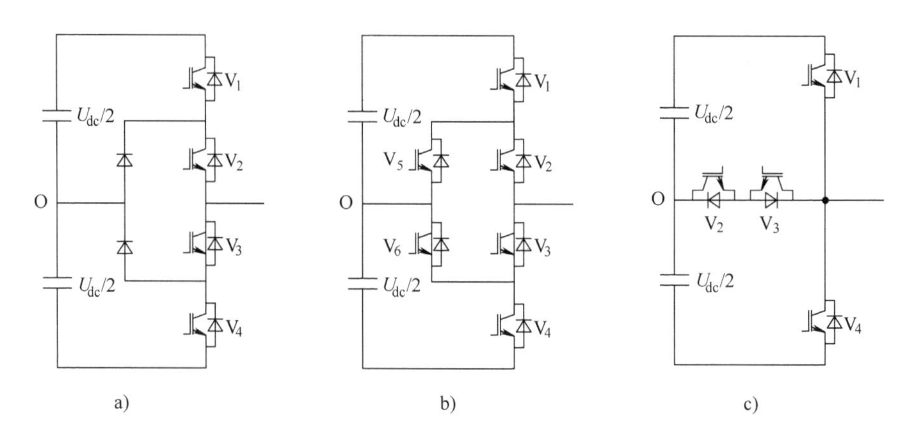

图3-10 常见的NPC三电平拓扑
a）I型NPC三电平拓扑 b）ANPC三电平拓扑 c）T型NPC三电平拓扑

（1）I型NPC三电平拓扑及换流。

I型NPC三电平拓扑如图3-10a所示，其电路的基本工作原理为当输出电压正半周期时，在有源供电状态下V_1、V_2同时导通，即输出$U_{dc}/2$电平，在续流状态下同时驱动V_2、V_3（当电流正半周时V_2导通，当电流负半周时V_3导通），即输出0电平；当输出电压负半周期时，在有源供电状态下V_3、V_4同时导通，即输出$-U_{dc}/2$电平，在续流状态下同时驱动V_2、V_3（当电流正半周时V_2导通，当电流负半周时V_3导通），即输出0电平。由上述换流过程可以看出，I型NPC三电平拓扑的开关管V_2和V_3不承担开关损耗，而开关管V_1和V_4承担了几乎所有的开关损耗。因此，在开关频率较高时，即使通态损耗的差异不大，V_2、V_3与V_1、V_4的总功率损耗也会出现明显的不平衡。I型NPC三电平拓扑的损耗分布不平衡，以及开关管的发热不均衡，使得散热系统优化设计比较困难，影响了系统的稳定性和可靠性。

（2）ANPC三电平拓扑及换流。

为了解决I型NPC三电平拓扑功率损耗分布不均的问题，有学者提出一种有源中点钳位（Active Neutral Point Clamped，ANPC）三电平拓扑，如图3-10b所示。与I型NPC三电平拓扑相比，ANPC三电平拓扑增加了两个可控开关管，获得了更多的零续流状态，有效提高了系统的控制自由度，使得开关管的功率损耗更加均匀。下面以输出电压正半周期为例分析ANPC三电平拓扑的基本工作原理。此时存在两种续流状态（0电平输出），续流状态1为电流通过V_2、V_5续流（V_2、V_5中点钳位0电平输出），续流状态2为电流通过V_3、V_6续流（V_3、V_6中点钳位0电平输出）。从续流状态1向有源状态换流（即从V_2、V_5中点钳位0电平向$U_{dc}/2$电平切换）时，V_1、V_6导通，V_5关断，V_1承担开通损耗；从有源状态向续流状态2换流（即从$U_{dc}/2$电平向V_3、V_6中点钳位0电平切换）时，V_3导通，V_2关断，V_2承担关断损耗；从续流状态2向有源状态换流（即从V_3、V_6中点钳位0电平向$U_{dc}/2$电平切换）时，V_2导通、V_3关断，V_2承担开通损耗；从有源状态向续流状态1换流（即从$U_{dc}/2$电平向V_2、V_5中点钳位0电平切换）时，V_5导通，V_1、V_6关断，V_1承担关断损耗。由上述一个开关周期的换流过程可以看出，内管和外管各自承担了一半的开关损耗。不过ANPC三电平拓扑比I型NPC三电平拓扑多出两个全控开关管，增加了系统成本；另外ANPC三电平拓扑的开关状态比较多，控制较为复杂。

（3）T型NPC三电平拓扑及换流。

T型NPC三电平拓扑是一种改进型的NPC结构，如图3-10c所示。该电路使用两个串联的背靠背IGBT来实现双向开关，从而将输出钳位至直流侧中性点，其基本工作原理为当输出电压正半周期时，在有源状态下开关管V_1导通（输出$U_{dc}/2$电平），在续流状态下开关管V_2和V_3同时驱动（输出0电平）；当输出电压负半周期时，在有源状态下开关管V_4导通（输出$-U_{dc}/2$电平），在续流状态下开关管V_2和V_3同时驱动（输出0电平）。T型NPC三电平拓扑的优势如下：

1）仅采用四个IGBT和四个二极管，不仅少于ANPC三电平拓扑（采用六个IGBT和六个二极管），而且少于I型NPC三电平拓扑（采用四个IGBT和六个二极管）；

2）续流状态的开通损耗由开关管V_2和V_3承担，而同时开关损耗全部由开关管V_1和V_4承担，上下桥臂的功率损耗相对均衡；

3）开关状态与I型NPC三电平拓扑类似，适用于I型NPC三电平拓扑的调制策略，均可应用到T型NPC三电平拓扑中；

4）图3-11所示为三种NPC三电平拓扑结构在相同工况下的效率对比，可以看出，T型NPC三电平拓扑具有相对较高的效率。

综上所述，与NPC三电平结构相比，T型结构中每个桥臂少两个钳位二极管，而且非零状态下电流通路中的开关器件数量减少，因此T型NPC三电平拓扑的能量转换效率也相对较高，硬件成本较低，且功率损耗比较均匀，调制策略与其他NPC三电平调制策略类似。不过T型NPC三电平拓扑的耐压等级只有I型NPC和ANPC三电平拓扑

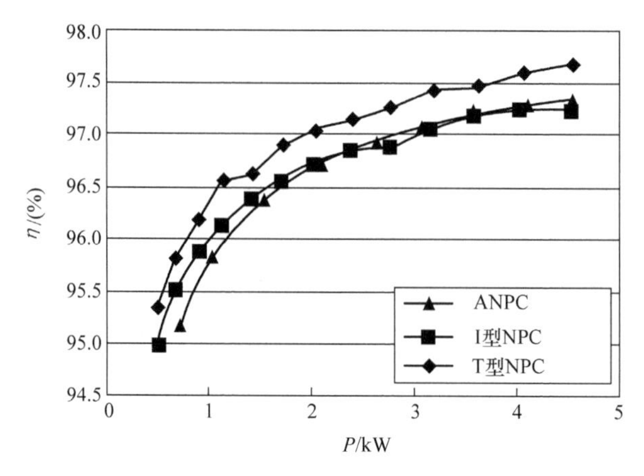

图 3-11　三种 NPC 三电平拓扑的效率对比

的一半，不适合直流电压等级较高的光伏逆变器主电路设计（例如 1500V 直流系统）。由于主流光伏并网逆变器的直流母线电压一般均设计在 1kV 以下，因此 T 型 NPC 三电平拓扑在光伏逆变器中已成为主要的拓扑结构。下面以 T 型拓扑结构为例，详细介绍其基本工作原理和调制策略。

2. T 型三电平逆变器基本工作原理

三相 T 型三电平逆变器拓扑如图 3-12 所示。

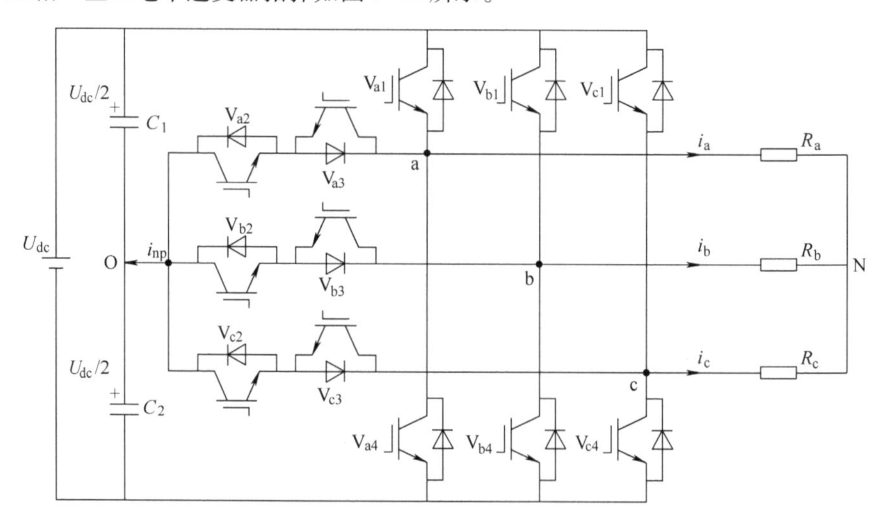

图 3-12　三相 T 型三电平逆变器拓扑

开关管的工作状态如下：以 a 相为例，根据以上单相桥臂 T 型三电平换流规律，逆变器 a 相各开关管的状态组合与输出电平的关系见表 3-1，显然，开关管 V_{a1} 和 V_{a3}、V_{a2} 和 V_{a4} 的驱动脉冲是互补的，值得注意的是，为防止短路，互补通断的开关管驱动信号必须设置先断后通的死区时间。

表3-1　T型三电平逆变器输出电平与开关状态的关系（以a相为例）

V_{a1}	V_{a2}	V_{a3}	V_{a4}	输出电平（状态）
通	通	断	断	$U_{dc}/2$（P状态）
断	通	通	断	0（0状态）
断	断	通	通	$-U_{dc}/2$（N状态）

下面以a相为例分析具体的换流过程，假设负载电流的正方向为直流侧流向交流侧。

（1）负载电流方向为正时的换流过程。

1）P状态到0状态时的换流过程。如图3-13a所示，a相处于P状态，开关管V_{a1}、V_{a2}导通，V_{a3}、V_{a4}关断，电流路径由直流侧正端→V_{a1}→交流侧，此时V_{a3}承受$U_{dc}/2$的正压，即两端的反并联二极管承受反压，无法流过电流；当V_{a1}关断时，V_{a3}两端的反并联二极管流过电流，电流路径是从直流侧中点O→V_{a2}→V_{a3}反并联二极管→交流侧，此时a相处于0状态，如图3-13b所示；经过互补通断的开关死区时间后，开关管V_{a3}得到开通的驱动信号，由于V_{a3}的反并联二极管已经提供续流电路，因此电流路径仍然如图3-13b所示，显然，该情况下开关管死区对桥臂的输出电压没有影响。

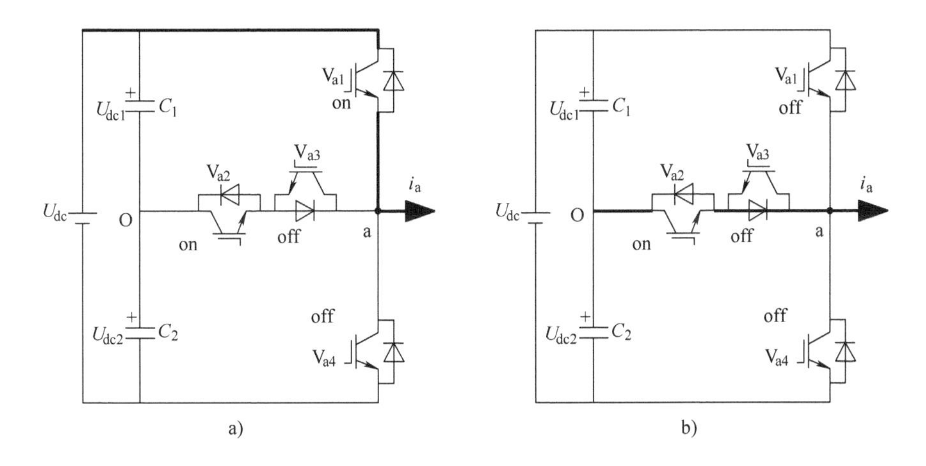

图3-13　负载电流方向为正时a相换流过程（P状态到0状态）

2）0状态到P状态时的换流过程。如图3-14a所示，a相处于0状态，开关管V_{a2}、V_{a3}导通，V_{a1}、V_{a4}关断，电流路径由直流侧中点O→V_{a2}→V_{a3}反并联二极管→交流侧；当V_{a3}关断时，由于其两端的反并联二极管已经提供续流电路，所以电流路径不变，仍如图3-14a所示；经过互补通断的开关死区时间后，V_{a1}导通，V_{a3}反并联二极管承受反压截止，电流路径由直流侧正端→V_{a1}→交流侧，a相处于P状态，如图3-14b所示。

（2）负载电流方向为负时的换流过程。

1）P状态到0状态时的换流过程。如图3-15a所示，a相处于P状态，开关管V_{a1}、

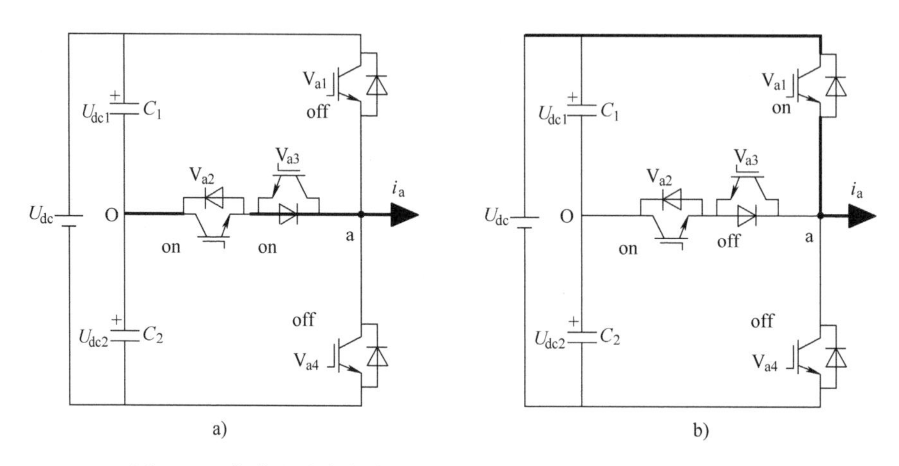

图 3-14　负载电流方向为正时 a 相换流过程（0 状态到 P 状态）

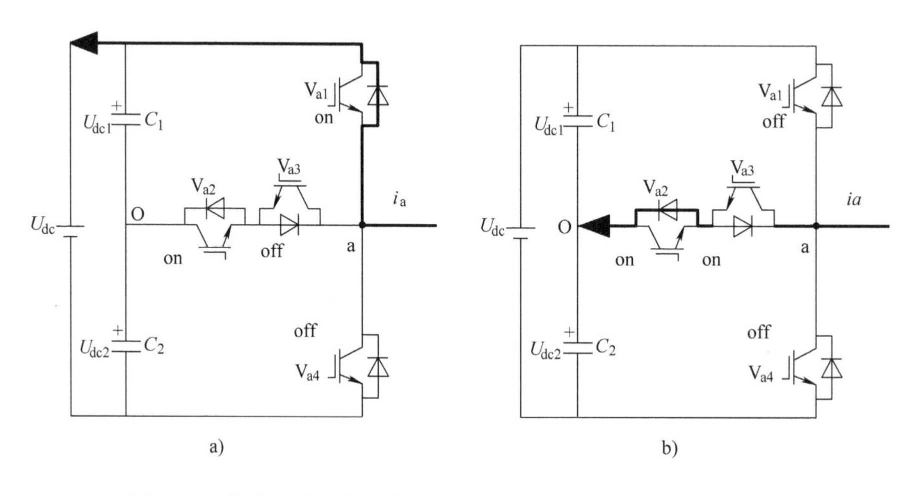

图 3-15　负载电流方向为负时 a 相换流过程（P 状态到 0 状态）

V_{a2}导通，V_{a3}、V_{a4}关断，电流路径由交流侧→V_{a1}反并联二极管→直流侧正端；当 V_{a1}关断时，电流依旧流过 V_{a1}反并联二极管，路径不变，仍如图 3-15a 所示；经过互补通断的开关死区时间后，开关管 V_{a3}导通，这时 V_{a1}两端的反并联二极管承受反压截止，电流路径由交流侧→V_{a3}→V_{a2}反并联二极管→直流侧中点 O，a 相处于 0 状态，如图 3-15b 所示。

2）0 状态到 P 状态的换流过程。如图 3-16a 所示，a 相处于 0 状态，开关管 V_{a2}、V_{a3}导通，V_{a1}、V_{a4}关断，电流路径由交流侧→V_{a3}→V_{a2}反并联二极管→直流侧中点 O；当 V_{a3}关断时，电流从 V_{a1}的反并联二极管流过，电流路径由交流侧→V_{a1}反并联二极管→直流侧正端，a 相处于 P 状态，如图 3-16b 所示；经过互补通断的开关死区时间后，开关管 V_{a1}得到开通的驱动信号，但由于 V_{a1}的反并联二极管已经提供续流电路，

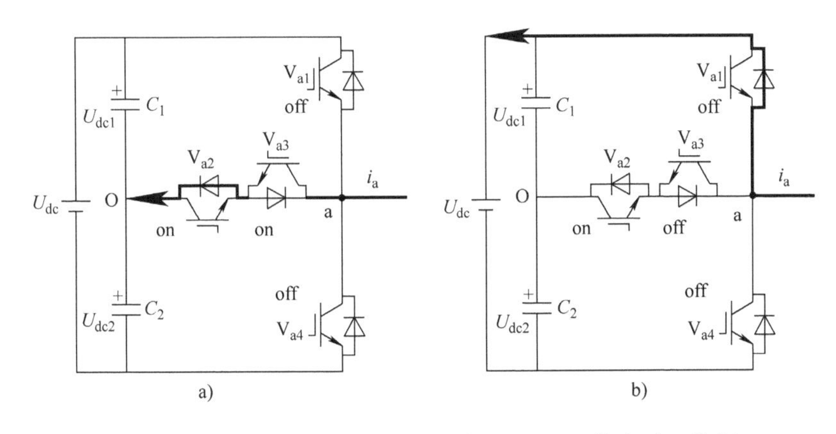

图3-16　负载电流方向为负时a相换流过程（0状态到P状态）

因此电流路径仍然如图3-16b所示。

从上述分析可知，在T型三电平拓扑中，每相输出利用连接中点O的两个反向串联开关管（如a相的V_{a2}、V_{a3}）实现中点钳位功能，且反向串联的两个开关管（如a相的V_{a2}、V_{a3}）与I型三电平拓扑中两个内开关管的耐压值一样，均为$U_{dc}/2$，但每相上、下桥臂开关管（如a相的V_{a1}、V_{a4}）的耐压值为U_{dc}，这比I型三电平逆变器中两个外开关管的耐压值（$U_{dc}/2$）高一倍。但相比于由于I型三电平拓扑，T型三电平拓扑由于省去了六个钳位二极管，而且在输出非零电平时的电流仅通过一个开关管，因此从一定程度上降低了逆变器的开关器件损耗，提高了逆变器运行效率。

3. T型三电平逆变器的调制策略

逆变器的输出电压谐波、开关损耗、共模电压等性能与其所采用的调制策略密切相关。按照实现手段的不同，调制策略可分为矢量和载波两大类。有研究表明，两类调制策略具有统一性，即任何一种矢量调制方法都可以通过调制波叠加合适的零序分量，并与合适的三角载波相比较的载波方法实现。下面以T型三电平逆变器为例，首先介绍基于载波思想的SPWM调制策略，然后分别从矢量合成和载波实现方法两个角度介绍T型三电平逆变器的LMZ矢量调制策略，以说明矢量和载波两种调制策略的内在联系和统一。

（1）SPWM调制策略。

三电平逆变器的SPWM调制策略与两电平的类似，其调制过程为三相正弦调制波分别与高频三角载波进行比较，得到三相的开关函数序列，再根据开关函数对应的开关管通断状态（见表3-1）来分配各开关管的驱动信号。

三电平SPWM的高频三角载波通常采用同向层叠式载波，如图3-17所示，以产生1、0、-1三种电平。

图3-17中，Tri_{k1}、Tri_{k2}为两个相位相同的层叠式高频三角载波，Tri_{k1}、Tri_{k2}的峰值相等且为1，定义三相正弦调制波为$u_k(k=a, b, c)$，则相应的开关函数$S_k(k=a, b, c)$的表达式为

$$S_k = \begin{cases} 1, & u_k \geqslant \text{Tri}_{k1} \\ 0, & u_k < \text{Tri}_{k1} \end{cases}, u_k \geqslant 0 \quad (3\text{-}1)$$

$$S_k = \begin{cases} 0, & u_k \geqslant \text{Tri}_{k2} \\ -1, & u_k < \text{Tri}_{k2} \end{cases}, u_k < 0 \quad (3\text{-}2)$$

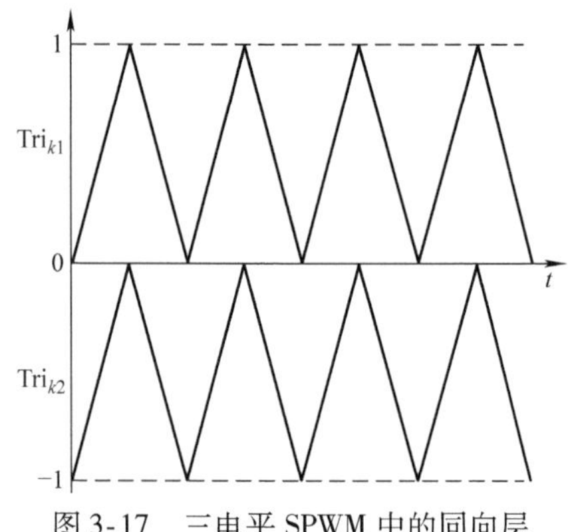

图 3-17　三电平 SPWM 中的同向层叠式载波示意图

定义 T 型三电平逆变器的输出相电压为输出端 k = a，b，c 到直流侧中点 O 的电压，并记为 $U_{k\text{O}}$，则基于开关函数 S_k（k = a，b，c）描述的输出相电压 $U_{k\text{O}}$的表达式为

$$U_{k\text{O}} = S_k \frac{U_{\text{dc}}}{2} \quad (3\text{-}3)$$

从式（3-3）中可以看出，输出相电压有 $U_{\text{dc}}/2$，0，$-U_{\text{dc}}/2$ 三种电平，通过表 3-1 的对应关系可以得到相应开关管的驱动信号，从而实现 T 型三电平逆变器的 SPWM 控制。

在 SPWM 中，可以将三相正弦调制波写为

$$\begin{cases} u_{\text{a}} = m\sin(\omega t) \\ u_{\text{b}} = m\sin(\omega t - 2\pi/3) \\ u_{\text{c}} = m\sin(\omega t + 2\pi/3) \end{cases} \quad (3\text{-}4)$$

式中，调制度 $m \leqslant 1$。

正常情况下，调制波的幅值应不大于载波的幅值，联立式（3-4）、式（3-1）、式（3-2），并求解开关函数 S_k（k = a，b，c），可以发现三相开关函数 S_k的序列为幅值不变（1 或 -1）且占空比按正弦函数变化的脉冲序列。以 a 相为例，一个调制波周期内的基于 SPWM 的开关函数序列波形如图 3-18 所示。

图 3-18 中，S_{a}为 a 相 SPWM 开关函数的序列，结合表 3-1 可以得到 a 相桥臂上的四个开关管 V_{a1}、V_{a2}、V_{a3}、V_{a4}的驱动信号 S_{a1}、S_{a2}、S_{a3}、S_{a4}。当正弦调制波 u_{a}处于正半周时，V_{a2}一直导通，V_{a4}一直关断，而 V_{a1}与 V_{a3}互补导通；当调制波 u_{a}处于负半周时，V_{a3}一直导通，V_{a1}一直关断，而 V_{a2}与 V_{a4}互补导通。b、c 相 SPWM 开关函数的序列与 a 相类似，这里不再赘述。

（2）LMZ 矢量调制策略。

1）LMZ 矢量调制的矢量思想。由于光伏阵列存在对地寄生电容，所以当光伏逆变器的高频共模电压作用在寄生电容上时，会在不隔离光伏逆变系统回路中产生高频的共模电流，即漏电流。共模电压和漏电流的存在将降低系统的安全性和可靠性，易引起电击以及系统故障，因此在 T 型三电平光伏逆变器控制时，其调制策略应具有较好的共模电压抑制性能，而 LMZ 矢量调制策略不仅具有较好的共模电压抑制能力，同时也比

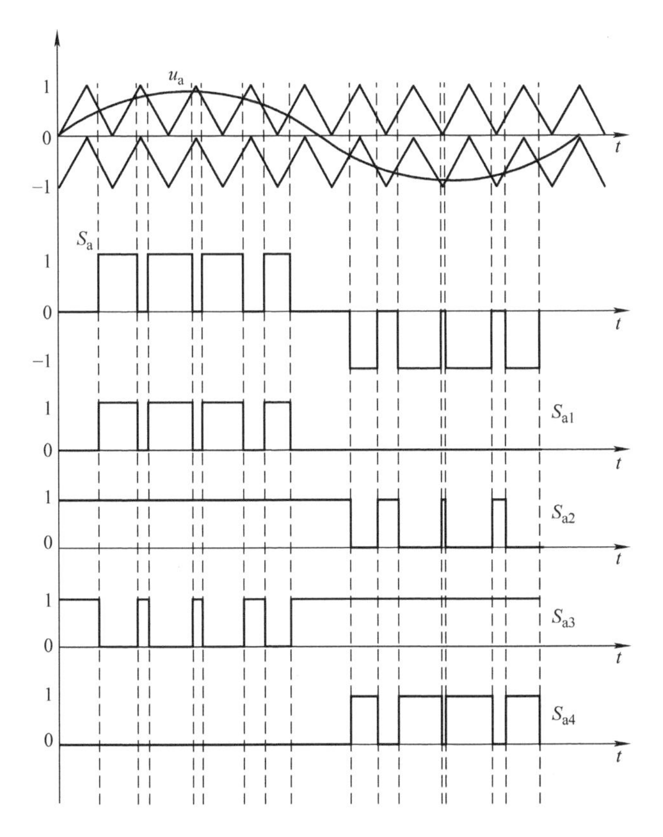

图 3-18　T 型三电平 a 相 SPWM 开关函数序列波形

SPWM具有更高的直流电压利用率，因此在光伏三电平逆变器控制中得到了广泛应用。

图 3-19 所示为 13 矢量调制对应的矢量图，所谓 13 矢量调制是指仅以六个大矢量（Large Vector）、六个中矢量（Medium Vector）和一个零矢量（Zero Vector）参与矢量合成的调制策略，因而也被称为 LMZ 矢量调制策略。以大扇区 I 为例进行分析，当电压参考矢量 V_{ref}位于 a_1 小区域时，使用大矢量 1 -1 -1、中矢量 10 -1 和零矢量 000 合成 V_{ref}，一个载波周期内的开关函数序列为 000—10 -1—1 -1 -1—10 -1—000；同理，当 V_{ref}位于 a_2 小区域时，使用大矢量 11 -1、中矢量 10 -1 和零矢量 000 合成 V_{ref}，开关函数序列为 000—10 -1—11 -1—10 -1—000。根据上述合成原则可知，该调制策略舍弃了三电平矢量图中的所有小矢量，而仅利用六个大矢量、六个中矢量和一个零矢量参与矢量的合成。其优点在于最大共模电压幅值降低为 $U_{dc}/6$，且一个载波周期内仅变化两次，因此具有较好的共模电压抑制性能；另外，该调制策略最大输出电压矢量可达到 $\sqrt{3}U_{dc}/3$，相比于 SPWM 具有更高的电压利用率。

2）LMZ 矢量调制的载波实现。采用矢量合成思想实现上述调制策略会涉及扇区划分及几何运算，过程较为复杂，为简化计算和方便工程应用，以下将简要介绍 LMZ 矢

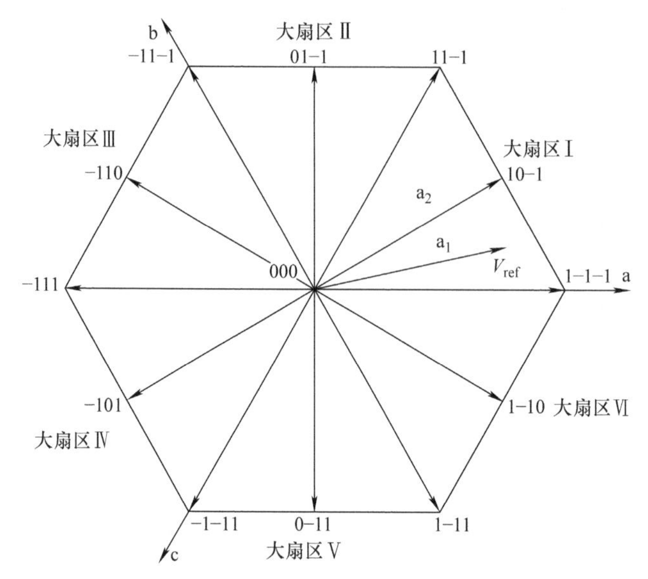

图 3-19　13 矢量调制（LMZ 矢量调制）矢量图

量调制策略的载波实现方法。实际上，对三相对称无中线逆变器拓扑而言，三相正弦调制波信号叠加零序调制波信号后并不影响逆变器的线电压波形，因此可以考虑将合适的零序调制波信号与原有正弦调制波信号进行叠加。

仍以大扇区Ⅰ为例，观察鞍形波调制策略的开关函数序列，从零矢量 000 切换到中矢量 10 -1 的时刻，a、c 两相开关函数同时改变，再结合其他扇区的情况可以得到叠加零序分量后的调制波以及三角载波所需要满足的条件，即在任一时刻，三相调制波的最大相和最小相绝对值相等、符号相反，高频三角载波为反向层叠载波。根据这一规律，可求出三相正弦调制波所需要叠加的零序分量，具体过程如下。

定义三相正弦调制波 u_a，u_b，u_c的最大、最小和中间值为

$$\begin{cases} u_{max} = \max(u_a, u_b, u_c) \\ u_{min} = \min(u_a, u_b, u_c) \\ u_{mid} = \mathrm{mid}(u_a, u_b, u_c) \end{cases} \tag{3-5}$$

三相同时叠加零序分量后，调制波的最大、最小和中间值记为

$$\begin{cases} u_{max1} = u_{max} + u_0 \\ u_{min1} = u_{min} + u_0 \\ u_{mid1} = u_{mid} + u_0 \end{cases} \tag{3-6}$$

根据叠加零序分量后三相调制波的最大相和最小相绝对值相等、符号相反这一条件可知

$$u_{max1} = -u_{min1} \tag{3-7}$$

联立式（3-6）和式（3-7）可求出所需叠加的零序分量表达式为

$$u_0 = -\frac{u_{max} + u_{min}}{2} \tag{3-8}$$

叠加式（3-8）所示的零序分量后，原来的三相正弦调制波就变成如图3-20所示的鞍形波了，由此，该调制策略工程上又称之为鞍形波调制。值得注意的是，该调制策略与三电平SPWM的载波调制策略相比较，除在三相正弦调制波中叠加了相应的零序分量外，两者所采用的载波相位也不同。由此可见，在载波调制策略的实现过程中，三角载波的相位也是一个非常重要的自由度，可以通过灵活改变三角载波的相位关系来实现不同的矢量调制思想。

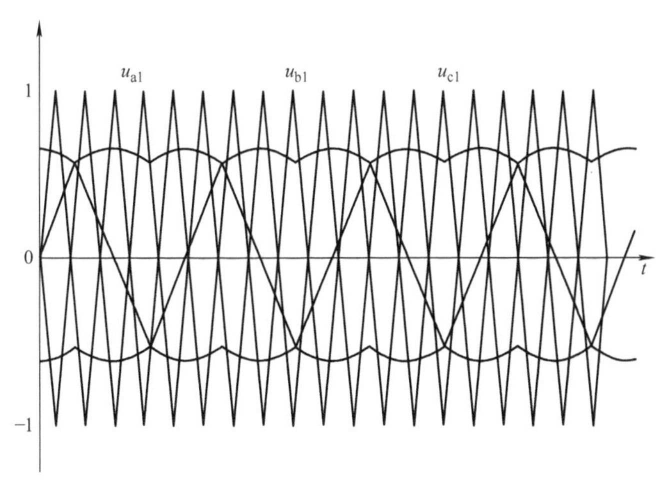

图3-20　鞍形波及反向载波波形示意图

以大扇区I中的a_1小区域为例，图3-21所示为一个载波周期内的开关函数序列及共模电压波形，其中$u_{a1}=u_{max1}$，$u_{b1}=u_{mid1}$，$u_{c1}=u_{min1}$。其他扇区的情况与之类似，不再赘述。

图3-21中，开关函数序列为000—10－1—1－1－1—10－1—000，其共模电压的幅值为$U_{cm}=(u_{ao}+u_{bo}+u_{co})/3=U_{dc}/6$，且在一个载波周期内仅变化两次，所以鞍形波调制策略对共模电压的抑制效果明显。进一步研究表明，该鞍形波调制策略还具有中点电位的自平衡能力，同时与SPWM相比，直流侧电压的利用率也提高了15%，因此是一种性能较好、便于工程应用的T型三电平调制策略。

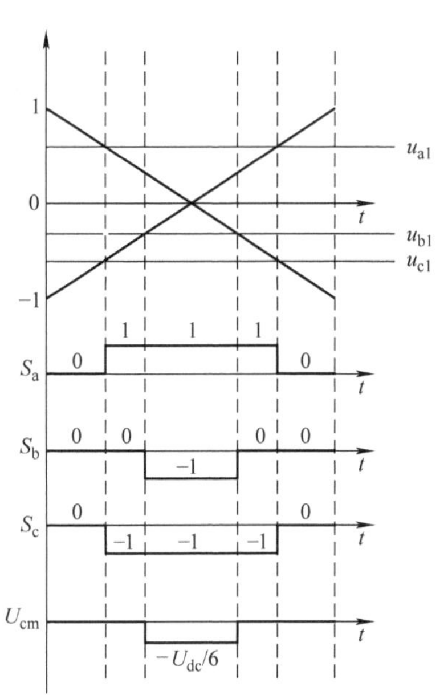

图3-21　大扇区I内a_1小区域开关函数序列及共模电压情况

3.2.1.3　高频隔离型并网光伏逆变器

与工频变压器（Industrial Frequency

Transformer，IFT）相比，高频变压器（High Frequency Transformer，HFT）具有体积小、重量轻低等优点，因此高频隔离型并网光伏逆变器在小型户用和建筑光伏领域也有着较好的应用前景，高频隔离型逆变器主要采用了高频链逆变技术，该技术用高频变压器替代了低频逆变技术中的工频变压器来实现输入与输出的电气隔离，减小了变压器的体积和重量，并显著提高了逆变器的功率密度及综合性能。

在并网光伏发电系统中，已经研究出多种基于高频链技术的高频隔离型并网光伏逆变器。一般而言，实际应用的高频隔离型并网光伏逆变器，其结构主要采用了 DC/DC 变换型高频链结构，这种 DC/DC 变换型高频链采用了直流/高频交流/直流/低频交流（DC/HFAC/DC/LFAC）结构。以下具体讨论 DC/DC 变换型高频链并网光伏逆变器电路结构和工作原理。

1. 电路原理结构与工作模式

DC/DC 变换型高频链并网光伏逆变器具有电气隔离、重量轻、体积小等优点，单机额定功率一般在 500W ~ 10kW 左右，系统效率大约在 96% 以上，其结构如图 3-22 所示。

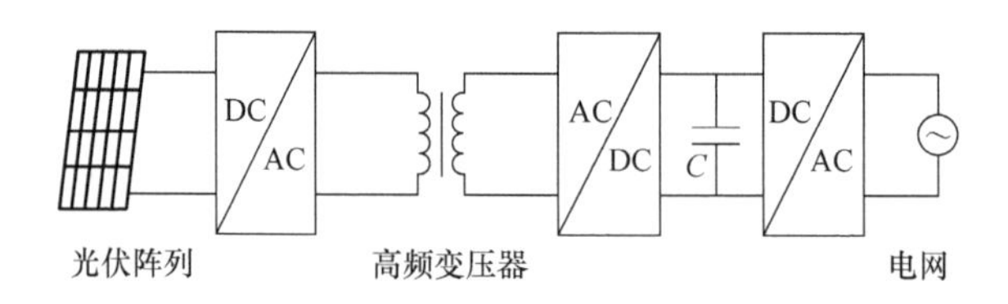

图 3-22　DC/DC 变换型高频链 9 并网光伏逆变器原理结构

在图 3-22 所示 DC/DC 变换型高频链并网光伏逆变器中，光伏阵列输出的电能经过 DC/HFAC/DC/LFAC 变换并入电网，其中 DC/AC/HFT/AC/DC 环节构成了高频隔离型 DC/DC 变换器。另外，在 DC/DC 变换型高频链并网光伏逆变器电路结构中，其输入、输出侧分别设计了两个 DC/AC 环节，即输入侧 DC/AC 将光伏阵列输出的直流电变换成高频交流电，以便利用高频变压器进行变压和隔离，再经高频整流得到所需电压等级的直流；而输出侧 DC/AC 则将中间级直流电逆变为低频正弦交流电压，并实现并网控制。

DC/DC 变换型高频链并网光伏逆变器主要有两种工作模式。

第一种工作模式如图 3-23 所示。光伏阵列输出的直流电经过前级高频逆变器变换成等占空比（50%）的高频方波电压，经高频变压器隔离后，由整流电路整流成直流电，然后再经过后级 PWM 逆变器以及 LC 滤波器滤波后将电能馈入工频电网。
其中，k 为变压器的变比。

第二种工作模式如图 3-24 所示。光伏阵列输出的直流电经过前级高频逆变器逆变成高频正弦脉宽脉位调制（Sinusoidal Pulse Width Position Modulation，SPWPM）波，经高频隔离变压器后，再进行整流滤波成正弦半波波形（双半波），最后经过后级的工频逆变器逆变将电能馈入工频电网。
其中，k 为变压器的变比。

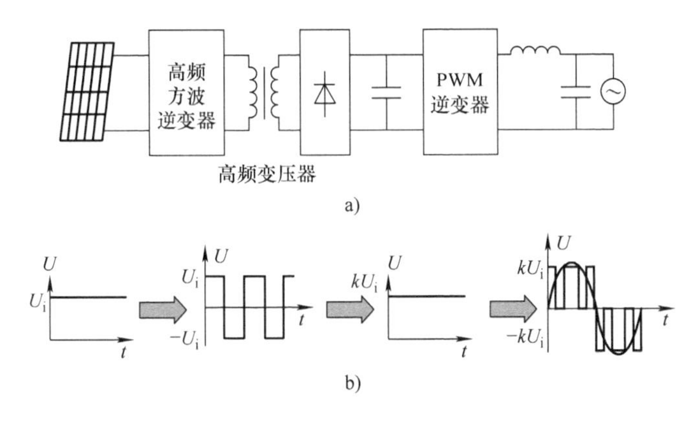

图 3-23　DC/DC 变换型高频链并网光伏逆变器工作模式 1

a）高频链电路结构　b）波形变换过程

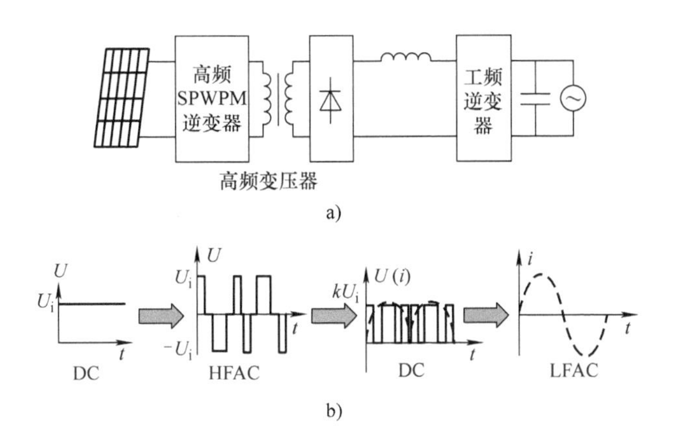

图 3-24　DC/DC 变换型高频链并网光伏逆变器工作模式 2

a）高频链电路结构　b）波形变换过程

2. 关于 SPWPM

SPWPM 是指不仅对脉冲的宽度进行调制而使其按照正弦规律变化，而且对脉冲的位置（简称脉位）也进行调制，使调制后的波形不含有直流和低频成分。图 3-25 所示为 SPWM 波和 SPWPM 波的波形对比图，从图中可以看出，只要将单极性 SPWM 波进行脉位调制，使得相邻脉冲极性互为反向即可得到 SPWPM 波波形。这样 SPWPM 波中含有单极性 SPWM 波的所有信息，并且是双极三电平波形。但是与 SPWM 低频基波不同，SPWPM 波中基波频率较高且等于开关频率。由于 SPWPM 波中不含低频正弦波成分，因此便可以利用高频变压器进行电能传输。SPWPM 电压脉冲通过高频变压器后，再将其解调为单极性 SPWM 波，即可获得所需要的工频正弦波电压波形。

3. 全桥式 DC/DC 变换型高频链并网光伏逆变器

在具体的电路结构上，DC/DC 变换型高频链并网光伏逆变器前级的高频逆变器部

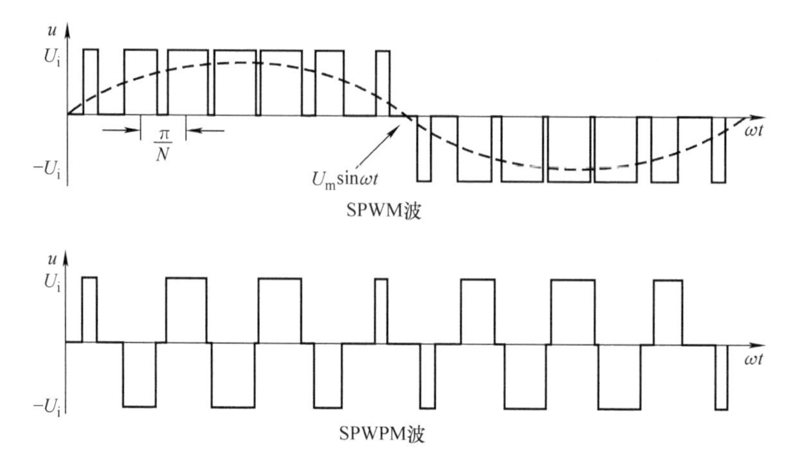

图 3-25　SPWM 波与 SPWPM 波的波形图

分可采用推挽式、半桥式以及全桥式等变换电路的形式，而后级的逆变器部分可采用半桥式和全桥式等变换电路的形式。一般而言：推挽式电路适用于低压输入变换场合；半桥和全桥电路适用于高压输入场合。实际应用中可根据最终输出的电压等级以及功率大小而确定合适的电路拓扑形式。下面以全桥式拓扑为例来展开具体论述。

全桥式 DC/DC 变换型高频链并网光伏逆变器电路拓扑结构如图 3-26 所示。

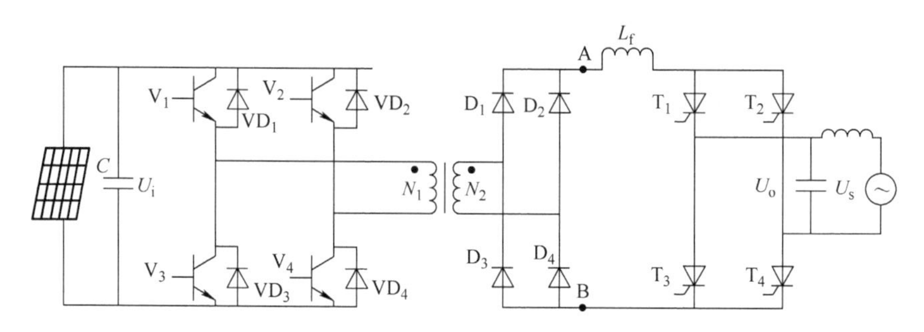

图 3-26　全桥式 DC/DC 变换型高频链并网光伏逆变器拓扑

图 3-26 中，全桥式 DC/DC 变换型高频链并网光伏逆变器由一个高频电压型全桥逆变器、一个高频变压器、一个不可控桥式二极管全波整流器、一个直流滤波电感和一个工频极性反转逆变桥组成。其中，高频电压型全桥逆变器采用 SPWPM 调制方式，将光伏阵列发出的直流电压逆变成双极性三电平 SPWPM 高频脉冲信号。高频变压器将该信号升压后传输给后级不可控桥式二极管全波整流电路；SPWPM 脉冲信号在此整流，经直流滤波电感滤波后，变换成正弦双半波波形；最后由工频极性反转逆变桥将正弦双半波反转为工频的正弦全波，并将电能馈入工频电网。可见全桥式 DC/DC 变换型高频链并网光伏逆变器采用了前述的第二种工作模式，其高频侧采用 SPWPM 调制方式，其开关时序如图 3-27 所示。

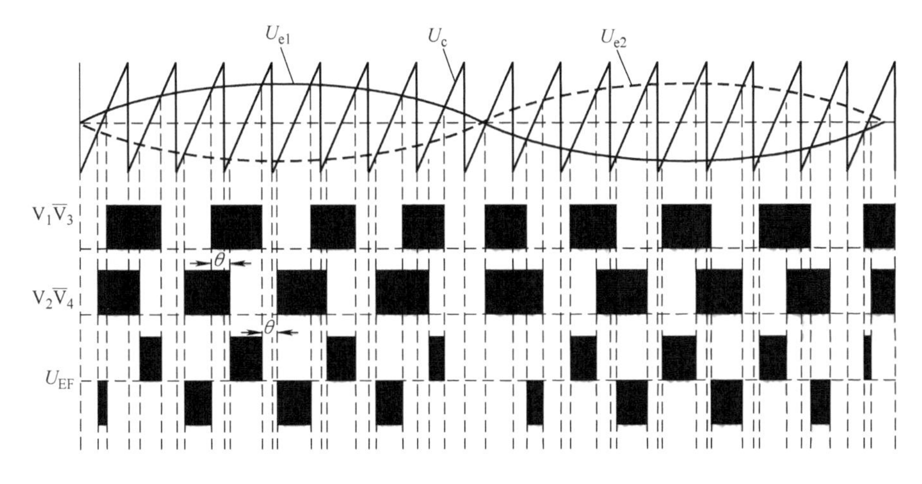

图 3-27　SPWPM 调制方式时的开关时序

该电路拓扑具有高频电气隔离，其前后级控制相互独立，前级电路也可实现零电压开通（Zero Voltage Switching，ZVS），而后级工频极性反转桥电路电压应力低，且可以实现零电压开通零电流关断（Zero Voltage Zero Current，Switching，ZVZCS），因此功率器件的开关损耗低。

3.2.2　非隔离型并网光伏逆变器

为了尽可能地提高并网光伏系统的效率和降低成本，在光伏阵列输出电压变化范围满足逆变器并网要求时，且在不需要强制电气隔离的条件下（有些国家的相关标准规定了并网光伏系统需强制电气隔离），可以采用无变压器的非隔离型并网光伏逆变器直接并入低压电网的方案。需要注意的是，这里的“非隔离”主要是指与逆变器的输出无低压隔离变压器。非隔离型并网光伏逆变器由于省去了变压器，所以具有体积小、重量轻、效率高、成本较低等诸多优点，因而这使得非隔离型并网结构具有较为广泛的应用前景。

一般而言，非隔离型并网光伏逆变器按结构可以分为单级型和多级型两种。下面以此分类进行叙述。

3.2.2.1　单级非隔离型并网光伏逆变器

1. 典型单级非隔离型并网光伏逆变器

典型单级并网光伏逆变器只用一级典型的电压型逆变电路完成并网逆变功能，通常包括单相、三相并网系统，分别如图 3-28a 和 b 所示。这种典型单级并网光伏逆变器具有电路结构简单、可靠性和效率高等诸多优点，通常应用于 100kW 以下的中、小功率光伏发电系统中，例如户用光伏发电系统等。

典型单级并网光伏逆变器中，其逆变电路主要有两电平、三电平以及五电平等多种拓扑结构，而多电平拓扑因其滤波器体积小、效率高以及较好的电磁兼容性等优势，已经成为非隔离型并网光伏逆变器的拓扑发展趋势。

典型单级非隔离型并网光伏逆变器的主要缺点是要求光伏阵列工作电压足够高，而MPPT的电压范围相对较小，显然，对多级并网逆变系统而言，其直流电压适配性较差，另外并网逆变器的输出滤波器由于流过工频电流，因而其功率密度也相对较低。

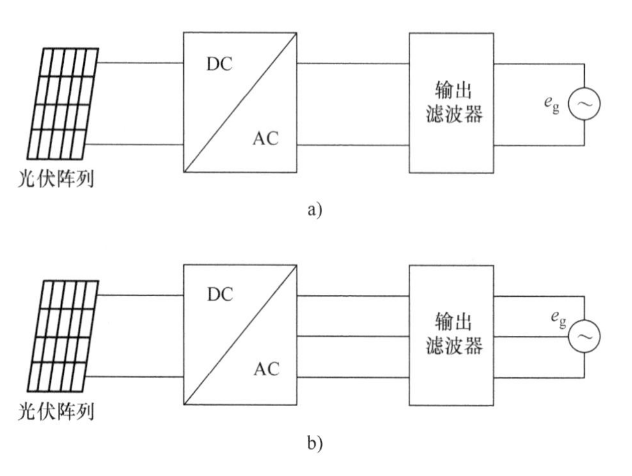

图3-28　典型单级非隔离型并网光伏逆变器系统结构
a）单相系统　b）三相系统

2. 基于Buck－Boost电路的单级非隔离型并网光伏逆变器

虽然上述典型单级非隔离型并网光伏逆变器省去了工频变压器，但逆变器输出均有滤波电感，而该滤波电感中均流过工频电流，因此也有一定的体积和重量。另外，对典型单级非隔离型并网光伏逆变器而言，如果从直流侧向交流侧的电压变换特性分析，则电压型并网逆变器实际上是一种具有Buck特性的变换器，这就要求光伏电池串联且具有足够高的电压以满足并网逆变器的并网控制要求，这实际上对组件的串联数提出了低限要求。针对典型单级非隔离型并网光伏逆变器Buck特性的不足，可以考虑利用Buck－Boost电路进行相应改进，下面介绍一种基于Buck－Boost电路的单级非隔离型并网光伏逆变器。

这种基于Buck－Boost电路的单级非隔离型并网光伏逆变器拓扑由两组光伏阵列和Buck－Boost型斩波器组成，如图3-29所示。由于采用Buck－Boost型斩波器，因此无需变压器便能适配较宽的光伏电池电压以满足并网发电要求。两个Buck－Boost型斩波器工作在固定开关频率的非连续模式（Discontinuous Current Mode，DCM）下，并且在工频电网的正负半周中控制两组光伏阵列交替工作。由于中间储能电感的存在，这种非隔离型并网光伏逆变器的输出交流端无需接入流过工频电流的电感，因此逆变器的

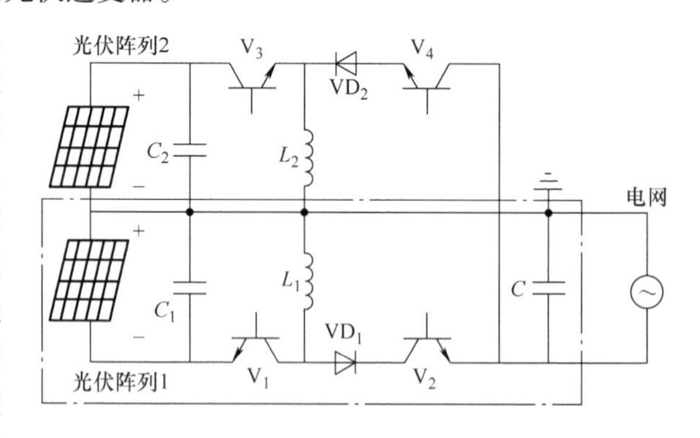

图3-29　基于Buck－Boost电路的单级非隔离型并网光伏逆变器主电路拓扑

体积、重量显著减小。另外，与具有较强直流电压适配能力的多级非隔离型并网光伏逆变器相比，这种逆变系统所用开关器件的数目相对较少。

以下具体分析其逆变器每个阶段的换流过程，如图 3-30 所示，其中粗线描绘表明有电流流过。

第一阶段：V_1 开通，其他功率管断开，光伏阵列的能量流向 L_1，电容 C 与工频电网并联，具体换流如图 3-30a 所示。

第二阶段：V_2 开通，其他功率管关断，储存在 C 或 L_1 中的能量释放到工频电网，具体换流如图 3-30b 所示。

第三、四阶段和前两阶段工作情况类似，但极性相反。

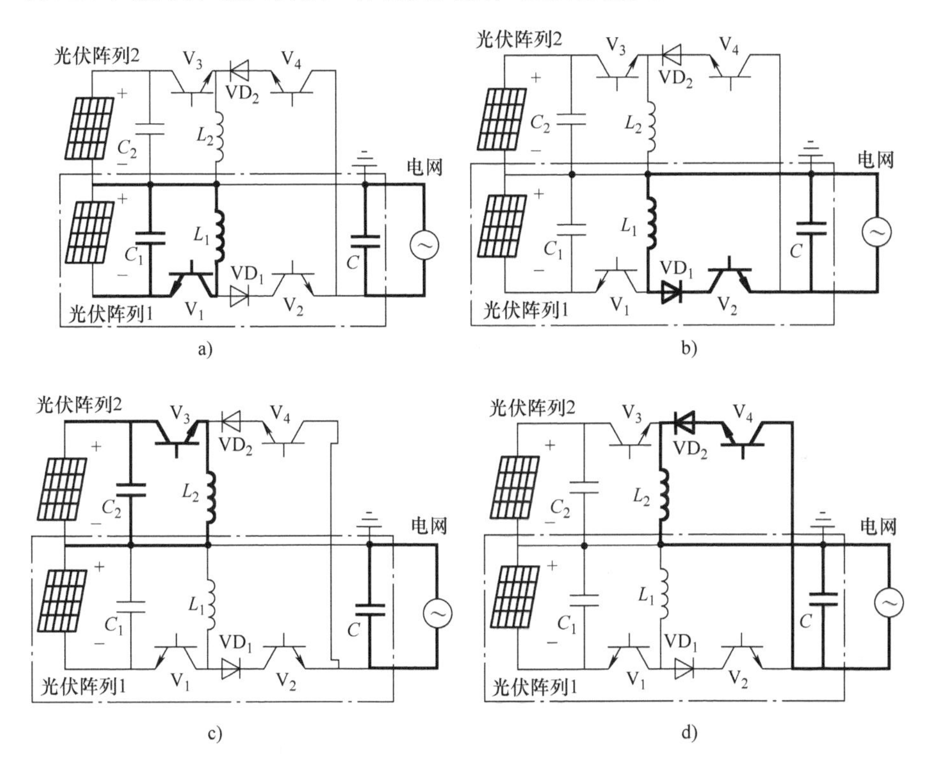

图 3-30 基于 Buck – Boost 电路的单级非隔离型并网光伏逆变器换流过程
a）换流第一阶段 b）换流第二阶段 c）换流第三阶段 d）换流第四阶段

在上述基于 Buck – Boost 电路的单级非隔离型并网光伏逆变器中，理论上不存在对大地的漏电流（共模电流问题和非隔离型光伏逆变器的关键问题见 3. 2. 2. 3 节），系统的主电路也比较简单。然而，由于每组 PV 阵列只能在工频电网的半周内工作，因而效率相对较低。主要用于户用并网光伏系统，其输出功率一般在 1 ~ 3kW 左右。

3.2.2.2 多级非隔离型并网光伏逆变器

在典型单级非隔离式并网光伏系统中，由于电压源并网逆变器的 Buck 特性，光伏阵列输出电压必须在任何时刻都大于电网电压峰值，因此需要多块光伏电池串联以提高光伏系统输入电压等级。但是多个光伏电池串联常常可能由于部分电池组件被云层等外部因素遮蔽，导致太阳电池组件输出能量严重损失，太阳电池组件输出电压跌落，无法保证输出电压在任何时刻都大于电网电压峰值，从而使整个并网光伏系统不能正常工作。而且只通过一级能量变换常常难以满足光伏阵列宽范围的 MPPT 控制，虽然上述基于 Buck - Boost 电路的单级非隔离型并网光伏逆变器能克服这一不足，但其需要两组光伏电池连接并交替工作，效率较低，只适用于小功率户用光伏发电系统，对此可以采用多级变换的非隔离型并网光伏逆变器来解决这一问题。

通常非隔离型并网光伏逆变器的拓扑有两部分构成，即前级的 DC/DC 变换器以及后级的 DC/AC 变换器，如图 3-31 所示。

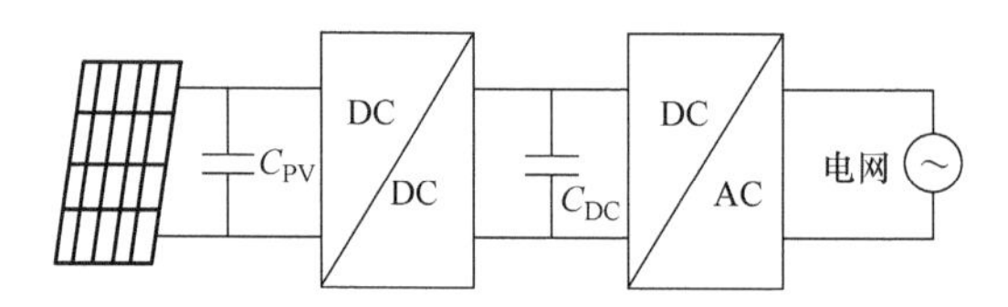

图 3-31 非隔离型并网逆变器结构图

多级非隔离型并网光伏逆变器的设计关键在于 DC/DC 变换器的电路拓扑选择，从 DC/DC 变换器的效率角度来看，Buck 和 Boost 变换器效率是最高的。由于 Buck 变换器是降压变换器，无法升压，因此 Buck 变换器很少用于并网光伏发电系统。Boost 变换器为升压变换器，从而可以使光伏阵列可以工作在一个宽泛的电压范围内，因而直流侧电池组件的电压配置更加灵活。由于通过适当的控制策略可以使 Boost 变换器的输入端电压波动很小，因而提高了最大功率点跟踪的精度；同时 Boost 电路结构上与网侧逆变器下桥臂的功率管共地，集成设计时驱动相对简单。可见，Boost 变换器在多级非隔离型并网光伏逆变器拓扑设计中是较为理想的拓扑选择，具体讨论如下。

1. 基于 Boost 多级非隔离型并网光伏逆变器

基于 Boost 多级非隔离型并网光伏逆变器的主电路拓扑主要由单相逆变器结构和三相逆变器结构，如图 3-32 所示。从图 3-32a 所示的单相逆变电路可以看出，该电路为双级功率变换电路，前级采用 Boost 变换器完成直流侧光伏阵列输出电压的升压功能以及系统的 MPPT，后级 DC/AC 部分一般采用典型的全桥逆变电路（两电平、三电平等）完成直流母线电压的稳压控制和并网逆变控制，是一种典型的小功率户用光伏逆变器方案。而图 3-32b 所示的基于 Boost 多级非隔离型三相并网光伏逆变电路则是组串式光伏逆变器的典型方案，其输入采用了多路 MPPT 设计，最大限度地提高光电利用率，其逆变桥通常采用三电平逆变器设计，主要应用于 20 ~ 100kW 功率等级的并网光伏系统中。

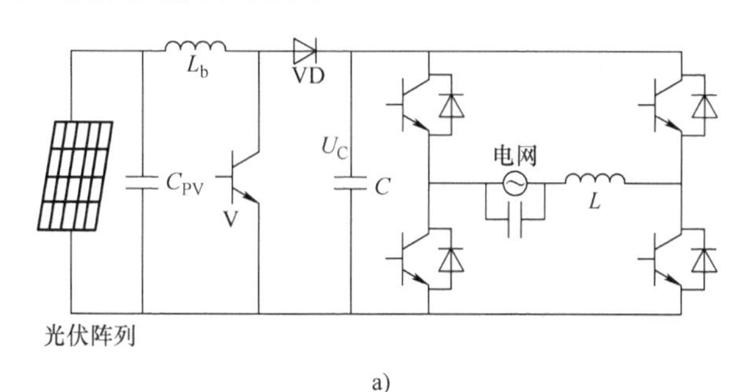

a)

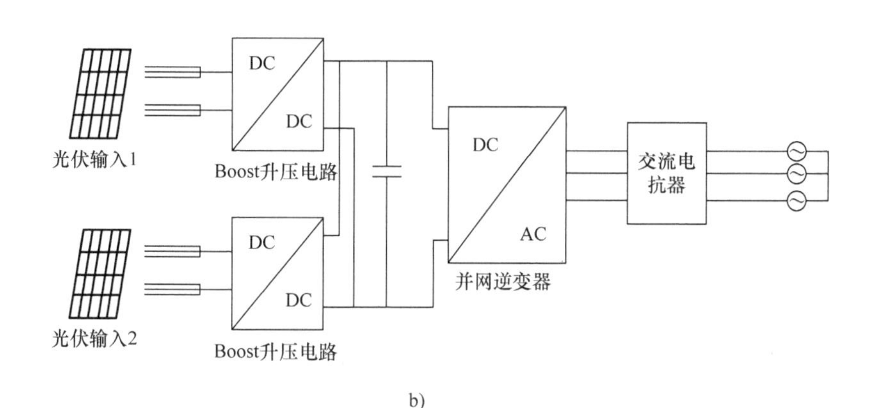

b)

图 3-32　基于 Boost 多级非隔离型并网光伏逆变器主电路拓扑

a）单相逆变器结构　b）三相逆变器结构

2. 双模式 Boost 多级非隔离型并网光伏逆变器

在图 3-32 所示的基本 Boost 多级非隔离型并网光伏逆变器中，前级 Boost 变换器与后级全桥变换器均工作于高频状态，因而开关损耗相对较大。为此，有学者提出了一种新颖的双模式 Boost 多级非隔离型并网光伏逆变器，这种并网光伏逆变器采用任何情况下只有一级高频变换的双模式运行策略，具有体积小、寿命长、损耗低、效率高等优点，其主电路如图 3-33a 所示。与图 3-32 所示的基本 Boost 多级非隔离型并网光伏逆变器不同的是，双模式 Boost 多级非隔离型并网光伏逆变器电路增加了旁路二极管 VD_b，该电路工作波形如图 3-33b 所示，以下简单讨论其工作原理和控制过程。

（1）工作原理。

当输入电压 U_{in} 小于给定正弦输出电压 U_{out} 的绝对值时，Boost 电路的开关 V_c 高

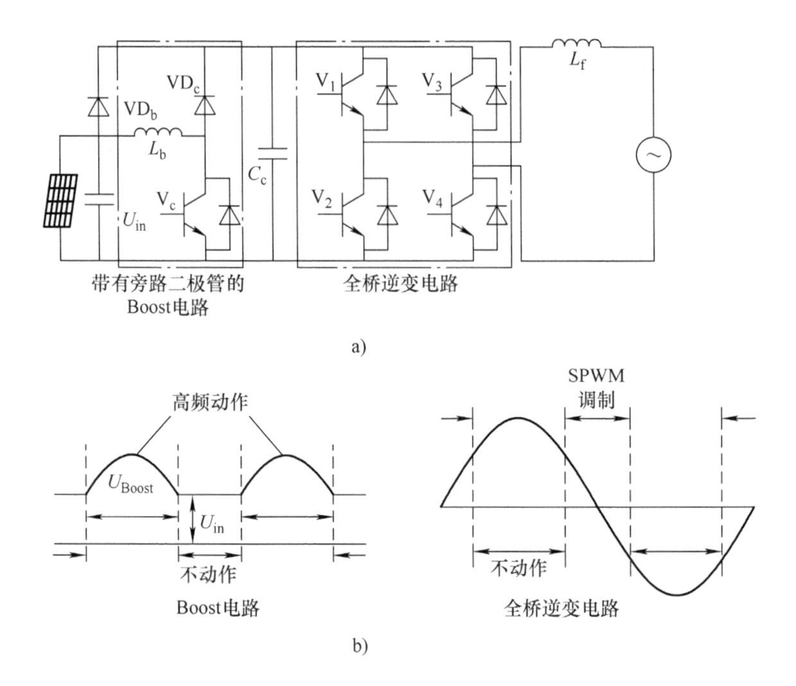

图 3-33 双模式 Boost 多级非隔离型并网光伏逆变器主电路及工作波形
a）主电路图 b）工作波形图

频运行，前级工作的 Boost 电路模式下，在中间直流电容上产生准正弦变化的电压波形。同时，全桥电路以工频调制方式工作，使输出电压与电网极性同步。例如，当输出为正半波时，仅 V_1 和 V_4 开通。当输出为负半波时，仅 V_2 和 V_3 开通。此工作方式称为 PWM 升压模式。

当输入电压 U_{in}大于等于给定正弦输出电压 U_{out}的绝对值时，开关 V_c 关断。全桥电路在 SPWM 调制方式下工作。此时，输入电流不经过 Boost 电感 L_b 和二极管 VD_c，而是以连续的方式从旁路二极管通过。此工作方式称为全桥逆变模式。

综上分析，无论这种双模式 Boost 多级非隔离型并网光伏逆变器电路工作在何种模式，同一时刻只有一级电路工作在高频模式下，与传统的基本 Boost 多级非隔离型并网光伏逆变器相比，降低了总的开关次数。此外，当系统工作的全桥逆变模式下，输入电流以连续的方式通过旁路二极管VD_b，而不是从 Boost 电感和二极管 VD_c 通过，减小了系统损耗。另外由于这种双模式 Boost 多级非隔离型并网光伏逆变器电路独特的工作模式，无需使中间直流环节保持恒定的电压，因而电路中间环节中常用大电解电容可以用一个小容量的薄膜电容代替，从而有效地减小了系统体积、质量和损耗，增加了系统的寿命、效率和可靠性。

（2）控制过程。

双模式 Boost 多级非隔离型并网光伏逆变器两种工作模式下的控制框图如图

3-34所示。

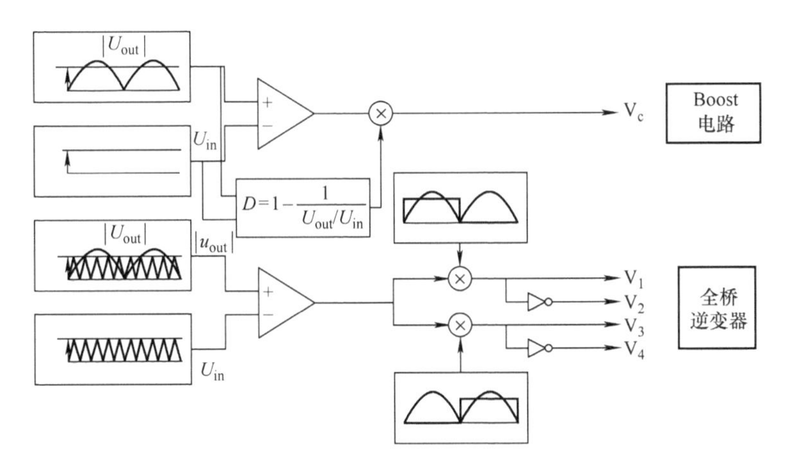

图 3-34　双模式控制电路框图

当 $U_{in} < |U_{out}|$时，Boost 电路进行升压，通过改变占空比 D，产生准正弦脉冲调制波形；当 $U_{in} > |U_{out}|$时，全桥电路通过高频三角载波和给定正弦波比较获得触发信号，产生正弦输出信号。

前级 Boost 电路开关 V_c 和全桥逆变器开关 $V_1 \sim V_4$ 脉冲时序如图 3-35 所示。

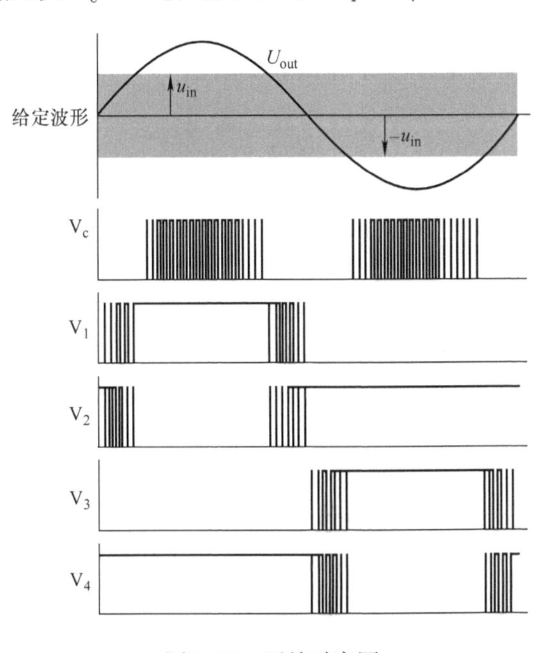

图 3-35　开关时序图

3.2.2.3 非隔离型并网光伏逆变器中共模电流的抑制

1. 共模电流产生原理

在非隔离的并网光伏发电系统中，电网和光伏阵列之间存在直接的电气连接。由于太阳能电池和接地外壳之间存在对地的寄生电容，而这一寄生电容会与逆变器输出滤波元件以及电网阻抗组成共模谐振电路，如图 3-36 所示。当并网逆变器的功率开关动作时会引起寄生电容上电压的变化，而寄生电容上变化的共模电压能够激励这个谐振电路从而产生共模电流。共模电流的出现，增加了系统的传导损耗，降低了电磁兼容性并产生安全问题。

寄生电容的大小和直流源及环境因素有关。在光伏系统中，一般光伏电池对地的寄生电容变化范围为 nF ~ mF。

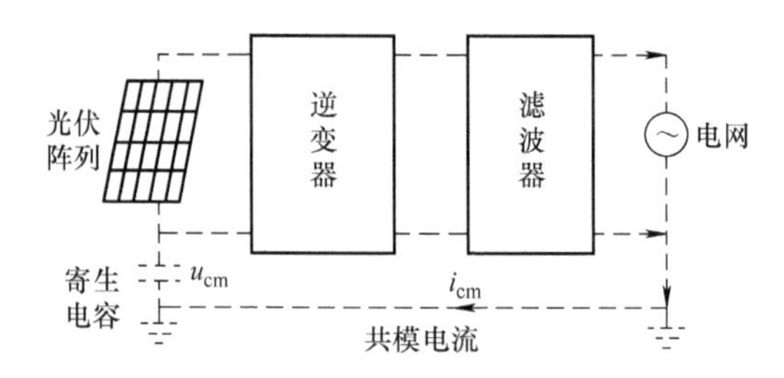

图 3-36 非隔离型并网光伏系统中的寄生电容和共模电流

根据 $i_{cm}=2\pi fC_pu_{cm}$ 这一寄生电容上共模电压 u_{cm} 和共模电流 i_{cm} 之间存在的关系，光伏阵列对地的寄生电容值可用下式来估计

$$C_p = \frac{1}{2\pi f}\frac{i_{cm}}{u_{cm}}\frac{1}{2} \tag{3-9}$$

假设电网内部电感 L 远小于滤波电感 L_f，滤波器的截止频率远小于谐振电路的谐振频率，共模谐振电路的谐振频率可近似为

$$f_r = \frac{1}{\pi\sqrt{L_fC_p}} \tag{3-10}$$

显然，在共模谐振电路的谐振频率处会出现较大幅值的漏电流。

下面针对具体拓扑来分析并网光伏逆变器的共模问题，为方便分析，以下以单相全桥拓扑和单相半桥拓扑两类来讨论。

（1）单相全桥逆变器的共模分析。

图 3-37 所示为单相全桥逆变器及其共模电压的分析电路。以调制电压正半周期为例进行分析，图 3-37 中，u_{a0}、u_{b0} 表示单相全桥逆变器交流输出 a、b 点对直流负母线 0 点的电压，u_L 表示电感上的压降，u_g 表示电网电压，u_{cm} 表示寄生电容上的共模电压，i_{cm} 表示共模谐振回路中的共模电流。

根据基尔霍夫电压定律，可列出共模回路的电压方程如下：

$$-u_{a0}+u_L+u_g+u_{cm}=0 \tag{3-11}$$

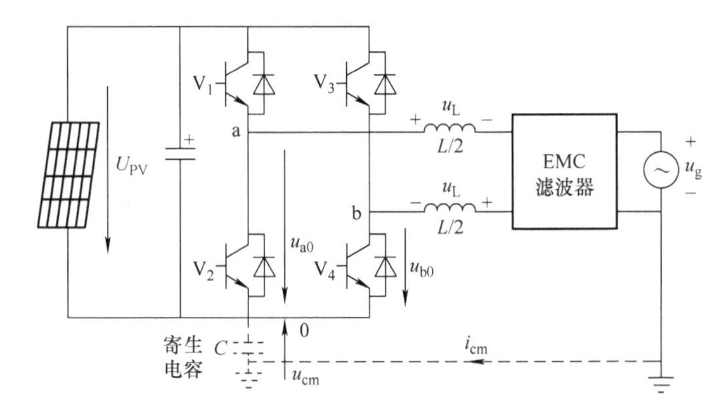

图 3-37　单相全桥逆变器及其共模电压分析

$$-u_{b0}-u_L+u_{cm}=0 \tag{3-12}$$

由式（3-11）、式（3-12）相加可得共模电压 u_{cm} 为

$$u_{cm}=0.5(u_{a0}+u_{b0}-u_g)=0.5(u_{a0}+u_{b0})-0.5u_g \tag{3-13}$$

而流过寄生电容上的共模电流 i_{cm} 为

$$i_{cm}=C\frac{du_{cm}}{dt} \tag{3-14}$$

可见，共模电流与共模电压的变化率成正比。由于 u_g 工频电网电压，则由 u_g 在寄生电容上产生的共模电流一般可忽略，而 u_{a0}、u_{b0} 为 PWM 高频脉冲电压，共模电流主要由此激励产生。因此，工程上并网逆变器的共模电压可近似表示为：

$$u_{cm}\approx 0.5(u_{a0}+u_{b0}) \tag{3-15}$$

为了抑制共模电流，应尽量降低 u_{cm} 的频率，而开关频率的降低则带来系统性能的下降。但若能使 u_{cm} 为一定值，则能够基本消除共模电流，即功率器件所采用的 PWM 开关序列应使得 a、b 点对 0 点的电压之和满足

$$u_{a0}+u_{b0}=\text{定值} \tag{3-16}$$

对于单相全桥拓扑，通常可以采用两种 PWM 调制策略来形成 PWM 开关序列，即单极性调制和双极性调制。不同的调制策略对共模电流的抑制效果相差很大，以下分别进行讨论。

1）单极性调制。对于图 3-37 所示的单相全桥拓扑，若采用单极性调制，在调制电压正半周期，V_4 一直导通，而 V_1、V_2 则采用互补通断的 PWM 调制；而在在调制电压负半周期，V_3 一直导通，而 V_1、V_2 则采用互补通断的 PWM 调制。考虑到电流正、负半周期开关调制的类似性，以下只分析调制电压正半周期开关调制时的逆变器共模电压：

当 V_2 关断，V_1、V_4 导通时，共模电压为

$$u_{cm}=0.5(u_{a0}+u_{b0})=0.5(U_{PV}+0)=0.5U_{PV} \tag{3-17}$$

当 V_1关断，V_2、V_4导通时，共模电压为

$$u_{cm} = 0.5(u_{a0} + u_{b0}) = 0.5(0 + 0) = 0 \tag{3-18}$$

可见，采用单极性调制的单相全桥逆变器拓扑产生的共模电压其幅值在 0 与 $U_{PV}/2$ 之间变化，且频率为开关频率的 PWM 高频脉冲电压。同理，分析调制电压负半周期开关调制时的逆变器共模电压，可以得出类似的结论。由于采用单极性调制的单相全桥逆变器共模电压为 PWM 高频脉冲电压，所以此共模电压激励共模谐振回路产生共模电流，其数值可达到数安培，并随着开关频率的增大而线性增加。

2）双极性调制。对于图 3-37 所示的单相全桥拓扑，若采用双极性调制，桥臂开关对角互补通断即要么 V_1、V_4导通，要么 V_2、V_3导通，以下分析双极性调制时的逆变器共模电压。

当 V_1、V_4导通，而 V_2、V_3关断时

$$u_{cm} = 0.5(u_{a0} + u_{b0}) = 0.5(U_{PV} + 0) = 0.5U_{PV} \tag{3-19}$$

当 V_1、V_4关断，而 V_2、V_3导通时

$$u_{cm} = 0.5(u_{a0} + u_{b0}) = 0.5(0 + U_{PV}) = 0.5U_{PV} \tag{3-20}$$

由式（3-19）、式（3-20）不难看出：对于单相全桥并网逆变器，若采用双极性调制，在开关过程中 $u_{cm} = 0.5U_{PV}$，由于稳态时 U_{PV}近似不变，因而 u_{cm}近似为定值，由此所激励的共模电流近似为零。显然，对于单相全桥并网逆变器而言，若采用双极性调制则能够有效地抑制共模电流。

和单极性调制相比，虽然双极性调制能够有效地抑制共模电流，但也存在着明显的不足：在整个电网周期中，由于双极性调制时四个功率开关都以开关频率工作，而单极性调制时只有两个功率开关以开关频率工作，因此所产生的开关损耗是单极性调制的 2 倍；另外，双极性调制时其逆变器交流侧的输出电压在 U_{PV}和 $-U_{PV}$之间变化，而单极性调制时其逆变器交流侧的输出电压则在 U_{PV}和 0 或 $-U_{PV}$和 0 之间变化变化，因此双极性调制时其逆变器输出的电流纹波幅值是单极性调制的 2 倍。

显然，采用双极性调制以抑制单相全桥逆变器共模的方案使逆变器输出电流谐波和开关损耗均有所增加，为降低逆变器的输出电流谐波，就必须增大滤波器参数（如增加滤波电感值），从而增加了成本、体积和损耗，因此实际应用中较少采用双极性调制来抑制单相全桥逆变器的共模电流。

（2）单相半桥逆变器的共模分析。

图 3-38 所示为单相半桥拓扑结构。从图 3-38 中可以看出，单相半桥拓扑中寄生电容上的共模电压为半桥均压电容上的电压 u_{b0}，而与开关频率无关，若电容 C_1、C_2相等且容量足够大，则 u_{b0}的幅值为 $0.5U_{PV}$且在功率器件开关过程中基本不变。

因此，单相半桥逆变器拓扑基本不产生共模电流。但对于半桥拓扑，由于电压利用率低，所以直流侧需要的输入电压较高，前级可能需要 Boost 变换器，从而影

响了半桥逆变器工作效率，另外，半桥逆变器通常还需考虑直流电容的中点平衡控制，因此，一般实际中应用较少。

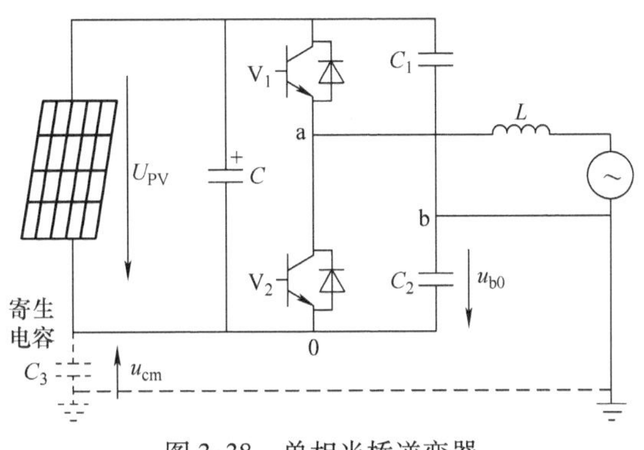

图3-38　单相半桥逆变器

2. 共模电流抑制的实用拓扑

从单相全桥和单相半桥逆变器的共模电压分析中可看出，拓扑结构以及调制方法的不同所产生的共模电压也存在差异。虽然单相半桥拓扑和双极性调制时的单相全桥逆变器拓扑基本没有共模电流问题，但是都存在降低逆变器效率等相应问题。因此，可以从考虑不降低单相逆变器效率入手，即对于单相全桥逆变器拓扑，仍考虑采用输出电流谐波较低的单极性调制，但这就需要通过适当改进单相逆变器主电路的拓扑结构来抑制共模电流。进一步研究表明，对于采用单极性调制的单相全桥逆变器，当逆变器工作在续流状态时，如果通过附加开关回路使单相全桥逆变器的续流回路与逆变器直流侧呈高阻状态，则可以有效抑制单相逆变器的共模电流。以下将从附加交流侧开关和直流侧开关两方面介绍两种能够抑制单相全桥逆变器共模电流的实用拓扑结构。

（1）基于交流侧开关的单相全桥 H6 拓扑。

基于交流侧开关的单相全桥 H6（H6 即 6 开关管 H 桥）拓扑如图 3-39 所示。该拓扑又称为 HERIC 拓扑，是由德国研究机构 Fraunhofer Institute for Solar Energy Systems（Fraunhofer ISE）所开发的。其主要改进思路是在全桥拓扑的交流侧附加一个由两个逆导型功率开关组成的能双向续流的交流开关回路，构成了由六只开关管组成的单相全桥 H6 拓扑。该拓扑结构通过附加的交流侧双向开关使得单相全桥逆变器的续流回路与直流侧呈高阻状态，从而使该拓扑在采用单极性调制策略的同时能有效抑制逆变器的共模电流。下面对图 3-39 所示基于交流侧开关的单相全桥 H6 拓扑的共模电压进行分析。

在调制电压正半周期，V_5始终导通而 V_6始终关断，V_1 和 V_4 进行 PWM 控制，V_2 和 V_3 不工作。当 V_1、V_4 导通时

$$u_{cm}=0.5(u_{a0}+u_{b0})=0.5(U_{PV}+0)=0.5U_{PV} \tag{3-21}$$

当 V_1、V_4 关断时，电流经 V_5 和 V_6 的反并联二极管续流，而此时 H 桥桥臂开关管均关断而处于高阻状态，以此使续流回路与逆变器直流侧呈高阻状态，此时

$$u_{cm}=0.5(u_{a0}+u_{b0})=0.5(0.5U_{PV}+0.5U_{PV})=0.5U_{PV} \tag{3-22}$$

显然，上述 PWM 输出具有单极性特征，由式（3-21）、式（3-22）不难看出，由于在开关调制过程中 U_{PV}基本不变，因此在调制电压正半周期，其开关管调制过程中的共模电压保持不变，从而使共模电流得以消除。

在调制电压负半周期，V_6始终导通而V_5始终关断，V_2和V_3进行PWM控制，V_1和V_4不工作。当V_2和V_3关断时，电流经V_6和V_5的反并联二极管续流，而此时H桥桥臂开关管均关断而处于高阻状态，以此使续流回路与逆变器直流侧呈高阻状态，其调制过程的共模电压表达式同式（3-21）和式（3-22），因此在调制电压负半周期，其调制过程中共模电压也保持不变。

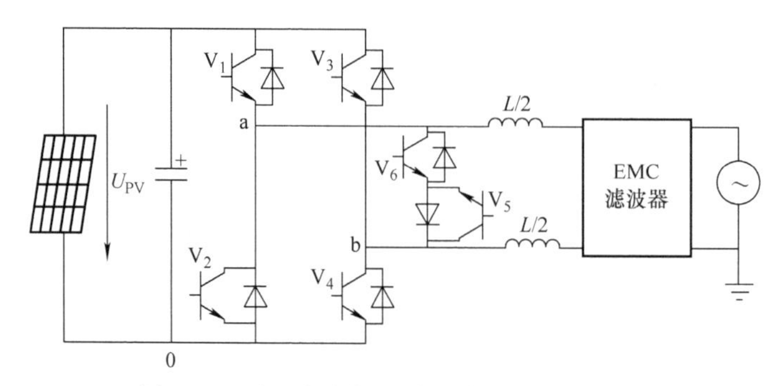

图3-39 基于交流侧开关的单相全桥H6拓扑

上述分析表明，基于交流侧开关的单相全桥H6拓扑的PWM输出具有单极性特征，通过附加交流侧开关使逆变器续流回路与直流侧呈高阻状态，从而使采用单极性调制的单相全桥逆变器的开关过程中共模电压保持不变，在有效抑制共模电流的同时，也降低了开关器件和滤波器损耗。

（2）基于直流侧开关的单相全桥H5拓扑。

基于直流侧开关的单相全桥H5（H5即5开关管H桥）拓扑如图3-40所示。该拓扑是由德国SMA公司提出的，其主要改进思路是在基本的单相全桥逆变器电路直流侧增加一个开关管，构成了由五只开关管组成的全桥结构，该拓扑结构通过附加的直流侧开关使得单相全桥逆变器的续流回路与直流侧呈高阻状态，从而使该拓扑在采用单极性调制策略的同时能有效抑制共模电流。在图3-40所示的单相全桥H5拓扑中，V_1、V_3在调制电压的正、负半周各自导通，V_4、V_5在调制电压正半周期进行PWM调制，而V_2、V_5在调制电压负半周期以PWM调制。现以调制电压正半周期为例对其共模电压进行分析。

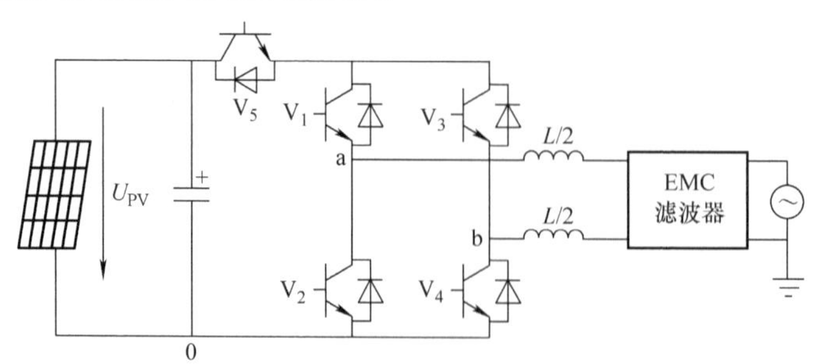

图3-40 基于直流侧开关的单相全桥H5拓扑

在调制电压正半周期，V_1 始终导通。当 V_5、V_4 导通时，共模电压 u_{cm} 为

$$u_{cm}=0.5(u_{a0}+u_{b0})=0.5(U_{PV}+0)=0.5U_{PV} \tag{3-23}$$

当 V_5、V_4 关断时，电流经 V_3 的反并联二极管以及 V_1 续流，此时由于 V_2、V_4、V_5 关断而处于高阻状态，阻断了寄生电容的放电，u_{a0}、u_{b0} 近似保持原寄生电容的充电电压 $0.5U_{PV}$，使续流回路与直流侧呈高阻状态，因此

$$u_{cm}=0.5(u_{a0}+u_{b0})=0.5(0.5U_{PV}+0.5U_{PV})=0.5U_{PV} \tag{3-24}$$

显然，上述 PWM 输出具有单极性特征，在开关过程中，由于稳态时 U_{PV} 保持不变，因而其逆变器共模电压恒定，从而抑制了共模电流，负半周期的换流过程及共模电压分析与正半周期类似。

上述分析表明，基于直流侧开关的单相全桥 H5 拓扑的 PWM 输出具有单极性特征，通过附加直流流侧开关使逆变器续流回路与直流侧呈高阻状态，从而使采用单极性调制的单相全桥逆变器的开关过程中共模电压保持不变，在有效抑制共模电流的同时，也降低了开关器件和滤波器损耗。

与 H6 全桥拓扑相比，这种 H5 全桥拓扑具有最少的附加开关和相对较高的工作效率。

3.2.3　微型逆变器

3.2.3.1　微型逆变器概述

1. 微型逆变器技术背景

微型逆变器（Micro Inverter，MI）通常是对用于独立光伏电池并网发电系统（有时也称之为 AC Module）DC/AC 功率变换单元的统称。由于单一光伏电池的功率仅为几百瓦，且组件需要与电网隔离，因此，这种微型逆变器实际上是一种特殊设计的隔离型微小功率并网逆变器。

由于传统的组串式和集中式光伏并网系统无法实现每块组件的最大功率点运行，且若任一组件损坏则将影响整个系统的正常工作，甚至瘫痪，另外，这种较高直流电压的系统还存在安全性和绝缘问题。于是，国外学者于 20 世纪 70 年代提出了基于独立光伏电池的并网发电系统，即 AC module。然而由于当时技术的限制，这种思想没有在实际中应用。直到 20 世纪 80 年代末，美国 ISET（International Solar Electric Technology）公司才真正对此作了深入研究，其中 Kleinkauf 教授在多篇论文中研究了基于 AC module 的光伏并网发电思想，并强调其优点，当时称其为模块集成变换器（Module Integrated Converters）。20 世纪 90 年代初，美国和欧洲就有数家公司开始研究此装置，然而鉴于当时的技术和应用条件不成熟，技术和应用进展缓慢。如今，随着光伏并网发电技术的推广应用，尤其是对光伏并网发电组件级安全性要求的不断提高，21 世纪以来，国内外的微型逆变器技术及其应用都取得了长足的进步，尤其是北美户用和屋顶光伏并网系统较多采用光伏微型逆变器并网发电技术。在 MI 产品领域，Enphase Energy 公司一直是行业的领先者。Enphase Microinverters 系统是第一个商业运行的 MI 系统，代表了目前最先进的 MI 系统技术，Enphase 公司生产的 S280 功率等级为 235 ~ 365W，最高效率可以达到 96.8%，而国内相关主流企业研发的微型逆变器产品最高效率也可以达到 95% 左右。随着技术进步和规模扩大，微型逆变器的成本有望进一步降低，效率也将进一步提高。随着分布式光伏特别是光伏建筑技术的应用与发展，未来微型逆变器的应用应该会有着更好的发展前景。

2. 微型逆变器主要优、缺点

主要优点如下：

1）对实际环境的适应性强。由于每一个光伏电池独立工作，对光伏板组件一致性要求降低，当实际应用中出现诸如阴影遮挡、云雾变化、污垢积累、组件温度不一致、组件安装倾斜角度不一致、组件安装方位不一致、组件细小裂缝和组件效率衰减不均等内外部不理想条件时，问题组件不会影响其它组件的工作，从而不会明显降低系统整体发电效率。

2）不同于传统集中式逆变器，每一个光伏电池有独立的 MPPT，不存在光伏电池之间的不匹配损耗，且无热斑问题，可以实现发电量最大化；

3）采用模块化技术，即插即用式安装，快捷、简易、安全，另外安装时组件不必完全一致，还可随时对系统做灵活变更和扩容。

4）具有组件切断能力，使光伏系统摆脱了危险的高压直流电路，尤其是有利于防火。

5）避免了单点故障，传统集中式逆变器是光伏系统的故障高发单元，而使用微逆变器不但消除了这一薄弱环节，而且其分布式架构可以保证不会因单点故障而导致整个系统的失灵。

6）使用标准的 MI 安装材料，减少了安装材料和系统设计的成本，并且传输线成本也相应减少。

7）无阻塞二极管和旁路二极管，传导损耗降低，系统布局紧凑，浪涌电压小。

主要缺点如下：

1）系统应用可靠性和寿命还难以与太阳能电池组件相匹配，一旦微型逆变器故障或损坏，更换比较麻烦。

2）与集中式逆变器相比，微型逆变器效率相对较低。但随着电力电子功率器件、磁性器件技术的发展，微型逆变器的效率将进一步提高，例如 Enphase 公司生产的 S280 效率已达到 96.8%，这样的效率已经接近普通逆变器的效率。

3）相对成本比较高。

4）集中控制困难，需要采用电力载波通信技术。

3. 微型逆变器系统的组成

以 Enphase Microinverters 系统为例介绍微型逆变器系统的基本组成，Enphase Microinverters 系统主要由图 3-41 所示的三部分组成。

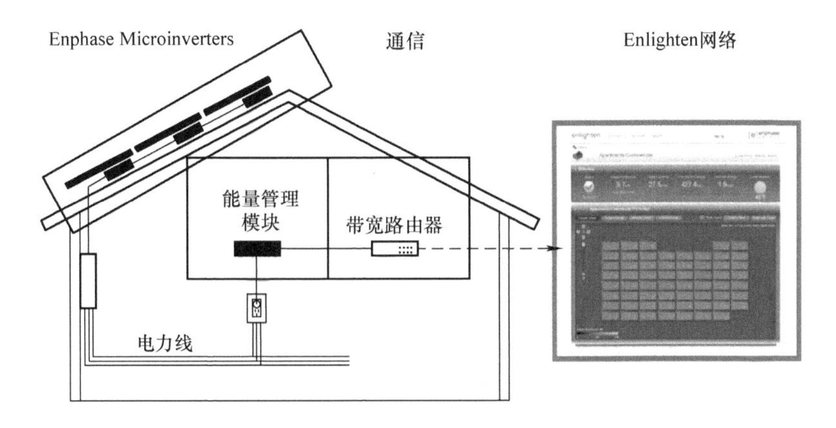

图3-41　Enphase Microinverters 系统的主要组成部分

上述 Enphase Microinverters 系统中的主要部件包括微型逆变器（Micro inverter）、能量管理单元（Energy Managemengt Unit，EMU）以及 Enlighten 网络系统等。

其中，微型逆变器实现组件级并网发电功能；EMU 实际上是一个通信网关，其通信采用先进的电力载波通信，EMU 收集每一个用户的太阳电池组件的性能信息，并将这些信息传输到 Enlighten 网络，用户可以通过 Enlighten 网络查看和管理他们各自太阳能发电系统的性能；而 Enlighten 网络系统则提供了大量关于太阳能系统和独立太阳能模块性能的信息，如采用图形化的太阳能阵列提供了每个模块的基本信息。另外，Enlighten 网络还提供了移动设备接入支持，这使得用户任何时间任何地点都能够查看实时性能信息。

3.2.3.2　微型逆变器的基本拓扑结构

1. 微型逆变器拓扑结构概述

微型逆变器（MI）已经进入商业化应用阶段，但是相比于组串式和集中式逆变器仍然是一个较新的应用领域。而电力电子技术是微型逆变器的核心，对提高微型逆变器的性能，推动微型逆变器的持续快速发展具有很重要的作用。MI 要求先将输入的低直流电压升压后再转化为交流电并入电网，故其拓扑结构要求由 DC/DC 变换电路和 DC/AC 变换电路组合而成。而每一类变换器的主电路拓扑结构又存在多种形式，比如 DC/DC 变换电路，它可以分为 BUCK、BOOST、BUCK - BOOST、CUK、SEPIC、ZETE 变换电路以及正激、反激、推挽、半桥、全桥变换电路，而 DC/AC 逆变电路可以分为推挽逆变、半桥逆变和全桥逆变电路，因而 MI 拓扑结构类型十分繁多。

目前微型逆变器常见的分类方式如图3-42所示。

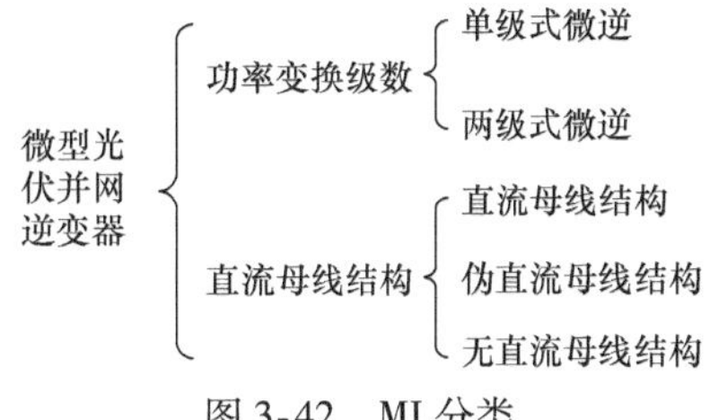

图3-42　MI 分类

以下分别按功率变换级数和直流母线结构阐述微型逆变器拓扑。

2. 按功率变换级数分类的微型逆变器（MI）拓扑

如果按逆变器的功率变换级数分类，可以将MI分为单级式MI和两级式MI。

（1）单级式MI。

单级式MI的典型拓扑结构如图3-43所示，该结构采用DC/DC变换器和工频变换器串联的MI结构。由于工频变换器采用工频反转桥结构与工频调制，因此不存在高频调制，通常将这种DC/DC变换器和工频变换器的串联结构归为单级变换器结构。目前针对单级式微型逆变器的研究多集中在反激式电路结构上，该类型逆变器所用器件少，成本低，可靠性高，适合应用于小功率场合。

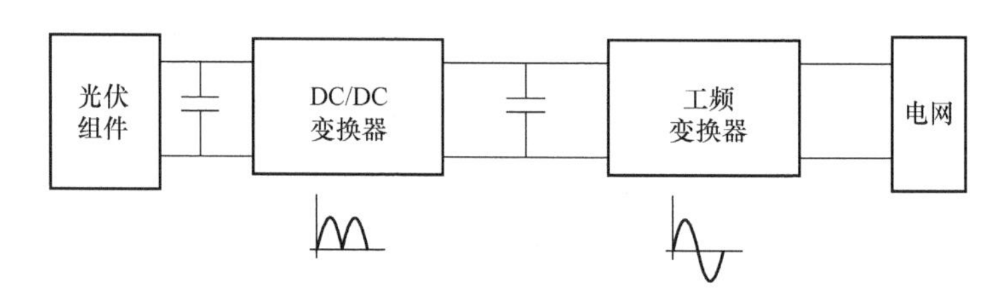

图3-43 单级式结构的MI

以Enphase等公司产品为代表的单级式MI原理结构如图3-44所示，该电路采用反激变换器在实现MPPT控制的同时，使高频变压器副边输出双正弦半波的直流电，再经过晶闸管工频变换器逆变后实行并网。

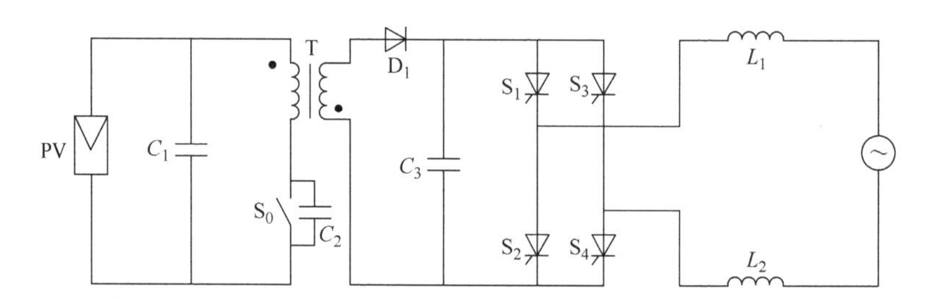

图3-44 采用准谐振反激变换器的单级式MI电路

（2）两级式MI

两级式MI的典型拓扑结构如图3-45所示，该结构采用DC/DC变换器和DC/AC逆变器串联结构，其DC/DC变换器和DC/AC逆变器均采用高频PWM调制，因此是典型的两级变换器结构。其中前级DC/DC变换器在实现对光伏电池最大功率点跟踪控制的同时，实现光伏电池输出电压的升压功能，以满足后级DC/AC逆变器的并网逆变控制要求。而后级DC/AC逆变器在完成并网控制的同时，实现直流稳压控制。两级式MI可以实现输入功率与输出功率解耦控制，然而相对于单级式

MI 而言，两级式 MI 的损耗相应增加。

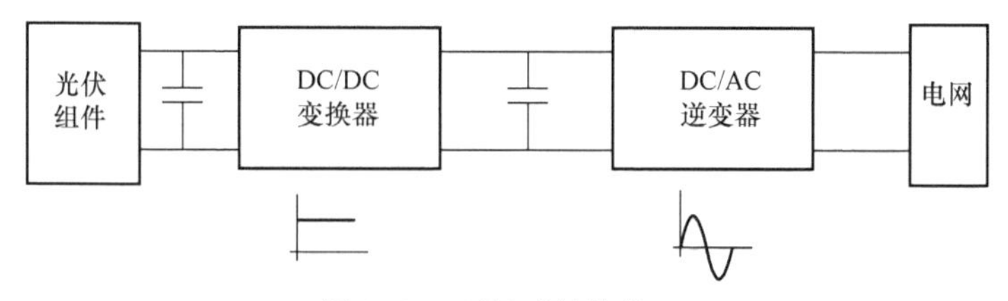

图 3-45　两级式结构的 MI

图 3-46 所示为典型的两级式微型逆变器电路拓扑，该电路采用推挽式电压型高频链拓扑结构：前级采用推挽升压电路，适用于低压大电流的场合，正好满足微型光伏发电系统的要求；后级采用单相全桥逆变电路，采用 SPWM 控制，再通过滤波电感得到 220V、50Hz 交流输出接入电网。

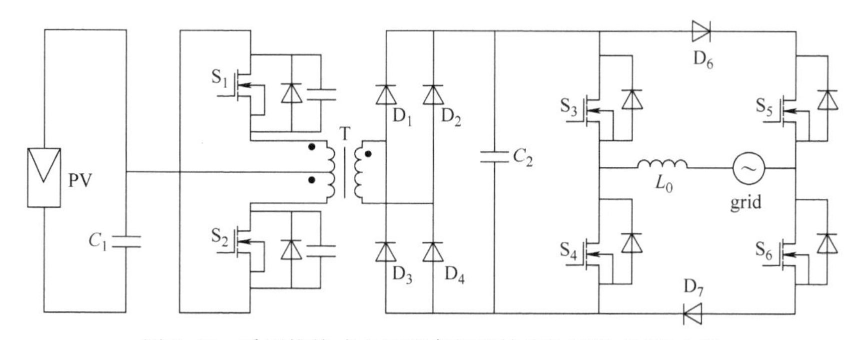

图 3-46　采用推挽式电压型高频链结构的两级式 MI 电路

3. 按直流母线结构分类的微型逆变器拓扑

如果按逆变器的直流母线结构分类可以将微型逆变器分为含直流母线结构、含伪直流母线结构和不含直流母线结构的微型逆变器。

（1）含直流母线结构的微型逆变器。

含直流母线结构的 MI 一般拓扑结构如图 3-47 所示，主电路可以分为 DC/DC 和 DC/AC 两级。第一级 DC/DC 电路主要有两个功能：一是实现 MPPT 算法；二是将光伏电池较低的输出电压升到并网逆变所需要的直流母线电压。第二级 DC/AC 电路主要用来实现并网功率控制和锁相功能。显然，这是一种典型的两级式 MI 拓扑结构。

根据输入级的 DC/DC 电路一般采用隔离式电路拓扑，为了实现较高的增益，可以用反激、推挽、半桥和全桥等常见拓扑。由于在相同的输入电压条件下，全桥逆变器的输出电压是半桥式的两倍，也就是在相同输出功率的条件下，全桥逆变器的输出电流仅为半桥的一半，因此若考虑较高功率应用场合，一般需采用全桥逆变器。利用变压器可以容易实现较高的电压增益，但是这些拓扑的共同特点是变压器匝比过大，较大的原边电流导致漏感损耗较大，隔离电路的效率往往并不高。

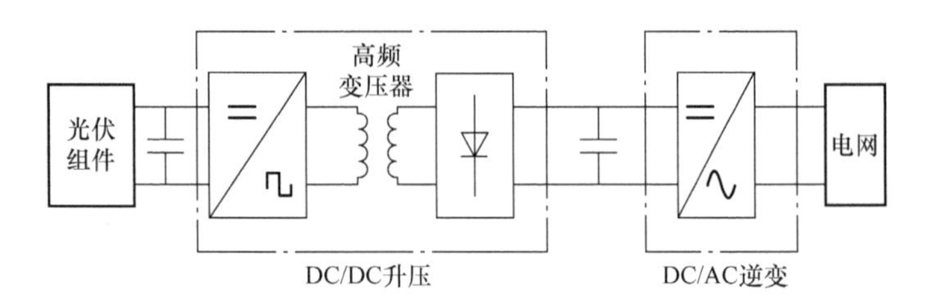

图 3-47　含直流母线结构的 MI 一般拓扑结构

含直流母线结构的 MI 中间存在直流环节，从而实现了 DC/DC 变换和 DC/AC 逆变器之间的解耦，前后级可以独立控制，控制相对较灵活，可靠性高，从而得到了广泛的应用，但是这种结构还存在一些缺点：

1）DC/DC 和 DC/AC 两级功率变换降低了系统的可靠性和效率；

2）需要更大的直流滤波环节，从而增加了系统的体积和损耗；

3）DC/AC 电路工作在高频 PWM 模式，开关损耗较大。

含直流母线结构的 MI 主要有反激式、推挽式、半桥式和全桥式几种典型的拓扑结构，相应的电路拓扑如图 3-48 所示。

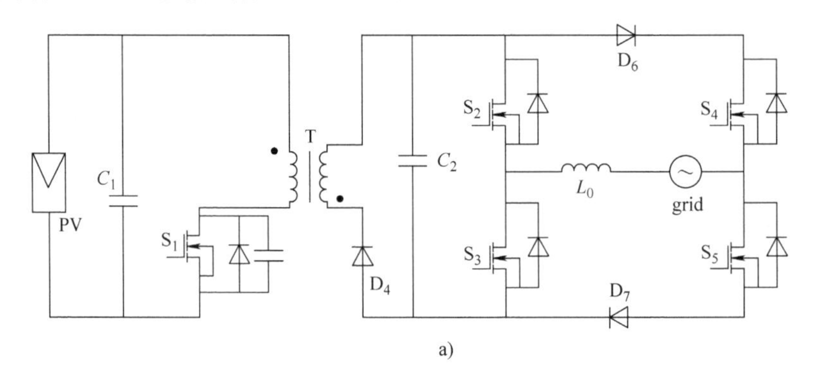

a)

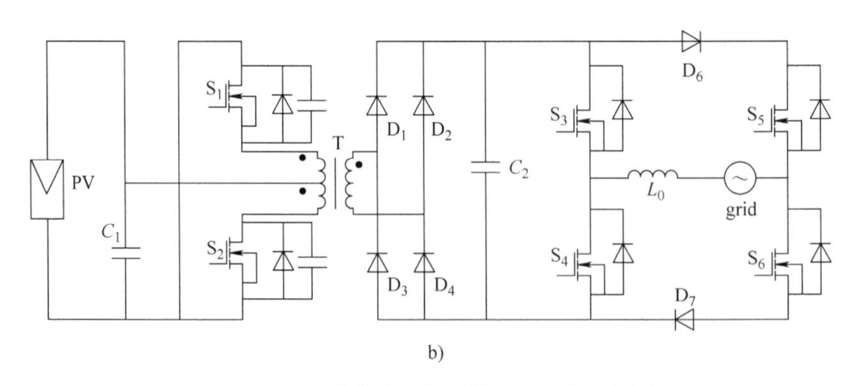

b)

图 3-48　几种含直流母线的 MI 典型电路拓扑

a）反激式　b）推挽式

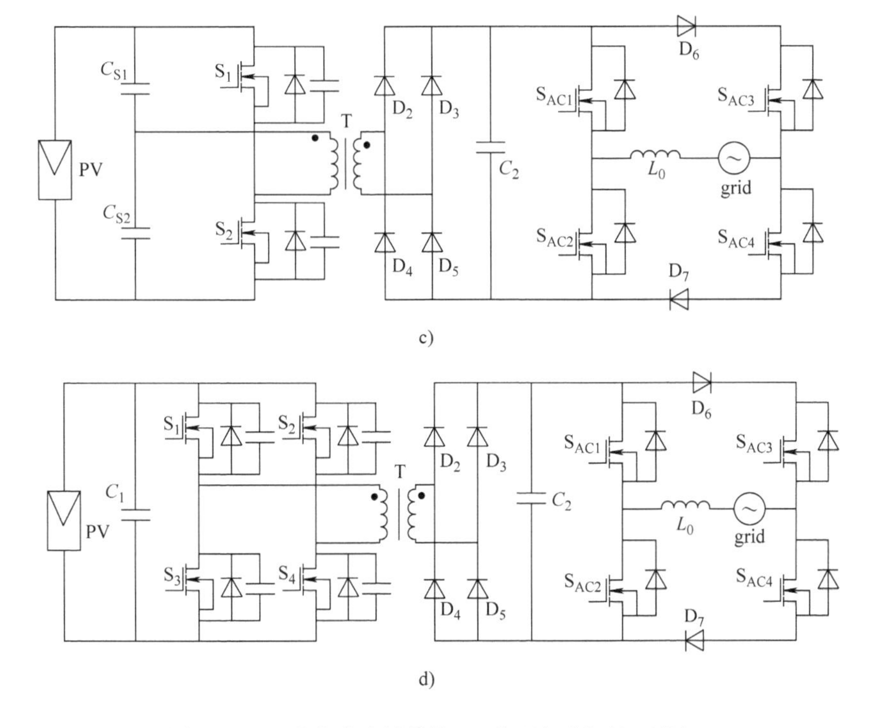

图3-48 几种含直流母线的MI典型电路拓扑（续）

c）半桥式 d）全桥式

图3-48a所示拓扑是由反激变换器和全桥逆变器组成的反激式含直流母线的微型逆变器结构。其中输出级的全桥逆变器采用高频PWM控制，并且桥路中增加了两个辅助二极管，一方面防止逆变器初始连接电网时的电流冲击，另一方面防止电网电流向直流侧回馈。

反激式含直流母线的微型逆变器电路结构简单，但由于反激式变换器的功率受到限制，且变压器铁心磁状态工作在最大的直流成分下，需要铁心开较大的气隙，并使铁心体积较大，因此这种拓扑还需要进一步改进。

图3-48b所示拓扑是由推挽变换器和全桥逆变器组成的推挽式含直流母线的微型逆变器结构。其输入级采用推挽升压电路，适用于低压大电流的场合，正好满足组件级光伏系统的要求；而后级的单相全桥逆变器采用高频PWM控制，并通过滤波电感接入220V、50Hz工频电网。推挽式含直流母线的微型逆变器结构较适合应用于独立光伏电池的并网发电，也是最常用和最有效的拓扑。此电路的最大缺点是变压器绕组利用率低，功率开关管耐压应力为输入电压的两倍，同时会出现偏磁现象，且推挽式变换器的效率还有待进一步改善。

图3-48c所示拓扑是由半桥式变换器和全桥逆变器组成的半桥式含直流母线的

微型逆变器结构。由于输入级半桥式变换器的电压利用率低，功率开关管的电流应力较大，不适合于 MI 系统输入电压低、输入电流大的应用特点，因此一般不采用此拓扑结构。

图 3-48d 所示拓扑是由全桥式变换器和全桥逆变器组成的全桥式含直流母线的微型逆变器结构。由于全桥式变换器功率开关管较多，一般用于较大功率的场合，显然，这种拓扑结构也不适用于输入电压低、小功率的 MI 场合。

针对前面介绍的推挽式含直流母线的微型逆变器的 DC/DC 变换器效率低，且可能出现磁偏等问题，有学者提出了一种改进的 MI 拓扑，其系统结构如图 3-49 所示。该拓扑采用了一种新型的 ZVCS 串联谐振推挽 DC/DC 变换器和全桥并网逆变器串联的结构。串联谐振 DC/DC 变换器是利用变压器的漏感和主电路中电容以及开关管的寄生电容形成谐振电路，使得变换器开关工作在 ZVCS 软开关状态，从而有效地提高了 DC/DC 变换器的效率，并利用变压器二次侧的串联谐振电容有效抑制了偏磁。

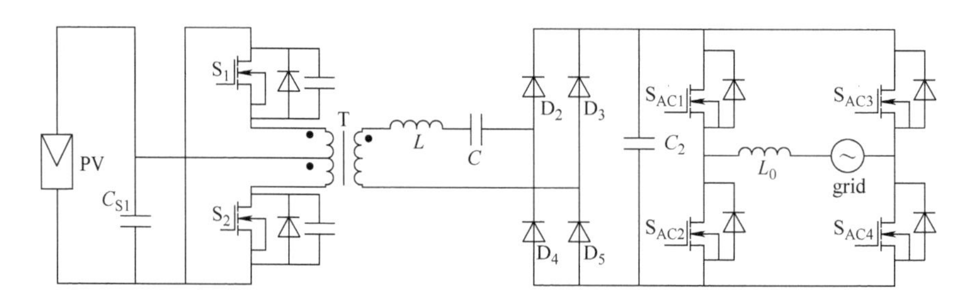

图 3-49　含直流母线的 ZVCS 串联谐振推挽式 MI 拓扑

以上所述的含直流母线的微型逆变器拓扑结构均含有直流环节，因此，前级直流升压变换器和后级逆变器可实现解耦控制。

（2）含伪直流母线结构的微型逆变器。

含伪直流母线结构的 MI 一般拓扑结构如图 3-50 所示，该拓扑实际上就是上述的单级式微型逆变器结构。该拓扑类型控制简单，仅对前级控制即可，后级电路工作在工频状态，能有效降低开关管的损耗。

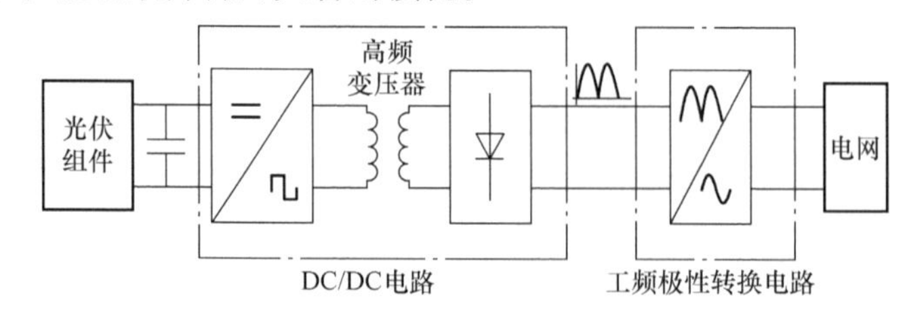

图 3-50　含伪直流母线结构的 MI 一般拓扑结构

含伪直流母线结构的 MI 拓扑常采用一种交错反激式 MI 拓扑，该拓扑由两路并联的交错反激电路和工频变换电路组成，如图 3-51 所示。采用两路交错并联的反激变换器，相当于开关频率倍增，能够减小输出电流的脉动，减小滤波元件的尺寸，减小输出电流的 THD。美国 Microchip 公司在 2010 年发布的一款微逆产品方案就采样该拓扑形式，在国内外市场上具有竞争力的诸多公司的 MI 产品也是基于类似的拓扑结构。

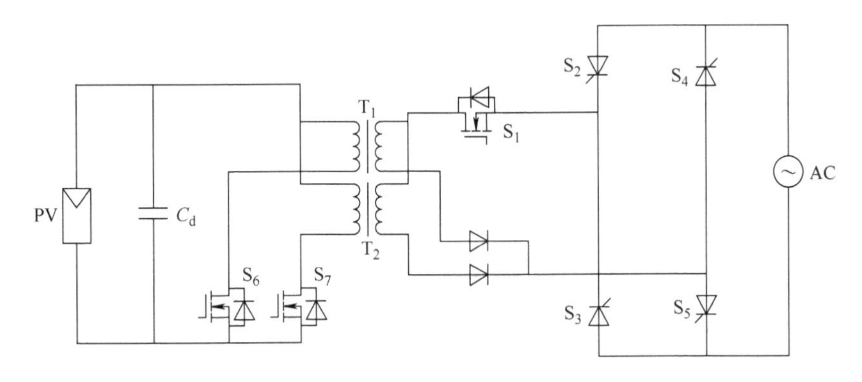

图 3-51　含伪直流母线结构的交错反激式 MI 拓扑

虽然交错并联反激变换器改善了反激变换器的性能，但是变换器工作在硬开关状态，影响了 MI 效率，为此有学者提出了一种基于 *LLC* 谐振的微型逆变器方案，该方案采用 *LLC* 谐振变换器作为微型逆变器的 DC/DC 级，将太阳电池输出的直流电流转换为双正弦半波直流电，通过后级的工频变换器电路变换成为与电网电压同频同相的交流电，如图 3-52 所示。*LLC* 谐振变换器可使功率器件在全负载范围实现软开关，从而提高系统的效率。同时谐振元件 L_r 和 L_m 可以用变压器的漏感和励磁电感替代，从而提高了功率密度。对于 *LLC* 变换器而言，由于需要控制变压器副边输出双正弦半波直流电，如果采用变频控制，则频率范围变化太宽，从而不利于磁性元件设计，因此，*LLC* 变换器可以考虑采用定频与变频相结合的混合控制策略。

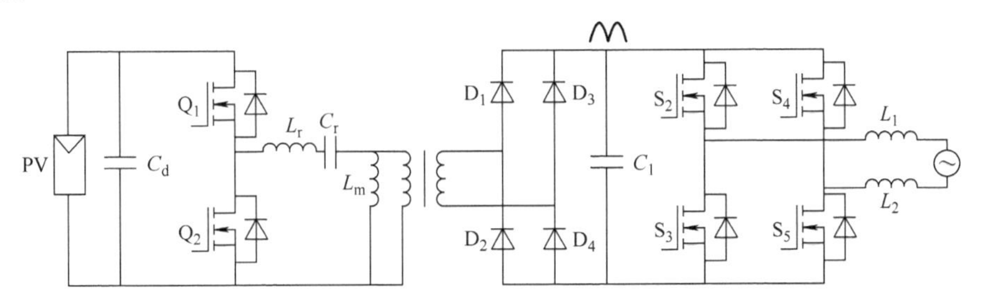

图 3-52　基于 *LLC* 变换器的含伪直流母线结构的 MI 拓扑

（3）不含直流母线结构的微型逆变器。

不含直流母线结构的MI一般拓扑结构如图3-53所示。该拓扑前级采用全桥逆变、推挽等电路形式，将光伏电池的直流输入电压转换为高频交流电压，经过变压器升压后，通过变压器二次侧的交-交变换器，将高频交流电直接变换成工频交流电实现并网控制。显然，这类MI实际上就是一种周波变换型高频链光伏并网逆变器。该类拓扑最大的优点在于没有直流母线，不需要耐高压、大容量的功率解耦电容，因此能够增加微型逆变器的寿命，减小微型逆变器的体积。

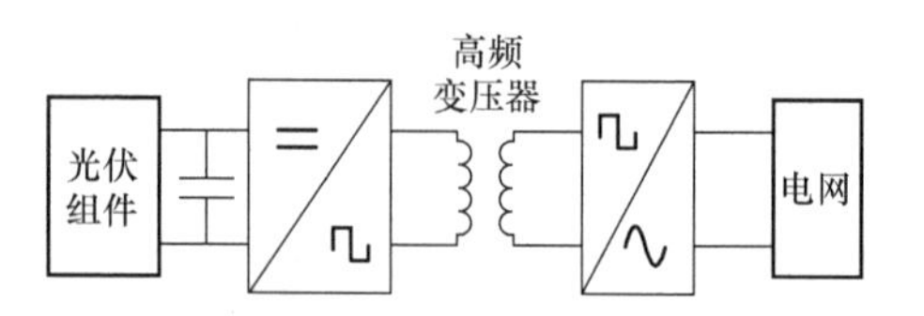

图3-53 不含直流母线结构的MI一般拓扑结构

针对上述设想，有学者提出了一种基于串联谐振电路的微型逆变器结构，如图3-54所示。变压器原边开关具有零电压开通的特性，因此该电路理论上具有较高的效率。但是变频控制频率变化范围宽，滤波器设计困难。当然，也可以在该拓扑结构的基础上考虑*LLC*谐振变换器，采用定频与变频混合控制策略，满足变换器功能的前提下减小开关频率的范围。该变换器为高频开关逆变器，把输入的直流电压逆变为SPWPM波，通过高频隔离变压器后，利用同步工作的交-交变换器把SPWPM波变换成SPWM波。由于电能变换没有经过整流环节，并且交-交变换器采用双向开关，因此该电路拓扑原理上可以实现功率双向流动。

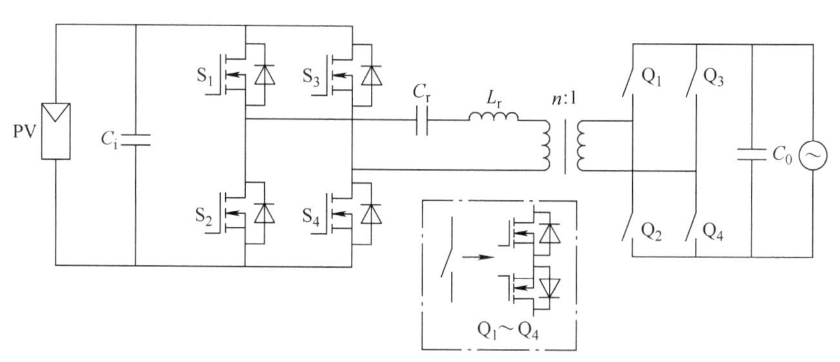

图3-54 无直流母线的串联谐振式MI拓扑

采用无直流母线结构的MI，由于后级变换器使用双向开关元件，导致器件数目增多，控制相对较复杂，目前用于商业产品开发的实例比较少。但是该拓扑能够获得很高的功率密度和使用寿命，因此是MI拓扑研究的一个探索方向。

另外，为了消除电解电容，有学者提出在逆变器输入端增加一个功率解耦电路，将功率脉动转移到解耦电路，但效率非常低，只有70%。为此，有学者提出了三端口微型逆变器方案，其电路拓扑图3-55所示。该方案将脉动功率转移至变压器附加的第三方纹波绕组，并且其100W样机仅需不到10μF薄膜电容，但大量开关尤其是双向开关的引入，使得电路及其控制过于复杂，工程应用还需进一步改进。

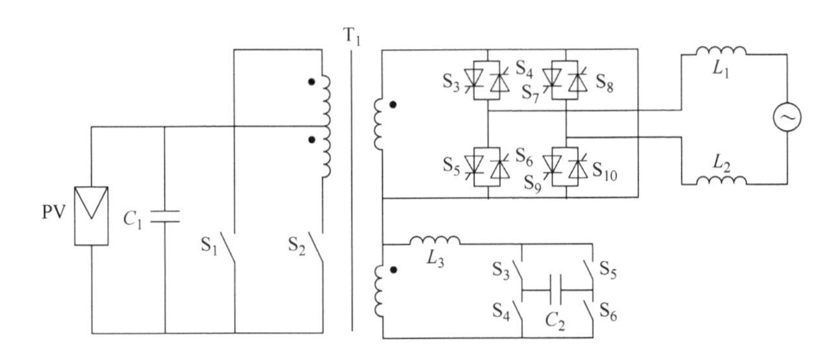

图 3-55　具有耦电路的无直流母线三端口 MI 拓扑

（4）三类直流母线 MI 拓扑对比。

表 3-2 对三类直流母线 MI 拓扑结构进行了对比。对于额定功率为 200～500W 左右的组件级并网光伏系统，微型逆变器的拓扑选择不仅要考虑效率的提高，还要兼顾电路的可靠性以及成本等因素。在众多的拓扑中，采用伪直流母线结构的反激式逆变电路具有结构简单、元件数量少等优点，得到了业界 MI 产品的广泛应用。

表 3-2　三类直流母线 MI 拓扑结构对比

<table>
<tr><th colspan="2"></th><th>直流母线</th><th>伪直流母线</th><th colspan="2">无直流母线</th></tr>
<tr><td rowspan="2">控制方法</td><td>DC/DC</td><td>固定占空比</td><td>SPWM</td><td colspan="2" rowspan="2">周波高频链控制</td></tr>
<tr><td>DC/AC</td><td>SPWM</td><td>工频方波</td></tr>
<tr><td rowspan="2">解耦电容</td><td>位置</td><td>直流母线</td><td>电池端</td><td>电池端</td><td>交流侧</td></tr>
<tr><td>大小</td><td>中等</td><td>大</td><td>大</td><td>小</td></tr>
<tr><td colspan="2">控制复杂度</td><td>简单（前后端独立控制）</td><td>中等（MPPT，电流波形控制在前级）</td><td>中等</td><td>复杂（功率解耦控制）</td></tr>
<tr><td colspan="2">成本</td><td>中</td><td>低</td><td>高</td><td>高</td></tr>
<tr><td colspan="2">效率</td><td>中</td><td>高</td><td>低</td><td>低</td></tr>
<tr><td colspan="2">优点</td><td>两级独立控制</td><td>DC/AC 损耗低</td><td colspan="2">功率密度高</td></tr>
<tr><td colspan="2">缺点</td><td>DC/AC 损耗高</td><td>DC/DC 控制较复杂</td><td colspan="2">双向开关，高频链控制</td></tr>
</table>

总之，从太阳能光伏发电系统角度来看，光伏阵列的阴影问题依然具有一定的挑战性。阴影的变化、光伏阵列上的污垢和面板老化，都会对各个光伏电池的电压构成影响，从而引起光伏阵列输出电压发生变化。而光伏微型逆变器作为解决这一问题的有效方案，不仅能够实现组件级的最大功率点跟踪控制，而且能实现组件级的故障保护，同时可以简化线路设计。国内外专家一致认为，随着分布式光伏发电和户用光伏系统技术

的推广应用，尤其是与建筑相结合的光伏发电系统的应用，微型逆变器在未来光伏并网系统中将具有广阔的应用前景。

3.3 光伏系统的MPPT技术

3.3.1 概述

在光伏发电系统中，光伏电池（包括光伏电池芯片）的利用率除了与光伏电池的内部特性有关外，还受使用环境如辐照度、负载和环境温度等因素的影响。在不同的外界条件下，光伏电池可运行在不同且唯一的最大功率点（Maximum Power Point，MPP）上。因此，对于光伏发电系统来说，应当寻求光伏电池的最优工作状态，以最大限度地将光能转化为电能。利用控制方法实现光伏电池的最大功率输出运行的技术被称为最大功率点跟踪（MPPT）技术。

通过研究光伏电池原理及模型可知，一般在正常工作情况下，随辐照度和温度变化的光伏电池 $U-I$ 和 $P-U$ 特性曲线分别如图3-56和图3-57所示。显然，光伏电池运行受外界环境温度、辐照度等因素的影响，呈现出典型的非线性特征。一般来说，理论上很难得出非常精确的光伏电池数学模型，因此通过数学模型的实时计算来对光伏系统进行准确的MPPT控制是难以实现的。

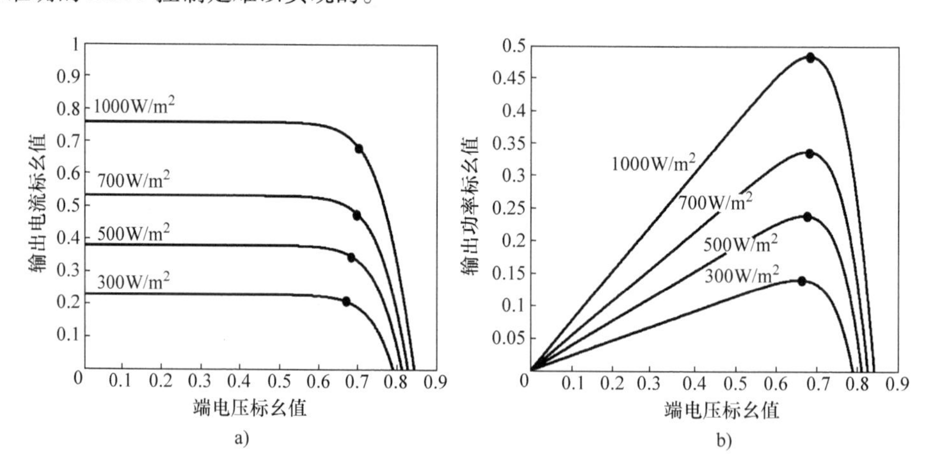

图3-56 相同温度而不同辐照度条件下光伏电池特性

a）$U-I$ 特性 b）$P-U$ 特性

理论上，根据电路原理：当光伏电池的输出阻抗和负载阻抗相等时，光伏电池的输出功率最大，可见，光伏电池的MPPT过程实际上就是基于光伏电池输出阻抗和负载阻抗等值相匹配的过程。由于光伏电池的输出阻抗受环境因素的影响，因此，如果能通过

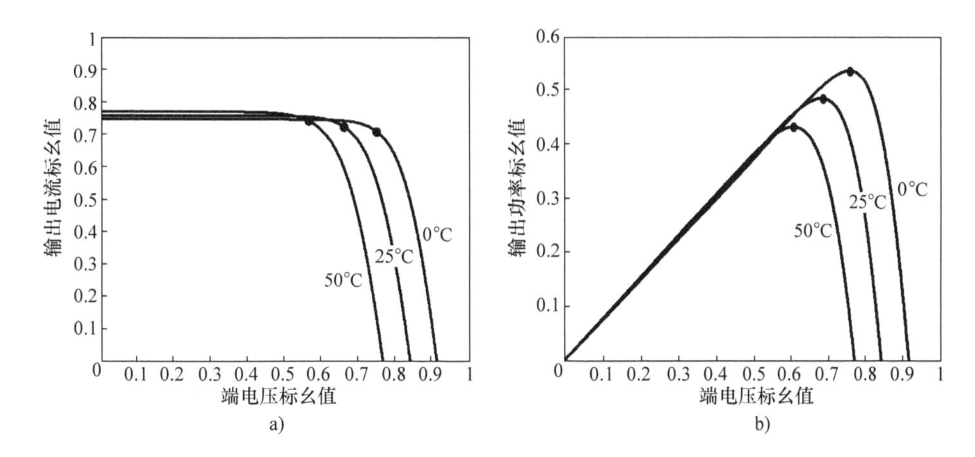

图 3-57　相同辐照度而不同温度条件下光伏电池特性
a）$U-I$ 特性　b）$P-U$ 特性

控制方法实现对负载阻抗的实时调节，并使其跟踪光伏电池的输出阻抗，就可以实现光伏电池的 MPPT 控制。为了方便讨论，光伏电池的等效阻抗 R_{opt} 被定义成最大功率点电压 U_{mpp} 和最大功率点电流 I_{mpp} 的比值，即 $R_{opt}=U_{mpp}/I_{mpp}$。显然，当外界环境发生变化时，R_{opt} 也将发生变化。但是，由于实际应用中的光伏电池是向一个特定的负载传输功率，因此就存在一个负载匹配的问题。

光伏电池的伏安特性与负载特性及其匹配的过程如图 3-58 所示，图中光伏电池的负载特性以一过坐标原点的电阻特性表示。由图 3-58 可以看出，在辐照度 1 的情况下，电路的实际工作点正好处于负载特性与光伏 $U-I$ 特性曲线的交点 a 处，而 a 点正好是光伏电池的最大功率点（MPP），此时光伏电池的伏安特性与负载特性相匹配；但在辐照度 2 的情况下，电路的实际工作点则处于 b 处，而此时的最大功率点却在 a′处，为此，必须进行相应的负载阻抗的匹配控制，使电路的实际工作点处于最大功率点 a′处，从而实现光伏电池的最大功率发电。

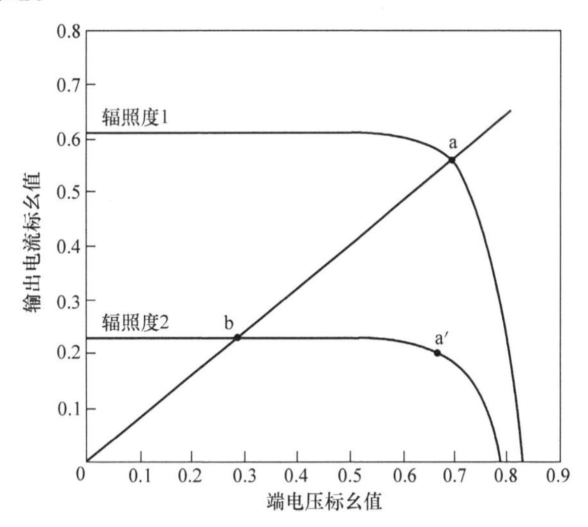

图 3-58　光伏电池的伏安特性与负载特性的匹配

传统的 MPPT 方法依据判断方法和准则的不同被分为开环和闭环 MPPT 方法。

实际上，外界温度、光照和负载的变化对光伏电池输出特性曲线的影响呈现出一些基本的规律，比如光伏电池的最大功率点电压 U_{mpp} 与光伏电池的开路电压 U_{oc} 之间存在近似的线性关系等。基于这些规律，可提出一些基于输出特性曲线的开环 MPPT 方法，这一类方法简便易行，减少了工作点振荡以及在远离最大功率点区域的 MPPT 时间，但对光伏电池的输出特性有较强的依赖性，只是近似跟踪最大功率点，由于开环 MPPT 方法效率较低，实际应用较少。

闭环 MPPT 方法则通过对光伏电池输出电压和电流值的实时测量与闭环控制来实现 MPPT，使用的最广泛的自寻优类算法即属于这一类，典型的自寻优类 MPPT 算法有扰动观测法和电导增量法。另外，随着非线性智能算法的发展，包括模糊算法、粒子群算法等 MPPT 新算法也不断被研究和应用，以下主要介绍基本的开环和闭环 MPPT 算法。

3.3.2 基于输出特性曲线的开环 MPPT 方法

基于输出特性曲线的开环 MPPT 方法是从光伏电池的输出特性曲线的基本规律出发，通过简单的开环控制来实现 MPPT。

由图 3-56 可以看出，当温度相同时，随着辐照度的增加，光伏电池的开路电压几乎不变，而短路电流、最大输出功率则有所增加，可见辐照度变化时主要影响光伏电池的输出电流。另外，由图 3-57 可以看出，当辐照度相同时，随着温度的增加，光伏电池的短路电流几乎不变，而开路电压、最大输出功率则有所减小，可见温度变化时主要影响光伏电池的输出电压。针对上述基本规律，可以提出两种基于光伏电池输出特性曲线的开环 MPPT 方法，简要介绍如下。

3.3.2.1 定电压跟踪法

由图 3-56 可知，在辐照度大于一定值并且温度变化不大时，光伏电池的输出 $P-U$ 曲线上的最大功率点几乎分布于一条垂直直线的两侧附近。因此，若能将光伏电池输出电压控制在其最大功率点附近上的某一定电压处，光伏电池将获得近似的最大功率输出，这种 MPPT 控制称为定电压跟踪法。

进一步研究发现，光伏电池的最大功率点电压 U_{mpp} 与光伏电池的开路电压 U_{oc} 之间存在近似的线性关系，即

$$U_{mpp} \approx k_1 U_{oc} \tag{3-25}$$

式中，系数 k_1 的值取决于光伏电池的特性，一般 k_1 的取值大约在 0.8 左右。

定电压跟踪法实际上是一种开环的 MPPT 算法，其控制简单快速，但由于忽略了温度对光伏电池输出电压的影响，因此，温差越大，定电压跟踪法跟踪最大功率点的误差也就越大，为补偿温度对光伏电池输出电压的影响，通常需要定时测量光伏电池的开路电压，而测量光伏电池的开路电压，就需要断开负载，因此存在瞬时功率损失。

虽然定电压跟踪法难以准确实现 MPPT，但其具有控制简单并快速接近最大功率点的优点，因此电压跟踪法常与其他闭环 MPPT 方法组合使用，即一般可以在光伏系统启动过程中先采用定电压跟踪法使工作点电压快速接近最大功率点电压，然后再采用其他闭环的 MPPT 算法进一步搜索最大功率点。这种组合的 MPPT 方法可以有效降低启动过

程中对远离最大功率点区域进行搜索所造成的功率损耗。

显然，定电压跟踪法一般仅用于低价且控制要求不高的简易光伏系统中。

3.3.2.2　短路电流比例系数法

由图3-56可知，在辐照度大于一定值并且温度变化不大时，光伏电池的输出 $U-I$ 曲线最大功率点电流 I_{mpp} 与光伏电池短路电流 I_{sc} 也存在近似的线性关系，即

$$I_{mpp} \approx k_2 I_{sc} \tag{3-26}$$

式中，系数 k_2 的值取决于光伏电池的特性，一般 k_2 的取值大约在0.9左右。

实际应用时，需要在逆变器中添加相关的功率开关，并通过周期性短路光伏电池的输出端来测得 I_{sc}，因此也存在瞬时功率损失。另外，测量 I_{sc} 比测量 U_{oc} 更加复杂，因此短路电流比例系数法实际中应用较少。

上述定电压跟踪法和短路电流比例系数法均属于开环的MPPT算法，其主要优点就是控制简单，但由于式（3-35）和式（3-36）是MPP的近似计算公式，所以光伏电池并不是工作在真正的MPP上，常常需要和其他的MPPT算法配合使用，以获取较好的快速性和精确性，另外开路电压和短路电流的测量会增加相应的功率开关，同时也会导致瞬时功率损失，因此工程中较少应用。

为了准确实现MPPT，通常需要采用基于闭环的自寻优类MPPT算法，常用的自寻优类算法有扰动观测法和电导增量法。以下将具体讨论这两种MPPT算法。

3.3.3　扰动观测法

扰动观测法（Perturbation and Observation method，P & O）是实现MPPT最常用的自寻优类方法之一，该方法首先扰动光伏电池的输出电压，然后观测光伏电池输出功率的变化，根据功率变化的趋势连续改变扰动电压方向，使光伏电池最终工作于最大功率点。

3.3.3.1　扰动观测法的基本原理

众所周知，一般正常条件下，光伏电池 $P-U$ 曲线是一个以最大功率点为极值的单峰值函数，这一特点为采用扰动观测法来寻找最大功率点提供了条件，而扰动观测法实际上采用了步进搜索的自寻优控制思路，即从起始状态开始，每次对输入信号做一有限变化，然后测量由于输入信号变化引起输出变化的大小及方向，待方向辨别后，再控制被控对象的输入按需要的方向调节，从而实现自寻优控制。将步进搜索应用于光伏系统的MPPT控制时，就是所称的扰动观测法。如图3-59所示，当负载特性与光伏电池特性曲线的交点在最大功率点左侧时，MPPT控制会使交点处的电压升高；而当其交点在最大功率点右侧时，MPPT控制会使交点处的电压下降，如果持续这样的搜索过程，则最终可使系统跟踪光伏电池的最大功率点运行。

为讨论方便，假定辐照度、温度等环境条件不变，并设 U、I 为搜索前光伏电池的电压、电流检测值，P 为对应的输出功率，U_1、I_1 为第一次搜索时光伏电池的电压、电流检测值，P_1 为对应的输出功率，ΔU 为电压调整步长，$\Delta P=P_1-P$ 为电压调整前后的输出功率差。图3-59所示为扰动观测法的MPPT过程，具体描述如下：

1）当增大参考电压 U（$U_1=U+\Delta U$）时，若 $P_1>P$，则表明当前工作点位于最大功率点的左侧，此时系统应保持增大参考电压的扰动方式，即 $U_2=U_1+\Delta U$，其中 U_2 为第二次调整后的电压值，如图 3-59a 所示；

2）当增大参考电压 U（$U_1=U+\Delta U$）时，若 $P_1<P$，则表明当前工作点位于最大功率点的右侧，此时系统应采用减小参考电压的扰动方式，即 $U_2=U_1-\Delta U$，如图 3-59b所示；

3）当减小参考电压 U（$U_1=U-\Delta U$）时，若 $P_1>P$，则表明工作点位于最大功率点的右侧，系统应保持减小参考电压的扰动方式，即 $U_2=U_1-\Delta U$，如图 3-59c 所示；

4）当减小参考电压 U（$U_1=U-\Delta U$）时，若 $P_1<P$，则表明工作点位于最大功率点的左侧，此时系统应采用增大参考电压的扰动方式，即 $U_2=U_1+\Delta U$，如图 3-59d 所示。

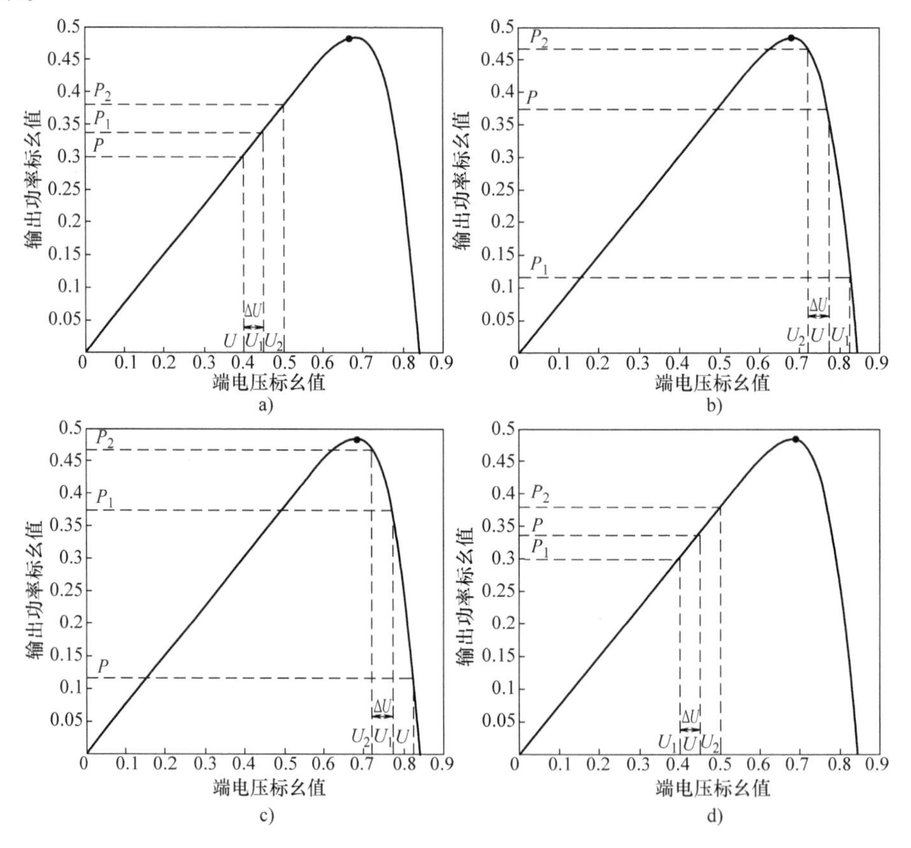

图 3-59　扰动观测法 MPPT 过程示意

a）增大电压后需继续采用增大电压扰动的过程　b）增大电压后需采用减小电压扰动的过程

c）减小电压后需继续采用减小电压扰动的过程　d）减小电压后需采用增大电压扰动的过程

可见，扰动观测法就是按照图 3-59 所示的过程反复进行输出电压扰动，从而使光伏电池输出功率朝大的方向改变，直到工作点接近最大功率点。扰动观测法按每次扰动的电压变化量是否固定，可以分为定步长扰动观测法和变步长扰动观测法两类，定步长扰动观测法的流程图如图 3-60 所示。

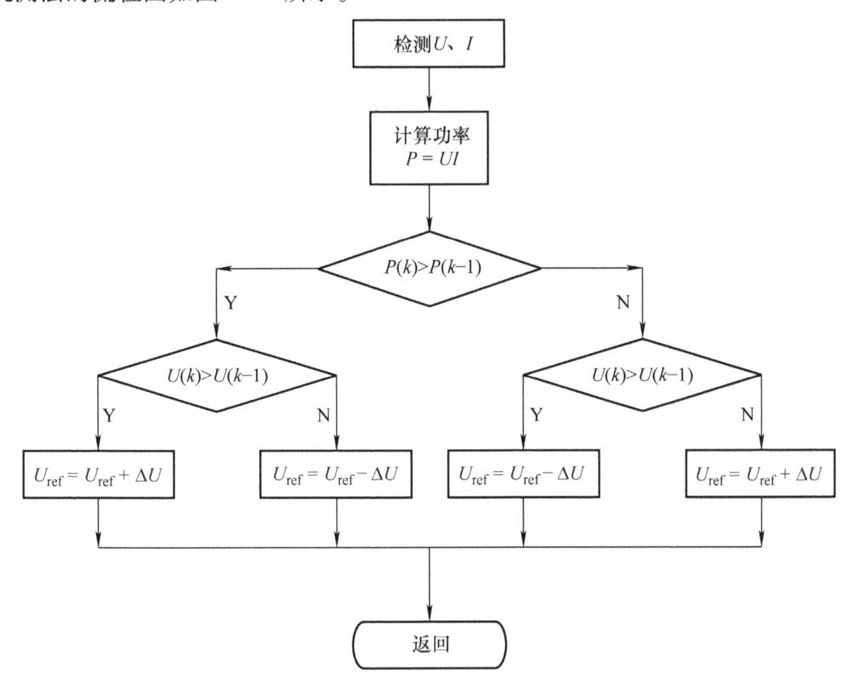

图 3-60 定步长扰动观测法的流程图

以上分析可知，扰动观测法具有控制概念清晰、简单、被测参数少等优点，因此被普遍地应用于实际光伏系统的 MPPT 控制。值得注意的是，在扰动观测法中，电压初始值及扰动电压步长对跟踪精度和速度有较大影响。

3.3.3.2 扰动观测法的振荡与误判问题

扰动观测法由于简单易行而被广泛运用于 MPPT 控制中，但上述基本的扰动观测法则存在振荡和误判的问题。

对于实际光伏系统的 MPPT 控制，由于检测与控制精度的限制，对工作点电压进行扰动的最小步长是一定的，所以对于定步长的扰动观测法来说，振荡问题无法避免。显然，扰动步长越小，振荡幅度越小。然而要使系统快速达到最大功率点附近，往往不能使用最小步长进行 MPPT 控制，这就要求实际的 MPPT 控制需要在 MPPT 速度和精度之间折中考虑。

当工作点到达最大功率点附近时，对于定步长扰动方式，会出现工作点跨过最大功率点的情形，但改变扰动方向后，工作点电压与最大功率点电压的差值还是小于步长，无法到达最大功率点。这种由于扰动步长一定所导致的工作点在最大功率点两侧往复运动的情形，就是扰动观测法的振荡现象。

当外界环境发生变化时，光伏电池的输出功率特性曲线也发生改变，从而会出现一段时间内工作点位于不同的 $P-U$ 特性曲线上的情形。此时，对于不同 $P-U$ 特性曲线上的工作点如继续使用针对于固定特性曲线的判据，从而会出现扰动方向与实际功率变化趋势相反的情形，这就是扰动观测法的误判现象。

以下分别讨论扰动观测法的振荡和误判问题。

1. 扰动观测法的振荡分析

由上述分析可知，使用定步长的扰动观测法，会出现工作点在最大功率点两侧做往复运动的情形。下面对这种情形进行详细分析。

如图 3-61 所示，假设当前工作点电压 U_1 位于最大功率点左侧，并与最大功率点对应电压值 U_{mpp} 的差值小于或等于一个步长。根据扰动观测法的基本寻优规则，系统应增大工作点电压值，即下一步的工作点电压值 $U_2=U_1+\Delta U$，此时将会出现两种情形，第一种情形是电压扰动后系统的工作点将位于最大功率点 P_{mpp} 右侧的 P_2 点；第二种情形是电压扰动后系统正好工作于最大功率点 P_{mpp} 处。

下面详细分析上述二种情形时振荡产生的过程。

第一种情形。调整后系统的工作点将位于最大功率点 P_{mpp} 右侧的 P_2（U_2）点，如图 3-61 所示，此时将存在以下三种可能：

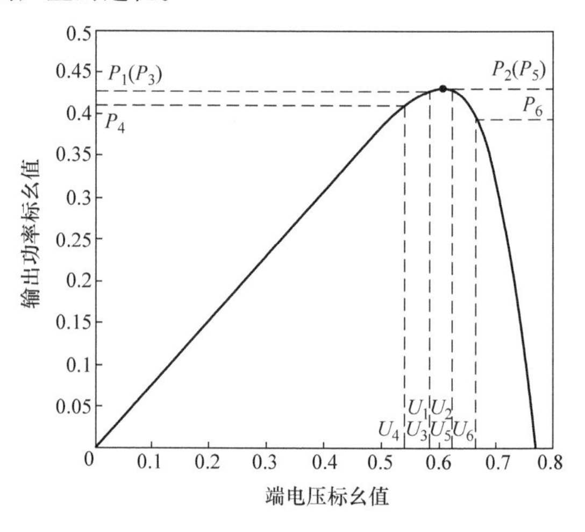

图 3-61 扰动观测法电压扰动的第一种情况示意图

1）若 $P_2<P_1$，则系统应改变扰动方向，减小工作点电压值，即 $U_3=U_2-\Delta U$，因此调整后工作点将位于 P_3 点上，当辐照度、温度等环境条件不变时，P_3 点应与 P_1 点重合。由于 $P_2<P_3$，因此，系统还将继续减小工作点电压值，即 $U_4=U_3-\Delta U$，这样系统的工作点将向远离最大功率点的方向调整，而使工作点位于最大功率点左侧的 P_4（U_4）点上。此时，由于 $P_4<P_3$，系统才将改变扰动方向，使工作点向最大功率点靠近，重新回到 P_1 点。由于 $P_1>P_4$，系统继续之前的扰动方向，开始新一轮的振荡过程。这样，光伏电池的输出功率会在最大功率点附近以 $P_2-P_3(P_1)-P_4$ 三点方式振荡，并导致功率损失。

2）若 $P_2>P_1$，则系统将继续增大工作点电压值，即 $U_6=U_2+\Delta U$，这样系统的工作点将向远离最大功率点的方向调整，而使工作点位于最大功率点右侧的 P_6（U_6）点上。此时，由于 $P_6<P_2$，系统才将改变扰动方向，使工作点向最大功率点附靠近，调整后系统的工作点将位于 P_5 点上，当辐照度、温度等环境条件不变时，P_5 点应与 P_2 点重合。由于 $P_5>P_6$，因此，系统继续减小工作点电压值，回到 P_1 点。由于 $P_1<P_5$，

系统改变扰动方向，开始新一轮的振荡过程。这样，光伏电池的输出功率会在最大功率点附近以 $P_1-P_2(P_5)-P_6$ 三点方式振荡，并导致功率损失。

3）若 $P_2=P_1$，则将导致工作点在 P_1 和 P_2 两点之间跳变，即以 P_1-P_2 两点方式振荡，并导致功率损失。

第二种情况。调整后系统的工作点正好是最大功率点 P_{mpp}，其电压扰动及三点振荡的过程如图3-62所示。

因为 $P_{mpp}>P_1$，系统将增大工作点电压值，即 $U_3=U_2+\Delta U$，而使工作点位于最大功率点右侧的 $P_3(U_3)$ 点上。此时，由于 $P_3<P_{mpp}$，系统才将改变扰动方向，使工作点向最大功率点靠近。即当 U_2 恰好为最大功率点对应电压值时，系统将在 $P_1-P_{mpp}-P_3$ 之间循环振荡，并导致功率损失。

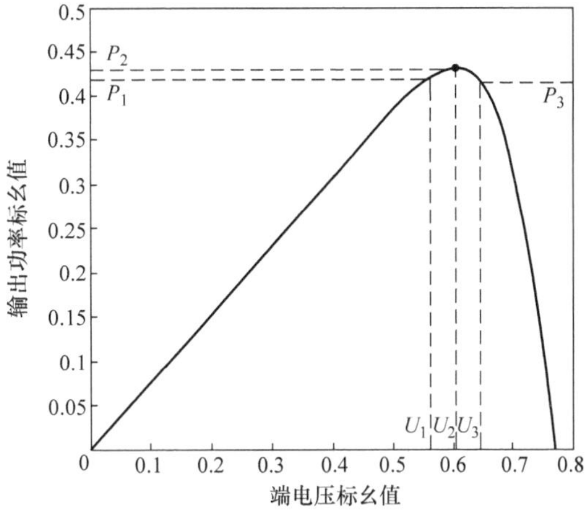

图3-62　扰动观测法电压扰动第二种情况示意图

以上分析表明：基于扰动观测法的MPPT控制一定存在功率点附近的振荡，振荡的基本形式有两点振荡和三点振荡，产生振荡的根本原因是电压扰动的不连续（即有一定的步长），振荡的后果将产生能量的损失。

2. 扰动观测法的误判分析

以上讨论了外部环境不变时扰动观测法的振荡问题。实际上，光伏电池的外部环境因素是不断变化的，特别是一天中的辐照度是时刻变化的（如早、晚和有云的天气），因此对于光伏电池来说，其 $P-U$ 曲线也是不断变化的，即 $P-U$ 特性具有时变性，如图3-63所示。当辐照度发生一定幅度的突变时，如果按照上述定步长的扰动观测法进行MPPT控制时，就有可能发生误判，具体分析如下。

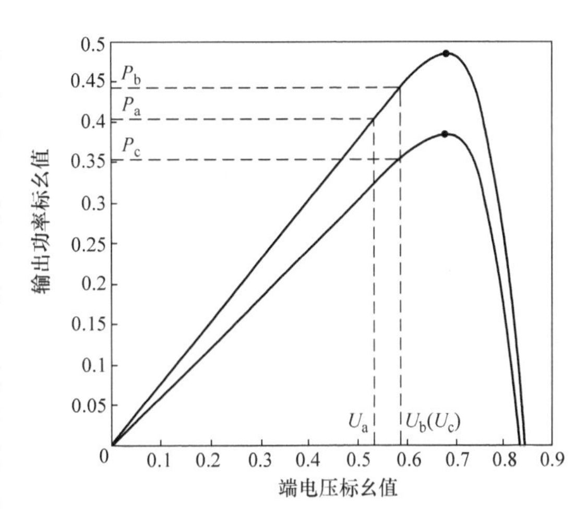

图3-63　扰动观测法可能发生误判的示意图

如图3-63所示，假设光伏系统工作在最大功率点左侧，此时工作电压记为 U_a，光伏电池输出功率记为 P_a，当电压向右扰至 U_b 时，如果辐照度不变，则光伏电池的输出功

率满足 $P_b > P_a$，扰动观测法工作正确；如果辐照度变小，则对应 U_b 的输出功率有可能满足 $P_c < P_a$，此时，扰动观测法会误判电压扰动方向，从而使工作点左移回到 U_a 点；如果辐照度持续变小，则有可能出现控制系统不断误判，使工作点不断左移。对于并网光伏系统来说，当工作点不断左移时，一方面会使得并网功率下降，另一方面会由于直流侧电压的下降而使得并网电流波形失控，直至逆变器欠压而停止工作。

扰动观测法的误判情形是由辐照度等外部环境因素剧烈变化所导致的，因此可以将误判看作光伏系统动态条件下的 MPPT 振荡问题。

3.3.3.3 扰动观测法的改进

定步长的扰动观测法存在振荡和误判问题，使系统不能准确地跟踪到最大功率点，造成了能量损失，因此需要对上述定步长的扰动观测法进行改进，下面介绍几种改进的扰动观测法。

1. 基于变步长的扰动观测法

由对于振荡问题的分析可知：定步长扰动观测法为了保证系统跟踪的快速性不能将步长设定太小，因此必然在 MPP 附近存在一定幅度的振荡，从而难以满足较高的 MPPT 精度的要求。为减小振荡幅度，减小电压扰动步长是一种行之有效的措施，然而减小电压扰动步长必然导致逼近 MPP 的搜索时间变长。显然，定步长扰动观测法必然存在 MPPT 精度与快速性之间的矛盾。为了调和这一矛盾，可以采用基于变步长的扰动观测法，其基本思路为当工作点在远离 MPP 时，采用较大的电压扰动步长以提高跟踪速度，减少光伏电池在低功率输出区的时间；而当工作点接近 MPP 时，采用较小的电压扰动步长以保证跟踪精度。以下介绍一种变步长扰动观测法，即逐步逼近法。

逐步逼近法是一种较为为实用的基于变步长的扰动观测法，其基本思路为开始搜索时，首先选择较大的步长搜寻最大功率点所在的区域，然后在每一次改变方向时按比例缩小步长，同时等比例的缩小搜索区域，进行下一轮搜索，这样搜索到的最大功率所在的区域将缩小一半，精度提高一倍，再如此循环下去，直至逼近最大功率点。逐步逼近法在搜索过程中不断调整搜索步长，每次调整都使得精度成倍提高，从而大大提高了精度。逐步逼近法具体的变步长搜索过程简述如下：

假定初始工作点工作在 $P-U$ 特性曲线最大功率点的左边，并且远离最大功率点，此时应以某一较大的步长 m 进行搜索，当 $P_{i+1} < P_i$ 满足时，说明当前工作点工作在最大功率点的右端，此时便可以估计出最大功率点的范围应在一个初始步长范围内；接着应该改变搜索的方向，并且以 $m/2$ 为步长进行搜索，直到出现搜索方向第二次改变时，届时最大功率点的范围应在步长 $m/2$ 范围内，从而使跟踪精度提高一倍。此后再次改变搜索方向，并且以 $m/4$ 为步长进行搜索，而搜索到的最大功率点的范围应在步长 $m/4$ 范围内，使跟踪精度再次提高一倍。依此类推，直到搜索到给定的精度范围内时，就认为搜索到了最大功率点。显然，逐步逼近法的精度在搜索过程中是以指数形式提高的，从而也较好地解决了 MPPT 跟踪速度和精度间的矛盾。

2. 基于功率预测的扰动观测法

上述变步长的扰动观测法虽然有效地解决了 MPPT 跟踪速度和精度间的矛盾，但是仍然无法克服扰动观测法的误判问题。由上述关于误判问题的分析可知，在辐照度变化较快的情形下，工作点并不是落在同一辐照度的特性曲线上，而是由不同辐照度特性曲线上的工作点组成，因此，在进行 MPP 搜索时若依据同一辐照度的特性曲线进行判别，就有可能发生误判。实际上，针对图 3-63 所示的误判问题，可以对多条特性曲线的情形进行预估计，以克服扰动观测法的误判，这就是基于功率预测的扰动观测法，其基本原理阐述如下。

定步长的扰动观测法是基于静态的 $P-U$ 特性曲线进行 MPP 搜索的，而实际上，辐照度是时刻变化的，即 $P-U$ 曲线一直处于动态的变化过程中。如果能在同一时刻测得同一辐照度下 $P-U$ 特性曲线上电压扰动前、后所对应的两个工作点功率，并进行扰动观察法判定，那么就不会存在误判现象，显然这是不可能实现的。实际上，同一辐照度下 $P-U$ 特性曲线上电压扰动前的工作点功率，可以通过预测算法而获得，利用这一预测的功率以及同一辐照度下 $P-U$ 特性曲线上电压扰动后检测的工作点功率就可以实现基于功率预测的扰动观测法，并可以有效地克服误判。显然，对于基于功率预测的扰动观测法而言，其关键在于功率预测算法，下面分析功率预测的基本算法。

如图 3-64 所示，当采样频率足够高时，可以假定一个采样周期中辐照度的变化速率恒定。令 kT 时刻电压 U_k 处工作点测得的功率为 $P(k)$，此时并不对参考电压施加扰动，而在 kT 时刻后的半个采样周期的 $(k+1/2)T$ 时刻增加一次功率采样，若令测得的功率为 $P(k+1/2)$，则可得到基于一个采样周期的预测功率 $P'(k)$ 为

$$P'(k)=2P(k+1/2)-P(k) \tag{3-27}$$

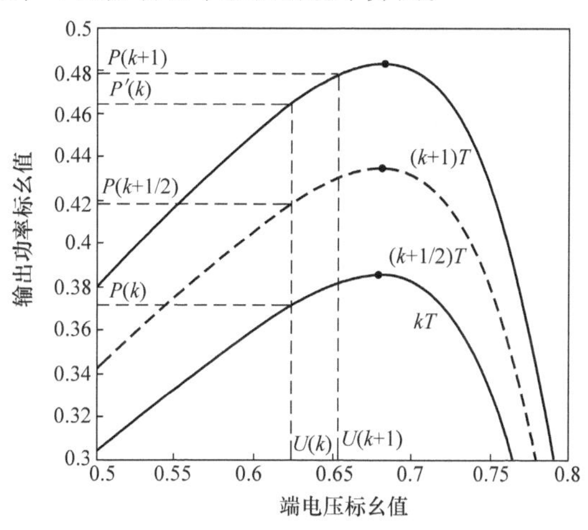

图 3-64　功率预测示意图

然后，在 $(k+1/2)T$ 时刻使参考电压增加 ΔU，并令在 $(k+1)T$ 时刻测得电压 U_{k+1} 处的功率为 $P(k+1)$，由于 $(k+1)T$ 时刻的检测功率 $P(k+1)$ 以及 kT 时刻的预测功率 $P'(k)$ 理论上是同一辐照度下 $P-U$ 特性曲线上电压扰动前后的两个工作点功率，因此，利用 $(k+1)T$ 时刻的检测功率 $P(k+1)$ 以及 kT 时刻的预测功率 $P'(k)$ 进行基于扰动观测法的 MPPT 是不存在误判问题的。

值得一提的是，若将基于功率预测的扰动观测法与变步长的扰动观测法有机结合则不仅能克服误判，而且还能解决了 MPPT 跟踪速度和精度间的矛盾，最大限度地抑制稳定和动态辐照度下的振荡问题。

3. 基于滞环比较的扰动观测法

定步长的扰动观测法是一种自寻优搜索控制方法，一般存在最大功率点附近的振荡

和误判问题，而误判过程实际上是一种外部环境动态变化时产生的振荡。从控制的角度而言，抑制振荡可以采用具有非线性特性的滞环控制策略，针对光伏电池的 $P-U$ 特性，其滞环控制特性如图 3-65 所示。

由图 3-65 可知，当功率在所设的滞环内出现波动时，光伏电池的工作点电压保持不变，只有当功率的波动量超出所设的滞环时，才按照一定规律改变工作点电压。可见，滞环控制特性的引入，可以有效地抑制扰动观测法的振荡现象。实际上可以将误判看成为外部环境发生变化时的一种动态的振荡过程，因此该方法也可以克服扰动观测法的误判现象。

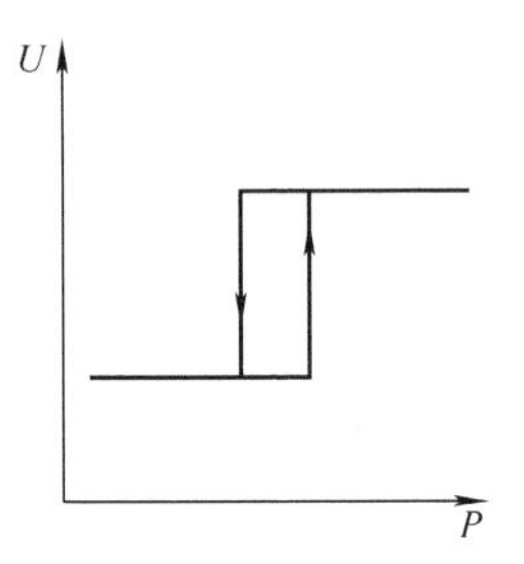

图 3-65 滞环控制特性

定步长的扰动观测法只是通过比较扰动前、后两点的功率差来决定是增大还是减少工作点电压，虽然使用过程中造成振荡或误判的原因不同，但每次的扰动都是基于前后两点瞬时测量值的单向扰动，如果再增加另外一点的测量信息并进行具有滞环特性的双向扰动，则有可能克服扰动观测法的振荡或误判问题，具体讨论如下。

在扰动观测法的 MPPT 过程中，已知 A 点（当前工作点）和 B 点（按照上一步判断给出的方向将要测量的点），而对于增加的另一 C 点的确定，则有两个选择，即 B 点反方向两个步长对应的工作点或正方向一个步长所对应的工作点，如图 3-66 所示。

图 3-66 C 点的位置示意图

假定当前工作点 A 点并未发生误判。因此应当以当前工作点 A 点为中心，左右各取一点形成滞环，如图 3-66 中实线所示。在基于滞环的扰动观测法 MPPT 过程中，若以当前工作点 A 点为出发点，依据判定的扰动方向扰动至 B 点，之后再反向两个步长扰动至 C 点，如果 C，A，B 的功率测量值依次为 P_C、P_B、P_A，则通过功率值的比较，可得出如图 3-67 所示的九种可能情形。图中定义：$P_A>P_C$ 时记为“+”，$P_B \geqslant P_A$ 时记为“+”，反之均记为“-”。

通过三点之间功率的比较判断，可以得出基于滞环的电压扰动规则如下：

规则 1，如果两次扰动的功率比较均为“+”，则向电压值增大方向扰动；

规则 2，如果两次扰动的功率比较均为“-”，则向电压值减小方向扰动；

规则 3，如果两次扰动的功率比较有“+”有“-”，可能已经达到最大功率点或者外部辐照度变化很快，则电压值不变。

由判定规则不难看出：滞环比较法实际上是通过双向扰动确认的方法来保证扰动观测法的动作可靠性以避免误判的发生，同时也有效地抑制了最大功率点附近的振荡。

下面具体分析滞环比较法抑制振荡和误判的原理过程。

以图 3-68 中给出的ⅰ、ⅱ、ⅲ三种情形为例进行分析。由图 3-68 可知，假设对于ⅰ、ⅱ、ⅲ三种情形，均满足 $P_B>P_A$。当采用定步长的扰动观测法时，系统会判定继续增加电压值。但是由图 3-68 可知，仅有ⅰ情形，继续增大工作点电压是正确的。而对于ⅱ、ⅲ情形，继续增大工作点电压则会使工作点朝远离最大功率点方向移动。当采

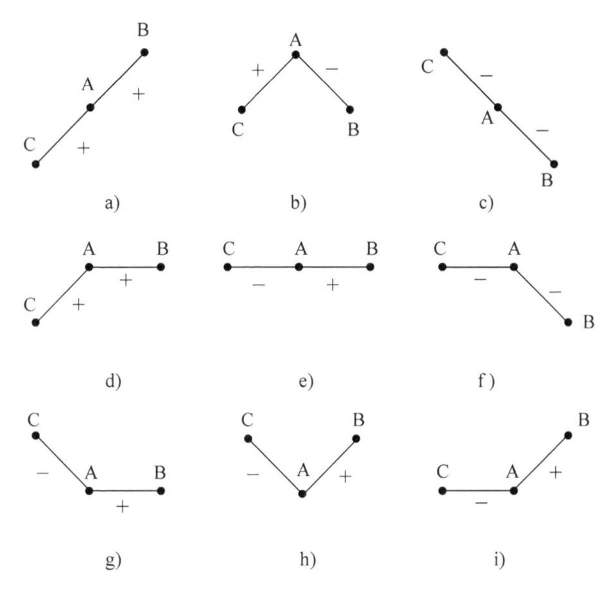

图3-67　三点之间功率比较可能出现的关系示意图

用滞环比较法时，对于ⅰ情形，依据规则判定“向电压值增大方向扰动”，而对于ⅱ、ⅲ情形，系统判定“达到最大功率点或者外部辐照度变化很快”，因此电压保持不变。从而避免了误判，减小了损耗。

对于扰动观测法的振荡问题，当在最大功率点附近扰动时，依据上述规则3，由于电压保持不变，因此避免了在最大功率点附近的振荡。

滞环比较法实现的具体流程图如图3-69所示。

虽然滞环比较法可以有效避免振荡和误判现象，但如果步长过大，工作点可能会停在离最大功率点较远的区域，如果步长过小，在新一轮搜索开始时，工作点会在远离最大功率点区域内长时间的搜索，因此速度和精度的矛盾仍然存在，为此，可以考虑采用变步长的滞环比较法来加以改进。

3.3.4　电导增量法

以上讨论表明，最大功率点跟踪实质上是搜索满足条件 $\mathrm{d}P/\mathrm{d}U=0$ 的工作点，由于数字控制中检测及控制精度的限制，常以 $\Delta P/\Delta U$ 近似代替 $\mathrm{d}P/\mathrm{d}U$，从而影响了MPPT算法的精确性。一般而言，ΔU 由步长决定，当最小步长一定时，MPPT算法的精度就由 ΔP 对 $\mathrm{d}P$ 的近似程度决定。扰动观测法用两点功率差近似替代微分 $\mathrm{d}P$，即从 $\mathrm{d}P\approx P_k-P_{k-1}$ 出发，推演出以功率增量为搜索判据的MPPT算法。

实际上，为了进一步提高MPPT算法对最大功率点的跟踪精度，可以考虑采用功率全微分近似替代 $\mathrm{d}P$ 的MPPT算法，即从 $\mathrm{d}P=U\mathrm{d}I+I\mathrm{d}U$ 出发，推演出以电导和电导变化率之间的关系为搜索判据的MPPT算法，即电导增量法，以下简要介绍电导增量法的基本原理。

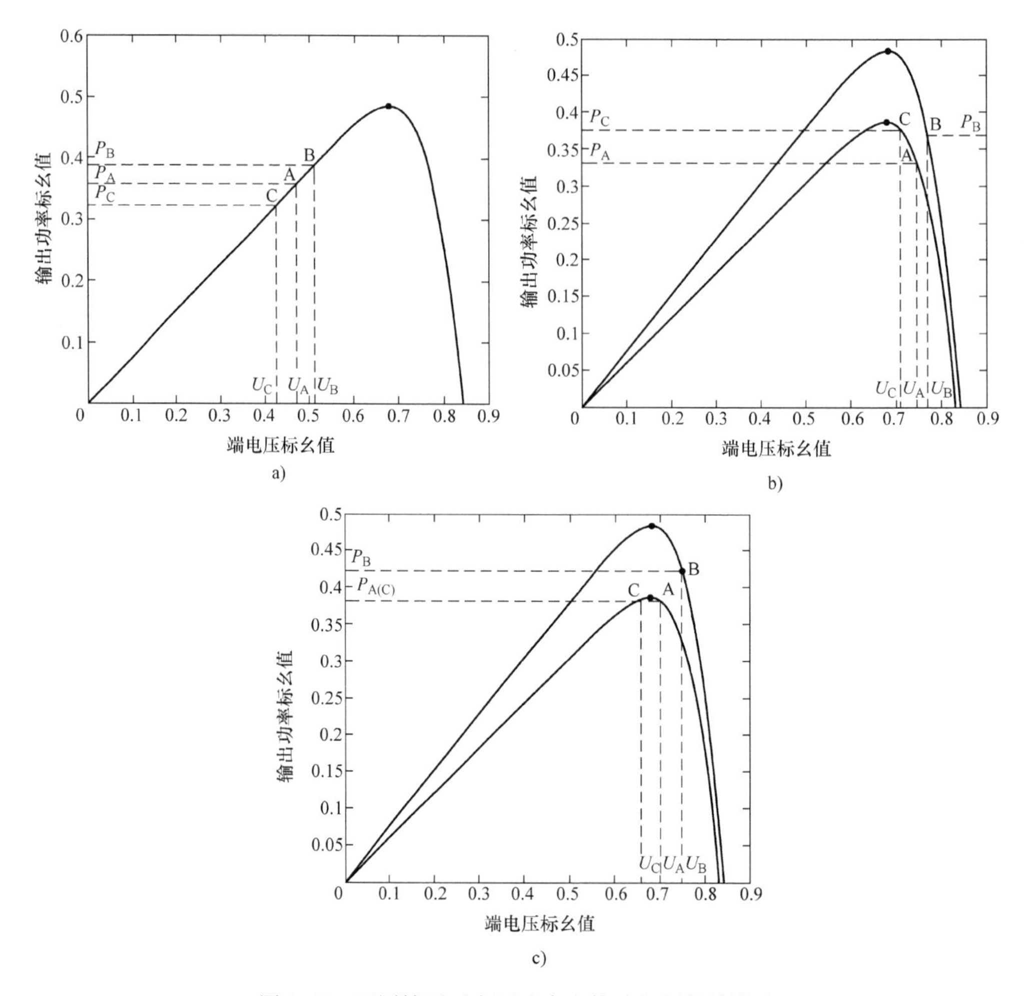

图 3-68　不同情形对实际功率点扰动与判断的影响

a）ⅰ情形　b）ⅱ情形　c）ⅲ情形

电导增量法（Incremental Conductance，INC）从光伏电池输出功率随输出电压变化率规律出发，推导出系统工作点位于最大功率点时的电导和电导变化率之间的关系，进而提出相应的 MPPT 算法。

图 3-70 所示为光伏电池 $P-U$ 特性曲线及 $\mathrm{d}P/\mathrm{d}U$ 变化特征，即在辐照度一定的情况下仅存在一个最大功率点，且在最大功率点两边 $\mathrm{d}P/\mathrm{d}U$ 符号相异，而在最大功率点处 $\mathrm{d}P/\mathrm{d}U=0$。

显然，通过对 $\mathrm{d}P/\mathrm{d}U$ 的定量分析，可以得到相应的最大功率点判据。考虑光伏电池的瞬时输出功率为

$$P=IU \tag{3-28}$$

将式（3-28）两边对光伏电池的输出电压 U 求导，则

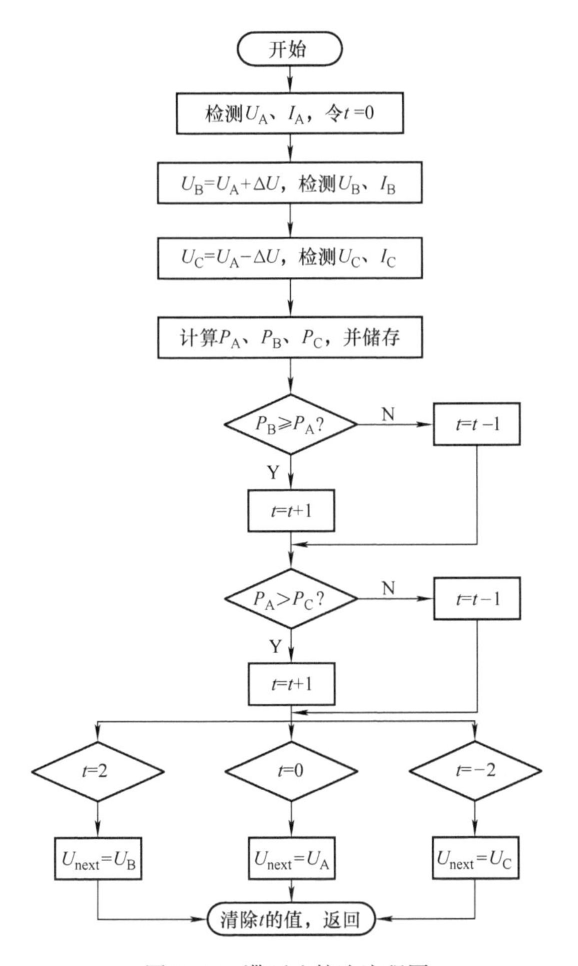

图 3-69　滞环比较法流程图

$$\frac{\mathrm{d}P}{\mathrm{d}U}=I+U\frac{\mathrm{d}I}{\mathrm{d}U} \tag{3-29}$$

当 $\mathrm{d}P/\mathrm{d}U=0$ 时，光伏电池的输出功率达到最大。则可以推导出工作点位于最大功率点时需满足以下关系：

$$\frac{\mathrm{d}I}{\mathrm{d}U}=-\frac{I}{U} \tag{3-30}$$

实际中以 $\Delta I/\Delta U$ 近似代替 $\mathrm{d}I/\mathrm{d}U$，则使用电导增量法（INC）进行最大功率点跟踪时判据如下：

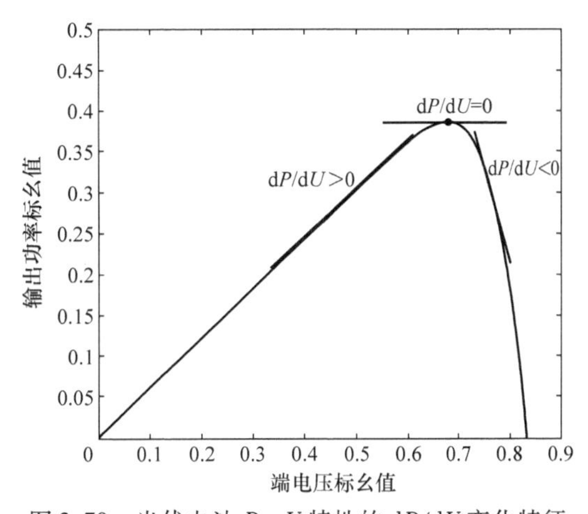

图 3-70　光伏电池 $P-U$ 特性的 $\mathrm{d}P/\mathrm{d}U$ 变化特征

$$\begin{cases}\dfrac{\Delta I}{\Delta U} > -\dfrac{I}{U}\text{最大功率点左边}\\ \dfrac{\Delta I}{\Delta U} = -\dfrac{I}{U}\text{最大功率点}\\ \dfrac{\Delta I}{\Delta U} < -\dfrac{I}{U}\text{最大功率点右边}\end{cases} \tag{3-31}$$

采用定步长的电导增量法实现流程图如图 3-71 所示，其中 ΔU^* 为每次系统调整工作点时固定的电压改变量（步长）。从图 3-71 中可以看出，计算出 ΔU 之后，对其是否为零进行判定，使流程图出现两条分支，其中，左分支与上述分析相吻合；而右分支则主要是为抑制当外部辐照度发生突变时的误判而设置的。

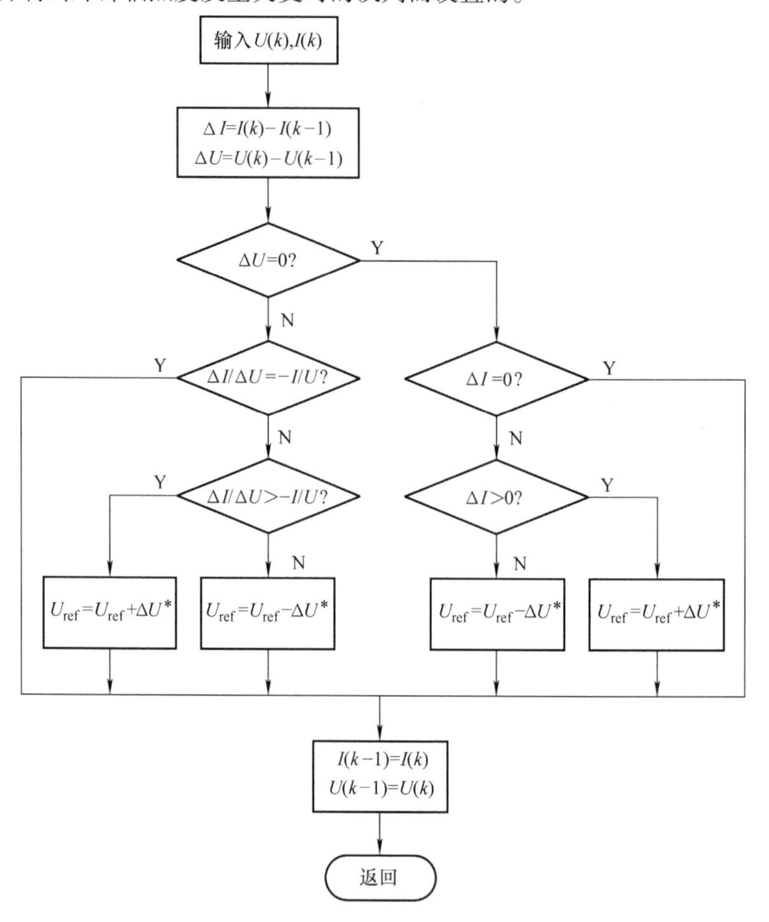

图 3-71　电导增量法流程图

从本质上说，电导增量法和扰动观测法都是求出工作点电压变化前后的功率差，找出满足 $\Delta P/\Delta U=0$ 的工作点，两者的主要区别在于功率差的计算方式。

扰动观测法将 dP 用功率差 $\Delta P = P_k - P_{k-1}$ 进行近似；而电导增量法则是将 dP 用全微分 $\Delta P = U\Delta I + I\Delta U$ 进行近似，其中 $\Delta U = U_k - U_{k-1}$，$\Delta I = I_k - I_{k-1}$。

在最大功率点跟踪过程中，电导增量法是在 $dP/dU = 0$（或者 $dI/dU = -I/U$）时，方能使光伏电池输出最大功率。然而，由于采用与控制精度的限制，实际应用中可以将 $dP/dU = 0$ 条件改造为 $dP/dU < \varepsilon$，其中 ε 是在满足最大功率跟踪一定精度范围内的阈值，由具体的要求决定。

采用电导增量法的主要优点是 MPPT 的控制稳定度高，当外部环境参数变化时，系统能平稳地追踪其变化，且与光伏电池的特性及参数无关。然而，电导增量法对控制系统要求则相对较高，另外，电压初始化参数对系统启动过程中的跟踪性能有较大影响，若设置不当则可能产生较大的功率损失。

3.4　光伏系统 PID 效应及防护措施

3.4.1　PID 效应概述

PID（Potential Induced Degradation）即电位诱发衰减，一般是指光伏电池长期处于非零的偏置电位并在相应的温湿度环境条件下诱发的性能衰减现象。PID 效应是由美国 Sun power 公司首次在 2005 年发现的，即在背接触 N 型晶硅光伏电池上施加正高偏压后会产生 PID 效应；2008 年，Evergreen 公司也报道了在正面连接的 P 型光伏电池中施加负高偏压后也会产生 PID 效应；2010 年，Solon 公司报道在标准的单晶和多晶硅光伏电池中发现了极化效应；随即 Solon 公司和美国国家能源部可再生实验室（NNREL）就提出在负高偏压下使用任何工艺生产的 P 型光伏电池都存在发生 PID 现象的风险。从 PID 的表现形式看，PID 效应主要包括出现在晶硅电池中的极化效应和出现在薄膜电池中的 TCO 腐蚀效应。

3.4.1.1　晶硅电池中的极化效应

图 3-72 所示为光伏电池 PID 效应原理示意图，光伏电池组件串联后可形成较高的系统电压（如 1000V 或 1500V），处于组串末端光伏电池组件的工作电压会比较高（对于 1000V 系统，一般在 400～900V 之间），而组件边框（铝合金）一般都是接地的（电压为 0V）。因此，高压组件的电池片和地面之间（通过组件盖板玻璃、封装材料、边框）会存在电势差，这就有可能导致带正电的载流子穿过玻璃，通过接地边框流向地面，从而形成漏电流，这种带正电载流子的流动使得电池片表面剩下了带负电的载流子，这样在其表面就形成了复合中心，从而导致光伏电池组件性能的衰减，具体表现为填充因子（FF）、短路电流（I_{sc}）、开路电压（V_{oc}）的降低，使组件性能低于设计标准，此现象通常被称为表面极化效应，图 3-73 所示为不同 PID 效应时间对光伏电池特性的影响。实际上，由极化效应形成 PID 现象的主要途径是光伏电池表面玻璃参与导电并形成了漏电流回路，一般条件下玻璃本身是绝缘体，不会参与导电，但当光伏电池长期处于一定湿度的环境中时，水汽就会渗透并进入光伏电池组件，从而会导致放置在电

池与玻璃之间的 EVA（Ethylene - Vinyl Acetate Copo，乙烯 - 醋酸乙烯共聚物，是一种放置在电池与玻璃之间的热熔胶）膜水解并产生醋酸，醋酸与玻璃表面析出的碱反应产生可以自由移动的钠离子，钠离子在电场的作用下移动，从而使玻璃参与导电。

然而，光伏电池的极化效应是可逆的，即施加反向偏压可以修复光伏电池的 PID 衰减。

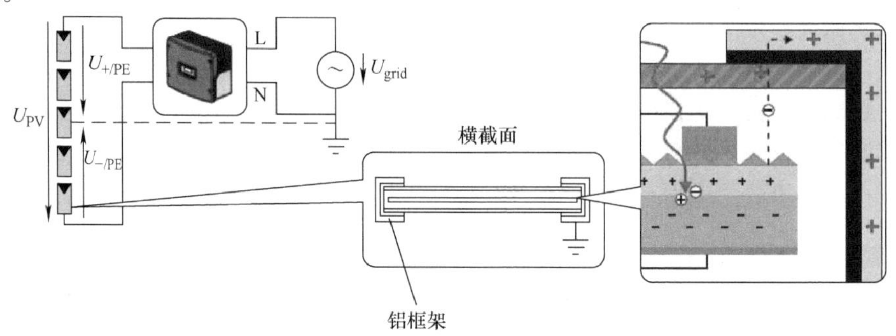

图 3-72　光伏电池 PID 效应原理示意图

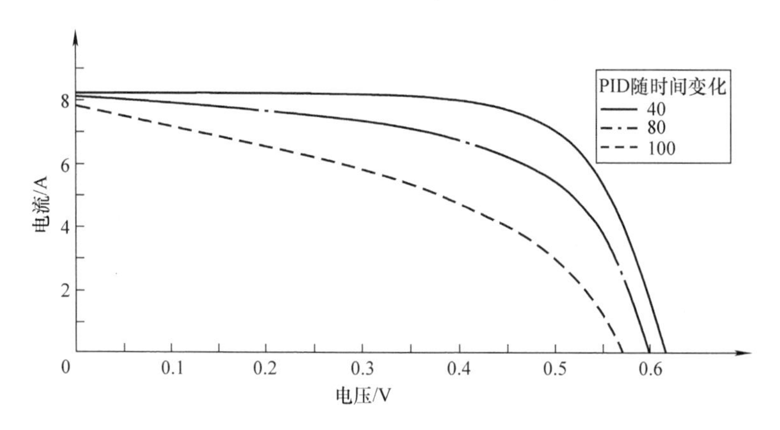

图 3-73　不同 PID 效应时间对光伏电池特性的影响

3.4.1.2　薄膜电池中的 TCO 腐蚀效应

TCO 薄膜即透明导电氧化物（Transparent Conductive Oxide，TCO）薄膜是一种具有接近金属导电率、可见光高渗透率、红外区高反射率等特性的一种理想的薄膜电池材料。对于薄膜太阳电池来说，由于中间半导体层几乎没有横向导电性能，因此必须使用 TCO 玻璃有效收集电池的电流。TCO 玻璃是指在平板玻璃表面通过物理或化学镀膜方法均匀镀上一层 TCO 薄膜而形成的光伏电池表面玻璃材料，同时 TCO 玻璃具有高透和减少反射的功能，从而能使大部分光进入吸收层。

针对非晶硅（a - Si）、碲化镉（CdTe）和铜铟二硒（CIS）等薄膜电池，由于其电池组件的单层表面为玻璃盖结构，如图 3-74 所示，而玻璃盖中含有 15% 的钠物质，当薄膜电池长期处于湿度较高的环境中时，空气中的水汽同样会通过组件边缘渗透进入

TCO 玻璃中，从而会导致钠和水的化学反应，以此形成薄膜电池中的 TCO 腐蚀效应。

值得注意的是，当发生 TCO 腐蚀效应时，组件的边缘处会形成裂纹，这些裂纹甚至会贯穿整个电池结构，从而使薄膜电池组件发生永久性损坏，因此薄膜电池中的 TCO 腐蚀效应是不可逆的。

3.4.2 PID 效应的防护

3.4.2.1 PID 效应防护概述

1. 晶硅电池“极化效应”的防护措施

针对晶硅电池“极化效应”的主要防护措施如下：

1）N 型前表面太阳电池的组件采取正极接地，P 型前表面电池的组件采用负极接地；

2）增强组件的绝缘和防水性能，减小漏电流，例如可以采用稳定性更好的封装材料、不使用金属边框、增加电池的体电阻、改进钝化膜的厚度和特性、在器件中增加阻挡层等；

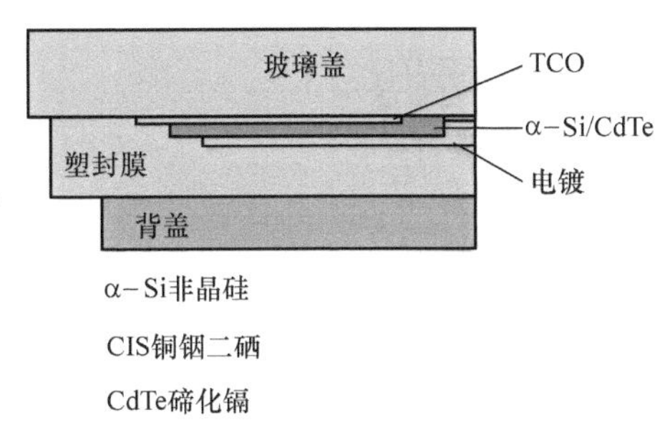

图 3-74　薄膜组件的单层表面结构

3）采用石英玻璃、低钠玻璃等材料，以抑制带电离子的产生；

4）降低光伏电池组串电压，甚至可采用组件级的光伏发电系统；

5）增加防极化补偿装置避免和修复电池组件的 PID 效应。

由于晶硅电池极化效应的可逆性，因此当光伏系统增设防极化补偿装置应对 PID 效应时，防极化补偿装置可以进行间断性的补偿来修复电池组件的极化效应，例如可采取夜间修复或定期修复等方式。

2. 薄膜电池“TCO 腐蚀效应”的防护措施

针对薄膜电池“TCO 腐蚀效应”的主要防护措施如下：

1）薄膜电池阵列负极接地；

2）密封模块边缘，防止水分子渗入模块；

3）变压器 N 点电位补偿；

4）通过加大组件和接地边框的距离减小漏电流。

值得注意的是，由于薄膜电池 TCO 腐蚀效应的不可逆性，因此当采用电位补偿方案时，不能采用间断性的工作模式。

以下就光伏阵列负极接地和电位补偿方案进行具体讨论。

3.4.2.2 PID 防护方案 1——光伏阵列负极接地

在光伏发电系统中，为防止 PID 效应，常采用光伏电池阵列负极接地方案，如图 3-75所示。

光伏电池阵列负极接地有如下优点：

1）泄放静电，防止对地共模电压超过系统电压；

2）抑制光伏阵列的对地分布电容对逆变器控制电路的共模干扰；

3）建立光伏阵列正电场，防止 PID 效应发生。

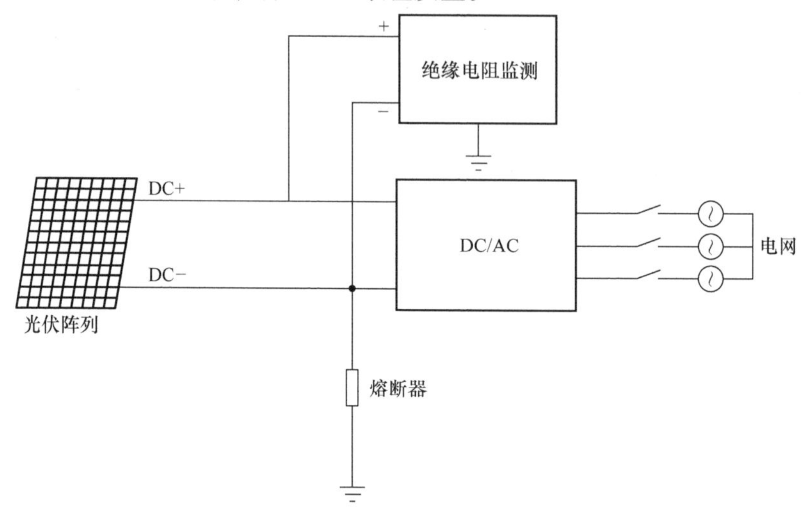

图 3-75 光伏阵列负极接地示意图

然而，上述光伏阵列负极接地方案对光伏逆变器提出以下要求：

1）必须选用带工频或高频隔离的光伏逆变器；

2）接地时一般是将负极通过熔断器接地，以确保正极出现绝缘短路故障时熔断器断开，从而能实施绝缘故障的检测；

3）通常采用霍尔电流传感器来检测接地回路的电流；

4）逆变器直流侧要配备绝缘电阻监测和保护电路，当检测到漏电流超标，或者检测到有人触电时，会在极短时间内自动断开直流侧开关，保护人员和设备安全。

3.4.2.3 PID 防护方案 2——电位补偿

1. 基于正极电位抬升的 PID 修复方案

考虑到基于晶硅电池的 PID 现象具有可逆特性，因此可以考虑正极电位抬升的 PID 修复方案，即将光伏阵列正极接入电位抬升装置，通过电位抬升装置的电位补偿使整个光伏阵列整体抬升至零电位以上，即强制给组件加入正偏置的电压，使 PID 效应可逆进行，从而对 PID 效应的光伏阵列进行修复。基于正极抬升的 PID 修复方案原理示意如图 3-76 所示，其中，电位抬升装置与并网光伏逆变器不能同时工作，因此通常白天逆变器运行，夜晚电位抬升装置运行进行光伏阵列的 PID 修复。实际产品可以自动判别白天和夜晚（逆变器的运行状态），并具有夜间修复、全天修复和自动修复等多种工作模式。

该方案的优点如下：

1）适用于非隔离型逆变器并网光伏系统；

2）节省了接地装置；

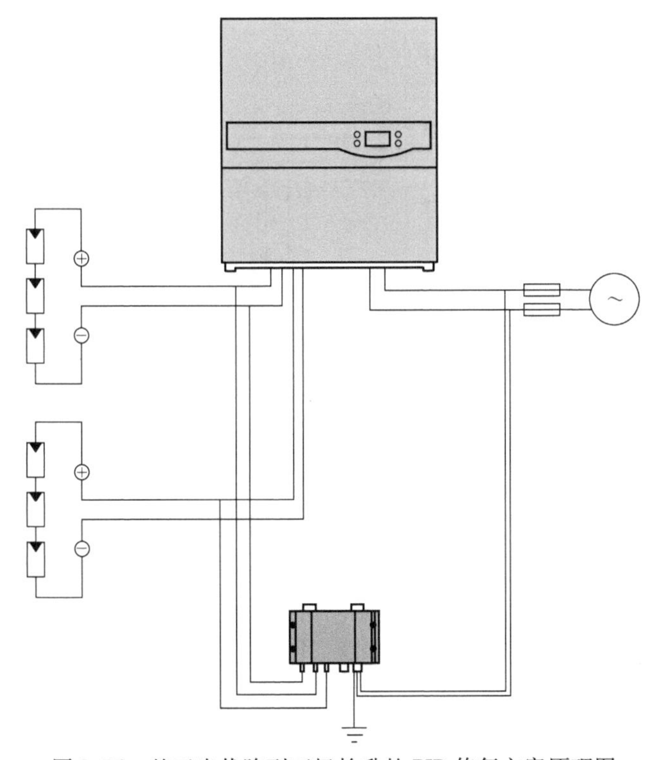

图3-76 基于光伏阵列正极抬升的PID修复方案原理图

3）便于在原有的系统中进行加装。

该方案的主要缺点如下：

1）每台逆变器均需加装，成本较高。

2）不适用于薄膜电池的PID防护。

2. 基于变压器N点电位补偿的PID防护方案

如图3-77所示，当多台光伏逆变器并联并通过中压变压器并网时，变压器一次绕组为Y形带中线抽头（N），二次绕组为△形。在中压变压器一次Y形绕组的中线抽头（N）点接入电位补偿装置，并通过抬升或下拉中线对地电位来改变光伏阵列对地的电位，进而实现光伏系统的PID防护。

该方案的主要优点如下：

1）可按正或负两个方向进行阵列电位补偿，既适用于晶硅电池PID（极化效应）防护，又适用于薄膜电池的PID（TCO）防护；

2）在并网光伏系统中，每台中压变压器接一台补偿装置，成本相对较低，安装方便。

该方案的主要缺点如下：

1）使用较少的补偿装置会使可靠性降低，一旦出现故障，将使与其相连的所有光伏阵列都面临PID效应风险。

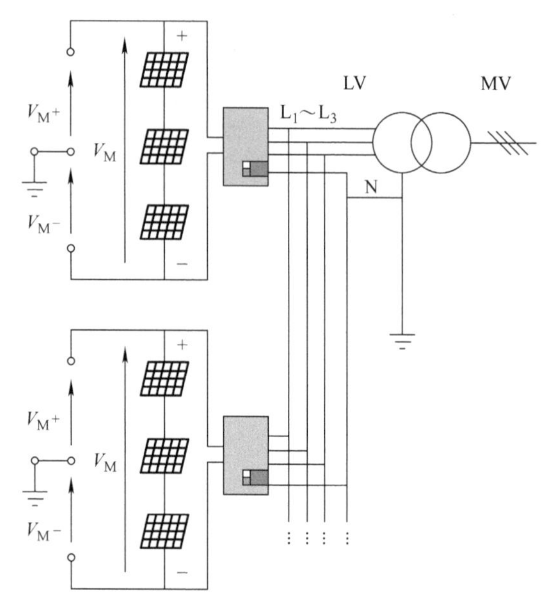

图 3-77 并网变压器 N 点电位补偿的反 PID 方案原理图

2）与同一台补偿装置相连的光伏电池必须是同类型的光伏电池，这样会造成电池组件更换不灵活。

思 考 题

1. 并网光伏发电系统主要由哪几部分构成？
2. 并网光伏系统体系结构主要有哪几种？其各自特点是什么？
3. 隔离型与非隔离型光伏并网逆变器的区别是什么？各有何优缺点？
4. 在 1000V 光伏并网系统中，其并网逆变器主电路通常采用何种三电平拓扑，试画出相应三电平拓扑电路图，简要分析其换流过程。
5. 为什么采用 LMZ 矢量调制策略可以减小系统漏电流？
6. 光伏系统的最大功率点跟踪（MPPT）方法有哪几种？简要分析扰动观测法的振荡问题。
7. 参照本章对扰动观测法误判现象的分析，试分析电导增量法的误判现象。
8. 什么是光伏组件的 PID 现象？简要分析 PID 现象产生的主要原因。
9. PID 现象防护方案中，为什么抬升交流侧 N 点电位可以改变光伏阵列对地电位？

参 考 文 献

[1] 张兴. 太阳能光伏并网发电及其逆变控制［M］. 北京：机械工业出版社，2011.
[2] 张兴，张崇巍. PWM 整流器及其控制［M］. 北京：机械工业出版社，2012.
[3] CALAIS M，MYRZIK J，SPOONER T，et al. Inverters for single – phase grid connected photovoltaic systems – an overview［C］. Power Electronics Specialists Conference，2002. Pesc 02. 2002 IEEE.

IEEE Xplore, 2002: 1995 - 2000.

[4] MYRZIK J M A, CALAIS M. String and module integrated inverters for single - phase grid connected photovoltaic systems - a review [C]. Power Tech Conference Proceedings, 2003 IEEE Bologna. IEEE, 2003: 8 pp. Vol. 2.

[5] 刘邦银, 梁超辉, 段善旭. 直流模块式建筑集成光伏系统的拓扑研究 [J]. 中国电机工程学报, 2008, 28 (20): 99 - 104.

[6] 张兴, 李俊, 赵为, 等. 高效光伏逆变器综述 [J]. 电源技术, 2016, 40 (4): 931 - 934.

[7] 孙龙林. 单相非隔离型光伏并网逆变器的研究 [D]. 合肥: 合肥工业大学, 2009.

[8] 舒杰, 傅诚, 陈德明, 等. 高频并网光伏逆变器的主电路拓扑技术 [J]. 电力电子技术, 2008, 42 (7): 79 - 82.

[9] SHAO Z, ZHANG X, WANG F, et al. Analysis and Control of Neutral - Point Voltage for Transformerless Three - Level PV Inverter in LVRT Operation [J]. IEEE Transactions on Power Electronics, 2016, 32 (3): 2347 - 2359.

[10] REN K, ZHANG X, WANG F, et al. Carrier - based generalized discontinuous pulse - width modulation strategy with flexible neutral - point voltage control and optimal losses for a three - level converter [J]. Iet Power Electronics, 2016, 9 (9): 1862 - 1872.

[11] 张兴, 邵章平, 王付胜, 等. 非隔离型三相三电平光伏逆变器的共模电流抑制 [J]. 中国电机工程学报, 2013, 33 (3): 29 - 36.

[12] 邵章平. 三电平光伏并网逆变器的模块化控制研究 [D]. 合肥: 合肥工业大学, 2015

[13] SCHIMPF F, NORUM L E. Grid Connected Converters for Photovoltaic, State of the Art, Ideas for Improvement of Transformerless Inverters [J]. Helsinki University of Technology, 2008.

[14] MA L, TANG F, ZHOU F, et al. Leakage current analysis of a single - phase transformer - less PV inverter connected to the grid [C]. IEEE International Conference on Sustainable Energy Technologies. IEEE, 2009: 285 - 289.

[15] LOPEZ O, TEODORESCU R, FREIJEDO F, et al. Eliminating ground current in a transformerless photovoltaic application [C]. Power Engineering Society General Meeting. IEEE, 2007: 1 - 5.

[16] KASA N, IIDA T, CHEN L. Flyback inverter controlled by sensorless current MPPT for photovoltaic power system [J]. IEEE Transactions on Industrial Electronics, 2005, 52 (4): 1145 - 1152.

[17] CHEN Y, SMEDLEY K M. A cost - effective single - stage inverter with maximum power point tracking [J]. IEEE Transactions on Power Electronics, 2004, 19 (5): 1289 - 1294.

[18] KOIZUMI H, KUROKAWA K. A Novel Maximum Power Point Tracking Method for PV Module Integrated Converter [C]. Power Electronics Specialists Conference, 2005. Pesc'05. IEEE. IEEE, 2006: 2081 - 2086.

[19] 徐鹏威, 刘飞, 刘邦银, 等. 几种光伏系统 MPPT 方法的分析比较及改进 [J]. 电力电子技术, 2007, 41 (5): 3 - 5.

[20] 陈欢, 张兴, 谭理华. 扰动观察法能量损耗研究 [J]. 电力电子技术, 2010, 44 (4): 15 - 16.

[21] LIU F, DUAN S, LIU F, et al. A Variable Step Size INC MPPT Method for PV Systems [J]. IEEE Transactions on Industrial Electronics, 2008, 55 (7): 2622 - 2628.

第4章 风电变流器及其控制

4.1 风力发电系统概述

4.1.1 风力发电机的基本构成

风力发电机是一种将风能转换为电能的能量转换装置，它包括风力机和发电机两大部分，空气流动的动能作用在风力机的风轮上，从而推动风轮旋转，将空气的动能转变成风轮旋转的机械能。风轮的轮毂固定在风力机轴上，通过传动系统驱动发电机转子旋转，进而通过发电机将机械能转变成电能，供给本地负载或输送给电力系统[1]。图4-1所示为典型风力发电机的能量转换与传递过程[2]。

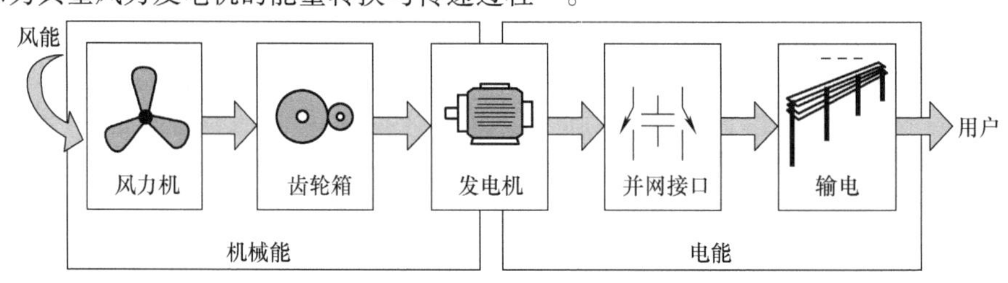

图4-1 典型风力发电机的能量转换与传递过程

风力机（或称为风车）用于风能的捕获和捕获功率的控制。风力机对其捕获风能功率的控制通常有两种方式，即定桨距失速控制和变桨距角控制[3]。定桨距风力机的桨叶和轮毂是固定连接的，桨叶的迎风角不能随风速的变化而改变，当风速超过额定风速而需要限制捕获功率时，定桨距风力机依靠主动失速来维持捕获功率的基本恒定，而当发电机突然甩载或需要停车时，定桨距风力机则通过弹出安装在其叶片顶端的叶尖扰流器实现。而对当今兆瓦级大型风力发电机而言，风力机对捕获风能的控制是通过变桨机构实现的，依据具体设计不同，变桨机构有液压变桨和调速电机变桨两种[3]。当风速超过额定风速时，变桨机构将增大叶片桨距角，减小风能的捕获效率，从而维持捕获功率的恒定。另外，为了使风轮在风向发生变化时能够快速平稳地对准风向，风力机通常配有偏航装置。安装主动偏航装置也能够在恶劣风况下将风力机主动偏离风向90°，进行侧风保护。图4-2所示为兆瓦级变桨风力发电机组结构图[4]。

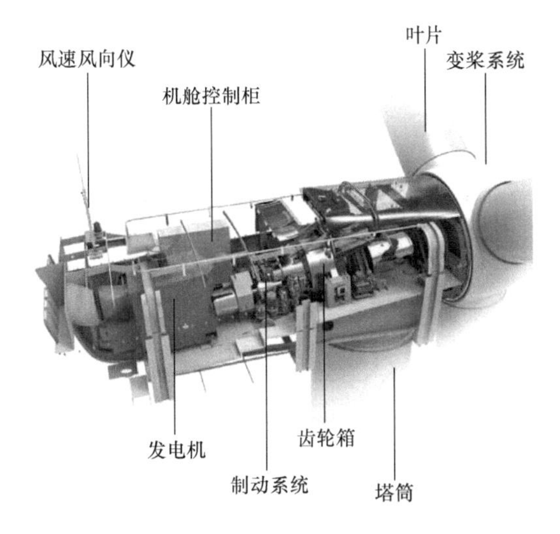

图 4-2　兆瓦变桨风电机组结构图

4.1.2　风电机组的基本类型

随着风力发电技术的发展，风力发电出现了不同的机型和并网结构。在过去的 30 多年里风力发电系统得到了长足的发展，目前就风力发电机的类型而言主要有以下几种划分形式：

1）根据可用发电量的大小，可分为小容量风机（2kW 以下），中等容量的风机（2～100kW）和大容量风机（100kW 以上）。

2）根据风机的旋转速度变化与否可以分为定速风力发电机和变速风力发电机，其中变速风力发电机又可分为全功率型风力发电机和双馈型风力发电机。图 4-3 所示为风力发电机的主要机型拓扑结构[6-9]。

3）根据风力机轴向的不同，可分为竖直轴风力发电机和水平轴风力发电机[10,11]。

4）根据风力机风轮叶片数的不同，又可将其分为双叶式风力发电机、三叶式风力发电机和多叶式风力发电机。

图 4-3a 所示风力发电机采用笼型异步电机（Squirrel Cage Induction Generator, SCIG）作为发电机，电机定子通过软起动控制装置和变压器升压后直接与电网相连，通常将这一类型的风力发电机归为 A 型风力发电机。20 世纪 80～90 年代应用的风力发电机大多为该类型。A 型风力发电机的额定功率通常在 1MW 以下，其转速变化范围一般较小（1%～2%），因此通常称这一类型的风力发电机为定速型风力发电机。

图 4-3b 所示为采用绕线转子异步电机（Wound Rotor Induction Generator, WRIG）的转差控制型风力发电机，通常将这一类型归为 B 型风力发电机。B 型风力发电机通过改变绕线转子异步电机转子电阻的方法调节风力机的运行速度，但其调节范围较小，通常在 5%～10%，并且不具有无功功率控制和电压控制的能力。

图 4-3c 所示为采用双馈电机（Double－Fed Induction Generator, DFIG）作为发电机

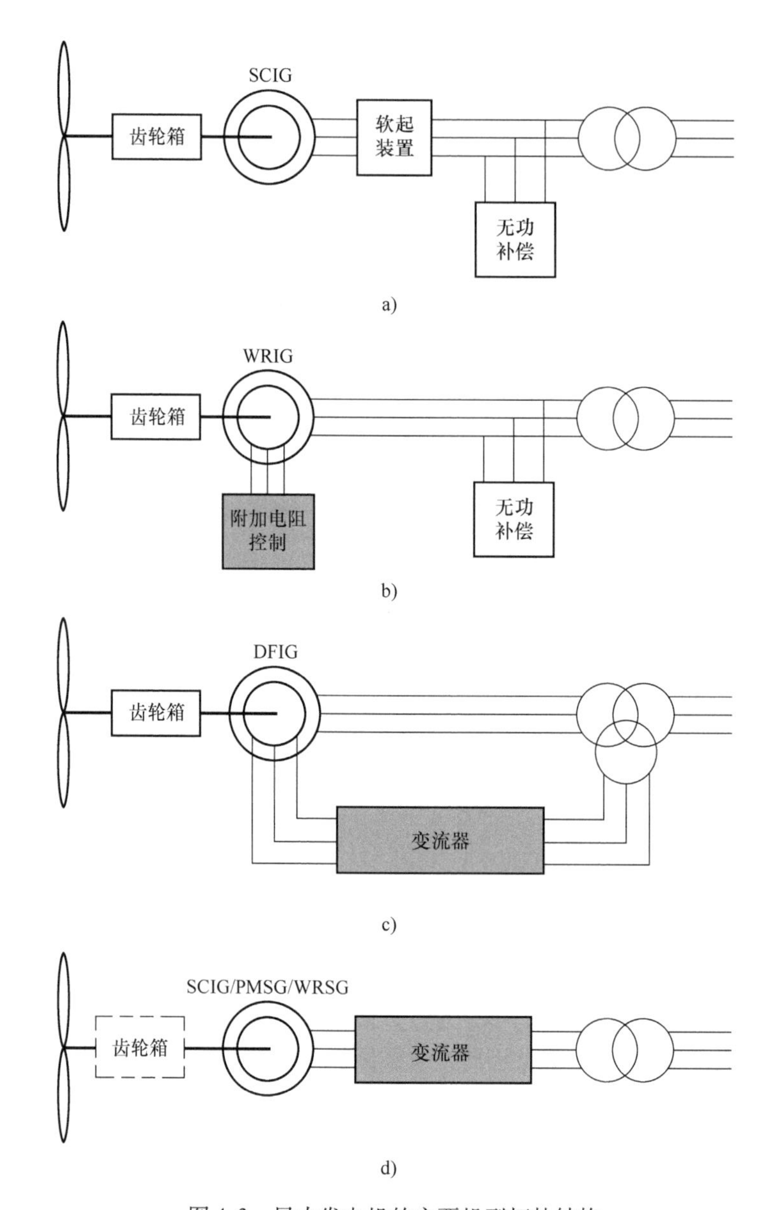

图 4-3 风力发电机的主要机型拓扑结构

a）定速型（A 型） b）转差控制型（B 型） c）双馈型（C 型） d）全功率变流器型（D 型）

的双馈型风力发电机，通常将其归为 C 型风力发电机。在 C 型风力发电机中，双馈电机定子直接与电网相连接，转子则通过双向变流器与电网相连。C 型风力发电机的突出优点是变流器容量较小，通常为机组容量的 25% ~40% ，既能满足风力机调速范围的要求又能较大程度地降低变流器的容量，具有较强的性价比优势，并且在采用适当的控制策略后它能够满足电网对风力发电机的要求，如有功功率 - 频率控制和无功功率 - 电压控制等。因此C型风力发电机在1.5MW及以上的风力发电机市场中具有主导地位。

图4-3d所示为采用全功率变流器实现风力发电机的全范围调速，所采用的发电机可以为永磁同步发电机（Permanent Magnet Synchronous Generator，PMSG）、笼型异步发电机（SCIG）或绕线转子同步发电机（Wound Rotor Synchronous Generator，WRSG）等，通常称之为D型风力发电机。相对于C型风力发电机而言，D型风力发电机需要配置全功率变流器，其容量较大，约为120%的额定容量。然而，D型风力发电机可以实现发电机与电网间的解耦控制，从而具有较好的电网适应性。另外，D型风力发电机可以采用无齿轮箱的直驱型设计，如永磁同步直驱风力发电机等。显然，随着电力电子器件性价比的不断提高，D型风力发电机在变速风力发电机中也将获得较好的应用。

相对于A型风力发电机而言，B型、C型和D型风力发电机均属于变速风力发电机。与A型定速风力发电机相比，变速风力发电机主要优点可以概括如下：

1）具有较高的性价比，并且能够降低变桨距机构的控制要求，在变速情况下，变桨距机构通常只适用于在高风速时限制风力机的最大风能捕获；

2）变速风力发电机具有较小的机械应力，并且能够利用机械惯性对阵风进行储能；

3）能够对塔影效应引起转矩和功率的低频脉动进行动态补偿；

4）能够提高系统的效率和发电量，即变速风力发电系统能够使其转速随着风速改变而改变，从而实施最大风能捕获（MPPT）控制；

5）能够降低运行噪声。

在风力发电机中，尤其是在大规模风电场的建设中，除了采用单台风机独立控制外，还可以采取多台风机群控的模式，如多台笼型异步电机的联合控制等。这种多风力发电机系统不仅是新型风电场建设的一个可行方案，也是对已建风电场进行变速改造的一个有效方案。图4-4所示为风电场多风力发电机系统的几种并网构架方案。

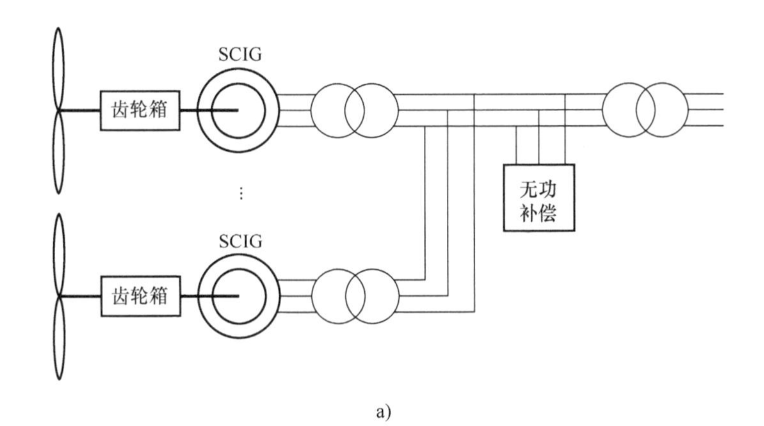

图4-4　风电场多风力发电机系统的几种并网结构

a）常规定速风力发电机多机并网结构

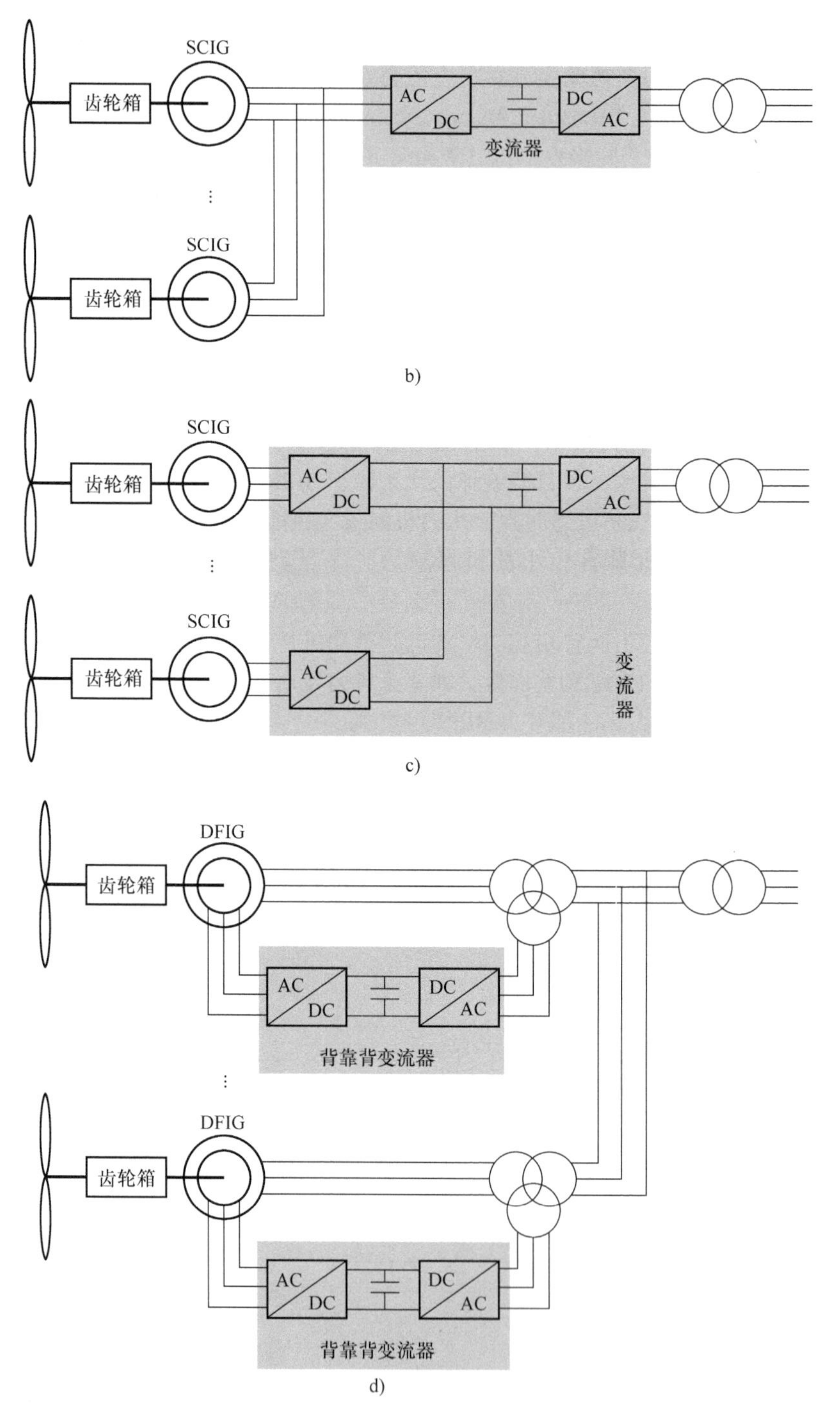

图 4-4 风电场多风力发电机系统的几种并网结构（续）

b）共交流母线的群控结构 c）共直流母线控制结构 d）双馈电机的多机并网结构

4.2　双馈型风力发电机及其变流器控制

4.2.1　双馈型风力发电机及其变流系统

双馈电机自发明以来，其设计制造技术得到不断提高，在许多场合，尤其在大功率场合，包括双馈电机的电动机和发电机模式运行都得到了广泛的应用。双馈电机又分为有刷双馈电机和无刷双馈电机，其结构如图 4-5 所示。

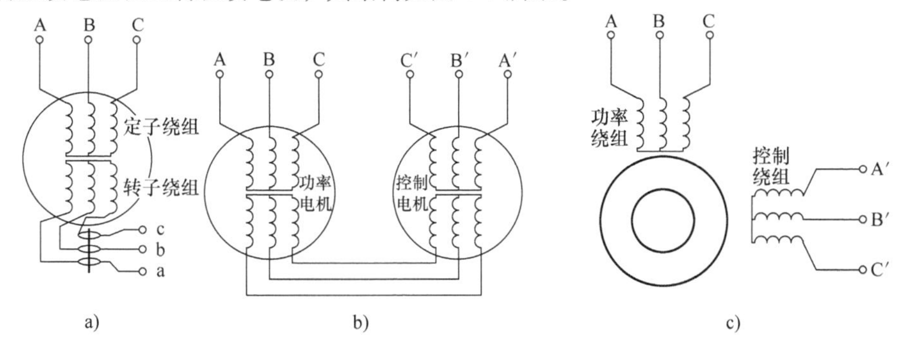

图 4-5　双馈电机结构示意图

a）有刷双馈电机　b）级联式无刷双馈电机　c）独立式无刷双馈电机

常规有刷双馈电机的结构与绕线转子异步电机的结构类似，其转子绕组的抽头经过集电环和电刷引出，集电环和电刷（尤其是电刷）的存在影响着双馈电机的使用寿命，增加了双馈电机的维护成本，这无疑会增加电机的运行成本和有效工作时间，因此，近年来无刷双馈电机（Brushless Double－Fed Generator，BDFG）的研究开始受到学术界的关注。目前，无刷双馈电机主要有级联式无刷双馈电机和独立式无刷双馈电机两种形式，分别如图 4-5b 和 c 所示的。由于无刷双馈电机技术在风力发电机中的应用还不成熟，因此有刷双馈电机技术仍然是双馈风力发电机的主流技术。以下出现的“双馈电机（DFIG）”一词在无特殊说明时，均指有刷型双馈电机。

随着双馈电机应用的发展，为了适应不同应用场合，尤其风力发电的应用场合，出现了多种不同形式的拓扑控制结构。其中双馈型风力发电机典型变流拓扑与控制结构如图 4-6 所示。

在如图 4-6 所示的双馈型风力发电机典型变流拓扑与控制结构中，双馈电机的控制变流器主要由转子侧变流器（Rotor Side Converter，RSC）和网侧变流器（Grid Side Converter，GSC）通过背靠背连接构成，通常称为背靠背变流器（Back－to－Back Converter）。转子侧变流器主要用于双馈电机转子的励磁控制，而网侧变流器在实现变流器并网运行（有功、无功控制）的同时，还需进行直流母线电压的稳定控制。实际风力发电机中双馈电机的控制指令（一般包括转矩、无功功率等）通常由风力发电机主控系统以通信

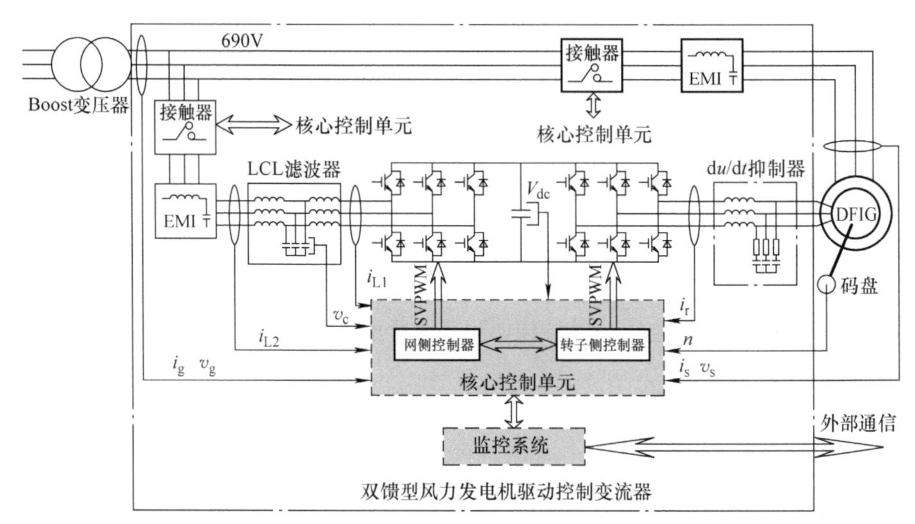

图4-6 双馈型风力发电机典型变流拓扑与控制结构

方式下发。

在大型风电用背靠背变流器中，网侧变流器主要采用两电平拓扑设计，其交流滤波器通常采用 *LCL* 滤波设计，网侧变流器具体控制策略可参考本书并网逆变器相关章节内容，本章不再赘述。

在2~3MW（690V 电压等级）的双馈风力发电机中，其背靠背变流器直流母线电压通常在1100V 左右，主电路开关管多采用 IGBT 功率器件，其开关频率通常为2~3kHz，其变流器输出的 PWM 电压脉冲的上升时间通常只有几 μs，从而使变流器输出电压具有较高的电压变化率 du/dt。较高的 du/dt 所产生的危害主要有：①损坏电机的绝缘；②产生轴电流；③在长线驱动中产生波反射现象，使得电机接线端子处出现过电压，进一步威胁电机的绝缘安全。为了克服 du/dt 的不利影响，通常需要在变流器输出端设计安装 du/dt 滤波器。对于兆瓦级双馈型风力发电机而言，由于双馈电机和驱动变流器通常分开安装，即通常将双馈电机安装在机舱内，而将驱动变流器安装在塔架的底部，这样在电机和驱动变流器之间通常需要100m 左右的电缆进行连接，因此基于 PWM 长线驱动所引发的问题在兆瓦级双馈型风力发电系统中显得更为突出。因此在双馈电机的驱动变流器输出端通常需配置相应的 du/dt 滤波器。应用于变流器输出端的 du/dt 滤波器主要有 *LR* 滤波器、*RLC* 滤波器、*LC* 与 *RLC* 串联滤波器，其结构如图4-7 所示。

双馈型风力发电机的变流控制结构理论上主要有以下三种结构形式，如图4-8所示。

图4-8a 所示为一种较为常见的双馈型风力发电机变流控制结构。其突出的优点在于变流器所处理的功率仅为双馈电机转子侧功率，所需变流器容量较小，变流器设计、制造较为容易，但其缺点是电网适应性较差。为改善双馈型风力发电机的电网适应性，近年来出现了如图4-8b 所示的变流控制拓扑结构，即全控型双馈电机控制拓扑结构，与图4-8a 中的常规控制结构相比，这种控制的突出优点可概括如下：

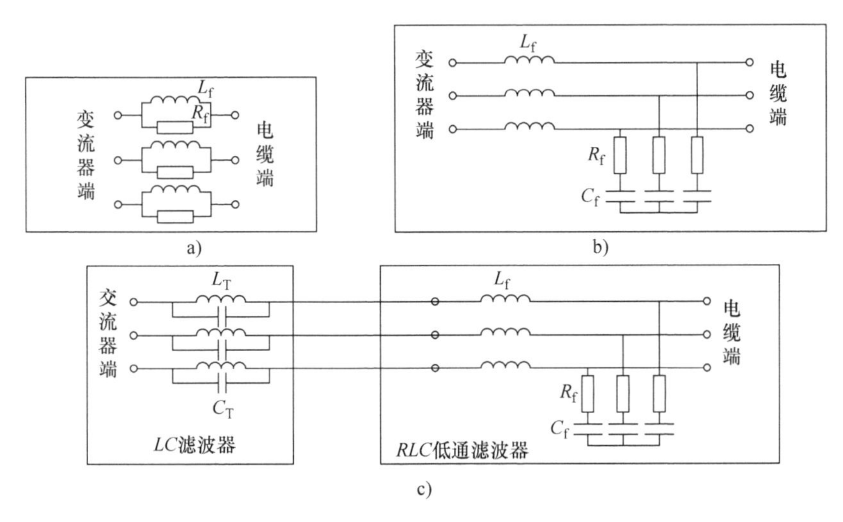

图 4-7　变流器输出 du/dt 滤波器

a）*LR* 滤波器　b）*RLC* 滤波器　c）*LC* 与 *RLC* 串联滤波器

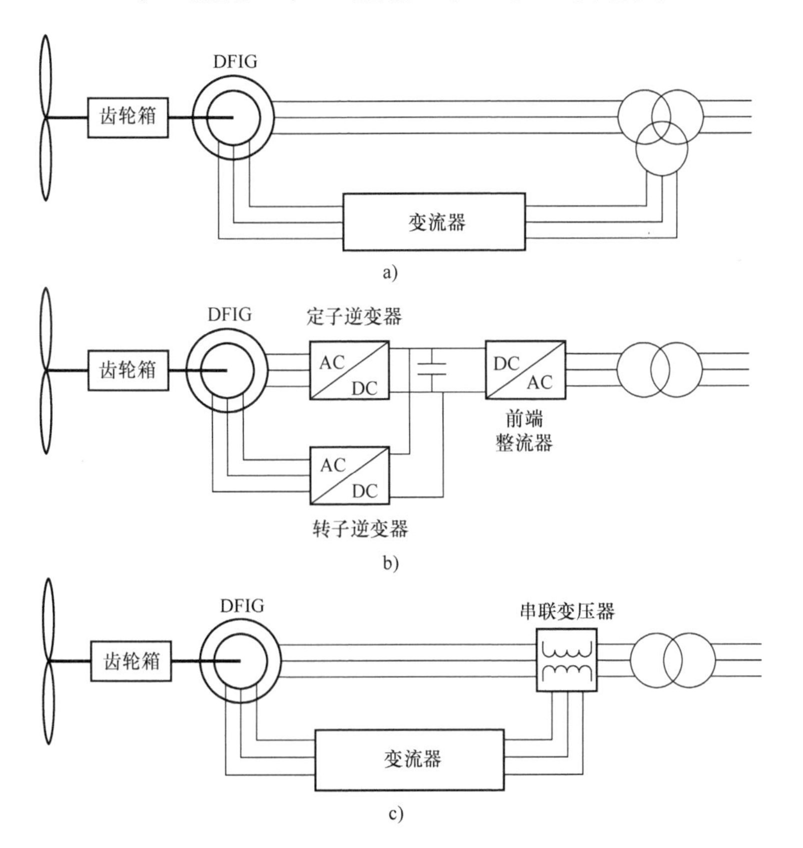

图 4-8　双馈型风力发电的变流控制结构

a）典型变流控制结构　b）全控型变流控制结构　c）串联控制型变流结构

1）由于双馈电机定子的频率可控，故通过适当的控制策略可以使得双馈电机保持运行在同步转速以上，从而避免次同步运行时能量在电机内部形成环流的状况，提高了系统的发电效率。

2）实现了双馈电机与电网之间的完全解耦，从而改善了电网电压波动对双馈电机运行造成的影响，更容易满足电力系统对风力发电机的要求，尤其是风力发电机的低电压穿越（Low Voltage Ride Trough，LVRT）特性。

3）有助于实现大型风场，尤其是近海风场通过高压直流输电系统输送能量。

但图 4-8b 所示全控型拓扑结构也有其明显的缺陷，主要表现在以下两个方面：

1）需要定、转子协调控制，且控制结构较为复杂。

2）所需变流器容量较大、器件较多，在一定程度上损失了双馈型风力发电机的成本优势。

图 4-8c 所示为双馈电机的串联型控制拓扑结构。在这种控制结构中，网侧变流器通过串联变压器与电网相连，类似于动态电压恢复器（Dynamic Voltage Restorer，DVR）的拓扑结构，电机定子电压为电网电压与串联变压器一次电压之和。在这种控制结构中，网侧变流器能够起到动态调整双馈电机定子电压的作用，有利于改善双馈电机在电网电压波动时的运行性能。

4.2.2 双馈电机数学模型

双馈发电机的驱动控制性能直接影响到双馈风力发电机的动态稳定性，无论是系统仿真分析研究，还是对双馈电机自身运行控制特性的研究，以及双馈变流器的控制设计等，都离不开双馈电机的数学模型，下面介绍几种不同坐标系下双馈电机的数学模型。

4.2.2.1 三相静止 *ABC* 坐标系下的多变量数学模型

与普通异步电机类似，双馈电机的数学模型也是一个高阶、非线性、强耦合的多变量模型。在建立其多变量数学模型时，通常作如下假设：忽略空间谐波、忽略磁路饱和、忽略铁心损耗、忽略绕组电阻参数的变化等，并将转子绕组等效折算到定子侧，据此双馈电机的等效物理模型结构如图 4-9 所示。

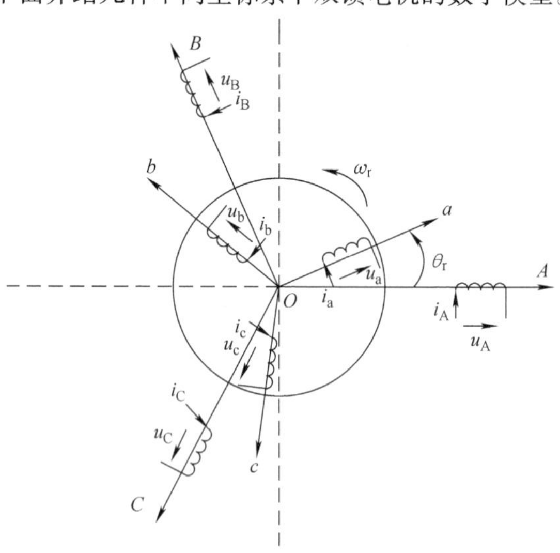

图 4-9 双馈电机的等效物理模型结构

图 4-9 中，定子三相绕组 A、B、C 的空间位置固定，且互差 120°，并以此作为定子三相静止 *ABC* 坐标系的坐标参考轴。转子绕组的轴线随转子旋转而旋转，并假定转子 a 轴和定子 A 轴之间夹角的电角度为 θ_r，θ_r 为

空间角位移变量。若采用电机惯例，则可列出双馈电机的电压方程、磁链方程、转矩方程和运动方程。

由基尔霍夫定律和楞次定律可得定子回路和转子回路的电压平衡方程为

$$\boldsymbol{u}=\boldsymbol{R}\boldsymbol{i}+\frac{\mathrm{d}}{\mathrm{d}t}\boldsymbol{\Psi} \tag{4-1}$$

式中 $\boldsymbol{u}=[u_A \quad u_B \quad u_C \quad u_a \quad u_b \quad u_c]^T$；

$\boldsymbol{i}=[i_A \quad i_B \quad i_C \quad i_a \quad i_b \quad i_c]^T$；

$\boldsymbol{\Psi}=[\psi_A \quad \psi_B \quad \psi_C \quad \psi_a \quad \psi_b \quad \psi_c]^T$；

$\boldsymbol{R}=\mathrm{diag}([R_s \quad R_s \quad R_s \quad R_r \quad R_r \quad R_r])$；

u_A，u_B，u_C——定子电压；

u_a，u_b，u_c——转子电压；

i_A，i_B，i_C——定子电流；

i_a，i_b，i_c——转子电流；

R_s——定子绕组电阻；

R_r——转子绕组电阻；

ψ_A，ψ_B，ψ_C——定子绕组的全磁链；

ψ_a，ψ_b，ψ_c——转子绕组的全磁链。

式（4-1）中每相绕组的全磁链是它本身的自感磁链和其他绕组对它的互感磁链之和，即

$$\begin{bmatrix}\boldsymbol{\Psi}_s\\ \boldsymbol{\Psi}_r\end{bmatrix}=\begin{bmatrix}\boldsymbol{L}_{ss} & \boldsymbol{L}_{sr}\\ \boldsymbol{L}_{rs} & \boldsymbol{L}_{rr}\end{bmatrix}\begin{bmatrix}\boldsymbol{i}_s\\ \boldsymbol{i}_r\end{bmatrix}=\boldsymbol{L}\boldsymbol{i} \tag{4-2}$$

式中 $\boldsymbol{\Psi}_s=[\psi_A \quad \psi_B \quad \psi_C]^T$；

$\boldsymbol{\Psi}_r=[\psi_a \quad \psi_b \quad \psi_c]^T$；

$\boldsymbol{i}_s=[i_A \quad i_B \quad i_C]^T$；

$\boldsymbol{i}_r=[i_a \quad i_b \quad i_c]^T$，且

$$\boldsymbol{L}_{ss}=\begin{bmatrix}L_{ms}+L_{ls} & -\frac{1}{2}L_{ms} & -\frac{1}{2}L_{ms}\\ -\frac{1}{2}L_{ms} & L_{ms}+L_{ls} & -\frac{1}{2}L_{ms}\\ -\frac{1}{2}L_{ms} & -\frac{1}{2}L_{ms} & L_{ms}+L_{ls}\end{bmatrix} \tag{4-3}$$

$$\boldsymbol{L}_{rr}=\begin{bmatrix}L_{ms}+L_{lr} & -\frac{1}{2}L_{ms} & -\frac{1}{2}L_{ms}\\ -\frac{1}{2}L_{ms} & L_{ms}+L_{lr} & -\frac{1}{2}L_{ms}\\ -\frac{1}{2}L_{ms} & -\frac{1}{2}L_{ms} & L_{ms}+L_{lr}\end{bmatrix} \tag{4-4}$$

$$\boldsymbol{L}_{rs}=\boldsymbol{L}_{sr}^{T}=L_{ms}\begin{bmatrix}\cos\theta_r & \cos(\theta_r-120°) & \cos(\theta_r+120°)\\ \cos(\theta_r+120°) & \cos\theta_r & \cos(\theta_r-120°)\\ \cos(\theta_r-120°) & \cos(\theta_r+120°) & \cos\theta_r\end{bmatrix} \tag{4-5}$$

式中　L_{ms}——与定子或转子一相绕组交链的最大互感磁链对应的定子或转子绕组互感；

L_{ls}——定子各相绕组的漏磁链对应的定子漏感；

L_{lr}——转子各相绕组漏磁链对应的转子漏感。

将式（4-2）代入式（4-1）得

$$\boldsymbol{u}=\boldsymbol{R}\boldsymbol{i}+\boldsymbol{L}\frac{\mathrm{d}\boldsymbol{i}}{\mathrm{d}t}+\frac{\mathrm{d}\boldsymbol{L}}{\mathrm{d}t}\boldsymbol{i} \tag{4-6}$$

在三相静止坐标系下，双馈电机电磁转矩方程可表示为

$$T_e=\frac{1}{2}n_p\boldsymbol{i}^{T}\begin{bmatrix}0 & \frac{\mathrm{d}}{\mathrm{d}\theta_r}\boldsymbol{L}_{sr}\\ \frac{\mathrm{d}}{\mathrm{d}\theta_r}\boldsymbol{L}_{rs} & 0\end{bmatrix}\boldsymbol{i} \tag{4-7}$$

式中　n_p——双馈电机的极对数。

将电感方程式（4-5）代入式（4-7）得

$$T_e=-n_pL_{ms}[(i_Ai_a+i_Bi_b+i_Ci_c)\sin\theta_r+(i_Ai_b+i_Bi_c+i_Ci_a)\sin(\theta_r+120°)+(i_Ai_c+i_Bi_a+i_Ci_b)\sin(\theta_r-120°)] \tag{4-8}$$

假设作用在双馈电机转轴上的转矩为 T_L，在考虑转轴旋转摩擦作用的情况下，可得双馈电机自身的运动方程式为

$$\frac{\mathrm{d}\omega_r}{\mathrm{d}t}=\frac{n_p}{J_g}(T_e-T_L)-\frac{1}{J_g}B_g\omega_r \tag{4-9}$$

显然，三相静止坐标系下的双馈电机数学模型是较为复杂的7阶数学模型，由于存在多变量的耦合，所以以此模型进行控制系统分析与设计会存在诸多困难，但可以利用该模型进行系统仿真。利用该模型进行系统仿真时，由于其各相绕组的自感参数以及各相绕组之间的互感参数等都可以直接进行设置，并且对定子侧绕组△联结的电机还能够描述其内部的环流特性，因此具有较好的模型仿真准确性。但三相静止坐标系下的双馈电机数学模型，由于各绕组之间的强耦合性以及电磁转矩 T_e 与定转子各相电流之间的非线性作用使得系统的分析较为复杂，不利于系统的分析研究，所以在对系统进行分析时，通常可以借助坐标变化的方法对其进行简化。

4.2.2.2　两相 $\alpha\beta$ 坐标系下的数学模型

令两相 $\alpha\beta$ 坐标系的 β 轴与三相坐标系的 A 轴保持重合状态，如图4-10所示。将双馈电机定子三相 ABC 坐标系中的量（这里以电流 i_A、i_B、i_C 为例）变换到定子两相 $\alpha\beta$ 坐标系中的坐标变换关系为

$$[i_{s\beta}\quad i_{s\alpha}\quad i_{s0}]^{T}=\boldsymbol{M}_{3s/2s}[i_A\quad i_B\quad i_C]^{T} \tag{4-10}$$

式中　$i_{s\alpha}$，$i_{s\beta}$，i_{s0}——$\alpha\beta$ 坐标系中的定子电流；

$\boldsymbol{M}_{3s/2s}$——三相 ABC 坐标系到两相 $\alpha\beta$ 坐标系的坐标变换的变换矩阵，其表达式为

$$M_{3s/2s}=\frac{2}{3}\begin{bmatrix}1 & -\frac{1}{2} & -\frac{1}{2}\\ 0 & -\frac{\sqrt{3}}{2} & \frac{\sqrt{3}}{2}\\ \frac{1}{2} & \frac{1}{2} & \frac{1}{2}\end{bmatrix}$$

式（4-10）中的变换同样适用于定子电压和定子磁链。

双馈电机转子三相 abc 坐标系是以转子速度同步旋转，并相对于转子绕组静止的坐标系。图 4-10 所示为转子坐标系与定子坐标系之间的关系。

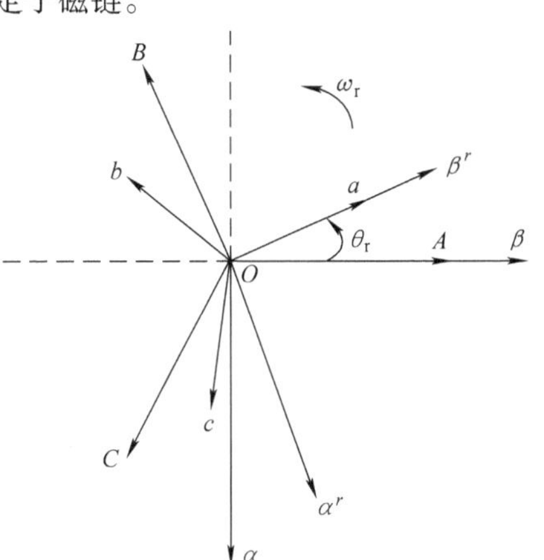

图 4-10 转子坐标系与定子坐标系的位置关系

图 4-10 中，$\alpha^r\beta^r$ 表示与转子同步的两相坐标系。显然，从转子 abc 坐标系到 $\alpha^r\beta^r$ 坐标系的变换同样可以看做是三相静止坐标系到两相静止坐标系的坐标变换，即

$$[i^r_{r\beta} \quad i^r_{r\alpha} \quad i^r_{r0}]^T = M_{3s/2s}[i_{ra} \quad i_{rb} \quad i_{rc}]^T \tag{4-11}$$

同时，由图 4-10 不难看出从转子 abc 坐标系到定子 $\alpha\beta$ 坐标系的坐标变换为旋转变换的逆变换，其变换过程可以描述为

$$\begin{aligned}[i_{r\beta} \quad i_{r\alpha} \quad i_{r0}]^T &= M_{2r/2s}[i^r_{r\beta} \quad i^r_{r\alpha} \quad i^r_{r0}]^T\\ &= M_{2r/2s}M_{3s/2s}[i_{ra} \quad i_{rb} \quad i_{rc}]^T\end{aligned} \tag{4-12}$$

式中 $M_{2r/2s}=(M_{2r/2s})^{-1}=\begin{bmatrix}\cos\theta_r & \sin\theta_r\\ -\sin\theta_r & \cos\theta_r\end{bmatrix}$；

$i^r_{r\alpha}$，$i^r_{r\beta}$——转子电流在转子 $\alpha^r\beta^r$ 坐标系中的坐标轴分量；

$i_{r\alpha}$，$i_{r\beta}$——转子电流在定子 $\alpha\beta$ 坐标系中的坐标轴分量。

对双馈电机定子电压方程进行三相 ABC 坐标系到两相 $\alpha\beta$ 坐标系的坐标变换，得

$$\begin{bmatrix}u_{s\beta}\\ u_{s\alpha}\end{bmatrix}=R_s\begin{bmatrix}i_{s\beta}\\ i_{s\alpha}\end{bmatrix}+\frac{d}{dt}\begin{bmatrix}\psi_{s\beta}\\ \psi_{s\alpha}\end{bmatrix} \tag{4-13}$$

式中 $u_{s\alpha}$，$u_{s\beta}$——定子电压在定子 $\alpha\beta$ 坐标系中的坐标轴分量；

$\psi_{s\alpha}$，$\psi_{s\beta}$——定子磁链在定子 $\alpha\beta$ 坐标系中的坐标轴分量。

同理，对双馈电动机转子电压方程进行三相 abc 坐标系到定子两相 $\alpha\beta$ 坐标系的坐标变换，可将定子两相 $\alpha\beta$ 坐标系下的转子电压方程表述为

$$\begin{bmatrix}u_{r\beta}\\ u_{r\alpha}\end{bmatrix}=R_r\begin{bmatrix}i_{r\beta}\\ i_{r\alpha}\end{bmatrix}+\frac{d}{dt}\begin{bmatrix}\psi_{r\beta}\\ \psi_{r\alpha}\end{bmatrix}+\omega_r\begin{bmatrix}\psi_{r\alpha}\\ -\psi_{r\beta}\end{bmatrix} \tag{4-14}$$

式中 $u_{r\alpha}$，$u_{r\beta}$——转子电压在定子 $\alpha\beta$ 坐标系中的坐标轴分量；

$\psi_{r\alpha}$，$\psi_{r\beta}$——转子磁链在定子 $\alpha\beta$ 坐标系中的坐标轴分量。

同理，对磁链方程式（4-2）进行三相 ABC（abc）坐标系到定子两相 $\alpha\beta$ 坐标系的坐标变换，得

$$\begin{bmatrix}\psi_{s\beta}\\ \psi_{s\alpha}\\ \psi_{s0}\\ \psi_{r\beta}\\ \psi_{r\alpha}\\ \psi_{r0}\end{bmatrix}=\begin{bmatrix}\boldsymbol{M}_{3s/2s} & 0\\ 0 & \boldsymbol{M}_{2r/2s}\boldsymbol{M}_{3s/2s}\end{bmatrix}\begin{bmatrix}\psi_{sA}\\ \psi_{sB}\\ \psi_{sC}\\ \psi_{rA}\\ \psi_{rB}\\ \psi_{rC}\end{bmatrix} \tag{4-15}$$

将式（4-2）代入式（4-15），并且利用坐标变换将三相坐标系中定子和转子的电流表示成 $\alpha\beta$ 坐标系中的形式，得

$$\begin{bmatrix}\psi_{s\beta}\\ \psi_{s\alpha}\\ \psi_{s0}\\ \psi_{r\beta}\\ \psi_{r\alpha}\\ \psi_{r0}\end{bmatrix}=\begin{bmatrix}\boldsymbol{M}_{3s/2s} & 0\\ 0 & \boldsymbol{M}_{2r/2s}\boldsymbol{M}_{3s/2s}\end{bmatrix}\begin{bmatrix}\boldsymbol{L}_{ss} & \boldsymbol{L}_{sr}\\ \boldsymbol{L}_{rs} & \boldsymbol{L}_{rr}\end{bmatrix}\begin{bmatrix}(\boldsymbol{M}_{3s/2s})^{-1} & 0\\ 0 & (\boldsymbol{M}_{2r/2s}\boldsymbol{M}_{3s/2s})^{-1}\end{bmatrix}\begin{bmatrix}i_{s\beta}\\ i_{s\alpha}\\ i_{s0}\\ i_{r\beta}\\ i_{r\alpha}\\ i_{r0}\end{bmatrix} \tag{4-16}$$

值得注意的是，式中旋转坐标系与静止坐标系之间的变换矩阵 $\boldsymbol{M}_{2r/2s}$ 所用的角度指转子的旋转电角度 θ_r，其定义如图 4-10 所示。通过矩阵运算，式（4-16）可以简化为

$$\begin{bmatrix}\psi_{s\beta}\\ \psi_{s\alpha}\\ \psi_{s0}\\ \psi_{r\beta}\\ \psi_{r\alpha}\\ \psi_{r0}\end{bmatrix}=\begin{bmatrix}L_s & 0 & 0 & L_m & 0 & 0\\ 0 & L_s & 0 & 0 & L_m & 0\\ 0 & 0 & L_{ls} & 0 & 0 & 0\\ L_m & 0 & 0 & L_r & 0 & 0\\ 0 & L_m & 0 & 0 & L_r & 0\\ 0 & 0 & 0 & 0 & 0 & L_{lr}\end{bmatrix}\begin{bmatrix}i_{s\beta}\\ i_{s\alpha}\\ i_{s0}\\ i_{r\beta}\\ i_{r\alpha}\\ i_{r0}\end{bmatrix} \tag{4-17}$$

式中 $L_m=\dfrac{3}{2}L_{ms}$——$\alpha\beta0$ 坐标系下同轴等效定子与转子绕组间的互感；

$L_s=\dfrac{3}{2}L_{ms}+L_{ls}$——$\alpha\beta0$ 坐标系等效两相定子绕组的自感；

$L_r=\dfrac{3}{2}L_{mr}+L_{lr}$——$\alpha\beta0$ 坐标系等效两相转子绕组的自感。

将式（4-17）代入式（4-13）和式（4-14）中，得到 $\alpha\beta$ 坐标系中双馈电机的电压

方程为

$$
\begin{bmatrix} u_{s\alpha} \\ u_{s\beta} \\ u_{r\alpha} \\ u_{r\beta} \end{bmatrix} = \begin{bmatrix} R_s + pL_s & 0 & pL_m & 0 \\ 0 & R_s + pL_s & 0 & pL_m \\ pL_m & -\omega_r L_m & R_r + pL_r & -\omega_r L_r \\ \omega_r L_m & pL_m & \omega_r L_r & R_r + pL_r \end{bmatrix} \begin{bmatrix} i_{s\alpha} \\ i_{s\beta} \\ i_{r\alpha} \\ i_{r\beta} \end{bmatrix} \tag{4-18}
$$

式中　p——微分算子。

据此，可将双馈电机的T型等效电路描述为如图4-11所示。

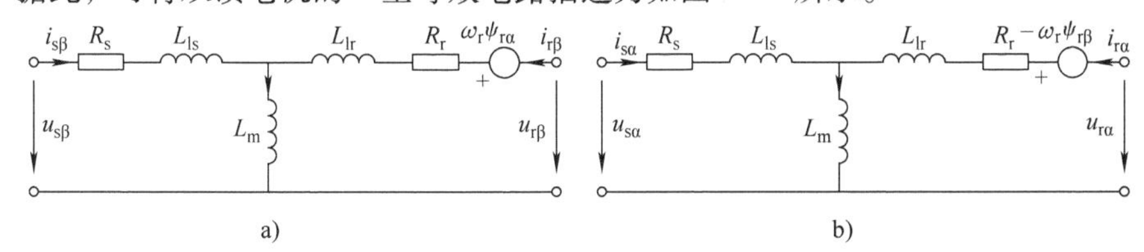

图4-11　$\alpha\beta$坐标系下双馈电机的T型等效电路

a）β轴　b）α轴

为简化分析，可将图4-11中的T型等效电路进一步简化成Γ型等效电路的形式，如图4-12所示。

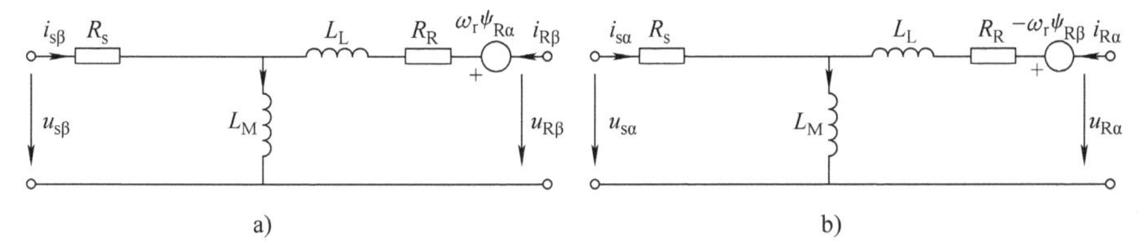

图4-12　$\alpha\beta$坐标系下双馈电机的Γ型等效电路

a）β轴　b）α轴

图4-12中，$\psi_{R\alpha(\beta)} = \gamma\psi_{r(\beta)}$；$i_{R\alpha(\beta)} = \gamma i_{r\alpha(\beta)}$；$L_M = \gamma L_m$；$L_L = \gamma L_{ls} + \gamma^2 L_{lr}$；$R_R = \gamma^2 R_r$；$\gamma = \dfrac{L_s}{L_m}$。

将相应的坐标变换运用于电磁转矩方程,可得$\alpha\beta$的坐标系下的电磁转矩方程为

$$
T_e = \frac{3}{2} n_p (\psi_{s\alpha} i_{s\beta} - \psi_{s\beta} i_{s\alpha}) \tag{4-19}
$$

4.2.2.3　两相同步旋转 *dq* 坐标系下的数学模型

对于对称正弦量而言，当采用坐标变换将其表示为同步旋转 dq 坐标系时，相应的量值将会变换为直流量，从而可以使系统的分析得以简化。为此，将Park变换运用于双馈电机数学模型中，便可以将两相 $\alpha\beta$ 坐标系下双馈电机的数学模型变换成同步旋转 dq 坐标系下双馈电机的数学模型。Park坐标变换所涉及的两相 $\alpha\beta$ 坐标系与两相旋转 dq 坐标系之间的位置关系如图4-13所示。

图4-13中，$\boldsymbol{X}$ 为 $\alpha\beta$ 坐标系中的任意矢量。

据此，可得双馈电机在 dq 坐标系中的电压方程为

$$\begin{bmatrix} u_{sq} \\ u_{sd} \\ u_{rq} \\ u_{rd} \end{bmatrix} = \begin{bmatrix} R_s & 0 & 0 & 0 \\ 0 & R_s & 0 & 0 \\ 0 & 0 & R_r & 0 \\ 0 & 0 & 0 & R_r \end{bmatrix} \begin{bmatrix} i_{sq} \\ i_{sd} \\ i_{rq} \\ i_{rd} \end{bmatrix} + \begin{bmatrix} \mathrm{p} & \omega_s & 0 & 0 \\ -\omega_s & \mathrm{p} & 0 & 0 \\ 0 & 0 & \mathrm{p} & \omega_{sl} \\ 0 & 0 & -\omega_{sl} & \mathrm{p} \end{bmatrix} \begin{bmatrix} \psi_{sq} \\ \psi_{sd} \\ \psi_{rq} \\ \psi_{rd} \end{bmatrix} \tag{4-20}$$

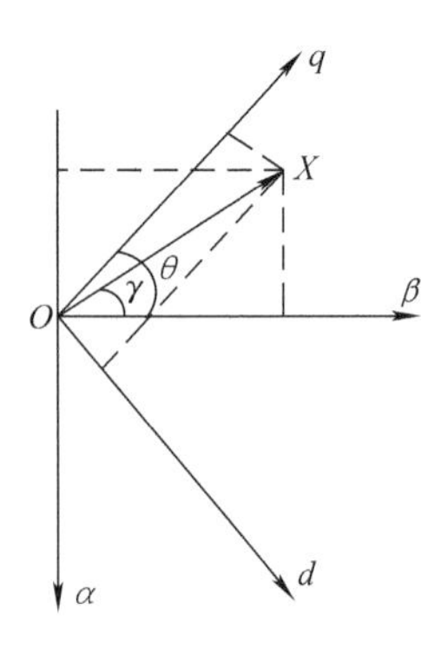

图 4-13 $\alpha\beta$ 坐标系与 dq 坐标系间的位置关系

式中 ω_s——同步角频率；

ω_{sl}——转差角频率（$\omega_{sl} = s\omega_s$，s 为转差率）；

下标 d——d 轴分量；

下标 q——q 轴分量。

磁链方程为

$$\begin{bmatrix} \psi_{sq} \\ \psi_{sd} \\ \psi_{s0} \\ \psi_{rq} \\ \psi_{rd} \\ 0 \end{bmatrix} = \begin{bmatrix} \boldsymbol{M}_{2s/2r} & 0 \\ 0 & \boldsymbol{M}_{2s/2r} \end{bmatrix} \begin{bmatrix} \psi_{s\beta} \\ \psi_{s\alpha} \\ \psi_{s0} \\ \psi_{r\beta} \\ \psi_{r\alpha} \\ \psi_{r0} \end{bmatrix}$$

$$= \begin{bmatrix} \boldsymbol{M}_{2s/2r} & 0 \\ 0 & \boldsymbol{M}_{2s/2r} \end{bmatrix} \begin{bmatrix} L_s & 0 & 0 & L_m & 0 & 0 \\ 0 & L_s & 0 & 0 & L_m & 0 \\ 0 & 0 & L_{ls} & 0 & 0 & 0 \\ L_m & 0 & 0 & L_r & 0 & 0 \\ 0 & L_m & 0 & 0 & L_r & 0 \\ 0 & 0 & 0 & 0 & 0 & L_{lr} \end{bmatrix} \begin{bmatrix} \boldsymbol{M}_{2r/2s} & 0 \\ 0 & \boldsymbol{M}_{2r/2s} \end{bmatrix} \begin{bmatrix} i_{sq} \\ i_{sd} \\ i_{sq} \\ i_{rq} \\ i_{rd} \\ i_{r0} \end{bmatrix} \tag{4-21}$$

式中 坐标变换矩阵 $\boldsymbol{M}_{2s/2r}$ 及其逆矩阵 $\boldsymbol{M}_{2r/2s}$ 所用的角度为 θ_s，对应于同步旋转角频率 ω_s，即 $\mathrm{p}\theta = \omega_s$。

对式（4-21）进行矩阵运算，得出 dq 坐标系中双馈电机的磁链方程为

$$\begin{bmatrix} \psi_{sq} \\ \psi_{sd} \\ \psi_{s0} \\ \psi_{rq} \\ \psi_{rd} \\ \psi_{r0} \end{bmatrix} = \begin{bmatrix} L_s & 0 & 0 & L_m & 0 & 0 \\ 0 & L_s & 0 & 0 & L_m & 0 \\ 0 & 0 & L_{ls} & 0 & 0 & 0 \\ L_m & 0 & 0 & L_r & 0 & 0 \\ 0 & L_m & 0 & 0 & L_r & 0 \\ 0 & 0 & 0 & 0 & 0 & L_{lr} \end{bmatrix} \begin{bmatrix} i_{sq} \\ i_{sd} \\ i_{s0} \\ i_{rq} \\ i_{rd} \\ i_{r0} \end{bmatrix} \tag{4-22}$$

将式（4-22）代入（4-20），得

$$\begin{bmatrix} u_{sd} \\ u_{sq} \\ u_{rd} \\ u_{rq} \end{bmatrix} = \begin{bmatrix} R_s + pL_s & -\omega_s L_s & pL_m & -\omega_s L_m \\ \omega_s L_s & R_s + pL_s & \omega_s L_m & pL_m \\ pL_m & -\omega_{sl} L_m & R_r + pL_r & -\omega_{sl} L_r \\ \omega_{sl} L_m & pL_m & \omega_{sl} L_r & R_r + pL_r \end{bmatrix} \begin{bmatrix} i_{sd} \\ i_{sq} \\ i_{rd} \\ i_{rq} \end{bmatrix} \tag{4-23}$$

对式（4-19）进行坐标变换，可得双馈电机 dq 坐标系中电磁转矩的表达式为

$$T_e = \frac{3}{2} n_p (\psi_{sd} i_{sq} - \psi_{sq} i_{sd}) \tag{4-24}$$

同理可以画出 dq 坐标系下双馈电机的等效电路模型如图 4-14 所示。

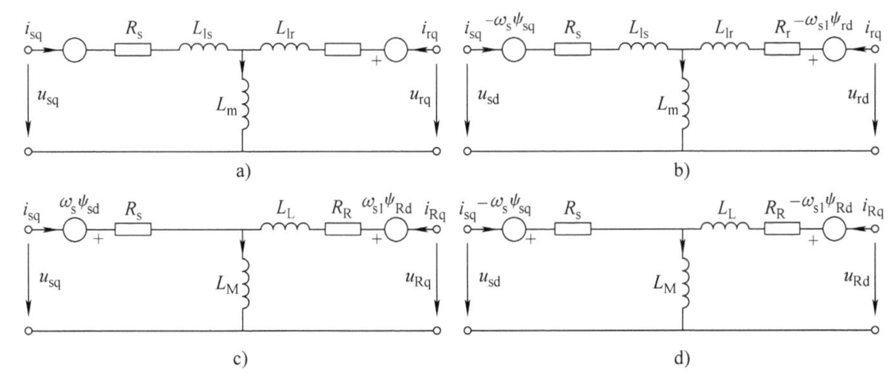

图 4-14　双馈电机 dq 坐标系中的等效电路

a）q 轴 T 型等效电路　b）d 轴 T 型等效电路

c）q 轴 Γ 型等效电路　d）d 轴 Γ 型等效电路

4.2.2.4　降阶的简化数学模型

以上所建立的双馈电机的数学模型均为具有较高的阶次。为简化分析，在一些工程应用时并不需要对双馈电机内部的电磁过渡过程进行精确描述，因此可以对双馈电机数学模型进行降阶简化。降阶简化的双馈电机数学模型有 3 阶、2 阶和 1 阶数学模型，其中对 3 阶和 2 阶数学模型根据其所选择状态变量的不同又有几种不同的简化形式，这里不再详述。

由双馈型风力发电系统的拓扑结构可知，双馈电机定子直接与电网相连，且通常可以认为电网电压基本不变。因此，在数学模型的简化中，可忽略定子磁链的动态过程，即忽略式（4-23）中定子磁链的微分项。于是，可得双馈电机的 3 阶简化数学模型为

$$\begin{cases} u_{sq} = R_s i_{sq} + \omega_s \psi_{sd} \\ u_{sd} = R_s i_{sd} - \omega_s \psi_{sq} \\ u_{rq} = R_r i_{rq} + \omega_{sl} \psi_{rd} + \dfrac{d\psi_{rq}}{dt} \\ u_{rd} = R_r i_{rd} - \omega_{sl} \psi_{rq} + \dfrac{d\psi_{rd}}{dt} \\ \dfrac{d\omega_r}{dt} = \dfrac{n_p}{J_g}(T_e - T_L) - \dfrac{1}{J_g} B_g \omega_r \end{cases} \tag{4-25}$$

针对以上双馈电机的3阶简化数学模型，当电网电压稳定时，可以得到双馈电机较为准确的数学描述，但当电网电压发生幅值跌落、相位跃变等动态扰动时，由于3阶简化数学模型忽略了定子磁链的动态过程，因此无法得到双馈电机较为准确的数学描述。

4.2.3 双馈电机的工作原理及工作状态

4.2.3.1 工作原理

基于背靠背变流器转子励磁控制的双馈发电系统拓扑结构如图4-15所示。

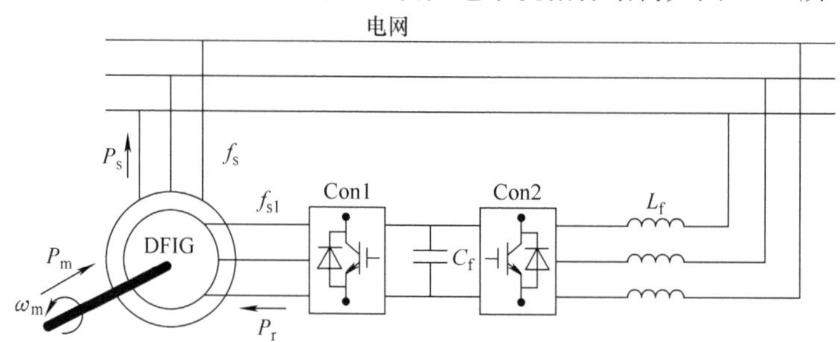

图4-15 基于背靠背变流器的双馈系统拓扑结构

图4-15中双馈电机的定子直接与电网相连，转子通过背靠背变流器与电网相连。当双馈电机容量与电网容量相比足够小时，通常可以假设电网为无穷大电网，即认为双馈电机定子电压和频率为定值。对于大型风力发电系统而言，双馈电机定子通常接入690V、50Hz的三相对称交流电。双馈电机作为一种特殊设计的异步电机，依然遵循异步电机的机电能量转换机理。依照异步电机的运行规则，稳态运行时，双馈电机定子磁场与转子磁场具有相同的旋转速率，即

$$\omega_s = \omega_r + \omega_{sl} \tag{4-26}$$

式中 ω_s——双馈电机定子频率，单位为rad/s；

ω_r——双馈电机转子转速对应的电频率，单位为rad/s；

ω_{sl}——双馈电机转差角频率，单位为rad/s。

由式（4-26）可知，在双馈电机定子频率不变的情况下，双馈电机转子的旋转频率将随着转速的变化而变化。因此，一方面，在变流器容量允许的范围内，可以通过改变转子侧电压和电流频率来改变双馈电机的转速；另一方面，在风力发电系统中，由于风速的变化而引起双馈电机转速变化时，转子侧变流器能够根据双馈电机转速的变化需求来相应改变转子电压和电流的频率，以实现双馈型风力发电机的变速恒频（Variable Speed Constant Frequency，VSCF）运行，即当双馈电机的转子旋转速度变化时，通过双馈电机转子的励磁控制使双馈电机的定子频率恒定为电网频率。

由于双馈型风力发电系统中的转子侧背靠背变流器通常为电压源型变流器，因此以下以双馈电机转子侧串联电压源的形式对双馈电机的运行原理进行分析。由异步电机相关理论可知，双馈电机的稳态等效电路如图4-16所示。

图4-16中，R_s为定子电阻；X_s为定子漏抗；R_r为归算后转子绕组的电阻；X_r为归算

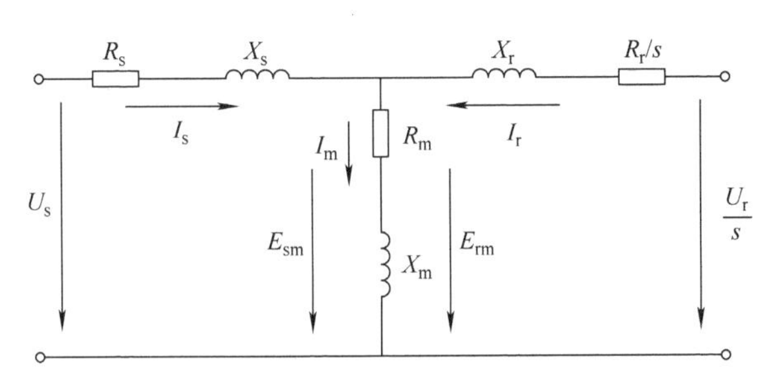

图4-16　双馈电机的等效电路

后转子绕组的漏抗；X_m 为与主磁链相对应的铁心电路的励磁电抗；R_m 为与铁心损耗相对应的等效电阻。

定、转子电流矢量 $\boldsymbol{I}_s$、$\boldsymbol{I}_r$ 之间的关系以及定、转子侧励磁电动势 $\boldsymbol{E}_{sm}$、$\boldsymbol{E}_{rm}$之间的关系可分别表述为

$$\boldsymbol{I}_r=\frac{\frac{\boldsymbol{U}_r}{s}+\boldsymbol{E}_{rm}}{\frac{R_r}{s}+\mathrm{j}X_r} \tag{4-27}$$

$$\boldsymbol{I}_s=\frac{\boldsymbol{U}_s+\boldsymbol{E}_{sm}}{R_s+\mathrm{j}X_s} \tag{4-28}$$

$$\boldsymbol{I}_r=\boldsymbol{I}_m-\boldsymbol{I}_s \tag{4-29}$$

$$\boldsymbol{E}_{sm}=\boldsymbol{E}_{rm} \tag{4-30}$$

式中　$\boldsymbol{U}_s$——定子端电压相量；

$\boldsymbol{U}_r$——转子端电压相量；

R_s——定子绕组电阻；

R_r——转子绕组电阻。

显然，通过对双馈电机转子侧电压的控制即可实现对其定子电流的控制，进而实现对定子有功功率和无功功率的控制，这就是双馈电机通过转子侧变流器实现功率控制的基本原理。

4.2.3.2　工作状态分析

在双馈型风力发电系统中，双馈电机有四种运行状态，即超同步发电运行、超同步电动运行、次同步发电运行以及次同步电动运行，如图4-17所示。

在双馈型风力发电系统中，稳态运行时双馈电机多工作在发电状态，但在动态过程中，为了以较快的速度跟随最大功率点（捕获最大风能），也可使其工作在电动状态。例如由于风速的增加而使得风力机需要加速运行时，为了获得较快的动态响应，需要控制双馈电机使其运行在电动状态，即输出机械功率以使得风力机在较短的时间内运行到最大功率点。

双馈电机的四种不同运行状态所对应的定转子之间的电压、电流等间的关系如图4-18所示。

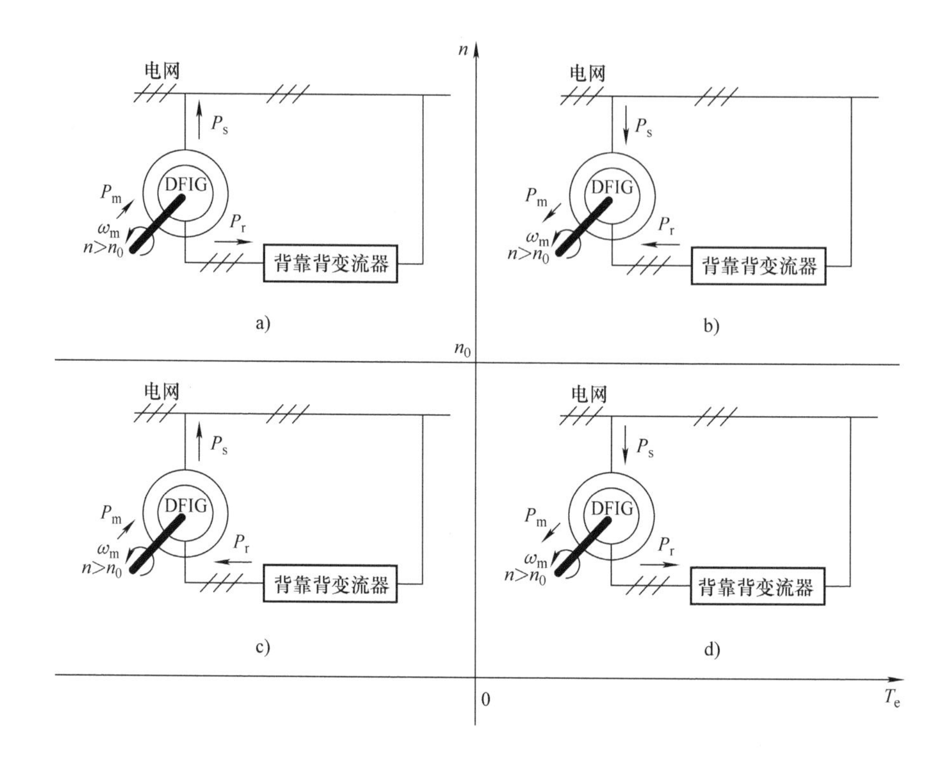

图 4-17　双馈型风力发电系统中双馈电机的四种不同运行状态

a）超同步发电　b）超同步电动　c）次同步发电　d）次同步电动

在图 4-18 中，双馈电机在各种运行状态下其定子所对应的均为单位功率因数运行，事实上双馈电机定子功率因数可控，在变流器容量允许的范围内，可以使双馈电机定子的功率因数为正（从电网吸收无功功率）、负（向电网发送无功功率）、±1（单位功率因数运行）。多数并网协议都要求分布式发电系统包括风场要将其电力接入点的功率因数维持在 ±0.95 之间。非单位功率因数时的矢量关系与图中描述类似。显然，若按照要求控制双馈电机转子端电压矢量，就可以实现双馈电机在任意状下态运行。

1. 超同步发电状态

在超同步发电状态下，双馈电机定子侧和转子侧功率均为负值，即定、转子侧同时输出功率，二者之和为轴上输入的机械功率。由图 4-18a 所示相量图可以将其功率关系具体表示为

$$
\begin{cases}
P_s = 1.5\mathrm{Re}[\boldsymbol{U}_s\boldsymbol{I}_s^*] = -1.5|\boldsymbol{U}_s||\boldsymbol{I}_s| < 0 \\
P_e = -1.5\mathrm{Re}[\boldsymbol{E}_{sm}\boldsymbol{I}_s^*] = -1.5|\boldsymbol{E}_{sm}||\boldsymbol{I}_s|\cos\varphi_e < 0 \\
P_m = (1-s)P_e < 0 \\
P_r = 1.5\mathrm{Re}[\boldsymbol{U}_r\boldsymbol{I}_r^*] = 1.5|\boldsymbol{U}_r||\boldsymbol{I}_r|\cos\varphi_r < 0
\end{cases}
\tag{4-31}
$$

式中　P_s——双馈电机定子侧输入的电功率；

P_e——双馈电机定子侧向转子侧传输的电磁功率；

P_m——双馈电机转轴上输入的机械功率；

P_r——双馈电机转子侧输入的电功率。

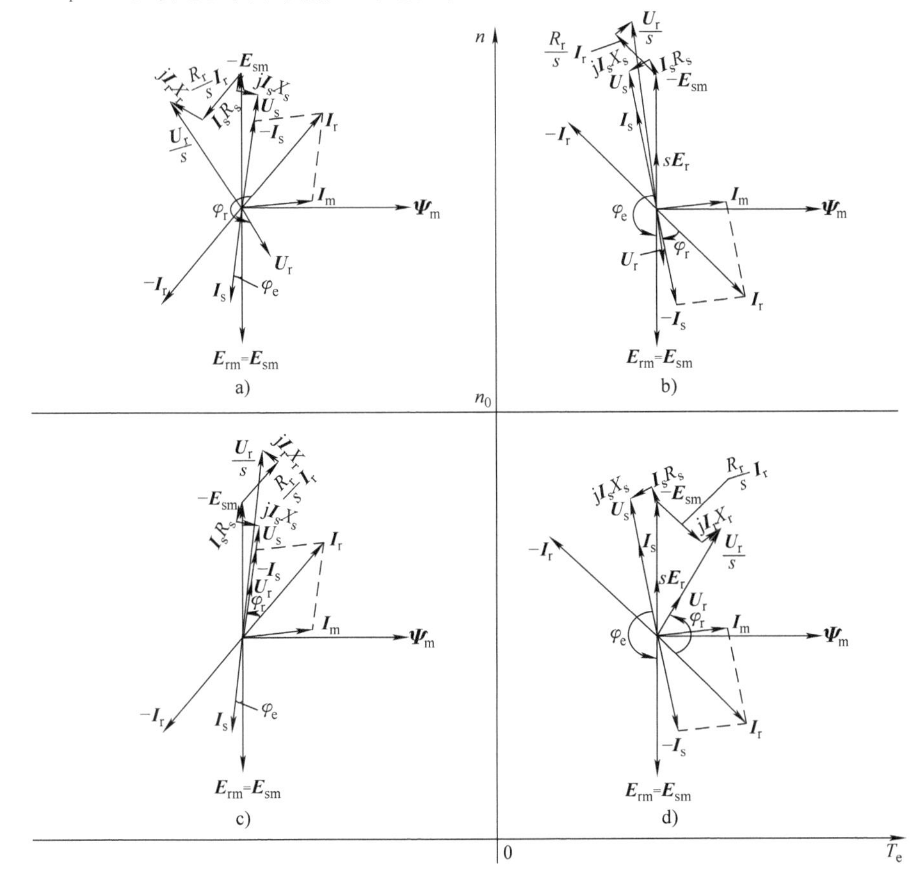

图 4-18　双馈电机四种不同运行状态下对应的矢量图

a）超同步发电　b）超同步电动　c）次同步发电　d）次同步电动

2. 超同步电动状态

在超同步电动状态下，双馈电机定子侧和转子侧功率均为正值，即定、转子侧同时输入功率，二者之和为轴上输出的机械功率。由图 4-18b 所示相量图可以将其功率关系具体表示为

$$\begin{cases} P_s = 1.5\mathrm{Re}[\boldsymbol{U}_s\boldsymbol{I}_s^*] = 1.5|\boldsymbol{U}_s||\boldsymbol{I}_s| > 0 \\ P_e = -1.5\mathrm{Re}[\boldsymbol{E}_{sm}\boldsymbol{I}_s^*] = -1.5|\boldsymbol{E}_{sm}||\boldsymbol{I}_s|\cos\varphi_e > 0 \\ P_m = (1-s)P_e > 0 \\ P_r = 1.5\mathrm{Re}[\boldsymbol{U}_r\boldsymbol{I}_r^*] = 1.5|\boldsymbol{U}_r||\boldsymbol{I}_r|\cos\varphi_r > 0 \end{cases} \tag{4-32}$$

3. 次同步发电状态

在超同步发电状态下，双馈电机定子侧功率为负值，而转子侧功率为正值，即定子侧输出功率，而转子侧输入功率。定子侧的输出功率为转子侧输入功率和轴上输入的机械功率之和。由图4-18c所示相量图可以将其功率关系具体表示为

$$\begin{cases} P_s = 1.5\mathrm{Re}[\boldsymbol{U}_s\boldsymbol{I}_s^*] = -1.5|\boldsymbol{U}_s||\boldsymbol{I}_s| < 0 \\ P_e = -1.5\mathrm{Re}[\boldsymbol{E}_{sm}\boldsymbol{I}_s^*] = -1.5|\boldsymbol{E}_{sm}||\boldsymbol{I}_s|\cos\varphi_e < 0 \\ P_m = (1-s)P_e < 0 \\ P_r = 1.5\mathrm{Re}[\boldsymbol{U}_r\boldsymbol{I}_r^*] = 1.5|\boldsymbol{U}_r||\boldsymbol{I}_r|\cos\varphi_r > 0 \end{cases} \tag{4-33}$$

4. 次同步电动状态

在次同步电动状态下，双馈电机定子侧功率为正值，而转子侧功率为负值，即定子侧输入功率，而转子侧输出功率，二者之差为轴上输出的机械功率。由图4-18d所示相量图可以将其功率关系具体表示为

$$\begin{cases} P_s = 1.5\mathrm{Re}[\boldsymbol{U}_s\boldsymbol{I}_s^*] = 1.5|\boldsymbol{U}_s||\boldsymbol{I}_s| > 0 \\ P_e = -1.5\mathrm{Re}[\boldsymbol{E}_{sm}\boldsymbol{I}_s^*] = -1.5|\boldsymbol{E}_{sm}||\boldsymbol{I}_s|\cos\varphi_e > 0 \\ P_m = (1-s)P_e > 0 \\ P_r = 1.5\mathrm{Re}[\boldsymbol{U}_r\boldsymbol{I}_r^*] = 1.5|\boldsymbol{U}_r||\boldsymbol{I}_r|\cos\varphi_r < 0 \end{cases} \tag{4-34}$$

4.2.4 双馈型风电变流器的控制策略

对双馈型风力发电机而言，其运行性能主要取决于对双馈电机的控制性能。由于双馈电机控制拓扑结构的特殊性，使得对双馈电机的控制策略较为复杂。就控制策略而言，目前主要有矢量控制（定子电压定向、定子磁链定向、气隙磁链定向等）、直接转矩控制（Direct Torque Control，DTC）、直接功率控制（Direct Power Control，DPC）、定转子协同控制、多标量控制、双通道多变量反馈控制等。然而，工程中应用较多的依然是矢量控制，本节将以矢量控制为基础介绍双馈型风电变流器的控制策略。双馈型风力发电机采用转子背靠背变流器驱动控制结构，而背靠背变流器由网侧变流器和转子侧变流器构成，通常网侧变流器完成并网控制和直流母线电压的稳定控制，而转子侧变流器则完成双馈电机转子的变速恒频励磁控制。考虑到网侧变流器的控制在本书并网逆变器章节已有介绍，因此本节仅讨论机侧变流器的控制。

20世纪70年代，德国西门子公司的F. Blaschke等人提出的“感应电机磁场定向控制原理”和美国学者P. C. Custman与A. A. Clark申请的专利“感应电机定子电压的坐标变换控制”奠定了矢量控制的基础。矢量控制技术的应用提高了交流电机的调速控制性能，使其达到与直流电机调速性能相媲美的程度。随着双馈电机应用技术的发展，矢量控制也被应用于双馈电机的控制策略中，从而提高了双馈电机的调速运行性能。在双馈电机矢量控制策略中，依据其矢量定向的不同，又分为基于定子磁场定向的矢量控制、基于定子电压定向的矢量控制和基于气隙磁场定向的矢量控制等。以下主要介绍基于定子磁场定向和基于定子电压定向的矢量控制策略。

4.2.4.1　基于定子磁场定向的矢量控制

在双馈电机定子磁场定向的矢量控制策略中，通常将同步旋转坐标系的d轴与双馈电机定子磁场方向相重合，逆时针旋转90°的方向作为q轴的方向，如图4-19所示。

在定子磁场定向的同步旋转坐标系中，同步旋转角度θ_s可表述为

$$\theta_s = \angle \boldsymbol{\Psi}_s^s + 90° \tag{4-35}$$

式中　$\boldsymbol{\Psi}_s^s$——定子静止ABC坐标系下的定子磁链矢量。

式（4-35）表明同步坐标系的旋转角度可以通过ABC坐标系下的定子磁链矢量获得。

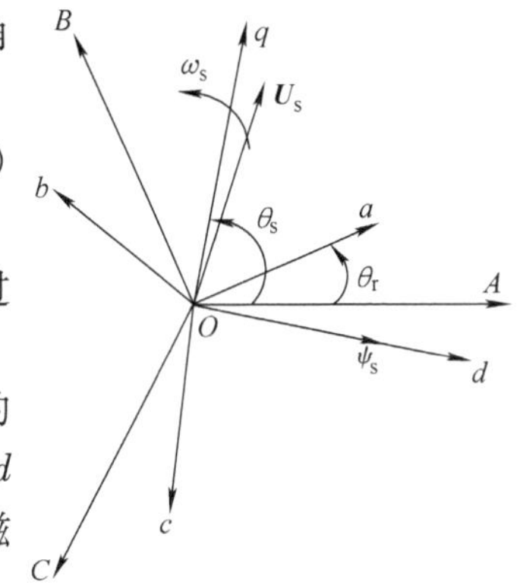

图4-19　定子磁场定向同步旋转坐标系

根据坐标系之间的关系，定义同步旋转坐标系中的矢量为$\boldsymbol{X} = X_q - \mathrm{j}X_d$，其中$X_d$和$X_q$为分别为矢量$\boldsymbol{X}$在$d$轴和$q$轴上的投影，从而将同步旋转坐标系下的定子磁链描述为

$$\boldsymbol{\Psi}_{sdq} = \boldsymbol{\Psi}_{s'}^{s} \mathrm{e}^{-\mathrm{j}(\hat{\theta}_s + 90°)} = -\mathrm{j}\psi_s \mathrm{e}^{\mathrm{j}\tilde{\theta}_s} \tag{4-36}$$

式中　$\boldsymbol{\Psi}_{sdq}$——dq同步旋转坐标系下的磁链矢量；

$\hat{\theta}_s$——同步旋转角度θ_s的估计值，$\tilde{\theta}_s = \theta_s - \hat{\theta}_s$；

ψ_s——定子磁链的幅值。

若同步旋转角度能够准确获得，即在同步旋转坐标系能够准确定向的情况下，$\tilde{\theta}_s = 0$，则式（4-36）可重新写作

$$\boldsymbol{\Psi}_{sdq} = -\mathrm{j}\psi_s \tag{4-37}$$

式（4-37）表明，同步旋转坐标系下的定子磁链$\boldsymbol{\Psi}_{sdq}$正好落在同步旋转坐标系的d轴上，即在同步旋转dq坐标系下的定子磁链可表述为

$$\begin{cases} \psi_{sq} = 0 \\ \psi_{sd} = |\boldsymbol{\Psi}_{sdq}| = \psi_s \end{cases} \tag{4-38}$$

因此，在定子磁场定向的情况下，在同步旋转坐标系下的双馈电机的数学模型可重新写为

$$\begin{bmatrix} u_{sq} \\ u_{sd} \\ u_{rq} \\ u_{rd} \end{bmatrix} = \begin{bmatrix} R_s & 0 & 0 & 0 \\ 0 & R_s & 0 & 0 \\ 0 & 0 & R_r & 0 \\ 0 & 0 & 0 & R_r \end{bmatrix} \begin{bmatrix} i_{sq} \\ i_{sd} \\ i_{rq} \\ i_{rd} \end{bmatrix} + \begin{bmatrix} 0 & \omega_s & 0 & 0 \\ 0 & p & 0 & 0 \\ 0 & 0 & p & \omega_{sl} \\ 0 & 0 & -\omega_{sl} & p \end{bmatrix} \begin{bmatrix} \psi_{sq} \\ \psi_{sd} \\ \psi_{rq} \\ \psi_{rd} \end{bmatrix} \tag{4-39}$$

$$\begin{bmatrix} 0 \\ \psi_s \\ \psi_{rq} \\ \psi_{rd} \end{bmatrix} = \begin{bmatrix} L_s & 0 & L_m & 0 \\ 0 & L_s & 0 & L_m \\ L_m & 0 & L_r & 0 \\ 0 & L_m & 0 & L_r \end{bmatrix} \begin{bmatrix} i_{sq} \\ i_{sd} \\ i_{rq} \\ i_{rd} \end{bmatrix} \tag{4-40}$$

由式（4-39）和式（4-40）可得

$$\begin{cases} i_{sq} = -\dfrac{L_m}{L_s} i_{rq} \\ i_{sd} = \dfrac{L_m}{L_s}(i_{ms} - i_{rd}) \\ \psi_s = L_m i_{ms} \end{cases} \tag{4-41}$$

式中 i_{ms}——通用励磁电流。

将式（4-41）代入式（4-40）的第三行和第四行可得

$$\begin{cases} \psi_{rq} = \left(L_r - \dfrac{L_m^2}{L_s}\right) i_{rq} = \sigma L_r i_{rq} \\ \psi_{rd} = \dfrac{L_m^2}{L_s} i_{ms} + \sigma L_r i_{rd} \end{cases} \tag{4-42}$$

式中 $\sigma = \dfrac{L_s L_r - L_m^2}{L_s L_r}$——漏磁系数。

将式（4-42）代入式（4-39）的第三行和第四行得转子电压方程为

$$\begin{cases} u_{rq} = R_r i_{rq} + \sigma L_r \dfrac{\mathrm{d}i_{rq}}{\mathrm{d}t} + \omega_{sl}\left(\dfrac{L_m^2}{L_s} i_{ms} + \sigma L_r i_{rd}\right) \\ u_{rd} = R_r i_{rd} + \sigma L_r \dfrac{\mathrm{d}i_{rd}}{\mathrm{d}t} - \omega_{sl} \sigma L_r i_{rq} \end{cases} \tag{4-43}$$

观察式（4-43）可知，采用电压源变流器对双馈电机转子进行 dq 轴电流控制时，需要通过转子电压方程的运算获得电压源变流器 PWM 控制输出电压 u_{rd}、u_{rq}。换言之，要通过控制 u_{rd}、u_{rq}来实现转子电流控制，一方面对于式（4-43）右边的电流微分项需要设计电流调节器（如 PI 调节器等）进行动态电流控制，而另一方面则需要克服式（4-43）右边对应扰动项对电流控制的影响，如式（4-43）中的 $\omega_{sl} L_m^2 i_{ms}/L_s$ 项即为双馈电机反电动势所引起的扰动项，而 $\omega_{sl}\sigma L_r i_{rd}$ 和 $-\omega_{sl}\sigma L_r i_{rq}$ 项则是旋转电势所引起的交叉耦合扰动项。为克服转子电压方程中扰动项对转子电流控制的影响，通常可以采用前馈补偿控制，即通过电机参数和相关量的检测，经上述扰动项模型的运算来获得相应的控制补偿。基于此，双馈电机转子 d 轴电流直接由转子侧 d 轴电压 u_{rd}控制，转子 q 轴电流直接由转子侧 q 轴电压 u_{rq} 控制。此时，双馈电机转子电流采用 PI 调节器，并令 PI 调节器的传递函数为 $K_{riP} + K_{riI}/s$，即以 PI 调节器来控制式（4-43）中的转子电流动态项，而扰动项采用前馈补偿算法，则转子电压控制方程如下：

$$\begin{cases} u_{rq} = \left(K_{irP} + \dfrac{K_{irI}}{s}\right)(i_{rq}^* - i_{rq}) + \omega_{sl}\left(\dfrac{L_m^2}{L_s} i_{ms} + \sigma L_r i_{rd}\right) \\ u_{rd} = \left(K_{irP} + \dfrac{K_{irI}}{s}\right)(i_{rd}^* - i_{rd}) - \omega_{sl}\sigma L_r i_{rq} \end{cases} \tag{4-44}$$

式中 K_{irP}，K_{irI}——转子电流内环比例调节增益和积分调节增益；

i_{rq}^*，i_{rd}^*——转子电流 q 轴分量、d 轴分量的指令值。

将式（4-44）代入式（4-43）中得

$$s\begin{bmatrix} i_{rq} \\ i_{rd} \end{bmatrix} = \begin{bmatrix} -\frac{1}{\sigma L_r}[R_r + (K_{irP} + \frac{K_{irI}}{s})] & 0 \\ 0 & -\frac{1}{\sigma L_r}[R_r + (K_{irP} + \frac{K_{irI}}{s})] \end{bmatrix} \begin{bmatrix} i_{rq} \\ i_{rd} \end{bmatrix} + (K_{irP} + \frac{K_{irI}}{s}) \begin{bmatrix} i_{rq}^* \\ i_{rd}^* \end{bmatrix} \tag{4-45}$$

式（4-45）表明采用式（4-44）中的前馈补偿算法后，使双馈电机转子电流内环实现了 d、q 轴的解耦控制。

将式（4-41）和式（4-42）代入双馈电机的转矩方程，可得基于定子磁场定向的同步旋转坐标系下双馈电机电磁转矩表达式为

$$\begin{aligned} T_e &= 1.5 n_p \psi_{sd} i_{sq} \\ &= 1.5 n_p L_m i_{ms} i_{sq} = 1.5 n_p L_m i_{ms}(-\frac{L_m}{L_s} i_{rq}) \\ &= -1.5 n_p \frac{L_m^2}{L_s} i_{ms} i_{rq} \end{aligned} \tag{4-46}$$

式（4-46）表明双馈电机在其定子磁场不变，即 i_{ms} 恒定的情况下，其电磁转矩的大小与转子电流 q 轴分量成正比。当双馈型风力发电机采用转矩跟踪控制策略时，转矩指令通常由风机中央控制器下发给转子变流器，转子变流器将其换算成相应的电流指令来实施双馈电机的转子电流控制。

另外，将式（4-41）代入双馈电机的功率方程，并忽略定子电阻的情况下有

$$\begin{cases} P_s = -\frac{3}{2} \frac{L_m}{L_s} u_{sq} i_{rq} \\ Q_s = \frac{3}{2} \frac{L_m}{L_s} u_{sq} (i_{ms} - i_{rd}) \end{cases} \tag{4-47}$$

式(4-47)表明,在利用转子电流 q 轴分量 i_{rq} 控制双馈电机电磁转矩的同时也控制了其定子侧的有功功率,而定子侧无功功率的调节可通过转子电流的 d 轴分量 i_{rd} 进行,其相应指令值 i_{rd}^* 取决于系统的定子电压和无功功率控制要求。

当双馈电机进行调速控制时,通常采用速度外环和电流内环的双闭环控制,若速度外环采用 PI 调节器,则可以由运动方程推导出双馈电机电磁转矩的控制方程为

$$T_e^* = \left(K_{nP} + \frac{K_{nI}}{s}\right)(n^* - n) \tag{4-48a}$$

式中　K_{nP},K_{nI}——速度外环的比例调节增益和积分调节增益;

n^*——双馈电机的转速指令值。

将其表述成电流指令的形式,即

$$i_{rq}^* = -\frac{2}{3} \frac{L_s}{n_p L_m^2 i_{ms}} \left(K_{nP} + \frac{K_{nI}}{s}\right)(n^* - n) \tag{4-48b}$$

在双馈电机定子磁场定向的矢量控制系统中，较为关键的控制因素为定子磁链矢量的检测。由于双馈电机的特殊结构，使其定子电气量和转子电气量均可以被直接检测，

所以双馈电机定子磁场也有几种不同的观测计算方法。其中较为典型的有基于定子电压和电流的观测方法（定子电压模型法）以及基于定子电流和转子电流的观测方法（定转子电流模型法）等。

对于定子电压模型法，即将检测到的定子电压和定子电流经三相静止到两相静止坐标系的 Clark 变换，再由双馈电机的定子电压方程，即可求出两相静止 $\alpha\beta$ 坐标系中定子磁链的 α 分量 ψ_{α} 和 β 分量 ψ_{β}，即

$$\begin{cases}\psi_{s\alpha} = \int(u_{s\alpha} - R_s i_{s\alpha})\mathrm{d}t \\ \psi_{s\beta} = \int(u_{s\beta} - R_s i_{s\beta})\mathrm{d}t\end{cases} \tag{4-49}$$

在实际控制中，式（4-49）中的积分运算通常采用带通滤波器获得，以克服其直流偏量的影响。

而对于定转子电流模型法，即将检测到的定子电流和转子电流经三相静止到两相静止坐标系的 Clark 变换，再由双馈电机的磁链方程，即可求出两相静止 $\alpha\beta$ 坐标系中定子磁链的 α 分量 ψ_{α} 和 β 分量 ψ_{β}，即

$$\begin{cases}\psi_{s\alpha} = L_s i_{s\alpha} + L_m i_{r\alpha} \\ \psi_{s\beta} = L_s i_{s\beta} + L_m i_{r\beta}\end{cases} \tag{4-50}$$

于是，有

$$\begin{cases}\psi_s = \sqrt{\psi_{s\alpha}^2 + \psi_{s\beta}^2} \\ \theta_s = \tan^{-1}\left(\dfrac{\psi_{s\beta}}{\psi_{s\alpha}}\right)\end{cases} \tag{4-51}$$

相对于定子电压模型法而言，定转子电流模型法可以避免积分或者准积分运算，但定转子电流模型法也有其自身的缺陷。一方面，观测的准确性受双馈电机参数的影响，而双馈电机的参数在运行过程中因磁化曲线的非线性（如磁饱和作用等）使得这些参数较易发生改变，从而影响计算精度；另一方面，在并网前，由于不能够直接与电网同步，所以不利于软并网策略的实施。因此定子磁场通常可以采用准积分电压模型法获得，其准积分模型的表达式为

$$G_{bp}(s) = \frac{s}{s^2 + 3\pi s + 2\pi^2} \tag{4-52}$$

式（4-52）所表达的准积分环节与纯积分环节的特性对比如图 4-20 所示。

从图 4-20 不难看出，准积分环节对于高频交流部分具有与纯积分环节相同的特性，而对于低频部分，准积分滤波器具有较好的直流分量滤除性能。

根据上述分析，可以构建基于定子磁场定向的双馈电机矢量控制并网发电系统，其结构如图 4-21 所示。

4.2.4.2 基于定子电压定向的矢量控制

在将普通感应异步电机的矢量控制策略应用到双馈电机的控制系统中时，最直观的方法是将普通异步电机的转子磁场或气息磁场定向的矢量控制对应到双馈电机的定子磁

场或气息磁场定向的矢量控制中，从而像普通感应异步电机的矢量控制那样实现双馈电机的电磁转矩和励磁电流的解耦控制。然而，采用磁场定向的矢量控制策略对双馈电机实施控制时，存在着以下问题：

1）磁链观测的准确性不高。电流模型法获得的定子磁链易受到电机参数的影响，而电压模型法虽然可以减小参数的影响，但由于积分运算可能会产生积分飘移，尽管提出了多种改进方案，例如采用准积分算法滤除直流偏量的影响，但其动态响应过程，尤其是电网电压扰动时的动态响应过程仍然会受到影响。

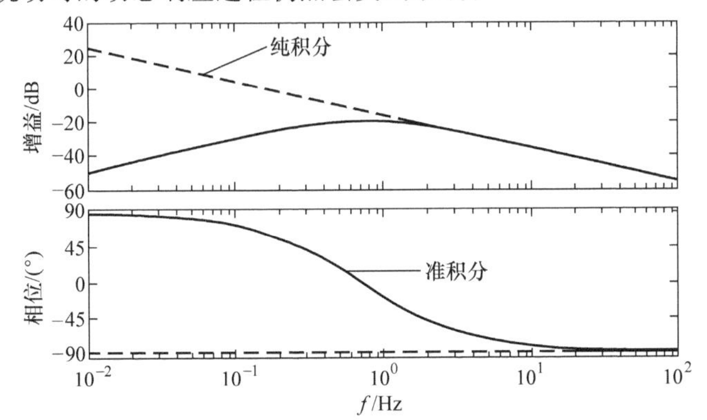

图4-20　准积分环节与纯积分环节性能对比

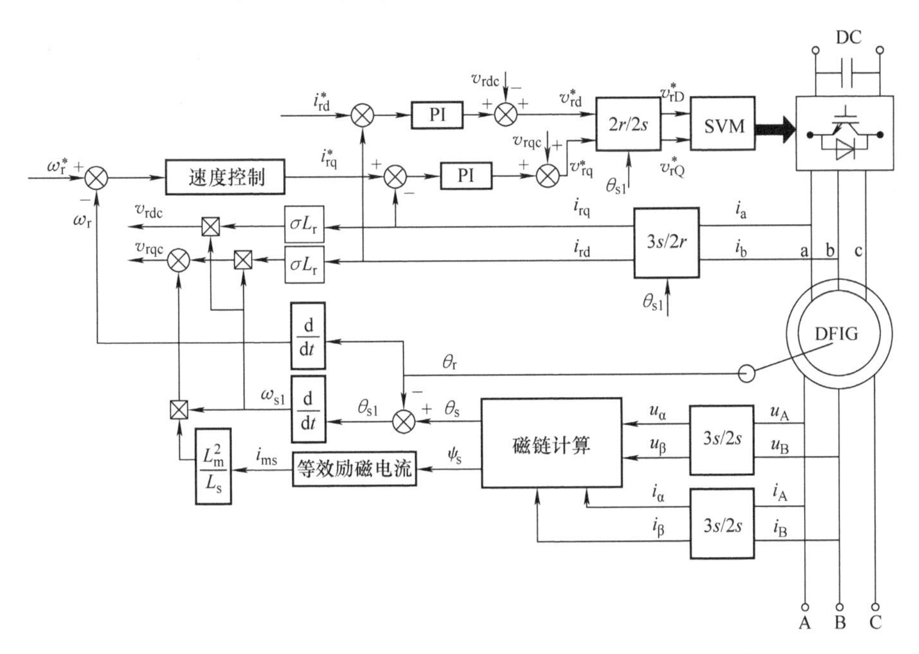

图4-21　基于定子磁场定向的双馈电机矢量控制并网发电系统结构

注：图中转子电流的d轴分量i_{rd}的指令值i_{rd}^*将在后文进行讨论。

2）双馈电机定子侧的有功功率和无功功率之间存在着耦合。在定子磁场定向的情况下，由于定子电阻的存在，使得定子电压矢量与其磁链矢量并非严格正交关系，即定子电压在定子磁场定向的同步旋转坐标系中，其 d 轴和 q 轴均有分量，尽管其 d 轴分量通常较小，但这也无法实现有功和无功功率解耦控制，从而在一定程度上影响了双馈电机的动态功率响应性能。

3）在基于定子磁场定向的双馈电机矢量控制策略中，较大的转子电流 d 轴分量 i_{rd} 会影响控制系统的稳定性，这使得双馈电机定子侧无功功率的补偿能力受到限制。

鉴于以上原因，基于定子电压定向（Stator – Voltage – Vectors Oriented）或称之为电网磁链定向（Grid – Flux – Oriented）的矢量控制策略被引入到双馈电机的控制之中。定子电压定向是将同步旋转坐标系的 q 轴与定子电压矢量重合，顺时针旋转 90°的方向为 d 轴方向，并且 dq 坐标系与电压矢量以相同的速度旋转，如图 4-22 所示。

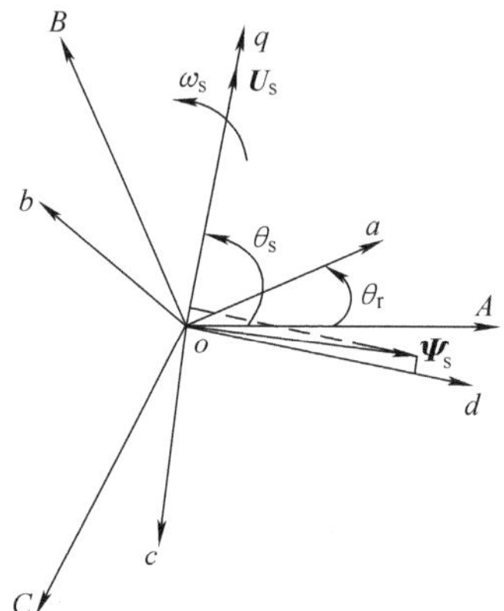

图 4-22　定子电压定向同步旋转坐标系

与定子磁场定向类似，在定子电压定向系统中，同步旋转坐标系的旋转角度可以用静止坐标系下的定子电压矢量表示，即

$$\theta_s = \angle \boldsymbol{U}_s^s \tag{4-53}$$

式中　$\boldsymbol{U}_s^s$——定子静止 ABC 坐标系下的定子电压矢量。

在定子电压矢量定向的 dq 同步旋转坐标系中，采用与定子磁链矢量定向相同的矢量定义方法，则在 dq 同步旋转坐标系下的定子电压矢量可描述为

$$\boldsymbol{U}_{sdq} = \boldsymbol{U}_s^s e^{-j\hat{\theta}_s} = u_s e^{-j\tilde{\theta}_s} \tag{4-54}$$

式中　$\boldsymbol{U}_{sqd}$——dq 同步旋转坐标系下的定子电压矢量；

u_s——定子电压矢量的幅值。

在同步旋转坐标系准确定向的情况下，$\tilde{\theta}_s = 0$，式（4-54）可以改写为

$$\boldsymbol{U}_{sdq} = u_s \tag{4-55}$$

式（4-55）表明在定子电压矢量定向的同步旋转坐标系中，定子电压矢量恰好位于该坐标系的 q 轴上，即

$$\begin{cases} u_{sq} = u_s \\ u_{sd} = 0 \end{cases} \tag{4-56}$$

由前文分析可知，在定子静止坐标系中，若忽略定子电阻，则定子电压与定子磁链间的关系为

$$\boldsymbol{U}_s^s = \frac{d\boldsymbol{\Psi}_s^s}{dt} \tag{4-57}$$

在同步旋转坐标系中，式（4-57）可以描述为

$$\boldsymbol{U}_{sdq} = j\omega_s \boldsymbol{\Psi}_{sdq} \tag{4-58}$$

以上分析表明在忽略定子电阻的情况下，双馈电机的定子电压矢量超前于定子磁链矢量90°，因此，基于定子电压矢量定向的同步旋转坐标系与基于定子磁场定向的同步旋转坐标系具有统一性。

由此，双馈电机的定子电压方程在定子电压矢量定向的同步旋转坐标系下可重新写为

$$\begin{bmatrix} u_s \\ 0 \\ u_{rq} \\ u_{rd} \end{bmatrix} = \begin{bmatrix} R_s & 0 & 0 & 0 \\ 0 & R_s & 0 & 0 \\ 0 & 0 & R_r & 0 \\ 0 & 0 & 0 & R_r \end{bmatrix} \begin{bmatrix} i_{sq} \\ i_{sd} \\ i_{rq} \\ i_{rd} \end{bmatrix} + \begin{bmatrix} p & \omega_s & 0 & 0 \\ -\omega_s & p & 0 & 0 \\ 0 & 0 & p & \omega_{sl} \\ 0 & 0 & -\omega_{sl} & p \end{bmatrix} \begin{bmatrix} \psi_{sq} \\ \psi_{sd} \\ \psi_{rq} \\ \psi_{rd} \end{bmatrix} \tag{4-59}$$

由双馈电机的定子磁链方程可得

$$\begin{cases} i_{sq} = \dfrac{1}{L_s}\psi_{sq} - \dfrac{L_m}{L_s} i_{rq} \\ i_{sd} = \dfrac{1}{L_s}\psi_{sd} - \dfrac{L_m}{L_s} i_{rd} \end{cases} \tag{4-60}$$

在将式（4-60）代入到双馈电机的转子磁链方程中，可得

$$\begin{cases} \psi_{rq} = \left(L_r - \dfrac{L_m^2}{L_s}\right) i_{rq} + \dfrac{L_m}{L_s}\psi_{sq} \\ \psi_{rd} = \left(L_r - \dfrac{L_m^2}{L_s}\right) i_{rd} + \dfrac{L_m}{L_s}\psi_{sd} \end{cases} \tag{4-61}$$

将式（4-61）代入式（4-59）得

$$\begin{cases} u_{rq} = \left(R_r + \dfrac{L_m^2}{L_s^2} R_s\right) i_{rq} + \left(L_r - \dfrac{L_m^2}{L_s}\right)\dfrac{\mathrm{d}i_{rq}}{\mathrm{d}t} + \dfrac{L_m}{L_s} u_s - \dfrac{L_m}{L_s}\left(\dfrac{R_s}{L_s}\psi_{sq} + \omega_r \psi_{sd}\right) + \omega_{sl}\left(L_r - \dfrac{L_m^2}{L_s}\right) i_{rd} \\ u_{rd} = \left(R_r + \dfrac{L_m^2}{L_s^2} R_s\right) i_{rd} + \left(L_r - \dfrac{L_m^2}{L_s}\right)\dfrac{\mathrm{d}i_{rd}}{\mathrm{d}t} - \dfrac{L_m}{L_s}\left(\dfrac{R_s}{L_s}\psi_{sd} + \omega_r \psi_{sq}\right) - \omega_{sl}\left(L_r - \dfrac{L_m^2}{L_s}\right) i_{rq} \end{cases} \tag{4-62}$$

双馈电机，尤其是兆瓦级大功率双馈电机，其定子电阻与其感抗相比通常可以忽略，因此，当忽略定子电阻时，式（4-62）可简化为

$$\begin{cases} u_{rq} = R_r i_{rq} + \sigma L_r \dfrac{\mathrm{d}i_{rq}}{\mathrm{d}t} + \dfrac{L_m}{L_s} u_s - \dfrac{L_m}{L_s}\omega_r \psi_{sd} + \omega_{sl}\sigma L_r i_{rd} \\ u_{rd} = R_r i_{rd} + \sigma L_r \dfrac{\mathrm{d}i_{rd}}{\mathrm{d}t} - \dfrac{L_m}{L_s}\omega_r \psi_{sq} - \omega_{sl}\omega_{sl}\sigma L_r i_{rq} \end{cases} \tag{4-63}$$

在定子电压矢量定向的情况下，双馈电机定子侧有功功率和无功功率的表达式为

$$\begin{cases} P_s = \dfrac{3}{2} u_s i_{sq} \\ Q_s = \dfrac{3}{2} u_s i_{sd} \end{cases} \tag{4-64}$$

将式（4-60）代入式（4-64）得

$$\begin{cases} P_{\rm s} = \dfrac{3}{2}\dfrac{1}{L_{\rm s}}u_{\rm s}(\psi_{\rm sq} - L_{\rm m}i_{\rm rq}) \\ Q_{\rm s} = \dfrac{3}{2}\dfrac{1}{L_{\rm s}}u_{\rm s}(\psi_{\rm sd} - L_{\rm m}i_{\rm rd}) \end{cases} \tag{4-65}$$

式（4-65）表明在定子电压和定子磁链恒定不变的情况下，即当稳态运行时，双馈电机定子侧有功功率 $P_{\rm s}$ 主要由转子电流的 q 轴分量 $i_{\rm rq}$决定，而无功功率 $Q_{\rm s}$ 主要由转子电流的 d 轴分量 $i_{\rm rd}$决定。显然，在忽略定子电阻的情况下，双馈电机定子电压定向时的电磁转矩表达式与定子磁场定向时的电磁转矩表达式相同。

采用与定子磁场定向双馈电机矢量控制策略相类似的方法，对扰动项前馈补偿控制后，若采用 PI 调节器对式（4-63）中的转子电流动态项进行控制，则双馈电机的转子电压控制方程可表述为

$$\begin{cases} u_{\rm rq}^* = \left(K_{\rm irP} + \dfrac{K_{\rm irI}}{s}\right)(i_{\rm rq}^* - i_{\rm rq}) + u_{\rm rqc} \\ u_{\rm rd}^* = \left(K_{\rm irP} + \dfrac{K_{\rm irI}}{s}\right)(i_{\rm rd}^* - i_{\rm rd}) - u_{\rm rdc} \end{cases} \tag{4-66}$$

式中

$$\begin{cases} u_{\rm rqc} = \dfrac{L_{\rm m}}{L_{\rm s}}u_{\rm s} - \dfrac{L_{\rm m}}{L_{\rm s}}\left(\dfrac{R_{\rm s}}{L_{\rm s}}\psi_{\rm sq} + \omega_{\rm r}\psi_{\rm sd}\right) + \omega_{\rm sl}\left(L_{\rm r} - \dfrac{L_{\rm m}^2}{L_{\rm s}}\right)i_{\rm rd} \\ u_{\rm rdc} = \dfrac{L_{\rm m}}{L_{\rm s}}\left(\dfrac{R_{\rm s}}{L_{\rm s}}\psi_{\rm sd} + \omega_{\rm r}\psi_{\rm sq}\right) + \omega_{\rm sl}\left(L_{\rm r} - \dfrac{L_{\rm m}^2}{L_{\rm s}}\right)i_{\rm rq} \end{cases} \tag{4-67}$$

据此可以构建基于定子电压矢量定向的双馈电机矢量控制并网发电系统，其控制结构图如图 4-23 所示。

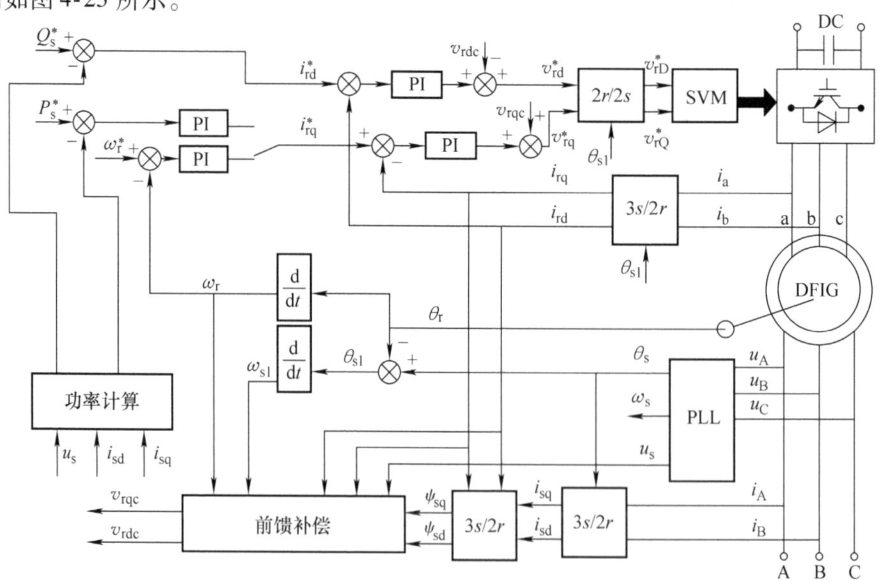

图 4-23　双馈电机定子电压定向控制结构图

4.3　全功率型风电变流器及其控制

全功率型风力发电机的突出特征是发电机与电网之间通过风电变流器（背靠背变流器）连接，从而实现发电机与电网的解耦。对全功率型风力发电机而言，其电能全部经过风电变流器传输，即风电变流器需要全功率驱动发电机。在全功率型风力发电系统中，其发电机主要包括永磁同步发电机、电励磁同步发电机以及笼型异步发电机等。全功率型风力发电机近年来得到快速发展的主要原因如下：

1）电力电子技术的发展使得大功率变流器的成本不断降低，可靠性和技术成熟度不断提高。

2）大规模风力发电的开发利用使得风力发电的电网兼容性问题日渐突出，相对于双馈型风力发电机而言，全功率型风力发电机因全功率变流器的引入使得发电机与电网完全隔离，进而使其具有更好的电网兼容性。

3）商业化运行的双馈风力发电机依然采用有刷双馈电机，电刷的运行维护限制了其在海上风电场的应用。

4）全功率型风力发电机可以获得更大的调速范围，进而可以获得更好的风况适应性。

5）多级式低速永磁同步电机的成功研制，可以实现风力发电机的无齿轮设计，即永磁直驱型风力发电机，进一步促进了全功率型风力发电机的发展。

4.3.1　永磁同步全功率型风力发电机及其变流器控制

4.3.1.1　永磁同步全功率型风力发电机及其变流系统

基于永磁同步发电机设计的风力发电机多采用无齿轮箱的直驱式设计方案。这种直驱式设计方案将发电机转子与风力机转子直接连接，永磁同步发电机采用多级低速设计，由于省去了变速齿轮箱，因此其整机运行效率高、故障率低。当然，多级低速永磁同步发电机尺寸较大，所用永磁材料较多，设计制造成本较高，为此，业界也出现了采用一级齿轮升速的半直驱全功率型风力发电系统，其发电机多采用高速永磁同步发电机，这种半直驱型风力发电机具有发电机体积小、成本相对较低、一级升速齿轮箱可靠性高等特点，在海上风力发电领域中具有较好的应用前景。图4-24所示为Enercon

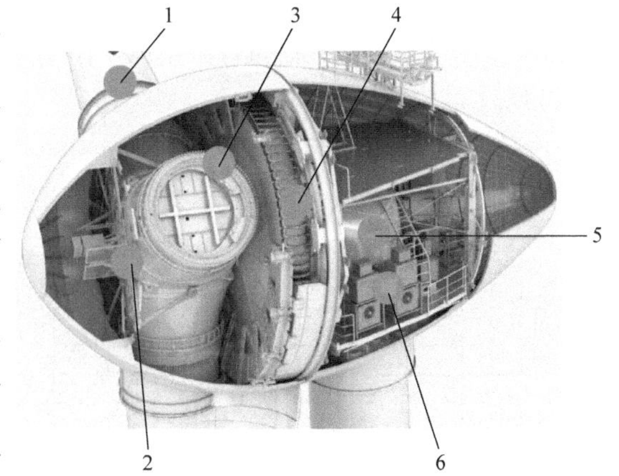

图4-24　Enercon E126全功率永磁同步直驱风力发电机的机舱结构示意图

1—桨叶　2—轮毂　3—桨叶安装匹配接口　4—低速永磁同步发电机　5—支撑点　6—偏航控制结构

E126 全功率永磁同步直驱风力发电机的机舱结构示意图。

与双馈型风力发电机不同，全功率型风力发电机所需变流器容量相对较大，必要时需采用多变流器并联和多电平拓扑结构。在商用低压大功率风力发电系统中（额定电压为690V，额定发电功率一般在5MW以下），其变流器拓扑通常采用两电平背靠背变流器拓扑设计，如图4-25所示。该背靠背变流器的机侧和网侧均采用两电平变流器实现能量转换，技术比较成熟。根据低压系统容量的不同，其变流器拓扑既可以采用单个背靠背变流器设计，也可以采用多路背靠背变流器并联设计。

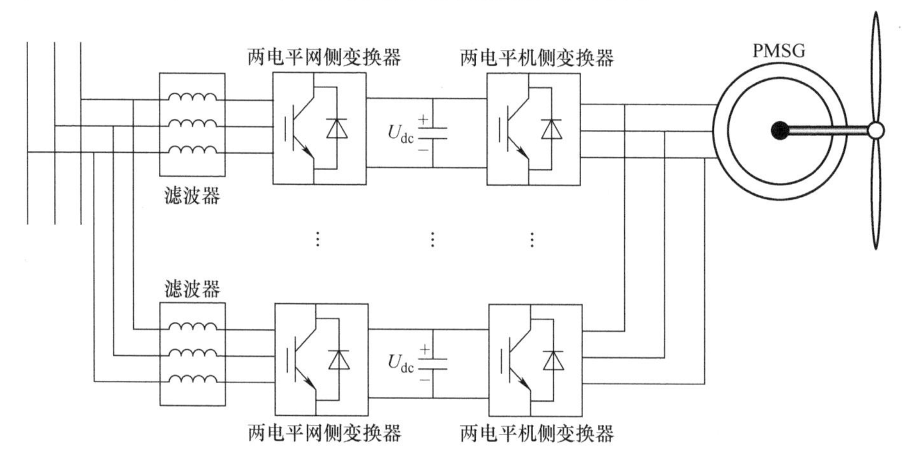

图4-25　基于两电平背靠背变流器的永磁同步直驱型风力发电系统拓扑

然而，随着风力发电机组容量的不断增加，低压系统已不能满足工程设计要求，中压全功率型风力发电技术得以发展（额定电压3300V，额定发电功率一般在3MW以上），在中压全功率型风力发电系统中，其中压全功率背靠背变流器拓扑通常采用二极管钳位型三电平变流器拓扑设计，其典型的拓扑结构如图4-26所示。根据中压系统容量的不同，其变流器拓扑既可以采用单个背靠背变流器设计，也可以采用多路背靠背变流器并联设计。

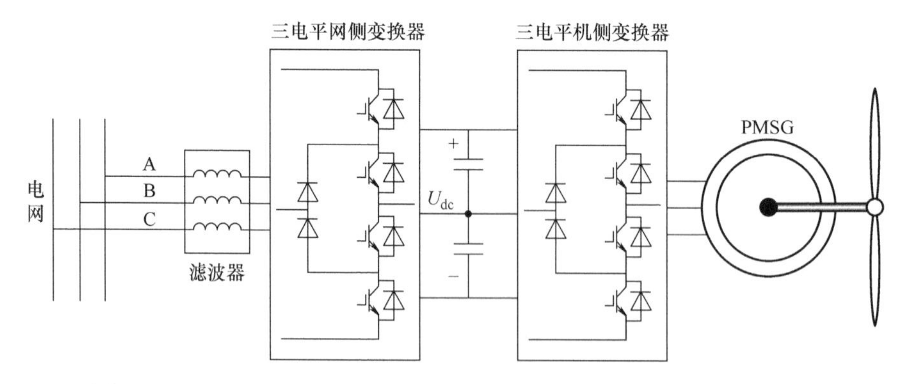

图4-26　基于三电平背靠背变流器的永磁同步直驱型风力发电系统拓扑

在风力发电系统中，由于能量流动方向通常是从发电机流向电网，所以一般无需双向能量流控制。为了降低变流器成本，减小系统控制复杂度，其机侧可采用不控整流器代替可控制整流器。为了满足并网控制时的直流电压控制要求，这种不控整流器输出一般需要增加一级 Boost 变换器，从而可得到如图 4-27 所示的基于机侧不控整流的全功率变流器拓扑结构。该拓扑方案在低压全功率型风力发电系统中也有一定应用。

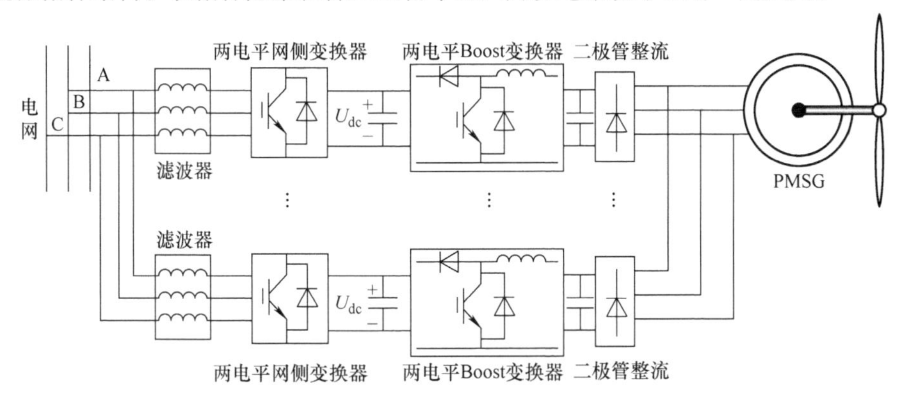

图 4-27　基于机侧不控整流的永磁同步直驱型风力发电系统拓扑

虽然图 4-27 所示的拓扑可以简化系统结构，降低成本，但机侧能量不可控，不利于机侧的最大功率输出控制。机侧变流器不允许能量倒流，无法实现发电机的电动运行控制，这将导致在停机维修需要风机叶片旋转到某一固定位置时，无法通过控制发电机实现这一要求。因此，在低压系统中，这类基于机侧不控整流的全功率变流器技术已较少应用。

在全功率型风力发电系统中，基于两电平背靠背变流器拓扑和基于三电平背靠背变流器拓扑已成为低压和中压全功率型风力发电系统变流器的主流拓扑。

4.3.1.2　永磁同步全功率风电变流器控制策略

1. 永磁同步电机数学模型

在转子磁链定向的 dq 同步旋转坐标系中，永磁同步电机的数学模型可表示为

$$\begin{bmatrix} u_d \\ u_q \end{bmatrix} = \begin{bmatrix} R_s + pL_d & -\omega_r L_q \\ \omega_r L_d & R_s + pL_q \end{bmatrix} \begin{bmatrix} i_d \\ i_q \end{bmatrix} + \omega_r \begin{bmatrix} 0 \\ \psi_f \end{bmatrix} \tag{4-68}$$

$$\begin{bmatrix} \psi_{sd} \\ \psi_{sq} \end{bmatrix} = \begin{bmatrix} L_d & 0 \\ 0 & L_q \end{bmatrix} \begin{bmatrix} i_d \\ i_q \end{bmatrix} + \begin{bmatrix} \psi_f \\ 0 \end{bmatrix} \tag{4-69}$$

式中　u_d，u_q——dq 同步旋转坐标系下的定子电压；

i_d，i_q——dq 同步旋转坐标系下的定子电流；

L_d，L_q——dq 轴定子电感；

R_s——定子电阻；

ψ_f——永磁体磁链；

ω_r——电角速度；

p——微分算子；

ψ_{sd}，ψ_{sq}——dq 同步旋转坐标系下的定子磁链。

将式（4-68）转换到两相静止 $\alpha\beta$ 坐标系中，得

$$\begin{bmatrix} u_\alpha \\ u_\beta \end{bmatrix} = R_s \begin{bmatrix} i_\alpha \\ i_\beta \end{bmatrix} + \left[L_s(\theta_r) p \begin{bmatrix} i_\alpha \\ i_\beta \end{bmatrix} \right] + \omega_r \psi_f \begin{bmatrix} -\sin\theta_r \\ \cos\theta_r \end{bmatrix} \tag{4-70}$$

式中　u_α，u_β——两相静止 $\alpha\beta$ 坐标系下的定子电压；

i_α，i_β——两相静止 $\alpha\beta$ 坐标系下的定子电流；

$L_s(\theta_r)$——电感矩阵。

电感矩阵 $L_s(\theta_r)$ 可描述为

$$L_s(\theta_r) = \begin{bmatrix} L_0 + \Delta L\cos 2\theta_r & \Delta L\sin 2\theta_r \\ \Delta L\sin 2\theta_r & L_0 - \Delta L\cos 2\theta_r \end{bmatrix} \tag{4-71}$$

式中　L_0——均值电感；

ΔL——差值电感。

L_0 和 ΔL 可分别用交、直轴电感表示为

$$\begin{cases} L_0 = \dfrac{L_d + L_q}{2} \\ \Delta L = \dfrac{L_d - L_q}{2} \end{cases} \tag{4-72}$$

在两相静止 $\alpha\beta$ 坐标系中，定子磁链为

$$\begin{bmatrix} \psi_{s\alpha} \\ \psi_{s\beta} \end{bmatrix} = \begin{bmatrix} \int (u_\alpha - R_s i_\alpha)\mathrm{d}t \\ \int (u_\beta - R_s i_\beta)\mathrm{d}t \end{bmatrix} \tag{4-73}$$

式中　$\psi_{s\alpha}$，$\psi_{s\beta}$——两相静止 $\alpha\beta$ 坐标系下的定子磁链。

联立式（4-70）和（4-73）可得

$$\begin{bmatrix} \psi_{s\alpha} \\ \psi_{s\beta} \end{bmatrix} = L_s(\theta_r) \begin{bmatrix} i_\alpha \\ i_\beta \end{bmatrix} + \psi_f \begin{bmatrix} \cos\theta_r \\ \sin\theta_r \end{bmatrix} \tag{4-74}$$

对于表贴式永磁同步电机，由于 $L_d = L_q = L_s$，故式（4-70）和式（4-74）可分别简化为

$$\begin{bmatrix} u_\alpha \\ u_\beta \end{bmatrix} = \begin{bmatrix} R_s + \mathrm{p}L_s & 0 \\ 0 & R_s + \mathrm{p}L_s \end{bmatrix} \mathrm{p} \begin{bmatrix} i_\alpha \\ i_\beta \end{bmatrix} + \omega_r \psi_f \begin{bmatrix} -\sin\theta_r \\ \cos\theta_r \end{bmatrix} \tag{4-75}$$

$$\begin{bmatrix} \psi_{s\alpha} \\ \psi_{s\beta} \end{bmatrix} = \begin{bmatrix} L_s & 0 \\ 0 & L_s \end{bmatrix} \begin{bmatrix} i_\alpha \\ i_\beta \end{bmatrix} + \psi_f \begin{bmatrix} \cos\theta_r \\ \sin\theta_r \end{bmatrix} \tag{4-76}$$

显然，表贴式永磁同步发电机的数学模型因 dq 轴电感相等而得到相应简化。而对于插入式永磁同步电机而言，$L_d \neq L_q$ 使得数学模型不易得到简化。为了简化插入式永磁同步电机数学模型，有学者提出了扩展反电动势的概念，并基于所提出的扩展反电动势的概念简化插入式永磁同步电机的数学模型，现讨论如下。

由式（4-68）可知，插入式永磁同步电机和表贴式永磁同步电机在 dq 同步旋转坐标系中的数学模型的本质区别在于表贴式永磁同步电机因其交、直轴电感相等而使其系数矩阵具有对称性。而插入式永磁同步电机系数矩阵是不对称的，这导致在两相静止 $\alpha\beta$ 坐标系中的永磁同步电机数学模型的电感矩阵中存在转子位置角度的2倍频分量。因此，可通过对式（4-68）中的系数矩阵进行对称性改造，使其对称性不受交、直轴电感相等与否的影响。基于这一思想，可将永磁电机的状态方程重新表述为

$$\begin{bmatrix} u_d \\ u_q \end{bmatrix} = \begin{bmatrix} R_s + pL_d & -\omega_r L_q \\ \omega_r L_q & R_s + pL_d \end{bmatrix} \begin{bmatrix} i_d \\ i_q \end{bmatrix} + \begin{bmatrix} 0 \\ \omega_r \psi_f + (L_d - L_q)(\omega_r i_d - p i_q) \end{bmatrix} \tag{4-77}$$

此时可得两相静止 $\alpha\beta$ 坐标系中插入式 PMSG 的数学模型为

$$\begin{bmatrix} u_\alpha \\ u_\beta \end{bmatrix} = R_s \begin{bmatrix} i_\alpha \\ i_\beta \end{bmatrix} + \begin{bmatrix} pL_d & \omega_r (L_d - L_q) \\ -\omega_r (L_d - L_q) & pL_d \end{bmatrix} \begin{bmatrix} i_\alpha \\ i_\beta \end{bmatrix} + \left[\omega_r \psi_f + (L_d - L_q)(\omega_r i_d - p i_q) \right] \begin{bmatrix} -\sin\theta_r \\ \cos\theta_r \end{bmatrix} \tag{4-78}$$

式（4-78）最后一项即为扩展反电动势 $e_{k\alpha}$ 和 $e_{k\beta}$，其表达式为

$$\begin{bmatrix} e_{k\alpha} \\ e_{k\beta} \end{bmatrix} = \left[\omega_r \psi_f + (L_d - L_q)(\omega_r i_d - p i_q) \right] \begin{bmatrix} -\sin\theta_r \\ \cos\theta_r \end{bmatrix} \tag{4-79}$$

对比式（4-70）和式（4-79）可知，基于扩展反电动势的插入式 PMSG 的数学模型得到简化，主要体现在其电感矩阵不再含有转子位置角的2倍频分量，与表贴式永磁同步电机表达式相似，只有反电动势 $e_{k\alpha}$ 和 $e_{k\beta}$ 项中包含转子位置信息。尽管通过上述变换使得系数矩阵中不再包含转速信息，但是在形式上两种结构的永磁同步电机表达式依然不能统一。为此，有效磁链、线性磁链、虚拟永磁体磁链等概念相继被提出。本质上，有效磁链、线性磁链和虚拟永磁体磁链的概念是一致的，这里不妨将其统称为有效磁链。基于有效磁链的概念，永磁同步电机的数学模型可以得到完全统一。

实际上，为将式（4-68）所示的状态方程系数矩阵表示成对称形式，也可以将电压方程写成如下形式：

$$\begin{bmatrix} u_d \\ u_q \end{bmatrix} = \begin{bmatrix} R_s + pL_q & -\omega_r L_q \\ \omega_r L_q & R_s + pL_q \end{bmatrix} \begin{bmatrix} i_d \\ i_q \end{bmatrix} + \begin{bmatrix} (L_d - L_q)\ p i_d \\ \omega_r \left[\psi_f + (L_d - L_q)\ i_d \right] \end{bmatrix} \tag{4-80}$$

据此，获得两相静止 $\alpha\beta$ 坐标系中的数学模型为

$$\begin{bmatrix} u_\alpha \\ u_\beta \end{bmatrix} = \begin{bmatrix} R_s + pL_q & 0 \\ 0 & R_s + pL_q \end{bmatrix} \begin{bmatrix} i_\alpha \\ i_\beta \end{bmatrix} + (L_d - L_q) p i_d \begin{bmatrix} \cos\theta_r \\ \sin\theta_r \end{bmatrix} + \omega_r \left[\psi_f + (L_d - L_q) i_d \right] \begin{bmatrix} -\sin\theta_r \\ \cos\theta_r \end{bmatrix} \tag{4-81}$$

将式(4-81)后两项合并,可进一步表示为

$$\begin{bmatrix} u_\alpha \\ u_\beta \end{bmatrix} = \begin{bmatrix} R_s + pL_q & 0 \\ 0 & R_s + pL_q \end{bmatrix} \begin{bmatrix} i_\alpha \\ i_\beta \end{bmatrix} + p\left(\left[\psi_f + (L_d - L_q) i_d \right] \begin{bmatrix} \cos\theta_r \\ \sin\theta_r \end{bmatrix} \right) \tag{4-82}$$

显然，式（4-82）最后一项可看做是插入式永磁同步电机的等效转子磁链，将其

定义为有效磁链 ψ_α 和 ψ_β，即

$$\begin{bmatrix}\psi_\alpha\\ \psi_\beta\end{bmatrix}=\psi_a\begin{bmatrix}\cos\theta_r\\ \sin\theta_r\end{bmatrix} \tag{4-83}$$

式中 ψ_a——有效磁链幅值，即

$$\psi_a=\psi_f+(L_d-L_q)i_d \tag{4-84}$$

根据定义的有效磁链，式（4-82）可进一步简化表示为

$$\begin{bmatrix}u_\alpha\\ u_\beta\end{bmatrix}=\begin{bmatrix}R_s+pL_q & 0\\ 0 & R_s+pL_q\end{bmatrix}\begin{bmatrix}i_\alpha\\ i_\beta\end{bmatrix}+p\begin{bmatrix}\psi_\alpha\\ \psi_\beta\end{bmatrix} \tag{4-85}$$

此时，定子磁链可表示为

$$\begin{bmatrix}\psi_{s\alpha}\\ \psi_{s\beta}\end{bmatrix}=\begin{bmatrix}L_q & 0\\ 0 & L_q\end{bmatrix}\begin{bmatrix}i_\alpha\\ i_\beta\end{bmatrix}+\begin{bmatrix}\psi_\alpha\\ \psi_\beta\end{bmatrix} \tag{4-86}$$

对比表明，有效磁链概念的引入使得两种结构的永磁电机数学模型在形式上得到了统一。进一步研究表明，基于有效磁链的概念还可以统一所有交流电机的数学模型，如异步电机、永磁同步电机、磁阻电机等。

基于有效磁链的概念，可得到插入式永磁同步电机的相量图，如图4-28所示。

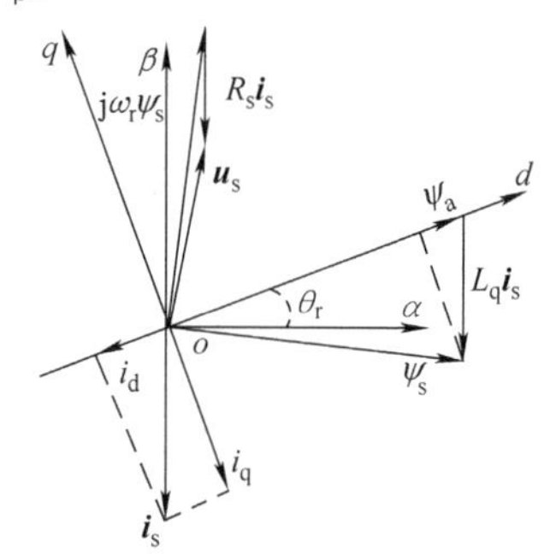

图4-28 基于有效磁链的插入式永磁同步发电机相量图

2. 永磁同步电机矢量控制

图4-29所示为永磁同步全功率型风力发电变流器控制结构，其网侧变流器的控制策略可以参见本书并网逆变器章节内容，这里同样仅对机侧变流器的控制策略进行讨论。

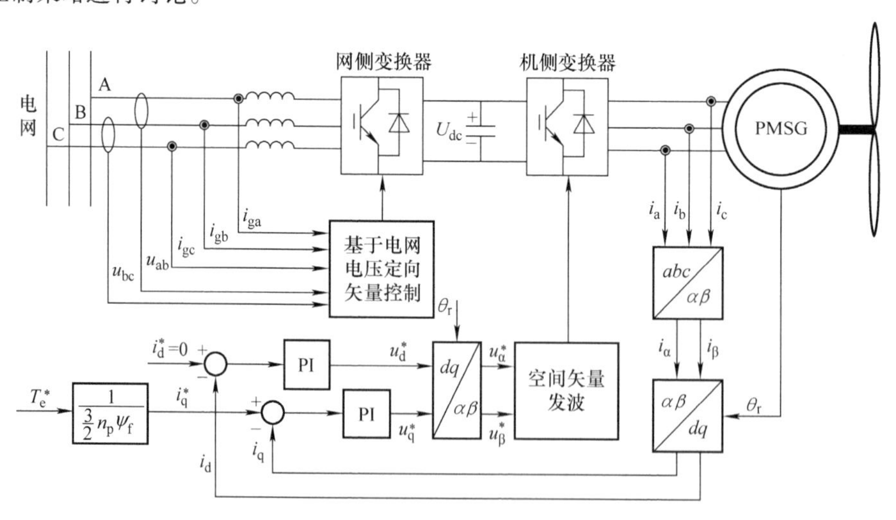

图4-29 永磁同步全功率型风力发电变流器控制结构

（1）永磁同步电机的矢量控制原理。

与前述双馈电机矢量控制类似，永磁同步电机依然可以采用矢量控制策略对其运行状态进行控制。考虑到表贴式永磁同步电机是插入式永磁同步电机的特殊形式，故以下主要讨论插入式永磁同步电机的相关控制策略。

由式（4-68）可将永磁同步电机定子电压方程重新表述为

$$\begin{cases} u_d = R_s i_d + L_d s i_d - \omega_r L_q i_q \\ u_q = R_s i_q + L_q s i_q + \omega_r L_d i_d + \omega_r \psi_f \end{cases} \tag{4-87}$$

显然，d、q 轴控制通道之间同样存在交叉耦合项，可类似地采用前馈解耦方式进行电流环的设计。因此，为实现电流控制的目的，控制电压可设计为

$$\begin{cases} u_d^* = \left(K_{pd} + \dfrac{K_{id}}{s}\right)(i_d^* - i_d) - \omega_s L_q i_q \\ u_q^* = \left(K_{pq} + \dfrac{K_{iq}}{s}\right)(i_q^* - i_q) + \omega_s L_d i_d + \omega_s \psi_f \end{cases} \tag{4-88}$$

据此，可构建永磁同步电机矢量控制中的电流环解耦控制结构，如图4-30所示。

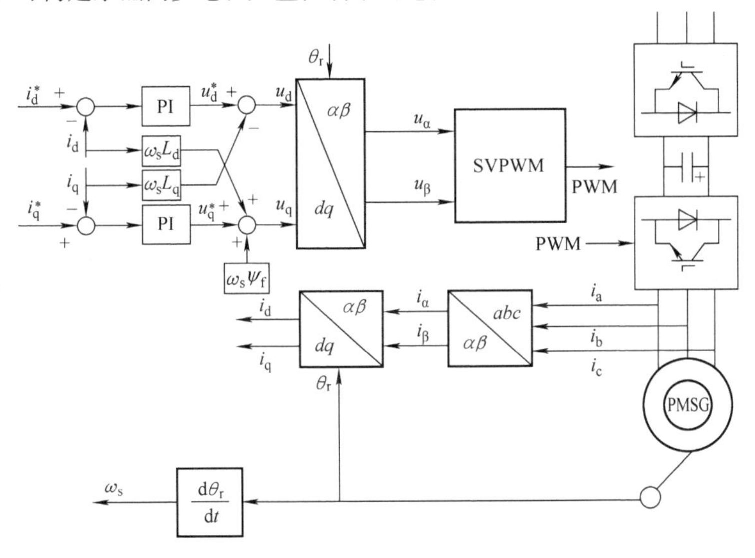

图4-30　永磁同步电机矢量控制中的电流环解耦控制结构

图4-30中，电流环的指令电流通常由风力发电机主控系统下发的功率或转矩指令换算而得，通常基于两种模式进行转矩－电流指令的换算，即 $i_d=0$ 控制模式和最大转矩电流比（Maximum Torque Per Ampere，MTPA）控制模式。

永磁同步电机的电磁转矩方程可以描述为

$$T_e = \frac{3}{2} p_n [\psi_f + (L_d - L_q) i_d] i_q \tag{4-89}$$

显然，电磁转矩 T_e 由 i_d、i_q 两个分量共同决定。如果使定子电流合成矢量位于 q 轴，而使 d 轴电流分量为0，则定子电流全部用来产生转矩，使永磁同步电机具有与传统他

励直流电机类似的运行性能。此时，电磁转矩方程可进一步表示为

$$T_{em} = \frac{3}{2} p_n \psi_f i_q \tag{4-90}$$

然而，对插入式永磁同步电机而言，该控制方案由于没有利用其插入特性所产生的磁阻转矩，因此限制了电机的出力能力。为此，可对插入式永磁同步电机采用最大转矩电流比控制，其本质就是通过合理配置 i_d、i_q值，使永磁同步电机能够获得单位电流控制时的最大电磁转矩和电磁功率输出。

若定子电流矢量与 d 轴（转子磁链方向）的夹角（即功角）为 δ，则定子电流的 d、q 轴分量可表示为

$$\begin{cases} i_d = i_s \cos\delta \\ i_q = i_s \sin\delta \end{cases} \tag{4-91}$$

此时，电磁转矩也可表示为功角 δ 的函数，即

$$T_e = \frac{3}{2} p_n \left[\psi_f i_s \sin\delta + \frac{1}{2}(L_d - L_q) i_s^2 \sin 2\delta \right] \tag{4-92}$$

显然，对表贴式永磁同步电机而言，由于其交、直轴电感相等，因此当功角为 90°时即可获得单位电流最大转矩控制。而对于插入式永磁同步电机而言，由于其交、直轴电感不相等，因此式（4-92）中等式右边第二项（磁阻转矩）不为 0，从而使得最大转矩电流比控制的实现更加复杂。图 4-31 所示为插入式永磁同步电机转矩随功角的变化关系。

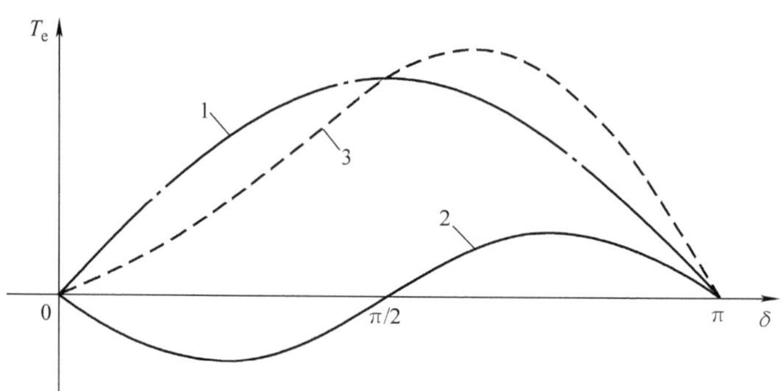

图 4-31　插入式永磁同步电机转矩随功角的变化

图 4-31 中，曲线 1 对应式（4-92）右边第一项，相当于表贴式永磁同步电机转矩随功角的变化特性，曲线 2 对应式（4-92）右边第二项，是插入式永磁同步电机的插入特性所产生的磁阻转矩，曲线 3 为插入式永磁同步电机的合成转矩随功角 δ 的变化关系。显然对插入式永磁电机而言，当功角大于 π/2 时，能够获得单位电流控制时的最大转矩输出特性。

通过计算式（4-92），可以获得按给定定子电流幅值 i_s控制的最大转矩输出时所对应的功角，进而计算出交、直轴电流分量，即

$$i_d = \frac{\psi_f - \sqrt{\psi_f^2 + 8(L_q - L_d)^2 i_s^2}}{4(L_q - L_d)} \tag{4-93}$$

$$i_d = \sqrt{i_s^2 - i_d^2} \tag{4-94}$$

（2）永磁同步电机的弱磁控制。

当永磁同步电机运行于额定速度以下时，其端电压低于额定电压。而当永磁同步电机运行转速超过额定转速时，若不进行弱磁控制，其端电压会超过额定电压，甚至超出变流器所设计的电压输出能力，造成电机失控。为了将永磁同步电机的端电压限制在变流器输出的额定电压范围内，需要对永磁同步电机进行弱磁控制。弱磁控制主要是通过电流环指令电流的合理设计，即增加并控制去磁电流分量，从而将永磁同步电机额定速度以上的定子电压限制在额定电压以下，保持变流器对永磁同步电机的控制能力，确保风电机组的稳定运行。

为使变流驱动系统能安全可靠运行，其驱动电流不能超过变流器的最大输出电流，即

$$i_d^2 + i_q^2 \leqslant i_{smax}^2 \tag{4-95}$$

式中 i_{smax}——变流器输出电流最大值。

对于定子电压，其限制一般为变流器设计输出的最大电压。在忽略定子电阻 R_s 的稳态情况下，定子电压幅值可以表示为

$$u_d^2 + u_q^2 = (\omega_s L_q i_q)^2 + (\omega_s L_d i_d + \omega_s \psi_f)^2 \tag{4-96}$$

因此，电压限制可以表示为

$$\left(\frac{i_q}{L_d}\right)^2 + \left(\frac{i_d}{L_q} + \frac{\psi_f}{L_d L_q}\right)^2 < \frac{u_{smax}}{\omega_s^2 L_d L_q} \tag{4-97}$$

式中，u_{smax}一般由变流器直流电压额定值决定，如采用 SPWM 调制算法，则其线性最大输出电压为$\frac{1}{2}V_{dc}$，而当采用 SVPWM 调制算法时，其线性最大输出电压为$\frac{1}{\sqrt{3}}V_{dc}$。

式（4-95）和式（4-97）所描述的电流和电压的限制边界如图 4-32 所示。

以电流形式表示的电压限制边界为以（$-\psi_f/L_d$，0）为中心的椭圆边界，并且随着转速的增加，椭圆长、短轴减小，即椭圆边界向内收缩。对于永磁同步电机驱动系统而言，可能运行的区域为电压限制的椭圆边界和电流限制的圆边界的公共区域。当永磁同步电机设计的转子磁链较大时，其电压限制的椭圆边界的中心将位于电流限制圆边界之外，如图 4-32a 所示；反之则电压限制的椭圆边界的中心将位于电流限制的圆边界内，如图 4-32b 所示。图 4-32 中同时示出了最大转矩电流比（MTPA）边界轨迹、最大转矩电压比（Maximum Torque Per Voltage，MTPV）边界轨迹以及转矩边界轨迹。当转速较低或者带载较轻时，永磁同步电机定子电压低于最大电压限制，此时可沿 MTPA 轨迹运行。当电机运行在 A 点时，电机达到最大转矩，此时若转速达到了基准转速 ω_{base}，则电压限制的椭圆边界轨迹也将交于 A 点。随着电机转速的提高，电压限制的椭圆边界继续向内收缩，而电流边界轨迹将偏离 MTPA 边界，沿着电流限制的圆边界轨迹 AB 运行，这一边界区域通常称为弱磁一区。此时交、直轴的优化电流分配转变为

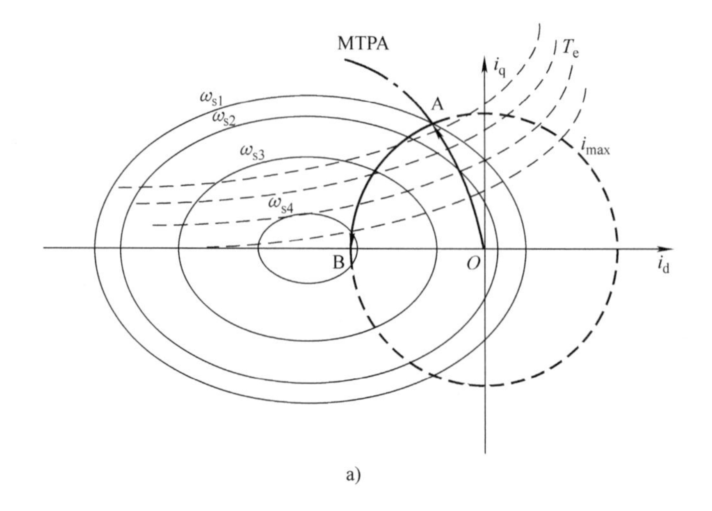

a)

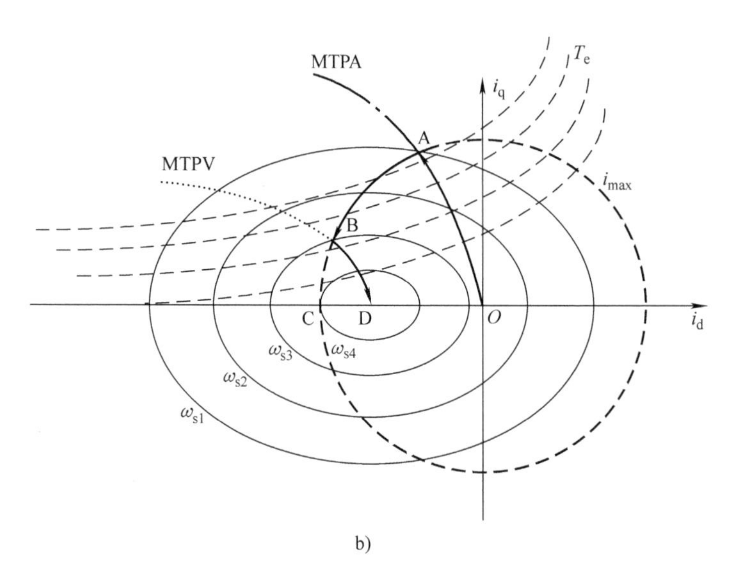

b)

图 4-32　电流和电压的限制边界

a）$\psi_f > L_d i_{max}$　b）$\psi_f < L_d i_{max}$

$$i_d = \frac{L_d\psi_f - \sqrt{(L_d\psi_f)^2 + (L_q^2 - L_d^2)(\psi_f^2 + (L_d i_s)^2 - (V_{max}/\omega_s)}}{L_q^2 - L_d^2} \tag{4-98}$$

$$i_q = \sqrt{i_{max}^2 - i_d^2} \tag{4-99}$$

对于表贴式永磁同步电机，其转折基准速度可以表示为

$$\omega_{base,SPMSM} = \frac{V_{max}}{\sqrt{\psi_f^2 + (L_s I_{max})^2}} \tag{4-100}$$

对于插入式永磁同步电机，其转折基准速度可以表示为

$$\omega_{\mathrm{base,IPMSM}}=\frac{V_{\max}}{\sqrt{(L_{\mathrm{d}}i_{\mathrm{d1}}+\psi_{\mathrm{f}})^2+(L_{\mathrm{q}}i_{\mathrm{q1}})^2}} \tag{4-101}$$

式中 $i_{\mathrm{d1}}=\dfrac{\psi_{\mathrm{f}}-\sqrt{\psi_{\mathrm{f}}^2+8(L_{\mathrm{q}}-L_{\mathrm{d}})^2I_{\max}^2}}{4(L_{\mathrm{q}}-L_{\mathrm{d}})}$;

$i_{\mathrm{q1}}=\sqrt{I_{\max}^2-i_{\mathrm{d1}}^2}$。

对于 $\psi_{\mathrm{f}}>L_{\mathrm{d}}i_{\max}$ 的情况，当电机运行到B点时，若转速再升高，则电压限制椭圆和电流限制圆的边界轨迹将没有交点，因此B点是其运行的最高转速点。表贴式永磁同步电机能够达到的最高转速可以表示为

$$\omega_{\mathrm{max,SPMSM}}=\frac{V_{\max}}{\psi_{\mathrm{f}}-L_{\mathrm{s}}I_{\max}} \tag{4-102}$$

而插入式永磁同步电机能够达到的最高转速为

$$\omega_{\mathrm{max,IPMSM}}=\frac{V_{\max}}{\psi_{\mathrm{f}}-L_{\mathrm{d}}I_{\max}} \tag{4-103}$$

对于 $\psi_{\mathrm{f}}<L_{\mathrm{d}}i_{\max}$ 的永磁同步电机，因电压限制的椭圆边界中心位于电流限制的圆边界内部，因此，理论上转速可以达到无穷大，即此时电机转速仅受机械强度限制。当电机运行到图4-32b所示的B点后，将沿MTPV边界轨迹线向电压限制椭圆边界轨迹的中心移动，此时B点对应的转速称为临界转速 ω_{c}，该运行区域通常称为弱磁二区。

在弱磁一区运行时，电机同时受到电压和电流极限的限制，近似为恒功率运行区域；而随着转速的继续升高，电机进入弱磁二区，此时电机的运行状态受到电压极限限制，输出功率会因电流的减小而降低。受电机制造工艺和成本限制，为满足宽调速范围需求，通常需要弱磁控制。而对风力发电应用场合而言，因风力机需求的运行范围较窄，所以一般不会发生弱磁二区的工作情况。

4.3.2 异步全功率型风力发电机及其变流器控制

4.3.2.1 异步全功率型风力发电机及其变流系统

异步全功率型风力发电机采用笼型异步电机作为发电机，而笼型异步电机具有技术成熟、价格低廉、免维护等一系列优点，使得异步全功率型风力发电机在兆瓦级大功率风力发电系统中得到应用，图4-33所示为西门子（SIEMENS）SWT-3.6-107型异步全功率型风力发电机机舱结构示意图。

在异步全功率型风力发电系统中，通过全功率背靠背变流器在对异步电机进行控制的同时实现并网发电，其变流拓扑结构与永磁同步全功率型风力发电变流拓扑结构类似，不过这一类风力发电机通常具有升速齿轮箱，使得异步发电机可以高速运行。图4-34所示为一种异步全功率型风力发电机拓扑结构。与直驱型风力发电机类似，异步全功率型风力发电机也采用全功率背靠背变流器作为并网接口，异步发电机和电网之间无耦合，具有较好的电网适应性。另外，高速异步发电机也避免了低速永磁同步电机体积大、成本高以及制造工艺复杂的弊端，具有较好的性价比。另外，异步电机的设计制造工艺成熟，其功率等级和电压等级更易提高，以满足超大功率风力发电系统的应用需

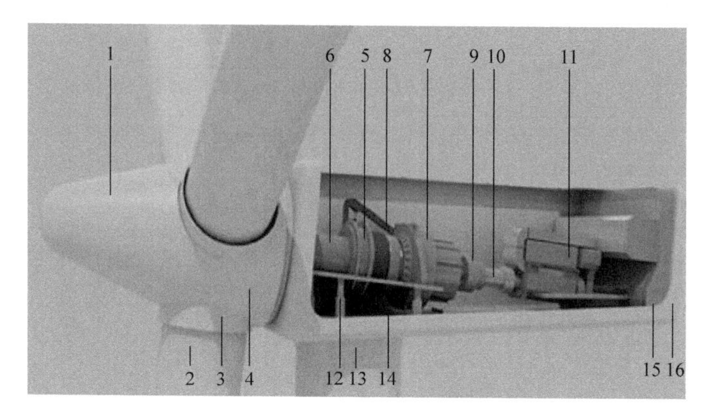

图 4-33 西门子 SWT-3.6-107 型异步全功率型风力发电机机舱结构示意图
1—轮毂 2—桨叶 3—轮毂支架 4—轴承 5—主轴承 6—主轴 7—齿轮箱 8—伺服系统 9—制动盘 10—连接器 11—发电机 12—偏航齿轮 13—塔筒 14—偏航环 15—发电机风扇 16—主机盖

求。当然，与永磁同步电机相比，异步电机的运行效率相对要低一些。

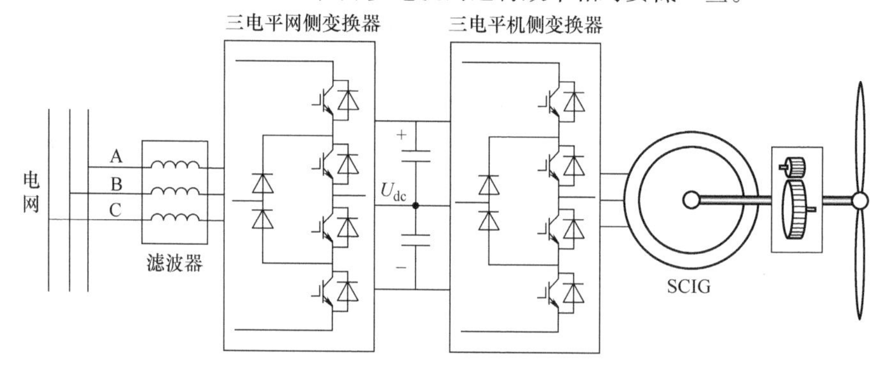

图 4-34 异步全功率型风力发电机拓扑

4.3.2.2 异步全功率型风电变流器控制策略

如图 4-34 所示，异步全功率型风电变流器一般也是由网侧变流器和机侧变流器构成的背靠背拓扑结构。同样，这里仅对机侧变流器的异步电机控制进行讨论。异步电机矢量控制策略依据其定向磁场的不同，主要有转子磁场定向、气隙磁场定向和定子磁场定向几种。尽管气隙磁场和定子磁场相对转子磁场而言更易检测，但只有转子磁场定向能够直接将定子电流分解成转矩电流分量 i_q 和励磁电流分量 i_d，在控制系统设计中无需定子磁链定向和气隙磁链定向矢量控制中的解耦网络，因此具有较好的动态性能。显然，转子磁场定向控制依然是异步电机矢量定向控制的主流控制方式。在转子磁场定向中，按转子磁链定向角获得方式的不同，主要可分为直接磁场定向方式和间接磁场定向方式。前者转子磁链的位置是通过检测或观测运算获得的，而后者转子磁链的位置则是通过转差频率控制间接获得的。直接通过嵌入异步电机铁磁材料中的霍尔检测元件或者探测线圈对磁链进行检测的方案尽管克服了电机参数敏感性问题，但检测成本高、通用性差，同时，霍尔元件对温度和机械振动的敏感性降低了磁链检测的可靠性，且检测信号易受齿槽谐波的影响。因此，通过电流模型、电压模型、转差频率模型以及各种形式的状态观测器等获取转子磁链位置的方案得到了广泛研究和应用。

1．转子磁链定向坐标系下的异步电机数学模型

异步电机数学模型与前面所述双馈电机数学模型类似，不再赘述，这里仅就异步电机矢量控制策略进行数学模型介绍。需要说明的是，本节为了更加符合异步电机数学描述的习惯，采用了与4.2节有所不同的坐标系形式，如图4-35所示。

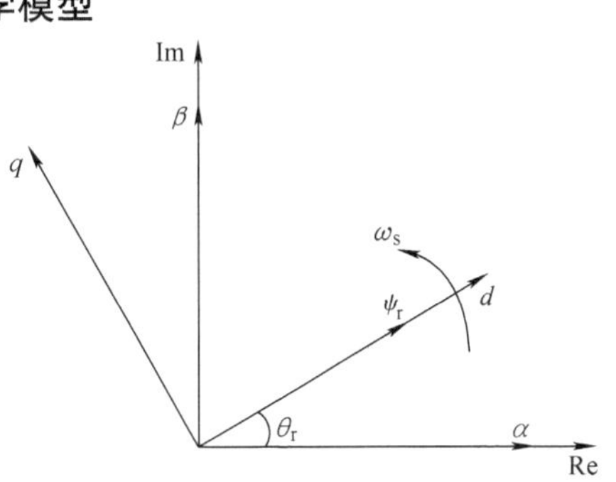

图4-35　异步电机坐标系

在转子磁场定向同步旋转 dq 坐标系中，d 轴方向与转子磁链 ψ_r 的方向一致，而 q 轴方向则垂直于转子磁链方向，即

$$\psi_{rd}=\psi_r,\ \psi_{rq}=0 \tag{4-104}$$

此时，异步电机的磁链方程可以描述为

$$\begin{cases}\psi_{sq}=L_s i_{sq}+L_m i_{rq}\\ \psi_{sd}=L_s i_{sd}+L_m i_{rd}\\ \psi_r=L_r i_{rd}+L_m i_{sd}\\ 0=L_r i_{rq}+L_m i_{sq}\end{cases} \tag{4-105}$$

而异步电机的电压方程可以描述为

$$\begin{cases}u_{sd}=R_s i_{sd}+\mathrm{p}\psi_{sd}-\omega_s\psi_{sq}\\ u_{sq}=R_s i_{sq}+\mathrm{p}\psi_{sq}+\omega_s\psi_{sd}\\ 0=R_r i_{rd}+\mathrm{p}\psi_{rd}\\ 0=R_r i_{rq}+\omega_{sl}\psi_{rd}\end{cases} \tag{4-106}$$

显然，在转子 d 轴电压方程中，因 $\psi_{rq}=0$，故不再包含有转子 q 轴的磁链分量，从而实现了转子绕组 d、q 轴之间的解耦。将式（4-105）所示磁链方程代入式（4-106），可得

$$\begin{bmatrix}u_{sd}\\u_{sq}\\0\\0\end{bmatrix}=\begin{bmatrix}R_s+\mathrm{p}L_s & -\omega_s L_s & \mathrm{p}L_m & -\omega_s L_m\\ \omega_s L_s & R_s+\mathrm{p}L_s & \omega_s L_m & \mathrm{p}L_m\\ \mathrm{p}L_m & 0 & R_r+\mathrm{p}L_r & 0\\ \omega_{sl}L_m & 0 & \omega_{sl}L_r & R_r\end{bmatrix}\begin{bmatrix}i_{sd}\\i_{sq}\\i_{rd}\\i_{rq}\end{bmatrix} \tag{4-107}$$

在稳态情况下，各微分项为0，此时由式（4-107）矩阵第三行可知，转子电流 d 轴分量 $i_{rd}=0$。结合式（4-105）所示磁链方程，有

$$\psi_r=L_m i_{sd} \tag{4-108}$$

因而，在稳态情况下，转子磁链仅由定子电流的励磁分量产生，所以转子磁链定向控制实现了转矩电流和励磁电流的解耦控制。

在动态过程中，由电压方程式（4-107）中的矩阵第三行可得

$$i_{rd} = -\frac{L_m}{R_r}\frac{p}{pT_r+1}i_{sd} \tag{4-109}$$

式中 T_r——转子时间常数。

将式（4-109）代入磁链方程，此时转子磁链可以表示为

$$\psi_r = \frac{L_m}{pT_r+1}i_{sd} \tag{4-110}$$

显然，在动态过程中定子电流励磁分量的变化将引起转子电流励磁分量的动态响应过程，也将引起转子磁链的动态响应过程，且该响应过程具有一阶惯性响应特征，其响应的时间常数为转子时间常数。

在转子磁链定向坐标系下，由 $\psi_{rq}=0$ 可知

$$i_{rq} = -\frac{L_m}{L_r}i_{sq} \tag{4-111}$$

显然，异步电机转子电流的 q 轴分量 i_{rq} 直接受定子电流 q 轴分量 i_{sq} 控制，且该控制过程因 q 轴无转子磁链而没有任何惯性延迟。

综上分析，异步电机的电磁转矩可以描述为

$$T_e = \frac{3}{2}n_p\frac{L_m}{L_r}\psi_r i_{sq} \tag{4-112}$$

上述异步电机数学模型结构如图 4-36 所示。

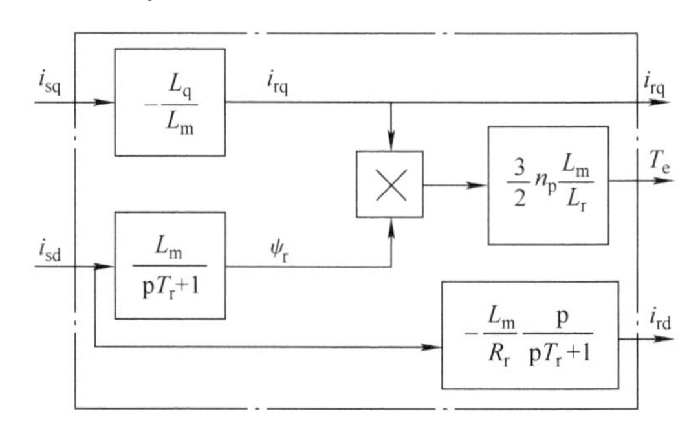

图 4-36 异步电机数学模型结构

在转子磁链不变的情况下，电磁转矩与定子电流的 q 轴分量 i_{sq} 成正比，同时也与转子电流的 q 轴分量 i_{rq} 成正比，因此，定转子电流的 q 轴分量均称为转矩分量。与他励直流电机类似，在转子磁链不变的情况下，异步电机也能够获得较快的动态响应特性。

定义空间复矢量 $\boldsymbol{X}=x_d+\mathrm{j}x_d$，则可将异步电机电压方程进一步表示成矢量的形式，即

$$\begin{cases}\boldsymbol{u}_s^{dq} = R_s\boldsymbol{i}_s^{dq} + p(L_s\boldsymbol{i}_s^{dq} + L_m\boldsymbol{i}_r^{dq}) + \mathrm{j}\omega_s(L_s\boldsymbol{i}_s^{dq} + L_m\boldsymbol{i}_r^{dq}) \\ 0 = R_r\boldsymbol{i}_r^{dq} + p(L_m\boldsymbol{i}_s^{dq} + L_r\boldsymbol{i}_r^{dq}) + \mathrm{j}\omega_{sl}(\boldsymbol{L}_m\boldsymbol{i}_s^{dq} + L_r\boldsymbol{i}_r^{dq})\end{cases} \tag{4-113}$$

在稳态情况下，$p\boldsymbol{i}_s^{dq}=0$，$p\boldsymbol{i}_r^{dq}=0$，于是式（4-112）改写为

$$\begin{cases}\boldsymbol{u}_s^{dq} = R_s\boldsymbol{i}_s^{dq} + \mathrm{j}\omega_s(L_s\boldsymbol{i}_s^{dq} + L_m\boldsymbol{i}_r^{dq}) \\ 0 = R_r\boldsymbol{i}_r^{dq} + \mathrm{j}\omega_{sl}(L_m\boldsymbol{i}_s^{dq} + L_r\boldsymbol{i}_r^{dq})\end{cases} \tag{4-114}$$

根据式（4-114），可得 dq 坐标系中异步电机的稳态矢量关系，如图 4-37 所示。

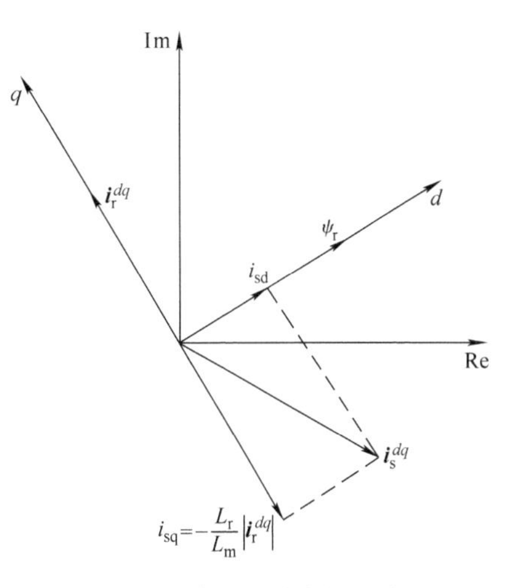

图4-37　异步电机稳态矢量关系图

图4-37表明，在稳态情况下有

$$\boldsymbol{i}_{sd}=\boldsymbol{i}_s^{dq}+\frac{L_r}{L_m}\boldsymbol{i}_r^{dq} \tag{4-115}$$

于是，可将式（4-114）表示为

$$\begin{cases}\boldsymbol{u}_s^{dq}=R_s\boldsymbol{i}_s^{dq}+\mathrm{j}\omega_s\sigma L_s\boldsymbol{i}_s^{dq}+\mathrm{j}\omega_s\dfrac{L_m^2}{L_r}\boldsymbol{i}_{sd}\\ 0=R_r\boldsymbol{i}_r^{dq}+\mathrm{j}\omega_{sl}L_m\boldsymbol{i}_{sd}\end{cases} \tag{4-116}$$

考虑到 $\omega_{sl}=s\omega_s$，式（4-116）中转子电压方程可进一步表示为

$$0=R_r\boldsymbol{i}_r^{dq}+\mathrm{j}s\omega_sL_m\boldsymbol{i}_{sd} \tag{4-117}$$

为描绘出转子磁场定向情况下异步电机等效电路，转子电压方程和定子电压方程应有公共支路，为此可将转子电压方程进一步表示为

$$0=\frac{R_r}{s}\frac{L_m}{L_r}\boldsymbol{i}_r^{dq}+\mathrm{j}\omega_s\frac{L_m^2}{L_r}\boldsymbol{i}_{sd} \tag{4-118}$$

结合式（4-118）和式（4-116），可得转子磁场定向 dq 坐标系下异步电机等效电路，如图4-38所示。

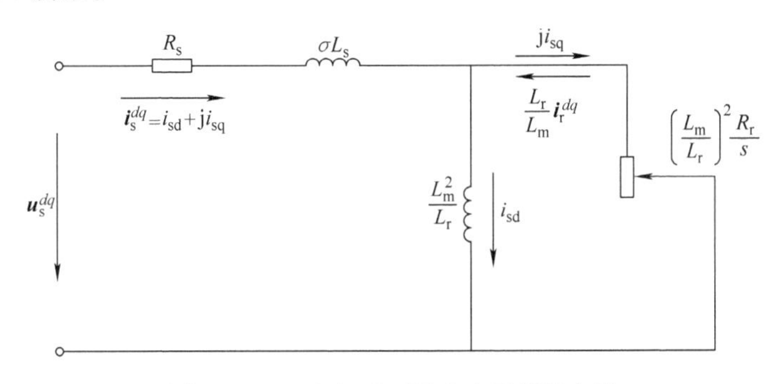

图4-38　dq 坐标系下异步电机等效电路

图4-38表明了在转子磁链定向坐标系中，异步电机定子电流的励磁分量和转矩分量实现了解耦。

2. 异步电机转子磁链估算

转子磁链定向矢量控制能够实现异步电机的解耦控制，使异步电机具有较好的动态响应性能，但若磁场定向不准确，则无法实现励磁电流和转矩电流间的解耦控制，从而影响异步电机的矢量控制性能。一般而言，异步电机矢量控制策略是利用电压、电流以及转速等变量的检测，并通过相应的运算获得转子磁链以及转子磁链位置，进而实现异步电机矢量定向控制。三相异步电机转子磁链的观测有开环磁链观测和闭环磁链观测两种。开环磁链观测方案存在收敛速度慢、对电机参数偏差和电机运行状态变化敏感、易受测量噪声的影响等问题。相比于开环磁链观测方案，闭环磁链观测方案能有效提高磁链观测精度，因而在实际工程中得到了广泛的应用。目前常见的磁链估算方案主要有电压模型法、电流模型法、电压模型和电流模型组合法、转差频率法等。

（1）电压模型法。

在静止坐标系下的定子电压方程可描述为

$$\begin{cases}u_{s\alpha}=R_s i_{s\alpha}+\mathrm{p}(L_s i_{s\alpha}+L_m i_{r\alpha})\\u_{s\beta}=R_s i_{s\beta}+\mathrm{p}(L_s i_{s\beta}+L_m i_{r\beta})\end{cases}\tag{4-119}$$

而磁链方程为

$$\begin{cases}\psi_{s\alpha}=L_s i_{s\alpha}+L_m i_{r\alpha}\\\psi_{s\beta}=L_s i_{s\beta}+L_m i_{r\beta}\end{cases}\tag{4-120}$$

将式（4-120）代入式（4-119），消除转子电流，得

$$\begin{cases}u_{s\alpha}=R_s i_{s\alpha}+\sigma L_s\mathrm{p}i_{s\alpha}+\dfrac{L_m}{L_r}\mathrm{p}\psi_{r\alpha}\\u_{s\beta}=R_s i_{s\beta}+\sigma L_s\mathrm{p}i_{s\beta}+\dfrac{L_m}{L_r}\mathrm{p}\psi_{r\beta}\end{cases}\tag{4-121}$$

于是，可得转子磁链的电压模型估算方法为

$$\begin{cases}\psi_{r\alpha}=\int(u_{s\alpha}-R_s i_{s\alpha})\mathrm{d}t-\sigma L_s i_{s\alpha}\\\psi_{r\beta}=\int(u_{s\beta}-R_s i_{s\beta})\mathrm{d}t-\sigma L_s i_{s\beta}\end{cases}\tag{4-122}$$

对所观测到的转子磁链进行锁相运算，即可获得定向角度。概括起来，电压模型法的算法结构如图4-39所示。

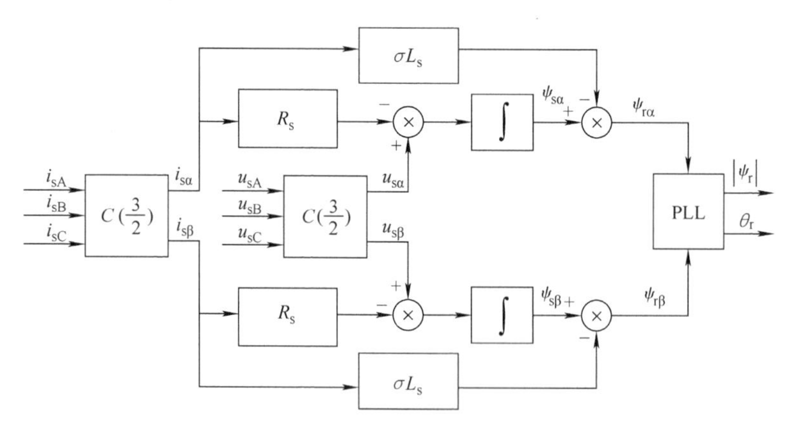

图4-39 电压模型法的算法结构

电压模型法获得磁链主要受定子电阻的影响，在中、高速范围运行时，因电阻压降相对较小，故其影响也较小，具有较好的参数鲁棒性。同时，在高速范围内，因频率较高，纯积分问题的解决也相对容易，所以电压模型法在对低速性能要求不高的场合较为

适用，这点与风力发电应用需求相一致。然而，在低速场合，不仅定子电阻、逆变器的非线性对计算精度影响较大，而且低频情况下的纯积分问题也难以得到有效解决。

（2）电流模型法。

由式（4-107）异步电机电压方程第四行可知

$$\omega_{sl} = -\frac{R_r i_{rq}}{L_m i_{sd} + L_r i_{rd}} \tag{4-123}$$

将式（4-109）和式（4-111）代入式（4-123）可得

$$\omega_{sl} = \frac{i_{sq}}{T_r \frac{i_{sd}}{pT_r + 1}} \tag{4-124}$$

为了避免微分运算，式（4-124）可用图4-40所示电流模型法算法进行实现。

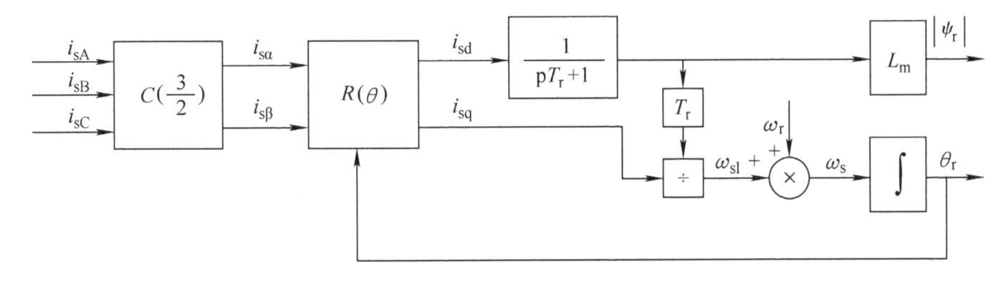

图4-40　电流模型法的算法结构

电流模型法也可以直接由静止坐标系下转子的电压方程进行构造。静止坐标系下转子的电压方程可以表示为

$$\begin{cases} p\psi_{r\alpha} + \omega\psi_{r\beta} + R_r i_{r\alpha} = 0 \\ p\psi_{r\beta} - \omega\psi_{r\alpha} + R_r i_{r\beta} = 0 \end{cases} \tag{4-125}$$

而静止坐标系下转子磁链方程可以表示为

$$\begin{cases} \psi_{r\alpha} = L_m i_{s\alpha} + L_r i_{r\alpha} \\ \psi_{r\beta} = L_m i_{s\beta} + L_r i_{r\beta} \end{cases} \tag{4-126}$$

将式（4-126）代入式（4-125），并消除转子电流可得

$$\begin{cases} \psi_{r\alpha} = \dfrac{1}{pT_r + 1}(L_m i_{s\alpha} - T_r\omega_r\psi_{r\beta}) \\ \psi_{r\beta} = \dfrac{1}{pT_r + 1}(L_m i_{s\beta} + T_r\omega_r\psi_{r\alpha}) \end{cases} \tag{4-127}$$

同样对所获得的静止坐标系下的转子磁链进行锁相，便可获得转子磁链的相位和幅值，静止坐标系下电流模型法的算法结构如图4-41所示。

电流模型法受转子电阻和互感参数影响较大，且这两个参数受工作状态和温度的影响较大，因此电流模型法参数较为敏感。但电流模型法不存在积分运算，且无需定子电压，因此多在低速场合替代电压模型法使用。

（3）电压模型和电流模型组合法。

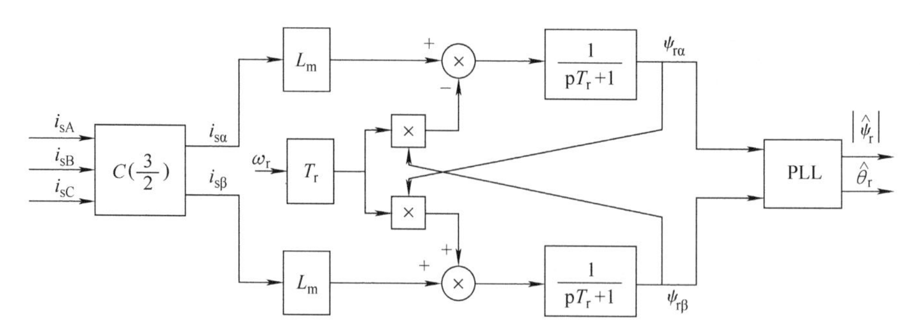

图 4-41　静止坐标系下电流模型法的算法结构

以上分析表明，电压模型法和电流模型法的性能具有互补性。为此，有学者提出了采用 PI 调节器形成的电压模型和电流模型的组合方案，如图 4-42 所示。

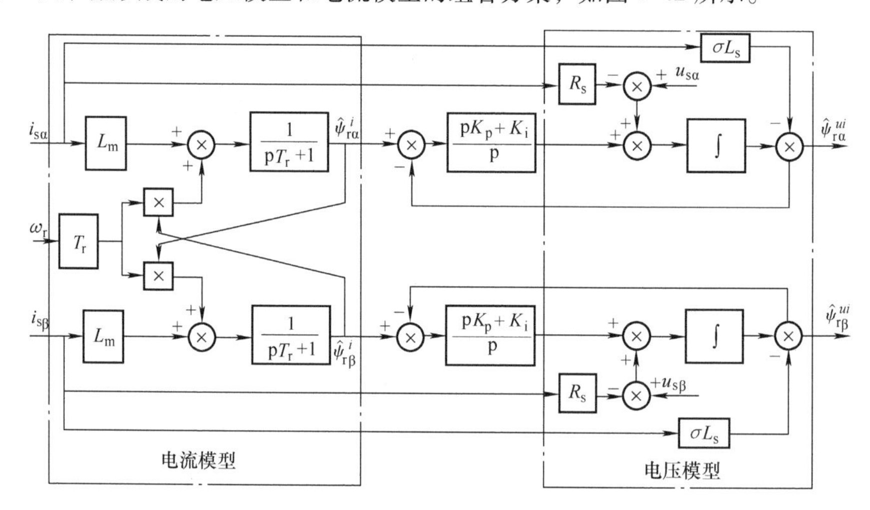

图 4-42　电压模型和电流模型组合估算磁链

通过设计合适的 PI 调节器参数，即可实现电流模型和电压模型间的平滑过渡，从而获得更高精度的转子磁链观测。当然，这种组合式的磁链估算方案也属于闭环磁链观测法，在设计时需要注意控制稳定性问题。通过对所获得的静止坐标系下的转子磁链进行锁相跟踪，便可实现转子磁链的定向。另外，这种组合模型法中的电流模型也可以在旋转坐标系下实现，其坐标变换角度可采用锁相获得的磁链角。

（4）转差频率法。

转差频率法主要考虑了转子磁链的电流模型。在电流环设计恰当的情况下，无论定向准确与否，电机实际定子电流都将跟踪其指令电流，即

$$I_s = \sqrt{i_{sd}^2 + i_{sq}^2} = \sqrt{i_{sd}^{*2} + i_{sq}^{*2}} \tag{4-128}$$

式中　I_s——定子电流幅值；

上标“ * ”——相应的指令值。

同时，如果要实现转子磁链定向，即实现定子电流的解耦控制，则 d、q 轴电流的指令值必须满足

$$\omega_{sl}=\frac{1}{T_r}\frac{i_{sq}}{i_{sd}}=\frac{1}{T_r}\frac{i_{sq}^*}{i_{sd}^*} \tag{4-129}$$

在同时满足上述约束条件时，必然有

$$\begin{cases} i_{sq}=i_{sq}^* \\ i_{sd}=i_{sd}^* \end{cases} \tag{4-130}$$

于是，可以直接根据控制系统给定的指令电流估算转子磁链，其算法结构如图4-43所示。

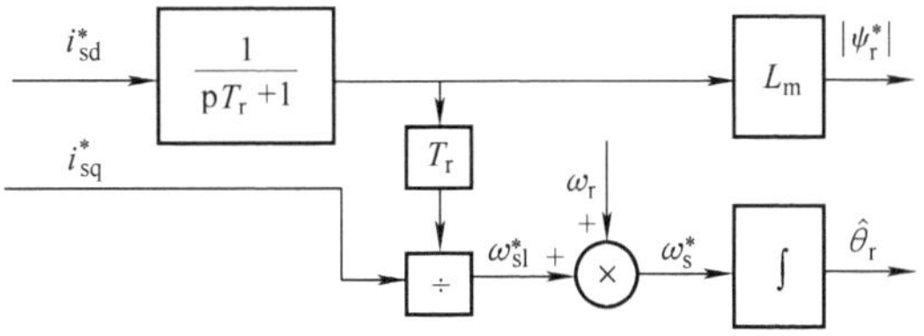

图4-43 转差频率法算法结构

转差频率法同样对转子电阻和互感参数偏差较为敏感，但由于其算法实现较为简单，且控制稳定性好，因此在实际工程中得到了广泛应用。

3. 异步电机的矢量控制结构

在转子磁链定向同步旋转坐标系下，异步电机的电压方程可以表示为

$$\begin{cases} u_{sd}=R_s i_{sd}+\sigma L_s \mathrm{p} i_{sd}-\omega_s\sigma L_s i_{sq}+\dfrac{L_m}{L_r}\mathrm{p}\psi_r \\ u_{sq}=R_s i_{sq}+\sigma L_s \mathrm{p} i_{sq}+\omega_s\sigma L_s i_{sd}+\omega_s\dfrac{L_m}{L_r}\psi_r \end{cases} \tag{4-131}$$

式（4-131）表明：①对定子电流而言，三相异步电机表现为一阶惯性环节，其惯性时间常数为异步电机暂态时间常数 $\sigma L_s/R_s$；②d、q 轴电流控制因旋转电动势的存在而出现耦合，即改变 d 轴定子电压，d、q 轴电流会相应变化，而改变 q 轴电压也存在类似的过程；③转子磁链所形成的旋转反电动势以及转子磁链幅值的变化所形成的感应电动势都将影响到定子电流。为提升电流控制性能，可以设计电压解耦网络，并且期望其输出的补偿量为

$$\begin{cases} u_{sdc}=-\omega_s\sigma L_s i_{sq}+\dfrac{L_m}{L_r}\mathrm{p}\psi_r \\ u_{sqc}=\omega_s\sigma L_s i_{sd}+\omega_s\dfrac{L_m}{L_r}\psi_r \end{cases} \tag{4-132}$$

此时调节器的期望输出量为

$$\begin{cases} u'_{sd}=R_s i_{sd}+\sigma L_s \mathrm{p} i_{sd} \\ u'_{sq}=R_s i_{sq}+\sigma L_s \mathrm{p} i_{sq} \end{cases} \tag{4-133}$$

显然，从调节器输出电压来看，已经实现了 d、q 轴控制通道间的解耦。

由转子磁链表达式可得

$$\mathrm{p}\psi_r=-\frac{1}{T_r}\psi_r+\frac{L_m}{T_r}i_{sd} \tag{4-134}$$

将式（4-134）带入式（4-132）可得

$$\begin{cases} u_{sdc} = -\omega_s \sigma L_s i_{sq} + \dfrac{L_m^2}{T_r L_r} i_{sd} - \dfrac{L_m}{T_r L_r} \psi_r \\ u_{sqc} = \omega_s \sigma L_s i_{sd} + \omega_s \dfrac{L_m}{L_r} \psi_r \end{cases} \tag{4-135}$$

可是，可以得到电压解耦网络算法结构如图 4-44 所示。

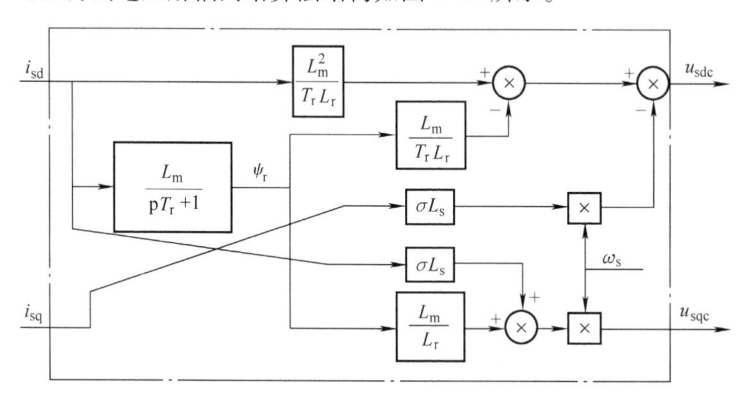

图 4-44 电压解耦网络算法结构

该解耦网络的输入电流理论上应该是实际电流，但工程上考虑到实现的稳定性，也常用电流的指令值作为电压解耦网络的输入电流。

据此，三相异步电机的矢量控制结构可描述为如图 4-45 所示。

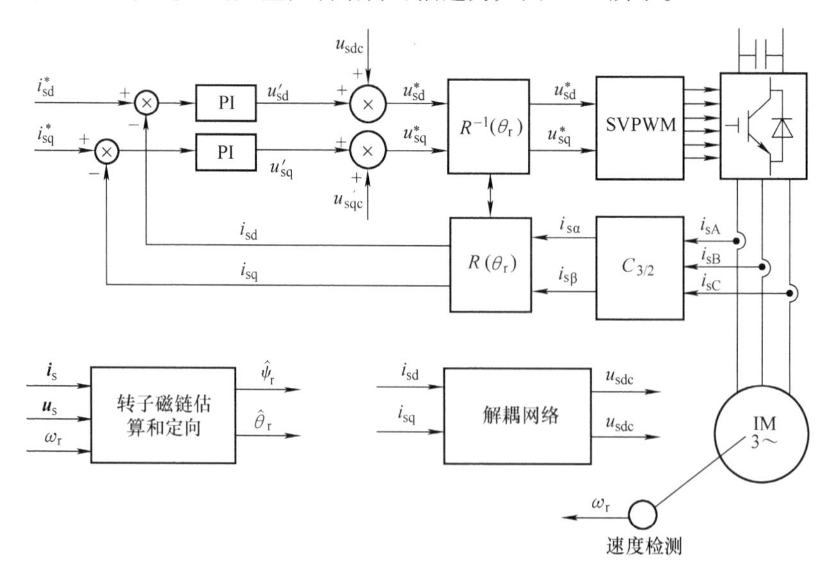

图 4-45 三相异步电机矢量控制结构

图4-45中转子磁链的估算和定向可以采用以上讨论的几种方案，如采用转差频率法等。

思　考　题

1. 简要分析双馈电机定子回路与转子回路间的功率关系，并结合风能特性讨论双馈电机转子变流器的容量配置。

2. 简要分析双馈电机定子回路与转子回路电流、电压、磁链的频率关系，并讨论双馈电机的调速原理以及双馈风力发电机的变速恒频运行原理。

3. 试分析双馈电机可能的工作状态及其对应的定子侧和转子侧功率流向。

4. 若将双馈电机定子绕组短接，对转子侧进行变流控制，试讨论此时双馈电机的机械特性。

5. 双馈电机是否可用于无功功率补偿？请简要分析原理。

6. 如何辨识双馈电机转子的初始位置角？

7. 双馈电机矢量控制系统与普通异步电机矢量控制有何异同？

8. 结合永磁同步电机转矩特性，分析其可稳定工作的功角范围以及最大转矩电流比控制原理。

9. 请设计一个永磁同步电机转子位置观测器，并进行简要讨论。

10. 依据速度的不同，异步电机运行区域可分为恒转矩区、弱磁Ⅰ区、弱磁Ⅱ区，请结合异步电机机械特性，讨论不同区域的运行特点。

11. 请简要对比分析双馈风力发电机，永磁同步全功率型风力发电机、异步全功率型风力发电机的主要特征和优缺点。

12. 请设计一个异步电机转子磁链观测器，并进行简要讨论。

参考文献

[1] 宋海辉. 风力发电技术及工程［M］. 北京：中国水利水电出版社，2009.
[2] 张兴. PWM整流器及其控制策略的研究［D］. 合肥：合肥工业大学，2003.
[3] 杨淑英. 双馈型风力发电变流器及控制［D］. 合肥：合肥工业大学，2007.
[4] 叶杭冶. 风力发电机组的控制技术［M］. 北京：机械工业出版社，2009.
[5] http：//www. mingyanggroup. com. cn/product/product. aspx？MenuID = 020201#goto
[6] FREDE B. “Power electronics in wind turbines for power systems”［Z］. 高等电力电子技术课程讲义，第六讲. 西安交通大学，2006年8月.
[7] 吴治坚. 新能源和可再生能源的利用［M］. 北京：机械工业出版社，2006.
[8] 刘万琨，张志英，李银凤，等. 风能与风力发电技术［M］. 北京：化学工业出版社，2007.
[9] 林勇刚，李伟，陈晓波，等. 大型风力发电机组独立桨叶控制系统［J］. 太阳能学报，2005（6）：780－786.
[10] 马洪飞，徐殿国，陈希有，等. PWM逆变器驱动异步电动机采用长线电缆时电压反射现象的研究［J］. 中国电机工程学报，2001（11）：109－113.
[11] 高景德，王祥珩，李发. 交流电机及其系统的分析［M］. 北京：清华大学出版社，2005.

[12] 刘其辉，贺益康，卞松江．变速恒频风力发电机空载并网控制 [J]. 中国电机工程学报，2004 (3)：6-11.
[13] 李华德．交流调速控制系统 [M]. 北京：电子工业出版社，2003.
[14] CHOMPOO-INWAI C. YINGVIVATANAPONG C, METHAPRAYOON K, et al. Reactive compensation techniques to improve the ride-through capability of wind turbine during disturbance [J]. IEEE Transaction on Industry Application, 2005, 41 (5/6): 666-672.
[15] 李永东．交流电机数字控制系统 [M]. 北京：机械工业出版社，2002.
[16] 张国强．基于全阶滑模观测器的 IPMSM 无位置传感器控制策略研究 [D]. 哈尔滨：哈尔滨工业大学，2013.
[17] SEUNG K S. 电机传动系统控制 [M]. 张永昌，李正熙，译．北京：机械工业出版社，2013.
[18] 李彪，刘新正，李黎川．具有低通滤波的改进电压型磁链观测器 [J]. 西安交通大学学报，2009，43 (12)：91-95.
[19] 常乾坤，葛琼璇，张波．感应电机的带通滤波器补偿电压模型及其应用研究 [J]. 中国电机工程学报，2014，34 (9)：1404-1414.
[20] WANG Y, HIQUAN DENG Z. An Integration Algorithm for Stator Flux Estimation of a Direct-Torque-Controlled Electrical Excitation Flux-Switching Generator [J]. IEEE Transactions on Energy Conversion, 2012, 27 (2): 411-420.
[21] 杨淑英，占琦，张兴，等．基于扩展磁链观测的永磁同步电机转矩闭环矢量控制 [J]. 电力系统自动化，2014，38 (6)：80-84.
[22] HANAN M H，黄苏融，等．基于交叉耦合效应的车用内置式永磁电机转子位置估计 [J]. 中国电机工程学报，2012，32 (15)：124-133.
[23] TONI T, MARKO H. Adaptive Full-Order Observer With High-Frequency Signal Injection for Synchronous Reluctance Motor Drives [J]. IEEE Journal of Emerging and Selected Topics in Power Electronics, 2014, 2 (2): 181-189.
[24] 张兴，郭磊磊，杨淑英，等．永磁同步发电机无速度传感器控制 [J]. 中国电机工程学报，2014，34 (21)：3440-3447.
[25] 王高林，杨荣峰，于泳，等．内置式永磁同步电机无位置传感器控制 [J]. 中国电机工程学报，2010，30 (30)：93-98.
[26] 王高林．感应电机无速度传感器转子磁场定向控制策略研究 [D]. 哈尔滨：哈尔滨工业大学，2008.
[27] 王成元，夏加宽，杨俊友，等．电机现代控制技术 [M]. 北京：机械工业出版社，2006.

第5章 微网逆变器及其控制

微网是由分布式电源、储能装置、电力电子变换装置、负载、保护和监控装置等组成的小型交、直流电网，即微网又分为交流微网和直流微网。本章将主要介绍交流微网，除特殊说明，本章所述微网均指交流微网。交流微网通常接在低压或中压配电网中。微网主要有四种运行模式，即并网运行模式、孤岛运行模式、并网到孤岛的切换运行模式和孤岛到并网的切换运行模式。

微网逆变器作为微网与多种分布式电源（Distributed Generation，DG）和储能装置的电力电子功率变换与接口单元，需根据微网和负载状态进行合理的控制。微网逆变器利用形式多样的拓扑结构和灵活多变的控制策略，可以将多种能源形式转化为满足用户需要的电能，与旋转同步发电机相比，微网逆变器控制响应迅速，便于微网在模式切换时能够向敏感负载提供合格的电能质量；另外，微网逆变器还能提供当地电压支撑、无功补偿和谐波治理的能力，并可以灵活组合各种分布式电源和储能装置，以满足不同的微网运行要求等。总之，微网逆变器及其控制策略是影响微网组网稳定性和动静态性能的重要因素，必须进行合理控制及设计。

微网逆变器控制策略的选择主要取决于以下几个方面：

1）微网的运行要求；

2）微网的控制结构；

3）分布式电源特性、容量大小、地理位置等。

微网逆变器应用时，常见的控制策略包括下垂控制（Droop 控制）、电压频率给定控制（Vf 控制）、有功、无功功率给定控制（PQ 控制）和虚拟同步发电机控制（VSG 控制）等，下面将分别进行详细阐述。

5.1 微网系统概述

5.1.1 微网的构成与定义

为充分利用各种分布式能源，同时有效降低分布式能源对电网造成的电压不稳定、惯量和短路电流小、功率双向流动且不可调度等问题对大电网的冲击，2001 年美国威斯康辛大学的 R. H. Lasseter 等学者正式提出了更好地发挥分布式发电潜能的结构形式——微电网，简称微网。随后由美国可靠性技术解决方案协会（the Consortium for Electric Reliability Technology Solutions，CERTS）出版白皮书正式定义了微网概念。一般认为，微网是由多个分布式电源及负载等作为一个整体组成的系统，对外部表现为单一受控源，并可同时提供电能和热能。微网既能作为一个可控单元并网运行，又能作为自治系统独立运行，从而能将多个随机波动的分布式电源并网问题转化为一个可控的微网并网问题，在满足了用户对电能质量和供电安全等要求的同时，减少了分布式电源对配电网的不利影响。

由于各国新能源地理环境、分布位置、电力体制及交易市场、城市发展、电力系统状况、经济需求以及用电负载等因素各不相同，因此各国对微网的需求、定义以及应用研究侧重点也各不相同。美国近年来发生了几次较大的停电事故，使美国电力行业十分关注电能质量和供电可靠性，因此美国对微网的应用研究着重于利用微网提高电能质量和可靠性；欧洲互联电网中的电源大体上靠近负载，比较容易形成多个微网，因此欧洲微网的应用研究更关注多个微网的互联和市场交易问题；日本国土资源匮乏，其对可再生能源的重视程度高于其他国家，但由于可再生能源发电的出力具有随机性，所以日本在微网方面的应用研究更强调控制与储能技术；我国地域广阔，各地地理特征和分布式能源分布式特点各异，边远和海岛地区人口密度低，扩展电网成本较高，因此在微网的应用研究方面则更多关注利用分布式能源的独立微网控制及可靠运行，而中东部微网的应用研究则主要侧重于可再生能源集成、供电质量以及多样性的供电服务等。

综上所述，虽然国际上还没有统一的微网概念的准确定义，但就微网的基本组成和基本特性等，国内外学者普遍认为微网是由多种分布式电源、储能装置、能量转换装置、负载、保护和监控装置等汇集而成的小型发配电系统；是一个能够实现自我控制、保护和管理的独立自治系统；具有灵活的运行模式和调度管理性能，既能并入大电网运行，又能独立孤岛运行；融合了各种能源形式的分布式电源，可同时向用户提供电能或热能。图 5-1 所示为一个典型的微网结构示意图。

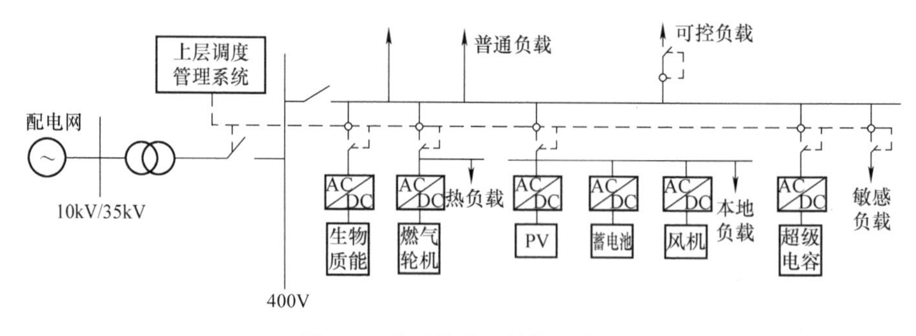

图 5-1　典型的微网结构示意图

根据不同的应用场合，一般有四种典型的微网结构和应用场合，具体见表 5-1。

表 5-1 四种典型的微网结构及应用场合

微网级别	容量	应用场合
单个设施级微网	<2MW	小型工业或商业建筑、大型居民楼及医院等单幢建筑物网络
多个设施级微网	2～5MW	含多种建筑物、多样负载类型的网络，如工业区、军事基地等
馈线级微网	5～10MW	管理一条配电网母线上所有单元的运行，如公共设施、监狱等
变电站级微网	5～20MW	管理连接到配电网变电站内所有单元的运行

注：表中容量数据只表示了基本的容量等级大小，具体的准确数据会随实际应用的不同而相应变化。

微网虽然是一种具有分布式特征的微型电网，但并不是传统电力系统的简单缩小版，微网具有其独立特点，具体包括以下几点。

（1）能源形式及储能装置多样化。

微网的能源输入形式多种多样，如太阳能、风能、海洋能等一些具有显著间歇性和随机性的可再生能源，天然气、小水电、地热能等清洁能源，还有作为备用支撑等功能的柴油发电机等。能源输出形式主要有电、热和冷三种。由于能源形式的多样性、随机性以及间歇性，并且负载也是随机变化的，因此分布式储能环节成为支持微网自主运行和作为可控单元并网运行不可缺少的重要组成部分，主要起到平抑系统扰动、维持供需平衡及支撑孤岛运行时电压/频率稳定的作用。分布式储能类型多种多样，性能各不相同，按照其转换方式的不同，可分为物理、电化学、电磁和相变储能等四大类。微网的能源形式和装置类型远比电力系统要复杂得多，在实际微网建设中，应根据地方特点因地制宜地选择分布式电源和储能装置来组建微网。

（2）大量的电力电子接口装置。

除小水电、柴油发电机等发电装置能够直接并网外，许多分布式电源和储能装置必须通过电力电子接口进行转换后才能组网，相对于大电网中的同步发电机而言，电力电子接口具有控制灵活、惯量及输出阻抗小、响应速度快、过负载能力弱等特点，其运行特性和控制策略对微网的电能质量、能量管理、状态切换、稳定性等有着决定性的影响。

（3）灵活智能的运行模式及接入方式。

正常情况下，微网作为一个可控单元并网运行，微网内部利用各种能源的互补性，通过协调控制和能量管理，有效提高了能源利用率和可靠性，而外特性为单一受控源，并网标准仅针对公共连接点，从而消除了大规模分布式电源单独并网对电网的负面影响。当大电网出现异常情况时，通过保护和解列控制，微网迅速切换至孤岛状态，提高了所辖负载的供电可靠性；当大电网异常解除并允许微网并网后，通过并网预同步及适当的控制策略保证微网可靠并网；当微网崩溃后，能够按照预先制定的黑起动策略恢复系统的正常运行，提高灾后应急能力。

（4）对配电网潮流的影响。

传统配电网呈辐射状，潮流单向流动，微网作为一个可控的发电单元或负载接入大电网，和独立分布式发电并网的影响一样，配电网将变成一个电源与用户并存的互联网络，潮流也不再是单向地从母线流向负载，配电网的结构和运行特性将发生明显变化，这一根本性的变化主要会影响配电网的电压控制策略、继电保护机理、系统网损以及配电网规划等方面。

微网的概念被提出后，迅速受到美国、欧盟、日本、中国等国家的高度重视，各国在本国政府项目的大力推动下，都已取得了一定的研究成果，并建立了相应的示范工程，下面分别进行介绍。

5.1.1.1 我国微网及示范工程概述

1. 我国边远地区微电网及示范工程

我国边远地区人口密度低、生态环境脆弱，扩展传统电网成本高，采用化石燃料发电对环境的损害很大。然而边远地区风、光等可再生能源丰富，因此利用本地可再生分布式能源的独立微网是解决我国边远地区供电问题的合适方案。目前我国已在西藏、青海、新疆、内蒙古等省份的边远地区建设了一批微网工程，以解决当地的供电困难，部分微网示范工程见表5-2。

表5-2 我国边远地区部分微网示范工程

名称	特点
西藏阿里地区狮泉河微网	10MW光伏电站、6.4MW水电站、10MW柴油发电机组、储能系统；光电、水电、火电多能互补；海拔高、气候恶劣
青海玉树藏族自治州玉树县巴塘乡10MW级水光互补微网	2MW单轴跟踪光伏发电、12.8MW水电、15.2MW储能系统、兆瓦级水光互补；全国规模较大的光伏微网电站之一
青海玉树藏族自治州杂多县大型光伏储能微网	3MW光伏发电、3MW/12MWh双向储能系统，多台储能变流器并联，光储互补协调控制
新疆吐鲁番新城新能源微网示范区	13.4MW光伏容量（包括光伏和光热）、储能系统；国内规模最大、技术应用最全面的太阳能利用与建筑一体化项目之一
内蒙古额尔古纳太平林场微网	200kW光伏发电、20kW风电、80kW柴油发电、100kWh铅酸蓄电池；边远地区林场可再生能源供电解决方案

2. 我国海岛微电网及示范工程

我国拥有超过7000个面积大于500m^{2}的海岛，其中超过450个岛上有居民。虽然这些海岛大多依靠柴油发电机在有限的时间内供给电能，但仍有一些沿海或海岛居民生活在缺电的状态中。考虑到向海岛运输柴油的高成本和困难性，利用海岛所具有的丰富可再生能源资源建设海岛微网是解决我国海岛供电问题的优选方案。从更大的视角看，建设海岛微网符合我国的海洋大国战略，是我国研究海洋、开发海洋、走向海洋的重要一步。相比其他微网，海岛微网面临更为严峻的挑战，主要包括①内燃机发电方式受燃料运输困难、成本和环境污染因素限制；②海岛太阳能、风能等可再生能源的间歇性、随机性强；③海岛负载季节性强、峰谷差大；④海岛生态环境脆弱、环境保护要求高；⑤海岛极端天气和自然灾害频繁。为了解决这些问题，我国建设了一批海岛微网示范工程，在实践中开展理论、技术和应用研究，部分示范工程见表 5-3。

表 5-3　我国海岛部分微网示范工程

名称	特点
广东珠海市东澳岛兆瓦级智能微网	1MW 光伏发电、50kW 风力发电、2MWh 铅酸蓄电池，与柴油发电机和输配系统组成智能微网；提升全岛可再生能源比例至 70% 以上
浙江东福山岛微网	100kW 光伏发电、210kW 风力发电、200kW 柴油发电、1MWh 铅酸蓄电池；我国最东端的有人岛屿，具有 50 吨/天的海水淡化能力
浙江南麂岛微网	545kW 光伏发电、1MW 风力发电、1MW 柴油发电、30kW 海洋能发电、1MWh 铅酸蓄电池储能系统，能够利用海洋能；引入了电动汽车换电站、智能电能表、用户交互等先进技术
海南三沙市永兴岛微网	500kW 光伏发电、1MWh 磷酸铁锂电池储能系统；我国最南端的微网

3. 我国城市微电网及示范工程

除了边远地区微网和海岛微网，我国还有许多城市微网示范工程，重点示范目标包括集成可再生分布式能源、提供高质量及多样性的供电可靠性服务、冷热电综合利用等。另外还有一些发挥特殊作用的微网示范工程，例如江苏大丰的海水淡化微网项目。我国部分城市微网及其他微网的基本情况和特点见表 5-4。

表 5-4　中国城市微网系统

名称/地点	特点
天津生态城二号能源站综合微网	400kW 光伏发电、1.5MW 燃气发电、300kWh 储能系统、2340kW 地源热泵机组、1636kW 电制冷机组；灵活多变的运行模式，电冷热协调综合利用
浙江南都电源动力公司微网	55kW 光伏发电、1.92MWh 铅酸蓄电池/锂电池储能系统、100kW * 60s 超级电容储能，电池储能主要用于“削峰填谷”；采用集装箱式，功能模块化，可实现即插即用
河北承德市生态乡村微网	50kW 光伏发电、60kW 风力发电、128kWh 锂电池储能系统三台、300kW 燃气轮机；为该地区广大农户提供电源保障，实现双电源供电，提高用电电压质量，冷、热、电三联供技术
北京延庆智能微网	1.8MW 光伏发电、60kW 风力发电、3.7MWh 储能系统；结合我国配电网结构设计、多级微网架构、分级管理，平滑实现并网/孤岛切换
国网河北省电科院光储热一体化微网	190kW 光伏发电、250kWh 磷酸铁锂电池储能系统、100kWh 超级电容储能；电动汽车充电桩、地源热泵、接入地源热泵，解决其起动冲击性问题；交直流混合微网
江苏大丰市风电淡化海水微网	2.5MW 风力发电、1.2MW 柴油发电、1.8MWh 铅酸蓄电池储能系统、1.8MW 海水淡化负载；研发并应用了世界首台大规模风电机组直接提供负载的孤岛运行控制系统

5.1.1.2 美国微网及示范工程概述

美国微网示范工程地域分布广泛、投资主体多元、结构组成多样、应用场景丰富，主要用于集成可再生分布式能源、提高供电可靠性及作为一个可控单元为电网提供支持服务。美国已建立部分微网示范工程及其特点见表5-5。

表5-5 美国部分微网示范工程

名称	特点
纽约联合公寓城微网	核心设备是西门子公司生产的能够实现冷、热、电三联供的燃气轮机、蒸汽轮机以及控制系统；该能源站总装机容量达到40MW，可以满足全部6万名居民24MW的用电负载峰值需求，其余16MW容量发出的电力被出售给大电网
CERTS微网	三个60kW热、电联产机组向三个可变负载和电动机供电；CERTS微网的特点为各分布式电源具有即插即用能力，微网中不存在主控制器，各分布式电源以对等的形式接入微网
NREL微网	具有交、直两条母线的风、光、柴、储多能系统；主要研究分布式发电系统的可靠性测试、导则制定及其他一些分布式发电和新能源复杂系统的互联等微网技术
Mad River微网	用于检验建设乡村微网面临的技术难题，向当地五个商业区和工厂及十二个居民区供电；基于该微网实验，建立了微网的经济模型，开发Smart View^{TM}能量管理软件等
GE微网	集控制、保护和能量管理于一体的微网示范工程，对微网的上层调度管理展开研究，用于保证微网的电能质量，满足用户需求，同时通过市场决策，维持微网的最优运行，是CERTS微网研究的重要补充
Sandia国家实验室	包含光伏、燃气轮机、风机在内的多种分布式电源技术研究和测试中心，三相480V微网系统；该微网可以进行并网和孤岛运行测试，同时通过监测直流侧和交流侧的运行电压和电流，可以分析出分布式电源的利用效率，监测分布式电源输出功率和负载的变化对微网稳态运行的影响等
橡树岭国家实验室	美国橡树岭国家实验室的CHP系统，主要致力于降低能源消耗和减少温室气体排放、实时监测排放数据、分析燃烧尾气等方面的研究
Palmdale微网	鉴于储能装置在微网中的重要性，由CEC能源公共事业部资助的“Energy storage enhanced Microgrid network”研究项目，建立了Palmdale微网，用于超级电容器对电能质量影响的研究

5.1.1.3 欧洲微网及示范工程概述

欧洲重视清洁能源的利用，是开展微网研究较早的区域，1998年就开始开展微网的系统研发。欧盟在第五、六、七框架的支持下，开展了一系列关于发展分布式发电和微网技术的研究项目，组织众多高校和企业，针对分布式能源集成、微网接入配电网的协调控制策略、经济调度措施、能量管理方案、继电保护技术，以及微网对电网的影响等内容开展重点研究，并已形成了包含分布式发电和微网控制、运行、保护、安全及通信等基本理论体系，相继建设了一批微网示范工程，已建立的欧洲微网示范工程见表5-6。

表 5-6　欧洲部分微网示范工程

名称	特点
英国埃格岛微网	发电系统主要由分布式光伏、小型风力发电和水力发电设施组成，总装机容量为 184kW；多余的可再生电力被储存在电池阵列中，在天气条件不佳的情况下，电池组可以为全岛提供一整天的电力；还包括两台 70kW 的柴油发电机做旋转备用，整个系统的装机容量可以满足近百名居民的电力需求
西班牙 Labein 微网	用于验证光伏、风机、柴油机、储能装置（飞轮、超级电容）并网模式下的中央和分散控制策略；微网频率的一次、二次和三次调整、并网和孤岛模式切换；通信协议验证；微网的需求侧管理等控制算法
希腊 Kythnos 微网	孤岛运行包含了一个三相系统，提供十二户岛上居民的用电（其中光伏 10kW、蓄电池 53kWh、柴油机 9kVA），以及一个单相系统，用于通信设备供电（光伏 2kW、蓄电池 32kWh）；该微网验证了孤岛微网的供电可靠性，以及上层调度管理和智能负载管理
葡萄牙 EDP 微网	验证孤岛、并网及其模式识别、切换的能力；智能负载切除能力
荷兰 Continuon 微网	以光伏发电为主，共装有 335kW 光伏发电单元；采用分层控制结构即可孤岛运行，也可并网运行，并具有黑起动能力
德国 MannheimWallstadt 微网	位于居民区，包含六台光伏发电单元，共 40kW；计划继续安装数台微型燃气轮机
意大利 CESI RICERCA 微网	侧重研究微网通信系统、电能质量分析、微网拓扑结构、微网调度管理
丹麦 Bornholm 微网	唯一的中高压微网；侧重研究微网黑起动，以及与电网重新并网
希腊 NTUA 微网	研究分层控制策略、分布式电源和负载控制器；微网经济性评估；模式切换能力
法国 ARMINES 微网	侧重于上层调度和能量管理策略；开发了基于 AGILENT VEE 7 和 Matlab 的上层软件

5.1.1.4　日本微网及示范工程概述

日本是亚洲较早研究和建设微网的国家。日本的自然资源匮乏，石油、煤炭及天然气等主要能源资源蕴藏量较低，这也迫使日本政府大力推进新能源开发利用，并在微网研究与应用中取得了较好的成果。自 2003 年开始，日本新能源与工业技术发展组织（New Energy and Industrial Technology Development Organization，NEDO）就协调高校、科研机构和企业先后在八户市、爱知县、京都市和仙台市等地区建设了微网示范工程，研究、验证了一批微网关键技术，为后续微网发展和建设奠定了良好的基础。

日本拥有全球最多的海岛独立电网，因此发展集成可再生能源的海岛微网，替代成本高昂、污染严重的内燃机发电是日本微网发展的重要方向和特点。日本地震、台风、海啸等自然灾害频发，因此提升电力供应在自然灾害下的可靠性是日本微网发展的另一个重要方向和特点。日本已建立的部分微网示范工程见表5-7。

表5-7 日本部分微网示范工程

名称	特点
爱知县（Aichi）微网	采用光伏+多种储能电池，建立多种分布式能源的区域供电系统
京都市（Kyoto）微网	采用光伏、风电、内燃机、燃料电池、铅酸蓄电池构成，采用ISDN和ADSL通信线路；侧重研究微网能量管理和电能质量控制
八户市（Hachinohe）微网	采用生物能发电、光伏、风电和铅酸蓄电池组为七栋楼房和污水处理厂供电；侧重研究微网上层调度管理和孤岛运行性能
仙台市（Sendai）微网	采用交、直流母线；侧重于微网电能质量管理，集成了无功补偿、动态电压调节器等新型电力电子设备，实现四个等级的电能质量管理
清水建设公司（Shimizu）微网	建立了微网示范平台，侧重研究负载跟踪、优化调度、负载预测、热电联产等研究；控制微网与公共电网连接节点处的功率恒定

日本的微网示范工程一般通过上层能量管理系统对各分布式电源和储能装置进行调度管理，以保证微网的暂态功率平衡，各分布式电源一般不具有即插即用的能力。同时，为了避免微网运行对大电网的电能质量产生影响，一般要求与大电网连接处的功率恒定。

5.1.2 微网的分类与控制

微网的运行主要包括并网运行、孤岛运行、并网到孤岛的切换运行、孤岛到并网的切换运行等方式。正常情况下，微网作为一个模块化的可控发电单元或负载进行并网运行，此时大电网提供强有力的电压和频率支撑。微网须通过协调控制所辖各种类型的分布式电源和负载，满足配电网并网接口要求和负载的供电需求，并可以按功率运行计划进行调度运行；同时，还可以根据需要支撑当地电压、频率等的变化，维持大电网稳定；当大电网出现电能质量、故障、停电等问题时，微网应能够基于本地信息快速有效地切换到孤岛运行模式下，并迅速建立电压和频率支撑，跟踪负载变化，向所辖负载尤其是重要负载提供合格可靠的电能质量；从并网模式切换到孤岛模式运行时，联络线功率的不平衡以及一些分布式电源控制策略的切换等原因可能会引起短时功率供需不平衡；从孤岛模式切换并网模式运行时，微网须满足一定的并网条件才能切入配电网。

综上所述，如何协调控制各种类型的分布式电源，保证满足微网在各种运行模式下的运行要求是微网安全、可靠、稳定运行的关键。为此，需要从微网控制模式入手进行分析和讨论。

5.1.2.1 主从控制模式

主从控制是指当微网孤岛运行时，其中一台采用电压频率给定控制（Vf控制）的分布式电源DG起主导作用，提供微网的电压和频率支撑，而其他DG则采用有功、无功功率给定控制（PQ控制）。采用Vf控制的分布式电源称为主控DG，而采用PQ控制的分布式电源称为从控 DG，各从控 DG 根据主控 DG 来决定其相应的运行状态，基于主从控制模式的微网系统如图 5-2 所示。

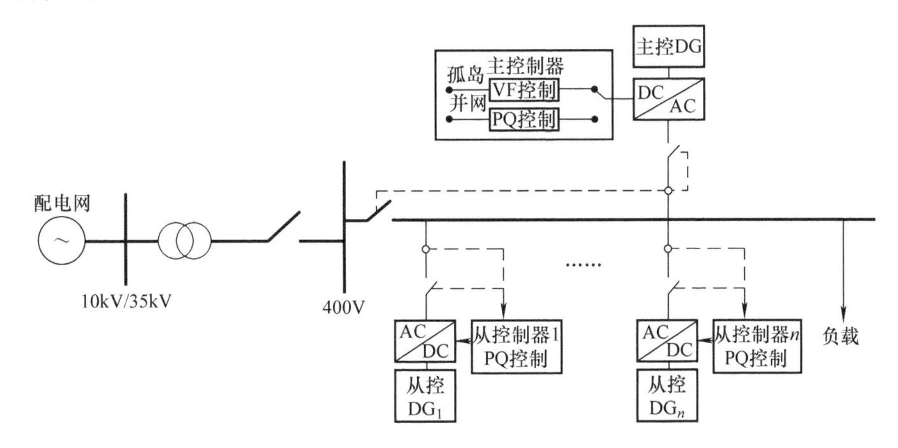

图 5-2　基于主从控制模式的微网系统

在基于主从控制的微网结构中，在并网模式下，所有 DG 都采用 PQ 控制策略，一旦转入到孤岛状态，主控 DG 必须迅速切换到 Vf 控制，跟随负载变化维持系统电压和频率，从控 DG 的控制方式则维持不变。因此，选择主控 DG 的基本条件是满足快速模式切换和负载波动的要求，通常主控 DG 主要有下列三种。

（1）以储能装置作为主控 DG。

储能装置通过充放电控制来调节输出功率和负载波动，负载较重时，储能系统一直处于放电状态；负载较轻时，储能系统一直处于充电状态。储能装置具有快速动态响应能力，但由于其存储能量和功率有限，储能装置不可能长期处于放电或充电状态，因此，这类微网处于孤岛运行状态下的时间不宜过长。

（2）以微型燃气轮机等稳定输出的分布式电源作为主控 DG。

微型燃气轮机等分布式电源输出稳定、易于控制，将其作为主控制单元有助于微网在较长时间内稳定运行，灵活调节输出功率，易于控制；然而由于微型燃气轮机响应时间为秒级，因此微网在并网与孤岛运行模式之间进行切换时响应速度较慢，很难实现无缝切换，过渡过程中较大的电压和频率波动可能会造成部分 DG 退出运行，不利于重要负载的可靠供电。

（3）以微型燃气轮机等稳定输出的分布式电源配备储能装置作为主控 DG。

对于存在对电能质量要求较高的负载，可以采用将稳定输出的分布式电源与储能装置组合起来作为主控制单元的方式，充分利用储能装置的快速响应电特性和分布式电源长期稳定电压输出的优势，在模式切换过渡过程或较大负载波动时，由储能装置提供快速功率支撑，在稳态运行时由分布式电源提供长期稳定的功率支撑。

主从控制模式的主要缺点是对主控 DG 的依赖性较强、系统可靠性差，另外主控 DG 的容量也限制了系统容量的扩展。

5.1.2.2 对等控制模式

所谓对等控制模式是指微网中的所有DG在控制上地位相同、不分主从，各分布式电源之间依靠本地接入系统点的电压和频率等就地信息进行控制，通常采用下垂控制策略。下垂控制无需通信联系，并且可实现即插即用，基于对等控制模式的微网系统如图5-3所示。

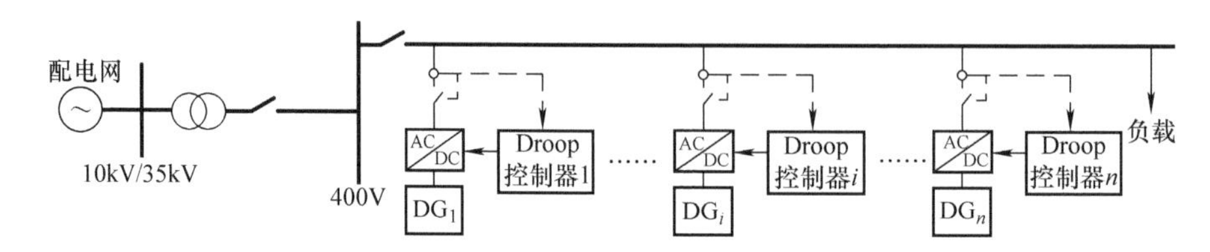

图5-3 基于对等控制模式的微网系统

对等控制模式早先由美国CERTS提出，并在俄亥俄州首府哥伦布市的Dolan技术中心建立的微网示范平台上进行了详细试验，随后，也有许多其他研究人员进行了相关研究。无论在并网还是孤岛运行模式下，采用下垂控制的DG都不需要改变控制模式，易于实现无缝切换。对等控制的优点是易于实现负载功率的自动分配和无缝切换，同时无需DG间的通信、成本较低、可靠性高、扩展方便。其主要不足在于没有考虑电压和频率的恢复问题，尤其是系统遭受严重扰动时，微网电压和频率质量很难得到保证，并且对等控制的稳定性、鲁棒性等关键问题还需要进一步研究。

5.1.2.3 分层控制模式

分层控制模式主要包括两层和三层控制模式两种，两层控制模式主要针对单个微网的分层控制，而三层控制模式则主要针对多个微网的分层控制，现分别讨论如下。

1. 二层控制模式

对于单个微网的分层控制，通常采用二层控制模式。二层控制模式是指采用一个微网中央控制器（Microgrid Central Controller，MCC）来统一协调管理底层分布式电源控制器和负载控制器，实现微网安全稳定运行和利益最大化。在基于二层控制模式的微网系统中，MCC和底层控制器通过通信进行联系，按照通信速率的快慢可以分为强通信联系的分层控制和弱通信联系的两层控制，分别简述如下。

所谓强通信联系的二层控制是指MCC和底层控制器之间采用快速通信，典型的应用案例有日本的Archi微网、Kyoto微网、Hachinohe微网等示范项目。基于强通信联系二层控制模式的微网系统中，通常MCC根据发电量和负载需求预测，制订出运行计划，并根据采集到的电流、电压、功率等状态信息实时调整运行计划，从而控制各个分布式电源、可控负载和储能装置的起停和能量流动，并能提供相应的保护功能，保证微网稳定运行。强通信联系二层控制的主要优点是参与微网的暂态过程，快速抑制功率波动，提高了系统稳定性和电能质量；其主要缺点是对通信依赖较强，通信失败可能会对系统安全运行产生较大影响，甚至导致系统瘫痪。基于强通信联系二层控制模式的微网系统如图5-4所示。

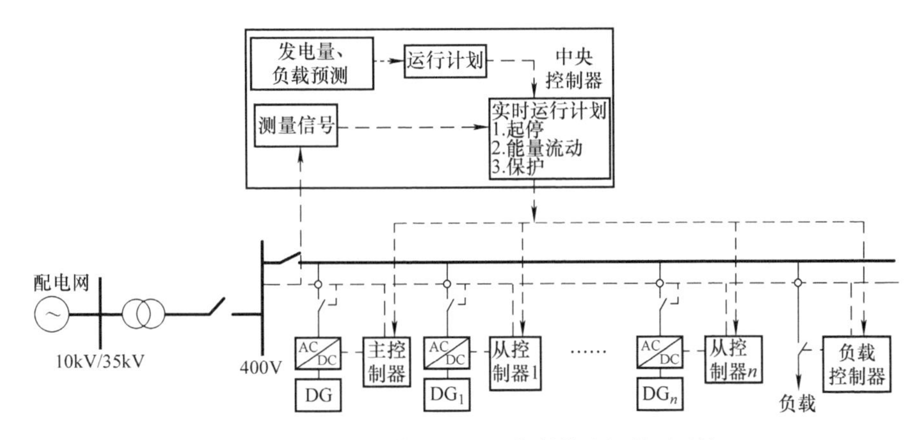

图 5-4　基于强通信联系二层控制模式的微网系统

所谓弱通信联系的二层控制是指 MCC 和底层控制器之间采用慢速通信，MCC 主要用来制定稳态发电计划和负载管理，并不参与暂态控制，微网的暂态供需平衡由底层控制器负责调整，这就要求微网中必须有响应迅速的储能装置，如飞轮、超级电容等。这种弱通信联系二层控制的优点在于即使通信短时间失败，也能保证微网正常运行；其缺点是该控制结构对分布式电源的控制策略要求较高。基于弱通信联系二层控制模式的微网系统如图 5-5 所示。

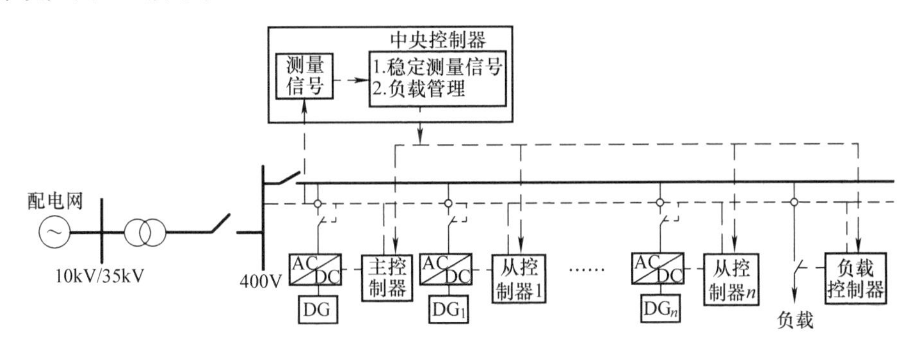

图 5-5　基于弱通信联系二层控制模式的微网系统

2. 三层控制模式

对于多个微网的分层控制通常采用三层控制模式，如图 5-6 所示。其中最上层代表配电网，主要包括配电网管理器（Distribution Network Operator，DNO）和市场管理器（Market Operator，MO），DNO 主要用来协调某个区域内的多个微网，一个或多个 MO 主要负责一定区域内的市场管理；中间层为配电网和微网的接口单元，即微网中央控制器；底层控制器是控制每个分布式电源和/或负载的本地控制器（Local Controller，LC）。

多个微网的三层控制模式的具体实现有集中控制（Centralized Microgrid Control，

CMC）和分散控制（Decentralized Microgrid Control，DMC）两种。

采用CMC方式时，MCC根据市场价格、安全约束、效益最大化原则来协调LC，LC按照接收到的调度功率使DG运行在并网模式，并能够自主地优化DG的交换功率和孤岛模式下控制策略的快速切换等。

采用DMC方式时，其控制的主要特点是LC拥有很强的自治性和智能性，LC的主要任务不是最大化个体收益而是整个微网的性能，这种结构必须包括经济性、环境因素和黑起动等技术要求，多代理技术（Multi－Agent System，MAS）是实现分散控制的主要策略。

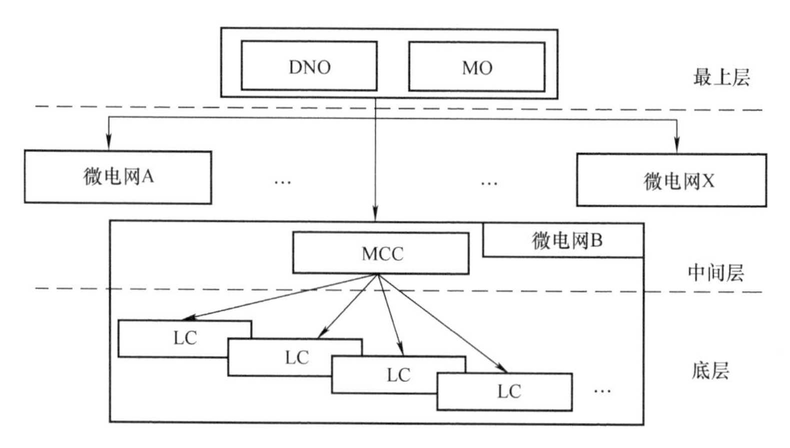

图5-6 针对多微网分层控制的三层控制模式结构

5.2 微网逆变器及其控制

在传统电力系统中，采用煤、石油或水等一次能源驱动锅炉或水轮机，带动旋转同步发电机并网发电。而在交流微网中，不同类型的DG通常需要配置相应的功率转换接口才能进行组网运行，而采用电力电子变换器构成的DG功率转换接口通常称为微网逆变器。微网逆变器利用形式多样的拓扑结构和灵活多变的控制策略，可以将任何能源形式转化为满足用户需要的电能，与旋转同步发电机相比，它具有惯量小（也可以模拟同步发电机惯性，如虚拟同步发电机技术）、控制灵活、响应速度快、输出阻抗小、过负载能力弱等特点，其灵活多样的控制策略具有以下一些同步发电机无法比拟的优点：

1）响应迅速，便于微网在模式切换时，能够向敏感负载提供合格的电能质量；

2）提供当地电压支撑、无功补偿和谐波治理的能力；

3）可以灵活组合各种分布式电源和储能装置，以满足不同微网运行要求等。

总之，微网逆变器的控制策略是影响微网组网稳定性和动静态性能的重要因素，必须合理设计。通常微网逆变器采用电压源型逆变器拓扑设计，其输出滤波器一般采用*LC*滤波器设计，如图5-7所示。在图5-7中，*LC*滤波器和电网之间的电感L_2通常表示变压器和线路电感，有时为提高并网稳定性，也会相应增加一个电感，从而构成基于 *LCL* 滤波器的微网逆变器拓扑结构。当微网逆变器具有并网和离网（独立运行）双模式运行功能时，通常可以将关键敏感负载接在 *LC* 滤波器的输出侧，以确保微网逆变器独立运行时的电压品质。

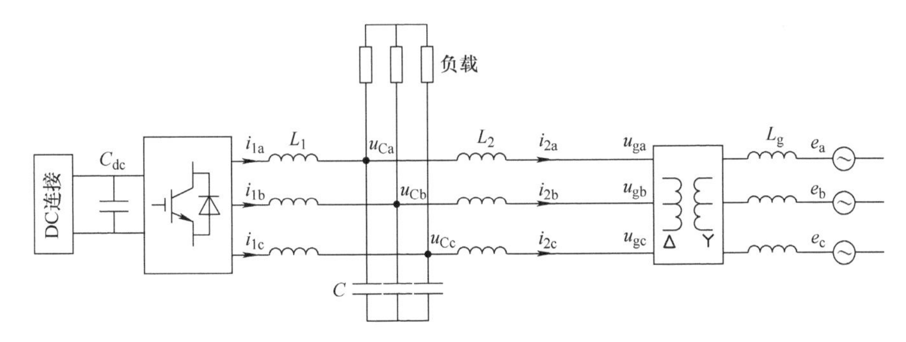

图 5-7　微网逆变器拓扑结构

微网逆变器控制策略的选取主要取决于以下几个方面：

1）微网的运行要求；

2）微网的控制结构；

3）分布式电源特性、容量大小、地理位置等。

实际应用中，常见的微网逆变器控制策略有 Droop 控制、Vf 控制、PQ 控制等，现分别讨论如下。

5.2.1　下垂控制

5.2.1.1　下垂控制基本原理

下垂控制（Droop 控制）是模拟同步发电机组静态工频特性的一种控制方式。通过模拟同步发电机的外特性来实现负载间的功率均分，既可以单独运行来提供电压和频率支撑，也可以与其他的电压和频率支撑单元并联组网运行。图 5-8 所示为两台逆变器并联运行时的单相等效电路，其中，$Z_i\angle\theta_i$（$i=1$，2）为逆变器桥臂输出到负载端之间的等效阻抗（包括逆变器等效输出阻抗和实际连接线路阻抗），δ_i（$i=1$，2）为逆变器功角，即逆变器等效内电动势 E_{0i}（$i=1$，2）与交流母线电压 U_0 之间的夹角。

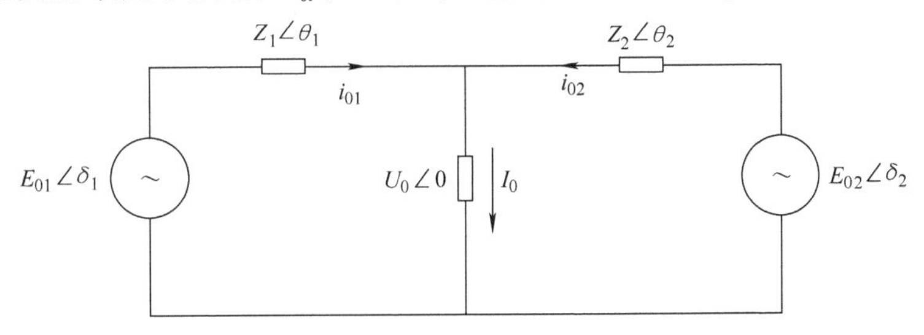

图 5-8　两台逆变器并联的等效电路图

两台中第 i（$i=1,2$）台逆变器的输出有功和无功功率分别为

$$\begin{aligned} P_i &= \frac{E_{0i}U_0}{Z_i}\cos(\theta_i-\delta_i)-\frac{U_0^2}{Z_i}\cos\theta_i \\ Q_i &= \frac{E_{0i}U_0}{Z_i}\sin(\theta_i-\delta_i)-\frac{U_0^2}{Z_i}\sin\theta_i \end{aligned} \tag{5-1}$$

由于逆变器稳态运行时的功角 δ_i 较小，因此 $\sin\delta_i\approx\delta_i$，$\cos\delta_i\approx1$。

设 $Z_i=R_i+\mathrm{j}X_i(i=1,2)$，并代入式（5-1）可得

$$\begin{aligned} P_i &= \frac{X_iE_{0i}U_0}{R_i^2+X_i^2}\sin\delta_i+\frac{R_iU_0(E_{0i}-U_0\cos\delta_i)}{R_i^2+X_i^2} \\ Q_i &= -\frac{R_iE_{0i}U_0}{R_i^2+X_i^2}\sin\delta_i+\frac{X_iU_{\mathrm{pcc}}(E_{0i}-U_0\cos\delta_i)}{R_i^2+X_i^2} \end{aligned} \tag{5-2}$$

式（5-2）说明逆变器有功和无功功率不仅与系统的电压和功角有关，也与逆变器等效输出阻抗与线路阻抗之和有密切的关系，表 5-8 给出了感性和阻性线路阻抗条件下，逆变器输出有功和无功功率在逆变器功角 δ_i 较小时的近似表达式，以及相关下垂控制方程。由表 5-8 可知，微网逆变器的等效输出阻抗与线路阻抗之和的特性是下垂控制方程的关键因素。

表 5-8　阻抗特性与有功、无功间的关系

输出阻抗特性	$Z_i=\mathrm{j}x_i$	$Z_i=R_i$
有功功率	$P_i=E_{0i}U_0\delta_i/x_i$	$P_i=U_0(E_{0i}-U_0)/R_i$
无功功率	$Q_i=U_0(E_{0i}-U_0)/x_i$	$Q_i=-E_{0i}U_0\delta_i/R_i$
频率下垂特性	$\omega_i=\omega_{0i}-mP_i$	$\omega_i=\omega_{0i}-mQ_i$
电压下垂特性	$E_{0i}=E-nQ_i$	$E_{0i}=E-nP_i$

当逆变器等效输出阻抗和线路阻抗之和呈感性时，逆变器输出的有功功率与逆变器功角 δ_i（相位，即频率）、无功功率与母线电压幅值 U_0 成一次函数关系（下垂特性），据此可以设计出基于下垂特性的控制方法，其下垂控制特性如图 5-9 所示。通常有两种下垂控制模式，第一种下垂控制模式是通过当前有功和无功功率的检测来计算并给出相应的频率和电压指令，如图 5-9a 所示，在这种下垂控制模式中，随着有功和无功功率的增大，电压频率和幅值指令随之线性减小，因此称之为 $P-f/Q-U$ 下垂控制模式；第二种下垂控制模式是通过当前电压频率和幅值的检测来计算并给出相应的有功和无功功率指令，如图 5-9b 所示，在这种下垂控制模式中，随着电网频率和幅值的增大，有功和无功功率随之线性减小，因此称之为 $f-P/U-Q$ 下垂控制模式。

首先讨论 $P-f/Q-U$ 下垂控制模式，其控制结构如图 5-10 所示。首先根据微网逆变器输出电压和电流的检测计算出系统的实际有功和无功功率；再根据 $P-f/Q-U$ 下垂特性获得微网逆变器的电压频率和幅值指令信号，频率指令信号经过积分运算得到电角度信号，即电压相位指令信号；然后基于给定的电压相位和幅值指令信号，经过微网逆变器电压外环和电流内环的双环控制输出相应的 PWM 调制电压信号；最后该信号经 PWM 控制后驱动逆变器中的开关管，从而实现微网逆变器的 $P-f/Q-U$ 下垂控制，以下对上述各控制环节进行分析。

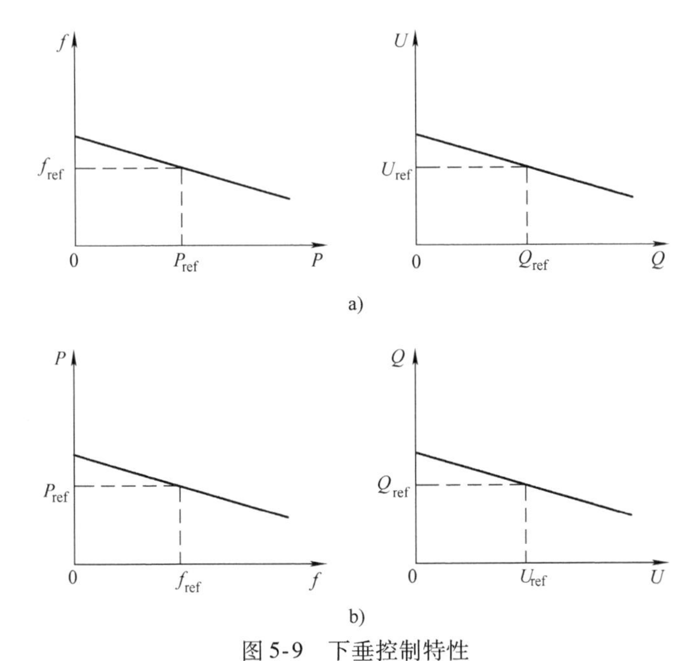

图 5-9　下垂控制特性

a）$P-f/Q-U$ 下垂控制模式　b）$f-P/U-Q$ 下垂控制模式

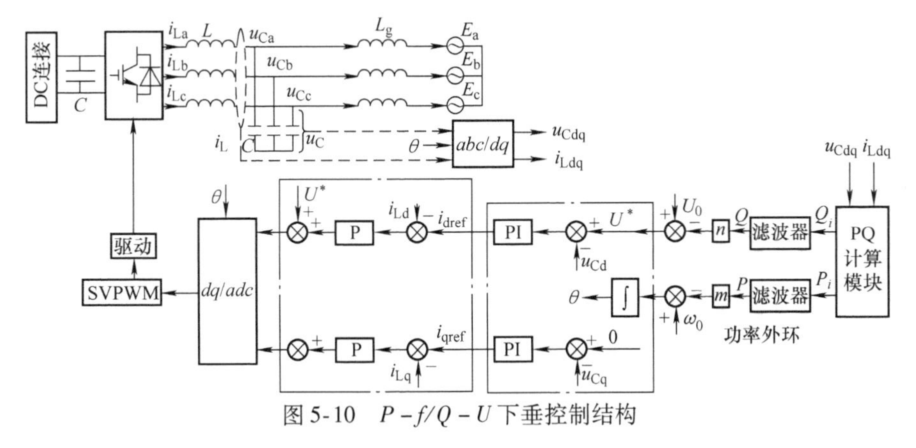

图 5-10　$P-f/Q-U$ 下垂控制结构

（1）有功和无功功率计算。

若逆变器输出滤波电容电压检测值为 u_{Ca}、u_{Cb}、u_{Cc}，则可计算出电容电流为

$$
\begin{aligned}
i_{Ca} &= C\frac{du_{Ca}}{dt} \\
i_{Cb} &= C\frac{du_{Cb}}{dt} \\
i_{Cc} &= C\frac{du_{Cc}}{dt}
\end{aligned}
\tag{5-3}
$$

由逆变器桥臂侧电感电流检测值 i_{La}、i_{Lb}、i_{Lc}，并根据式（5-3）电容电流的计算

值，容易求得逆变器网侧电感电流，即

$$
\begin{aligned}
i_{oa} &= i_{La} - i_{Ca} \\
i_{ob} &= i_{Lb} - i_{Cb} \\
i_{oc} &= i_{Lc} - i_{Cc}
\end{aligned}
\tag{5-4}
$$

对逆变器输出电压（滤波电容电压）和输出电流进行3/2等量坐标变换，可以得到同步旋转 dq 坐标系中的逆变器输出电压、电流值 U_{Cd}、U_{Cq}、I_{0d}、I_{0q}，若采用一阶低通滤波器对信号噪声（如PWM谐波噪声）进行滤波，则逆变器输出的有功和无功功率为

$$
\begin{aligned}
P &= \frac{1.5(U_{Cq}I_{0q} + U_{Cd}I_{0d})}{\tau s + 1} \\
Q &= \frac{1.5(U_{Cd}I_{0q} - U_{Cq}I_{0d})}{\tau s + 1}
\end{aligned}
\tag{5-5}
$$

式中 τ——一阶低通滤波器时间常数。

当实际微网逆变器输出功率中含有低次谐波时，如果采用一阶低通滤波器进行滤除，则会造成严重的功率运算滞后，从而可能使控制系统不稳定。为此可以考虑采用基于陷波器的功率计算方法，具体算法如下：

$$
\begin{aligned}
P &= \left(\prod_{h} \frac{s^2 + \omega_h^2}{s^2 + 2Q_h\omega_h s + \omega_h^2}\right) \cdot \frac{1.5}{\tau s + 1} \cdot (U_{Cq}I_{0q} + U_{Cd}I_{0d}) \\
Q &= \left(\prod_{h} \frac{s^2 + \omega_h^2}{s^2 + 2Q_h\omega_h s + \omega_h^2}\right) \cdot \frac{1.5}{\tau s + 1} \cdot (U_{Cd}I_{0q} - U_{Cq}I_{0d})
\end{aligned}
\tag{5-6}
$$

式中 Q_h——h 次谐振控制器品质因数；

ω_h——陷波器需要滤除的谐波角频率；

τ——一阶低通滤波器的时间常数。

采用式（5-6）中的功率计算方法，其小时间常数的一阶低通滤波器主要用来滤除高频噪声（如PWM谐波噪声），而低次谐波则利用低次谐波陷波器加以滤除，这样可以在滤除功率低次谐波的基础上，确保功率计算的快速性。但是，当存在多个低次谐波时，需要设计多个低次谐波陷波器，从而使得功率检测的滤波运算较为复杂。

（2）$P-f/Q-U$ 下垂特性方程。

根据电力系统知识可知，当线路阻抗呈感性时，逆变器输出的有功功率与电压频率成正比，而逆变器输出的无功功率则与电压成正比，因此 $P-f/Q-U$ 下垂特性方程可以描述为

$$
\begin{aligned}
\omega &= \omega_0 + m(P_0 - P) \\
\theta &= \int \omega \mathrm{d}t \\
U^* &= U_0 + n(Q_0 - Q)
\end{aligned}
\tag{5-7}
$$

式中 m——有功-频率下垂系数；

n——无功-电压下垂系数；

P，Q——微网逆变器输出的有功和无功功率；

ω_0——平均有功功率输出为 P_0 的微网逆变器输出角频率；

U_0——平均无功功率输出为 Q_0 的微网逆变器输出电压幅值；

U^*——逆变器的输出电压指令值。

有功－频率下垂系数 m 表示有功－频率下垂曲线的斜率，m 的取值需要保证当有功功率变化 ΔP 时，其频率变化在 $\Delta\omega$ 以内；无功－电压下垂系数 n 表示无功－电压下垂曲线的斜率，n 的取值需要保证当无功功率变化 ΔQ 时，其电压幅值变化在 ΔU 之内，即

$$\begin{aligned} m &= \frac{\Delta\omega}{\Delta P} \\ n &= \frac{\Delta U}{\Delta Q} \end{aligned} \tag{5-8}$$

举例来说，假设微网逆变器的额定输出频率为 50Hz，额定功率为 100kW，额定电压为 380V，并要求频率变化在 1% 之内，而电压变化在 2% 之内，则可计算如下：

有功－频率下垂系数 m 取值为 $m = \dfrac{1\% \times 50 \times 2\pi}{100}\text{rad/kW} = 0.0314\text{rad/kW}$

无功－电压下垂系数 n 取值为 $n = \dfrac{2\% \times 380}{100}\text{V/kW} = 0.076\text{V/kW}$

当并联系统中各逆变器的额定功率不一致时，如果要求各逆变器输出功率按输出/容量比均分，则下垂系数必须满足

$$\begin{aligned} m_1S_1 = m_2S_2 = L_{\mathrm{m}} = m_NS_N \\ n_1S_1 = n_2S_2 = L_{\mathrm{n}} = n_NS_N \end{aligned} \tag{5-9}$$

式中　S_1，$S_2 \cdots S_N$——N 台逆变器的容量；

m_1，$m_2 \cdots m_N$——N 台逆变器的有功－频率下垂系数；

n_1，$n_2 \cdots n_N$——N 台逆变器的无功－电压下垂系数；

L_{m}，$L_{\mathrm{n}} \cdots L_{\mathrm{x}}$——频率、电压、阻抗在不同功率等级下的变化量。

然而，当按式（5-9）进行下垂系数设计时，虽然满足了各逆变器输出功率按输出/容量比均分，但各逆变器间将可能会存在环流。为此，必须进行各逆变器间的阻抗匹配，即各逆变器的等效输出阻抗与连线阻抗之和 X_j（$j=1$，$2 \cdots N$）满足 $X_1S_1 = X_2S_2 = L_{\mathrm{x}} = X_NS_N$，此时，各逆变器在实现功率均分的同时也实现了无环流运行。

（3）电压双闭环控制方程。

为了实现上述逆变器的 $P-f/Q-U$ 下垂电压指令控制，可以采用基于同步旋转 dq 坐标系的电压、电流双闭环控制方案，即外环采用逆变器输出滤波电容电压控制，而内环则采用逆变器桥臂侧电感电流控制。在同步旋转 dq 坐标系中，通常电压外环采用比例积分（PI）控制，而电流内环则采用比例（P）控制，此时如果以 d 轴为电压矢量定向，则 d 轴电压指令值为下垂控制器式（5-7）中给出的 U^*。q 轴电压指令为 0，对输出滤波电容电压、电感电流进行采样，并采用式（5-7）的矢量角度 θ 进行坐标变换得到 U_{Cdq}，I_{Ldq}，则电压双闭环控制方程为

$$\begin{aligned} U_{\mathrm{d}}^* &= [(U^* - U_{\mathrm{Cd}})G_{\mathrm{u}} - I_{\mathrm{Ld}}]G_{\mathrm{i}} + U^* \\ U_{\mathrm{q}}^* &= [(0 - U_{\mathrm{Cq}})G_{\mathrm{u}} - I_{\mathrm{Lq}}]G_{\mathrm{i}} + 0 \end{aligned} \tag{5-10}$$

式中 U_d^*，U_q^*——桥臂电压指令控制信号 dq 分量；

I_{Ld}，I_{Lq}——桥臂侧电感电流 dq 分量；

G_u——电压调节器（采用 PI 调节器），$G_u = K_{up} + K_{ui}/s$；

G_i——电流调节器（采用 P 调节器），$G_i = K_{ip}$。

5.2.1.2 下垂控制基本特性分析

根据 $P-f/Q-U$ 下垂特性方程式（5-7），可得 $P-f/Q-U$ 下垂控制有功功率环等效控制结构如图 5-11 所示。其中，θ_g 为电网电角度，其对应的电网角频率记为 ω_g。根据表 5-8 中线路为感性时的单相有功功率 - 角度表达式，可得三相系统有功功率 - 角度表达式为 $3E_{0i}U_0/x_i$，并令 $K_s = 3E_{0i}U_0/x_i$。

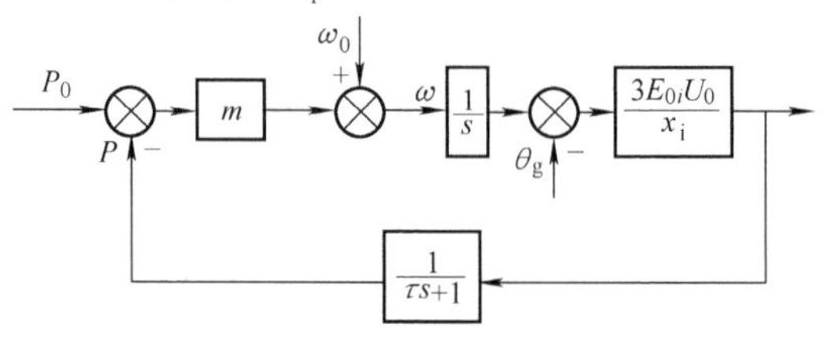

图 5-11 $P-f/Q-U$ 下垂控制有功功率功率环等效控制结构

根据图 5-11，可分别推导出功率、频率的传递函数方程为

$$
\begin{aligned}
P &= \frac{K_s(\tau s+1)}{\tau s^2 + s + mK_s}P_0 + \frac{K_s(\tau s+1)}{\tau s^2 + s + mK_s}\omega_0 - \frac{K_s(\tau s+1)}{\tau s^2 + s + mK_s}\omega_g \\
\omega &= \frac{s(\tau s+1)}{\tau s^2 + s + mK_s}P_0 + \frac{s(\tau s+1)}{\tau s^2 + s + mK_s}\omega_0 + \frac{mK_s}{\tau s^2 + s + mK_s}\omega_g
\end{aligned}
\tag{5-11}
$$

根据二阶振荡环节的特征方程，可得系统的阻尼和自然振荡频率为

$$
\begin{aligned}
\zeta &= \frac{\sqrt{x_i}}{2\sqrt{3\tau m E_{0i} U_0}} \\
\omega_n &= \sqrt{\frac{3mE_{0i}U_0}{\tau x_i}}
\end{aligned}
\tag{5-12}
$$

根据式（5-12）给出的功率环阻尼和振荡频率，可以得出以下结论：

1）下垂系数不但可以调节稳态时的功率分配，还可以调节系统的阻尼和振荡频率；

2）两个逆变器间的等效输出阻抗 x_i 影响阻尼和振荡频率，且作用规律相反。增大输出阻抗可以增加系统阻尼，但是会降低自然振荡频率，减小输出阻抗会增加自然振荡频率，但可以减小系统阻尼。

5.2.1.3 基于虚拟阻抗的下垂控制

上述下垂控制方案是以逆变器等效输出阻抗与线路阻抗之和呈感性为前提的，这在大电网系统中是成立的，而实际的微网多为配电网，其电压等级为 10kV 或者 400V，此时线路阻抗呈现阻感性，且微网逆变器的输出阻抗与同步发电机组的输出阻抗也有所不同，这给微网逆变器的下垂控制带来了挑战。

当逆变器等效输出阻抗和线路阻抗之和呈阻性时，逆变器输出的有功功率与交流母线电压幅值 U_0 成正比，而逆变器输出的无功功率则与逆变器功角 δ_i（相位，即频率）也成正比，据此可以设计出基于 $Q-\omega/P-E$ 的下垂特性控制，即通过控制逆变器的输出无功和有功功率来分别调节输出频率和输出电压，这种基于 $Q-\omega/P-E$ 的下垂特性通常又称为反下垂特性。基于 $P-\omega/Q-E$ 的下垂控制和基于 $Q-\omega/P-E$ 的反下垂控制都是微网逆变器并联的下垂控制方法，但在微网组网控制时存在较大差异。

当微网逆变器采用基于 $P-\omega/Q-E$ 的下垂控制方式组网控制时，由于频率作为全局变量起着调节整个系统有功功率平衡的作用，因而当系统功率达到平衡时，系统各点频率为一定值（频率同一性），因此各微网逆变器将严格按照 $P-\omega$ 下垂系数分配系统有功功率；然而，由于系统线路阻抗等因素的影响，微网系统各点电压均不相同，因此各微网逆变器间的无功功率分配与 $Q-E$ 下垂特性、逆变器输出阻抗及线路阻抗等因素都有关系，可见微网逆变器的无功功率优化分配要相对复杂得多，这与传统电力系统有许多相似之处，也为微网规划理论、协调控制、优化运行等方面借鉴电力系统相关理论知识提供了一定基础。

当微网逆变器采用基于 $Q-\omega/P-E$ 的反下垂控制方式组网控制时，由于微网系统频率的同一性，各微网逆变器将严格按照 $Q-\omega$ 下垂系数分配系统无功功率，而由于微网各点电压的不同性，各微网逆变器间的有功功率分配与 $P-E$ 下垂特性、逆变器等效输出阻抗及线路阻抗等因素都有关系，难以准确分配各微网逆变器的输出有功功率。

显然，这种基于 $Q-\omega/P-E$ 的反下垂控制方式给微网规划理论、协调控制和优化运行等许方面都带来诸多不利影响，因此有必要加以改进。

当微网系统的线路阻抗呈现阻感特性时，频率、电压（ω、E）下垂特性的表达式中均含有逆变器输出有功 P 和无功 Q，相互间存在耦合关系，下垂特性方程更为复杂。

可以看出，逆变器等效输出阻抗和线路阻抗之和的阻抗特性是影响下垂控制的一个关键因素。为了使逆变器等效输出阻抗和线路阻抗之和满足感性阻抗特性要求，有学者提出了虚拟阻抗的概念，即通过设计逆变器的等效输出阻抗 $Z(s)$ 来使逆变器的等效输出阻抗和线路阻抗之和的阻抗特性呈感性，从而实现微网逆变器有功和无功的解耦控制。以下介绍一种基于逆变器端口电压控制的虚拟阻抗策略，其典型控制结构如图 5-12 所示。

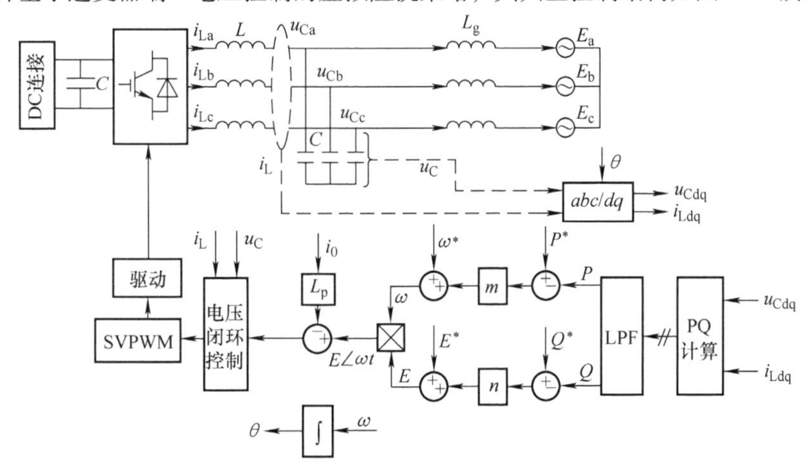

图 5-12　基于逆变器端口电压控制的虚拟阻抗策略

图 5-12 所示控制结构是在图 5-10 传统下垂控制策略的基础上增加了虚拟阻抗环节。检测三相输出电流 i_0，若模拟为感性输出阻抗，则此阻抗产生的压降为 Lpi_0，p 为微分算子。下垂有功和无功功率环给出电压指令 E 与频率 ω 合成电压指令矢量为$E\angle\omega t$，此电压矢量与阻抗产生的压降相减得到新的输出电容电压指令值，然后通过电压双闭环控制得到 SVPWM 信号，从而实现虚拟阻抗控制。这种虚拟阻抗控制方法使得整个系统的阻抗呈感性，因而有功和无功功率控制之间相互解耦。然而，虚拟阻抗使得输出电压存在一定的压降，且压降随负载的变化而变化，从而降低了输出电压的控制精度。另外，由于需要对输出电流进行微分运算，因此输出电流中的谐波成分将被放大并引入到输出电容电压指令上，从而增大了输出电压噪声，影响了输出电能质量。

5.2.2 电压频率给定控制

电压频率给定控制（Vf 控制）是指微网逆变器以输出电压和频率指令值进行定值控制，而逆变器输出的有功和无功功率则由负载条件决定。显然，采用 Vf 控制时，其逆变器的外特性为电压源特性。Vf 控制通常应用于主从控制模式的微网中，即一般采用具有储能系统的微网逆变器作为主控 DG 来支撑微网的电压和频率，从而向从控 DG 提供稳定的并网电压源，满足负载随机变化的需要。由于基于逆变器的 DG 有容量限制，因此只能提供有限的功率支持，即输出功率 $P\leqslant P_{\max}$，$Q\leqslant Q_{\max}$。其 Vf 控制特性如图 5-13 所示。

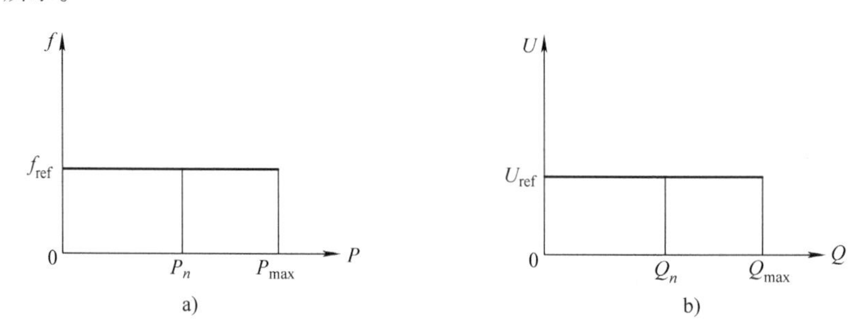

图 5-13 Vf 控制特性

a）恒定频率控制 b）恒定电压控制

基于单台微网逆变器的典型 Vf 控制结构如图 5-14 所示。该控制采用典型的电压外环、电流内环双闭环控制结构，其中电压外环控制器实现逆变器输出电压和频率定值控制，电流内环控制器用于改善电压外环的动态响应性能。图 5-14 中，以同步旋转 dq 坐标系 d 轴进行电压定向时，逆变器输出电压 dq 轴的指令参考值分别为 U^* 和 0，E_j（$j=a$，b，c）表示其他从控 DG 的电动势。

根据图 5-14 所示控制结构，进一步分析可得采用电压、电流双闭环控制（采用 PI 调节器，且传递函数分别为 $K_{pu}+\frac{K_{iu}}{s}$和 $K_{pi}+\frac{K_{ii}}{s}$）的电压控制方程为

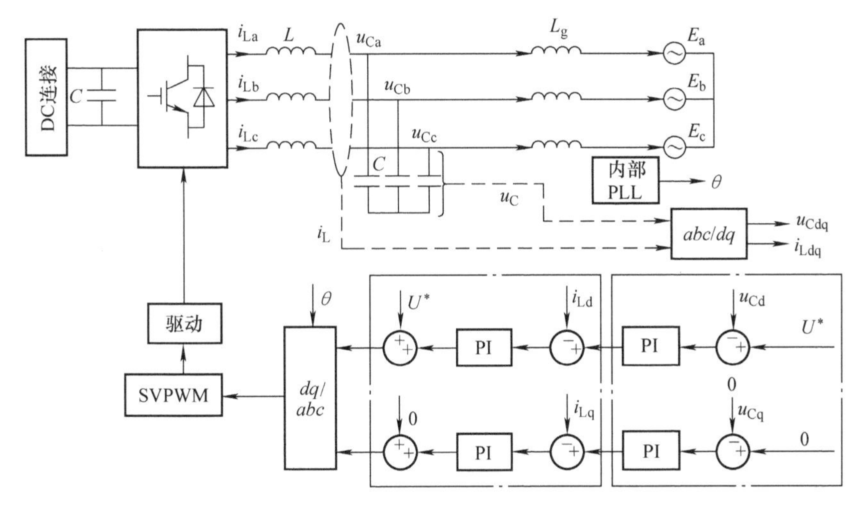

图 5-14　单台微网逆变器的典型 Vf 控制结构

$$
\begin{aligned}
U_d^* &= \left[(U^* - U_{cd})\left(K_{pu} + \frac{K_{iu}}{s}\right) - I_{Ld}\right]\left(K_{pi} + \frac{K_{ii}}{s}\right) + U^* \\
U_q^* &= \left[(0 - U_{cq})\left(K_{pu} + \frac{K_{iu}}{s}\right) - I_{Lq}\right]\left(K_{pi} + \frac{K_{ii}}{s}\right) + 0
\end{aligned}
\tag{5-13}
$$

5.2.3　有功、无功给定控制

有功、无功给定控制（PQ 控制）是指在一定的电网条件下，即当频率 $f_{min} \leqslant f \leqslant f_{max}$，电网电压 $U_{min} \leqslant U \leqslant U_{max}$时，微网逆变器按有功、无功指令值控制逆变器输出的有功功率和无功功率。有功、无功指令值可以是来自微网系统的调度指令，也可以是来自于光伏、风电等新能源的 MPPT 控制器输出等。在采用主从控制模式的微网中，作为从控 DG 的微网逆变器一般可以采用 PQ 控制，其 PQ 控制特性如图 5-15 所示。

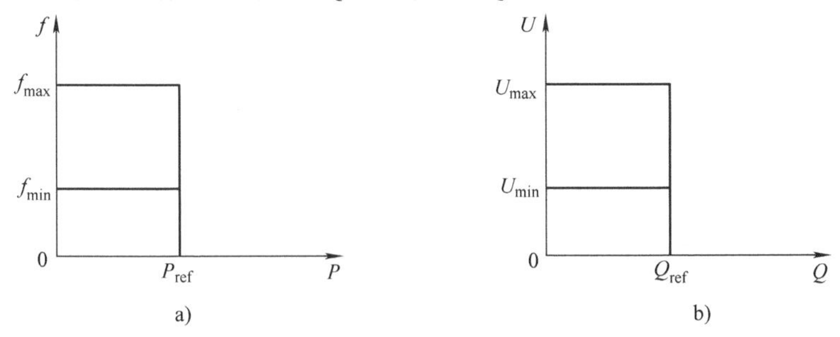

图 5-15　PQ 控制特性

a）恒定有功控制　b）恒定无功控制

通常 PQ 控制主要采用电流源控制方案，其控制结构如图 5-16 所示。此时将图 5-7 中的变压器与网侧电感共同等效为 L_g（下同），根据锁相环 PLL 计算电压矢量角度 θ，并对输出相电压和电感电流进行 abc/dq 变换，得到输出相电压的 dq 分量 u_{Cd}、u_{Cq} 以及电感电流的 dq 分量 i_{Ld}、i_{Lq}，根据输出相电压的 dq 分量 u_{Cd} 和 u_{Cq} 得到相电压峰值为 $U_C=\sqrt{u_{Cd}^2+u_{Cq}^2}$，因而逆变器的输出电感电流指令值为

$$
\begin{aligned}
i_{Ld}^* &= \frac{2P^*}{3U_C} - \omega C u_{Cq} \\
i_{Lq}^* &= \frac{2Q^*}{3U_C} + \omega C u_{Cd}
\end{aligned} \tag{5-14}
$$

根据电感电流指令 i_{Ld}^*、i_{Lq}^* 进行电流闭环控制，当采用 PI 调节器（传递函数为 $K_p+\frac{K_i}{s}$）控制时，其电流闭环控制方程为

$$
\begin{aligned}
U_d &= (i_{Ld}^* - i_{Ld})\left(K_p + \frac{K_i}{s}\right) + E_d \\
U_q &= (i_{Lq}^* - i_{Lq})\left(K_p + \frac{K_i}{s}\right) + E_q
\end{aligned} \tag{5-15}
$$

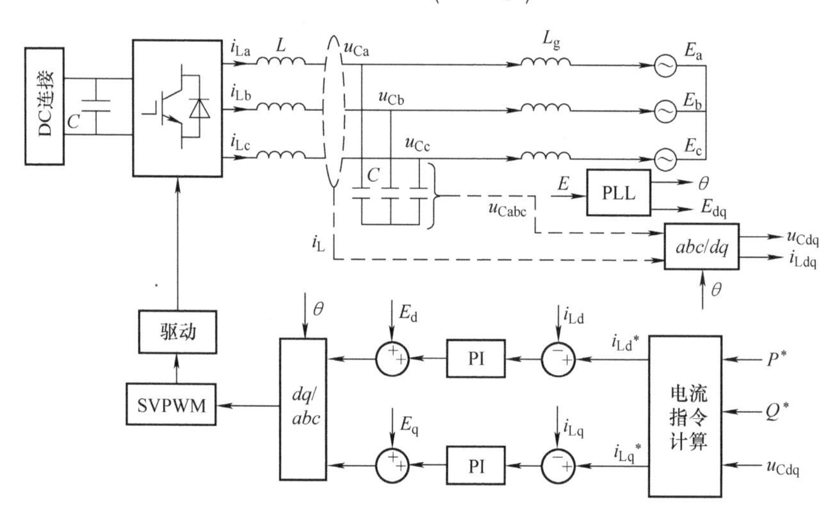

图 5-16　基于电流源控制的 PQ 控制结构

5.2.4　微网逆变器的双模式控制及无缝切换

在输出连接方式上，微网逆变器一般具有两种运行模式，即并网运行模式和孤岛运行模式。通常情况下微网系统与大电网（主网）相连接，除保证向本地负载正常供电外，还能向大电网输送能量或协同支撑电网的稳定。当主网发生故障或者供电质量不能满足要求时，微网系统切换到孤岛运行模式，独立向负载供电。当主网异常故障消除后，微网系统又可与之同步，进而恢复并网运行模式。灵活的运行模式选择及保证负载的供电质量是微网相比于传统供电系统的优势所在，因而微网系统的双模式运行策略是实现微网技术优势的关键所在。微网并网发电与孤岛发电模式有较大的区别，为了能适

应两种不同的运行状态，微网逆变器需要具有用双模式运行能力，即其双模式运行控制应该满足并网运行时，微网逆变器接收并响应主网调度指令，协同和支撑主网的稳定运行；孤岛运行时，各微网逆变器之间能够相互协同，并向当地不同负载提供符合电能质量的标准电压；根据需要，微网能够在并网与孤岛两种运行模式之间进行切换。

综上所述，为了实现微网系统的双模式运行，并确保交流母线的电能质量，具有双模式运行的微网逆变器需满足以下控制要求：

1）在孤岛运行模式下，能够有效控制交流母线电压的幅值、相位和频率，保证网内负载的可靠供电；

2）在并网运行模式下，能够根据电网内部负载和上级电网的要求进行潮流调度，并维持电网稳定性；

3）当由并网向孤岛模式切换时，保证微网交流母线电压平缓过渡，当微网由孤岛向并网切换时，保证微网和大电网之间没有电流冲击；

4）微网系统在动态切换过程中，需严格保证相位的连续性，尤其要避免在并网时因存在相位差而导致瞬间电流冲击。

5.2.4.1　微网逆变器的双模式运行

针对 5.1.2 节中所讨论的不同微网控制模式，并网及孤岛模式下的微网逆变器控制方法也有所不同。

1. 基于主从控制模式的双模式控制

对基于主从控制模式的微网系统而言，其双模式控制分为集中主控和分散主控两种方式。

（1）基于集中主控的主从控制模式。

基于集中主控的主从控制模式的微网系统可以采用如图 5-17 所示的双模式控制结构。并网模式下由于能够得到大电网的电压和频率支持，故微网中的 DG（如光伏、风力发电等分布式电源和储能系统等）通常采用 PQ 控制；孤岛模式下由于失去了大电网的支持，故微网系统自身必须具备独立的电压和频率调节能力，通常将一台具有足够储能容量设计的微网逆变器作为主控 DG，该主控 DG 需采用 Vf 控制，此时其他从控 DG（如光伏、风力发电等分布式电源）仍采用 PQ 控制。对于这种微网系统结构，由于系统交流母线电压关乎微网系统对负载的供电质量，因此对交流母线电压幅值和频率起支撑作用的主控逆变器性能是整个系统稳定运行的关键。显然，该主控逆变器必须具有双模式运行功能，即当微网系统需要改变运行模式时，其主控逆变器需在 PQ 控制与 Vf 控制之间进行控制模式切换，而主控逆变器切换过程性能直接影响负载上的电能质量，且存在切换失败的风险，特别是当微网发生非计划孤岛时，主控逆变器需要快速检测到孤岛效应并从 PQ 控制切换到 Vf 控制，否则将会导致微网电压的失控，因而具有双模式控制的微网逆变器必须具有快速的动态切换响应能力。

采用集中主控的主从控制模式时，当微网孤岛运行时，其主控逆变器切换成 Vf 控制，因而微网母线电压、频率是恒定值。

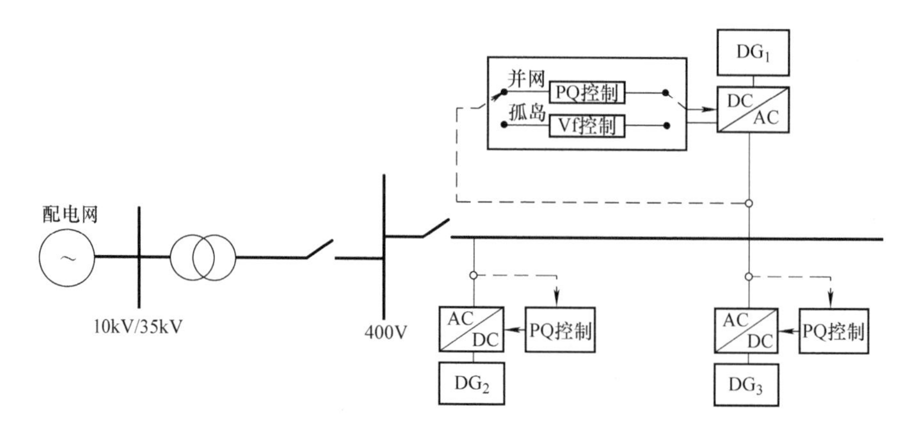

图 5-17 采用基于集中主控的主从控制模式时的双模式控制结构

（2）基于分散主控的主从控制模式。

采用基于分散主控的主从控制模式的微网系统可以采用如图 5-18 所示的双模式控制结构。并网运行时各微网逆变器均采用 PQ 控制，即按指令输出有功和无功功率；孤岛运行时，通常使多个分散的且具有足够储能容量的微网逆变器同时切换为下垂控制，即形成分散主控电源，共同为微网提供电压与频率支撑。而其他无储能的分布式电源（如光伏、风力发电等分布式电源等）则依然采用 PQ 控制输出功率。因此当采用基于分散主控的主从控制模式时，通常具有储能的微网逆变器都必须具有双模式控制功能。

由于孤岛运行时多个具有储能的微网逆变器采用了下垂控制，因此这种采用基于分散主控的主从控制模式，其微网母线电压、频率是按下垂特性规律而变化的。

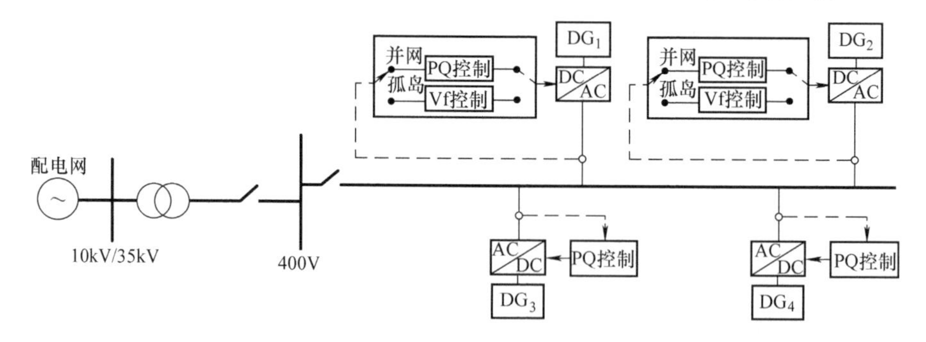

图 5-18 采用基于分散主控的主从控制模式时的双模式控制结构

2. 基于对等控制模式的双模式控制

基于对等控制模式的微网系统，可以采用如图 5-19 所示的双模式控制结构。该双模式控制结构中，无论在并网还是孤岛运行时，微网逆变器均采用基于电压源的下垂控制方案，由于微网逆变器均采用了电压源控制，因此并网导孤岛运行时无需进行控制模式的切换，从而实现了微网母线电压控制的连续性。而在孤岛到并网运行时，则需要进行电网电压幅值和相位的同期控制。显然，图 5-19 所示的基于对等控制模式的微网系统中，其微网逆变器通常需要配备储能单元，以支撑微网逆变器的电压源运行。

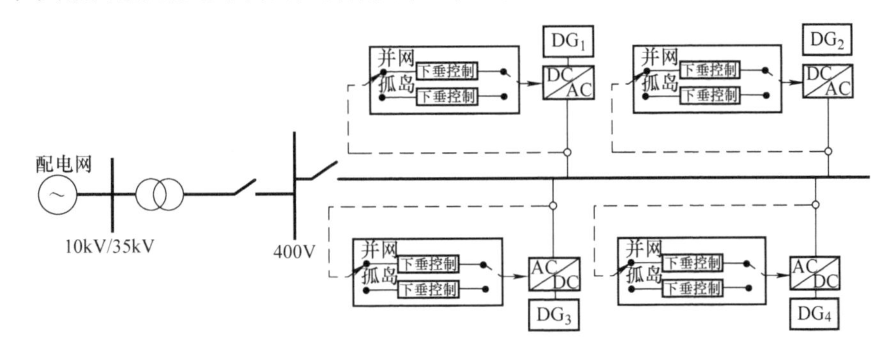

图 5-19　基于对等下垂控制模式的双模式控制结构

并网运行时，其 $P-f$ 与 $Q-U$ 下垂特性模拟了同步发电机组的外特性，即当电网频率降低时，微网逆变器的有功功率增加，而当电网频率增加时，微网逆变器的有功功率降低；当电网电压幅值降低时，微网逆变器的无功功率增加，而当电网电压幅值升高时，微网逆变器的无功功率降低。显然，基于对等控制模式的微网系统并网运行时，微网逆变器协同支撑了电网电压、频率的稳定运行。

孤岛运行时，所有微网逆变器仍采用基于电压源的下垂控制模式，共同支撑微网母线电压、频率的稳定，并且微网逆变器无需进行控制模式的切换，实现了微网并网和孤岛的无切换连续运行。

具备孤岛和并网双模式运行能力是微网的重要特征和优势，平滑的运行模式切换是安全稳定运行的基本要求。为此有学者提出并研究了无缝切换技术，即在微网并网运行模式和孤岛运行模式之间切换时，微网逆变器无需停机。对于一些敏感性负载，如电机负载等，断电、长时间的电压非正弦运行，以及低电压、高电压或者电压不平衡及谐波等都可能会对负载造成潜在威胁，如导致负载的机械振动、过热、过电流等，因而实现微网逆变器的双模式无缝切换控制就显得至关重要。微网逆变器采用无缝切换控制时，其控制性能需满足微网运行模式切换时的动态性能要求，即当微网由并网运行模式转换到孤岛运行模式时，微网母线电压不能有突变；当微网由孤岛运行模式转换到并网运行模式时，也必须保证在微网和大电网之间没有冲击电流。

为实现在并网和孤岛运行两种模式间进行无缝切换，通常需要在微网逆变器与电网之间增加静态开关，通常选择双向晶闸管反并联的开关电路作为静态开关，如图 5-20 所示。这种基于晶闸管的静态开关优点在于无机械触点和电弧、承受过电流能力强，且能在电网故障半个基波周期内脱网。

当微网系统采用不同的控制模式时，微网逆变器实现无缝切换控制的方式也有所不同。对于基于主从控制模式的微网系统，当需要切换模式时，要求微网逆变器的控制策略随之改变；而对于基于对等控制模式的微网系统，微网逆变器无需进行控制策略的改变就可实现微网并网运行到孤岛运行的无缝切换，值得注意的是，当微网系统从孤岛运

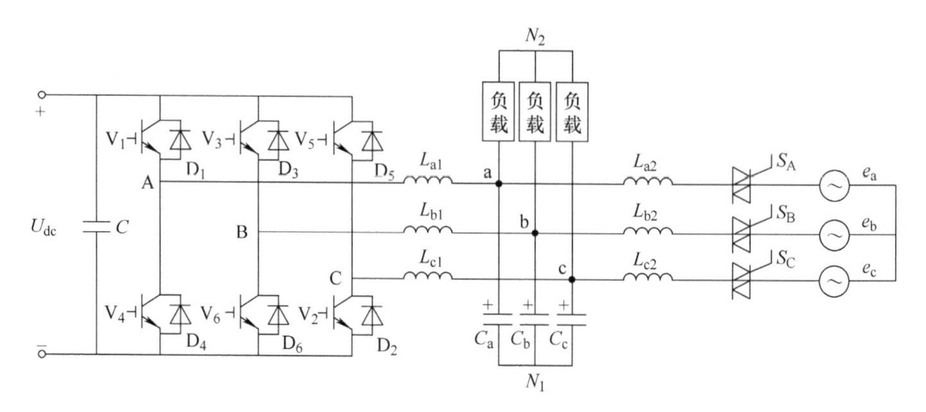

图 5-20　基于晶闸管静态开关接入电网的微网逆变器主电路结构

行切换到并网运行时，需要增加微网逆变器的电网预同步功能，即控制微网逆变器的输出电压幅值和相位与电网电压幅值和相位相同时，才能进行逆变器并网运行。

5.2.4.2　并网运行切换至孤岛运行时的微网逆变器控制

有两种并网运行切换至孤岛运行时的情况，一种是出于运行或检修需要的主动切换，另一种是由于电网故障引起的被动切换。

从并网运行切换到孤岛运行时，微网逆变器的控制要求和步骤如下：

1）检测电网故障并发出信号，通过基于晶闸管的静态开关切断微网和大电网的连接，由于晶闸管的自然关断特性，最差情况下需要半个基波周期才能完全切除电网。

2）对采用主从控制模式的微网系统而言，其主控微网逆变器需要从电流源控制模式转换为电压源控制模式，而在转换到电压控制模式前，必须保证静态开关完全关断，否则模式切换时会产生过电流，对设备造成损坏。为了快速与电网脱离，减小故障电网对本地关键负载电压的影响，需要采用辅助控制策略使晶闸管电流快速过零，以加快其关断速度。

3）对其中的主控微网逆变器而言，需实时监测负载电压幅值和相位，当晶闸管电流减小到零后，锁存上一个时刻的负载电压幅值和相位，控制模式由并网控制模式转为离网控制模式，电压控制指令初始值设为此时检测到的电压幅值，并将电压给定逐步调整至负载的额定电压值，切换过程结束。

值得注意的是，对基于对等控制的微网系统而言，当电网故障或需进行切换时，由于微网逆变器均采用了下垂控制，因此此时无需进行逆变器控制策略的切换，显然，基于晶闸管的静态开关在其关断过程中冲击电流相对较小，切换过程较为平稳。

5.2.4.3　孤岛运行切换至并网运行时的微网逆变器控制

当微网系统从孤岛运行方式转换到并网运行方式时，基于主从控制或对等控制的微网逆变器切换运行的控制要求和步骤如下：

1）实时检测并确认电网电压处于正常运行状态，当电网的幅值和频率满足并网要求后给出并网信号。

2）在模式切换进入并网模式前，微网逆变器必须进行电网预同步，即控制微网逆变器输出电压的幅值和相位与电网电压的幅值和相位。否则将导致并网时逆变器输出电流的冲击，严重时会使逆变器过电流保护。

3）在微网逆变器完成同电网幅值和相位的预同步后，发出静态开关的开通信号，此时微网系统从孤岛模式切换成并网模式。

4）当切换成并网模式运行时，其并网电流幅值指令必须从零逐渐增加到额定值，以避免并网瞬间对电网造成电流冲击，而这种电流冲击同时也会影响负载电压波形。待微网逆变器的并网电流达到额定值后，逆变器完全转入并网运行模式，切换过程结束。

以基于主从控制模式的微网系统为例，并网运行到孤岛运行、孤岛运行到并网运行的微网逆变器运行模式的无缝切换控制结构如图 5-21 所示。

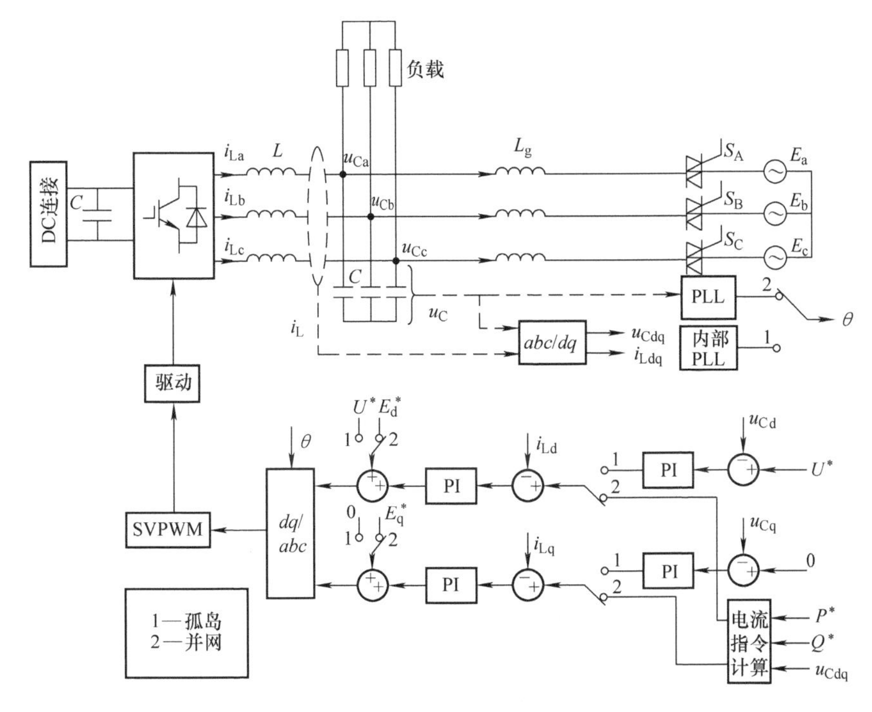

图 5-21　微网逆变器运行模式的无缝切换控制结构

在图 5-21 中，1 表示孤岛运行模式，2 表示并网运行模式。在孤岛运行时，采用电压源控制模式，此时晶闸管静态开关 $S_{A,B,C}$ 处于断开状态并由逆变器控制系统时刻监测电网电压状态，电压矢量由内部锁相环给出。当监测到电网恢复正常时，逆变器通过预同步算法跟踪电网电压的幅值和相位，待预同步完成后发出晶闸管静态开关 $S_{A,B,C}$ 的导通信号，并将图 5-20 中的控制算法由 1 切换到 2，功率指令值逐渐增加直至额定值，切换过程完成。并网稳定运行时同样时刻监测电网状态，当监测到电网出现异常时，发出晶闸管静态开关 $S_{A,B,C}$ 的关断信号，当晶闸管电流减小到零关断后，将图 5-20 中的控制算法由2切换到1，并将晶闸管静态开关$S_{A,B,C}$刚好关断之前的负载电压幅值和相位作为此时电压环控制的电压和相位指令的初始值。并将电压逐渐调整到额定电压，切换过程结束。

5.3 虚拟同步发电机控制

5.3.1 虚拟同步发电机思想的提出

微网的提出为智能电网的推广和分布式电源的大规模接入提供了有效的解决方案，是智能电网实现自愈、自治的重要途径。作为智能电网的重要组成部分，微网承载着中国电网的发展和社会能源转型的未来，是实现智能电网、主动配电网及能源互联网的基础。然而，随着分布式电源的渗透率逐渐提高，其装机容量在电力系统中所占的比重越来越大，对电力系统的控制、调度和稳定性的影响也越来越大。与此同时，传统集中式一次能源逐渐减少，这将导致系统的转动惯量逐渐减小，从而使频率波动变大，且新能源发电的间歇性特性更加剧了电网的频率波动，使得系统的频率稳定性问题日趋严峻。其次，由于分布式电源缺乏惯量，不具备短时过负载能力，因此在电网故障的情况下，上述特性将使得分布式电源无法提供短时功率甚至脱机，从而导致电力系统难以获得足够的时间来恢复电网，进而导致电网稳定性急剧下降。

在传统电力系统中，同步发电机组的下垂特性以及转动惯量等因素在维持系统的电压和频率稳定方面起着关键作用。同步发电机组平稳和调节系统频率的过程可以分为三个阶段，第一阶段为同步发电机组的惯性稳频，即依靠同步发电机组自身的转动惯量抑制系统的快速频率波动；第二阶段为一次调频，即当频率波动量超出一定值时，通过改变原动机功率输入来调节频率；第三阶段为二次调频，即当系统功率恢复平衡后，调整一次调频指令将频率控制在额定频率值，从而实现频率的无差控制。显然，分布式发电系统中以电力电子装置实现的DG若能模拟或者部分模拟同步发电机组的上述特性，使其像同步发电机组一样参与频率和电压的调节过程，则可以有效降低分布式电源对电网电能质量的影响，从而提高电网渗透率。而能模拟或者部分模拟同步发电机组频率电压控制特性的逆变器被称为虚拟同步发电机（Virtual Synchronous Generator，VSG）。其基本思想是依据基于转子运动方程和定子电气方程的同步发电机机电暂态数学模型，控制逆变器使其具有同步发电机的运行特性。

有关VSG技术的研究要追溯到20世纪末，1997年Task Force of IEEE′s FACTS Working Group在定义柔性输电系统（Flexible AC Transmission System，FACTS）的相关术语中提出了“静态同步发电机（Static Synchronous Generator，SSG）”的概念，SSG为输出电压可调的变流器，与柔性交流输电系统连接并可提供独立可控的有功和无功功率，此为最早提出的虚拟同步发电机的思想。2007年10月，由荷兰能源研究中心、代尔夫特工业大学、埃因霍芬理工大学和鲁汶大学等研究机构及高校共同参与的欧洲VSYNC项目正式提出了VSG的概念及相关控制策略，用于解决分布式电源渗透率较高的电网频率稳定问题。随后，德国劳克斯塔尔工业大学、日本大阪大学、京都大学及英国谢菲尔德大学相继提出了多种 VSG 控制策略。2010 年以来我国相关高校和企业也相继开展了 VSG 的研究和示范应用。清华大学、合肥工业大学、天津大学、燕山大学等高校团队，以及国网公司、阳光电源等企业也对 VSG 技术进行了深入的理论研究和工程示范。在工程实践方面，2014 年，国网公司在西藏措勤县建立了由水电、光伏、风电、柴油发电机和储能等组成的多能互补微网示范工程，其中分布式电源采用了由阳光电源和合肥工业大学联合研制的 VSG 技术，实现了基于 VSG 的微网系统的多能源接入；2016 年 9 月，基于分布式光伏 VSG 在中新天津生态城智能电网营业厅微电网成功并网；2017 年 12 月，具有 VSG 功能的大型新能源电站在我国国家风光储输示范电站投运成功，这标志着我国新能源发电及 VSG 技术已迈向国际先进技术行列。

5.3.2　同步发电机基本原理

1. 理想同步发电机的原理结构

图 5-22 所示为典型的理想同步发电机模型结构示意图。其中，定子 abc 三相绕组位于互差 120°的三相静止对称坐标轴 abc 上，转子绕组位于互差 90°的两相旋转坐标轴 dq 上，其转子励磁绕组的中心轴为 d 轴，包含有励磁绕组 f 和等效阻尼绕组 D，q 轴超前 d 轴 90°电角度，q 轴上有一个阻尼绕组 Q。对于 abc 静止坐标下的同步发电机数学模型，在计算 a，b，c，f，D，Q 这六个绕组的电磁暂态过程（以绕组磁链或电流为状态量）和转子机械暂态过程（以转速及功角为状态量）时，同步发电机模型将由八阶数学模型表示。

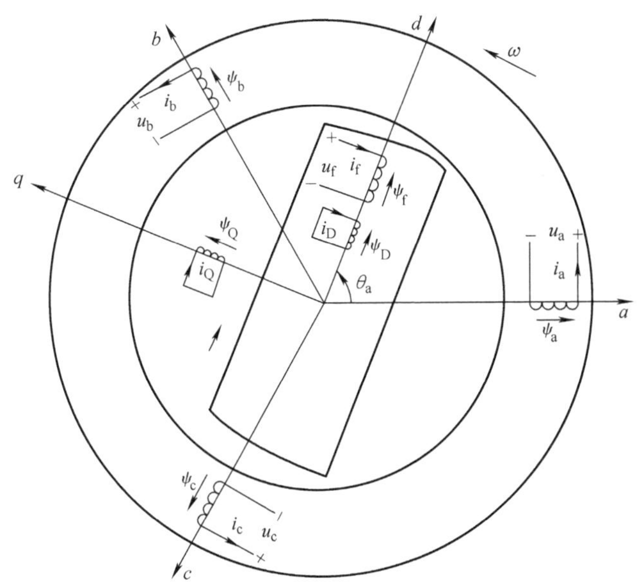

图 5-22　理想同步发电机模型结构示意图

利用八阶数学模型来完全模拟同步发电机特性，不仅比较复杂，也会给虚拟同步发电机控制系统的分析与设计带来困难。因此，为简化 VSG 建模进行如下假设：

1）只考虑隐极式同步发电机，避免凸极式发电机气隙不均匀带来的参数不对称问题；

2）忽略阻尼绕组，降低同步发电机模型阶数；

3）忽略磁饱和和涡流损耗等非线性因素；

4）假设极对数为 1。

基于上述假设，下面将分别详细阐述简化后的同步发电机模型方程。

2. 简化的同步发电机模型方程

（1）定子电压方程。

在图 5-22 中，令转子逆时针旋转方向为参考旋转方向，定子三相绕组磁链 ψ_a、ψ_b、ψ_c 的参考方向分别与 a、b、c 三个轴的正方向一致，三相电流参考方向如图 5-22 所示，这样，同步发电机的定子电气方程为

$$u_{abc} = E_0\sin\theta_{abc} - L_t\frac{\mathrm{d}i_{abc}}{\mathrm{d}t} - ri_{abc} \tag{5-16}$$

式中 L_t——隐极式同步发电机的同步电抗；

$E_0\sin\theta_{abc}$——abc 相的励磁电动势；

i_{abc}——abc 三相定子电流；

r——定子各相绕组的电阻。

（2）转子运动方程。

在同步发电机组中，发电机和原动机的转子运动方程为

$$\begin{cases} T_m - T_e = J\dfrac{\mathrm{d}\omega_m}{\mathrm{d}t} \\ \dfrac{\mathrm{d}\theta}{\mathrm{d}t} = \omega \end{cases} \tag{5-17}$$

式中 J——发电机和原动机的总转动惯量，单位为 kg · m²；

ω_m——转子的机械角速度，单位为 rad/s；

T_m，T_e——机械转矩和电动转矩。

当考虑发电机组的阻尼转矩时，若转子的电角速度 $\omega = \omega_m$（极对数为 1），则同步发电机组的转子运动方程为

$$\begin{cases} P_m - P_e - D\omega = J\omega\dfrac{\mathrm{d}\omega}{\mathrm{d}t} \\ \dfrac{\mathrm{d}\theta}{\mathrm{d}t} = \omega \end{cases} \tag{5-18}$$

式中 D——阻尼系数；

P_m，P_e——机械功率和电动功率。

3. 同步发电机的运行控制

实际的电力系统中需要原动机来向同步发电机提供机械功率和能量，主要有水轮机

和汽轮机等。为了控制原动机向同步发电机提供稳定的有功功率输出，维持电网频率稳定性，并在并联同步发电机组之间进行合理的功率分配，就需要为同步发电机组配置调速器。同理，为了维持同步发电机机端电压稳定性，以及并联同步发电机组之间的无功功率分配，需要配置同步发电机的励磁调节器。显然，同步发电机组的稳定运行主要依赖于调速器和励磁调节器的控制性能，现分别介绍如下。

（1）调速器。

图5-23a所示为调速器的基本原理结构，即通过反馈由于有功负载等变化引起的转速变化来调整汽轮机的阀门或者水轮机的闸门，从而改变发电机的有功功率输出，以适应负载等的变化，具体有以下几种调速器结构。

1）采用积分调节器的调速器结构。当负载 P_L 发生变化时，会引起发电机的电磁转矩 T_e 和电磁功率 P_e 的变化，这将导致机械功率 P_m 和电磁功率 P_e 的不匹配，从而引起发电机转速 ω 的变化，调速器检测到转速 ω 变化并与参考转速 ω_0 进行比较，误差信号经过积分调节器形成一个控制信号 Y，用来调整汽轮机的阀门位置或者水轮机的闸门位置，其中积分调节器的放大系数为 K，由于积分器的存在，同步发电机组的最终转速会稳定在参考转速 ω_0，采用积分调节器的调速器结构如图5-23b所示。

2）采用速度下垂控制的调速器结构。由于每台机组都尽力将频率稳定在自己的设定值，因此当有两台或两台以上同步发电机相连接时，积分器会使得同步发电机组之间的控制相互冲突。为使两台或两台以上同步发电机组并联运行的稳定性，应避免采用无差的积分器，而应使调速器具有负载增加时速度下降的特性，即速度下垂特性。速度下垂特性用速度下降率 R 来表示，可以通过在积分器上增加一个静态反馈环来实现，采用速度下垂的调速器结构如图5-23c所示。

速度下降率 R 是表征发电机调速系统的一个重要参数，其定义如下：

$$R = \frac{\text{速度/频率变化百分率}}{\text{功率输出变化百分率}} \times 100 \tag{5-19}$$

例如，速度下降率 $R=5\%$ 表示5%的频率/速度偏差会使得阀/闸门位置或者功率输出变化100%。

两台或两台以上的发电机组并联运行时，由于系统稳态频率/转速的同一性，因此速度下降率决定了每台发电机组得到的负载功率分配。以两台机组并联运行为例，若各自的速度下降率分别为 R_1、R_2，则各自发电机的功率变化分别为

$$\Delta P_1 = \frac{\Delta\omega_1}{R_1}, \Delta P_2 = \frac{\Delta\omega_2}{R_2} \tag{5-20}$$

3）具有负载参考值设置的调速器结构。若要改变每台机组的功率输出和频率/转速之间的关系，可以设置负载参考值 P_0，具有负载参考值设置的调速器结构如图5-23d所示。由此可以得出阀/闸门调节位置 Y 与转速、负载参考值之间的表达式为

$$Y = \frac{1}{T_G s + 1}\left[P_0 + \frac{1}{R}(\omega_0 - \omega)\right] \tag{5-21}$$

式中 $T_G = 1/(KR)$——时间常数。

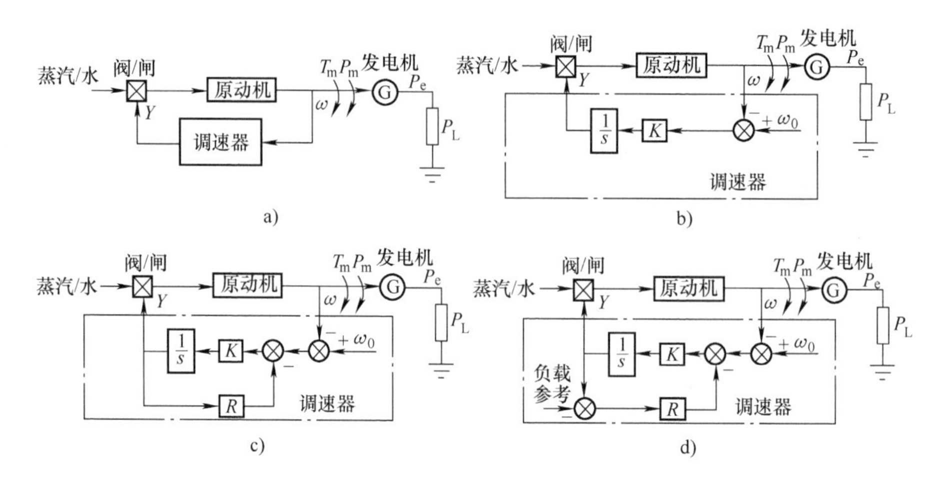

图 5-23 同步发电机组调速器的控制结构

a）调速器的基本原理结构 b）采用积分调节器的调速器结构

c）采用速度下垂控制的调速器结构 d）具有负载参考值设置的调速器结构

调速器工作时，由阀/闸门调节位置 Y 经过原动机的作用可以得到发电机所需要的功率 P_m。根据原动机所采用水轮机或者汽轮机的不同，其传递函数也存在一定的差别。

对于水轮机而言，一种典型的水轮机传递函数可以表示为

$$P_m = \frac{1 - T_w s}{1 - \frac{T_w}{2} s} Y \tag{5-22}$$

式中 T_w——水轮机额定负载时的起动时间。

对于汽轮机而言，一种典型的汽轮机传递函数可以表示为

$$P_m = \frac{F_{HP} T_{RH} s + 1}{T_{RH} s + 1} Y \tag{5-23}$$

式中 T_{RH}——再热器的时间常数；

F_{HP}——高压级涡轮机所产生的功率在总汽轮机功率中所占的比例。

观察式（5-22）~式（5-24）可以看出，在稳态时功率和频率之间的关系满足下垂特性方程，即

$$P_m = P_0 + \frac{1}{R}(\omega_0 - \omega) \tag{5-24}$$

（2）励磁调节器。

同步发电机组的励磁调节器需要满足以下基本要求：

1）从发电机角度考虑，励磁调节器能自动调节同步发电机的励磁电流，使得发电机的输出功率在额定功率之内变化时能维持端电压不变；

2）从电力系统角度来说，励磁调节器应能有效地控制电压并提高电力系统稳定性。

由发电机的定子电气方程式（5-17）可知，若忽略其定子各相绕组间的电阻 r，则负载的无功电流是造成同步发电机机端电压变化的最基本原因。如果励磁电流不变，则当负载无功电流增加时，则机端电压降低，而当负载无功电流减小时，机端电压则会升高。因此必须采用励磁调节器调节励磁电流，使得各种负载条件下机端电压保持恒定。

图5-24a所示为一种调节器的原理控制结构，具体包括以下几种励磁调节器结构。

1）采用积分调节器的励磁调节器结构。当无功负载发生变化时，会引起发电机端电压的变化，励磁调节器检测到端电压变化并与参考指令电压 U_0 进行比较，误差信号经过积分调节器形成一个硅整流器的触发信号 u_G，从而改变硅整流器的输出直流电压值，此输出直流电压用来调整发电机励磁绕组的励磁电流，其中积分调节器的放大系数为 K_u，由于积分器的存在，同步发电机组的最终端电压会稳定在参考电压 U_0，如图5-24b所示。

2）采用电压下垂控制的励磁调节器结构。由于每台机组都控制端电压使其稳定在电压指令值，因此当有两台或两台以上同步发电机相连接时，如果采用积分调节器进行励磁调节，则会导致同步发电机组之间的电压控制相互冲突。为使得两台或两台以上同步发电机组并联运行的稳定性，应避免采用无差的积分调节器设计，而应使励磁调节器具有负载增加时电压下降的特性，即电压下垂特性。电压下垂特性用电压调整率 R_u 来表示，可以通过在积分器上增加一个静态反馈环来实现，采用电压下垂控制的励磁调节器结构如图5-24c所示，电压调整率 R_u 是表征发电机励磁调节系统的一个重要参数，R_u 的定义为

$$R_u = \frac{\text{电压变化百分率}}{\text{无功功率输出变化百分率}} \times 100 \tag{5-25}$$

例如，$R_u = 5\%$ 的电压调整率表示5%的电压偏差会使得无功功率输出变化100%。

3）具有指令参考值设定的励磁调节器结构。若要改变每台机组的无功功率输出和电压之间的关系，则可以设置指令参考值 Q_0，具有指令参考值 Q_0 设置的励磁调节器结构如图5-24d所示。由此可以得出硅整流器触发信号 u_G 与电压、指令参考值 Q_0 之间的表达式为

$$u_G = \frac{1}{T_{Gu}s + 1}\left[Q_0 + \frac{1}{R_u}(U_0 - U)\right] \tag{5-26}$$

式中 $T_{Gu} = 1/(K_u R_u)$——时间常数。

由于硅整流器的响应速度较快，因此触发信号 u_G 与发电机所需的无功励磁电流/功率 Q_m 之间的延时特性可以忽略不计，故发电机所需的无功励磁电流/功率 Q_m 与电压、指令参考值 Q_0 之间的表达式可以表示为 $Q_m = \frac{1}{T_{Gu}s + 1}\left[Q_0 + \frac{1}{R_u}(U_0 - U)\right]$。

稳态时，无功功率与电压之间满足下垂特性方程，即

$$Q_m = Q_0 + \frac{1}{R_u}(U_0 - U) \tag{5-27}$$

5.3.3 虚拟同步发电机控制实现

根据上述同步发电机的基本原理，转子运动方程、定子电压方程、调速器以及励磁

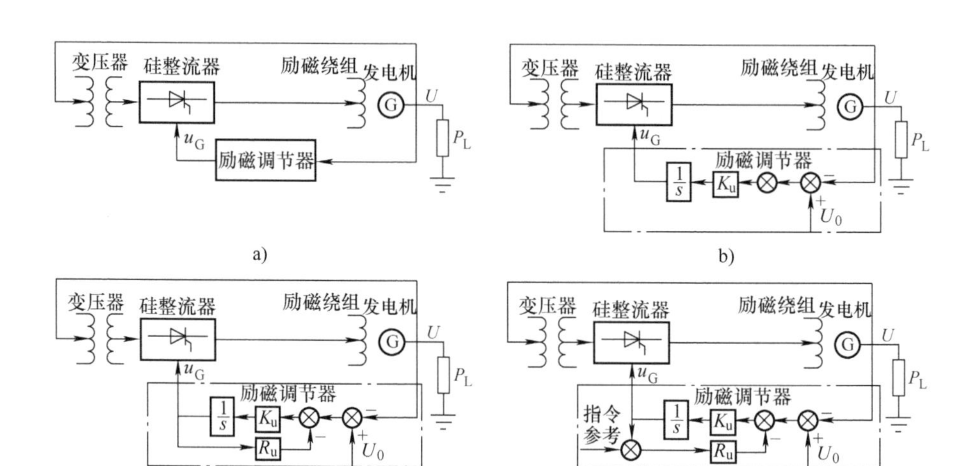

图 5-24 同步发电机组励磁调节器的原理控制结构

a）励磁调节器的基本原理结构 b）采用积分调节器的励磁调节器结构

c）采用电压下垂控制的励磁调节器结构 d）具有指令参考值设置的励磁调节器结构

调节器描述了同步发电机的机电能量转化过程，据此可以通过采用逆变器控制模拟同步发电机的基本特性，即实现 VSG 控制，现简要介绍如下。

（1）同步发电机转子特性的模拟。

分析同步发电机的转子运动方程式（5-19），发电机的机械功率取决于原动机的输入，在逆变器实现时，机械功率由逆变器的直流侧提供；忽略发电机、逆变器的损耗，发电机的电磁功率 P_e 由逆变器的输出有功功率 P 代替，P 可以检测通过输出电压和输出电流计算得到；发电机的转子角频率 ω 表征了发电机旋转磁场机电能量的转换过程，由于逆变器中没有旋转部件，因此用逆变器输出电压的输出角频率来代替。其中，为简化模拟控制，假设式（5-19）中转子微分方程的系数为常数，而 P_m 来自于调速器的输出，因此有

$$P_m - P - D\omega = J\omega_0 \frac{d\omega}{dt} \tag{5-28}$$

依据式（5-28），同步发电机转子特性的 VSG 模拟结构如图 5-25 所示，其中阻尼绕组特性由逆变器输出频率的反馈环（反馈系数为 D）来实现。

（2）同步发电机定子特性的模拟。

分析同步发电机简化的定子电气方程式（5-17）。与逆变器相比，同步发电机具有较大的同步电抗，这有利于同步发电机的并联运行，同时也增强了系统稳定性和短路过电流能力；同步发电机的定子三相电流 i_{abc} 可以用逆变器的输出电流 i_{oabc} 代替，

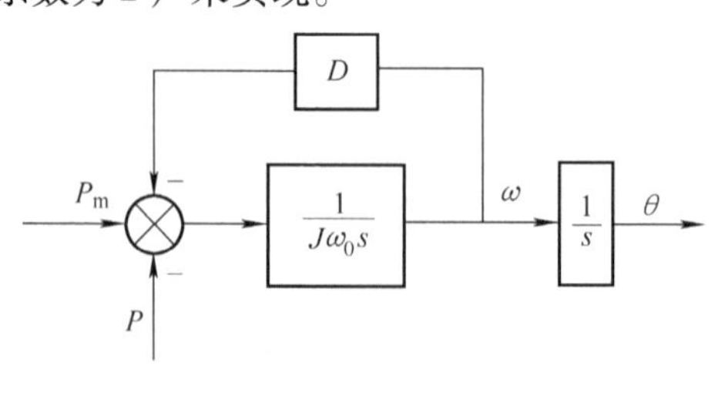

图 5-25 同步发电机转子特性的 VSG 模拟结构

励磁电动势 $E_0\sin\theta_{abc}$ 的幅值 E_0 来自于励磁调节器的无功励磁 Q_m，角度信息 $\sin\theta_{abc}$ 来自于图5-23中的转子运动角度 θ。同步发电机定子特性的VSG模拟结构如图5-26所示。

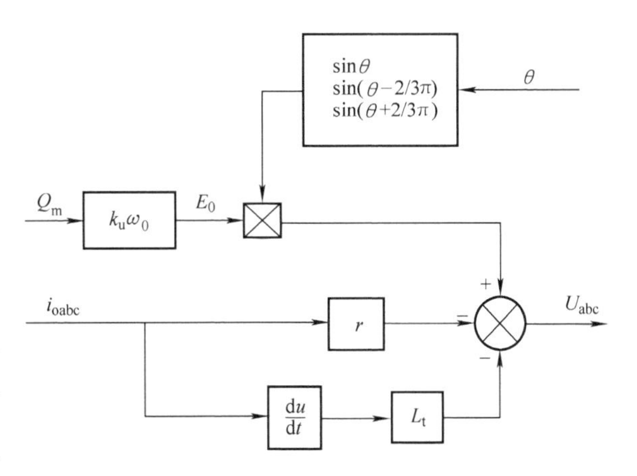

图5-26　同步发电机定子特性的VSG模拟结构

发电机的调速器和励磁调节器均由控制系统给出，因此对逆变器的控制系统而言，其等效过程是相同的。结合上述同步发电机定、转子特性的VSG模拟结构，可以得到完整的VSG控制结构，如图5-27所示。

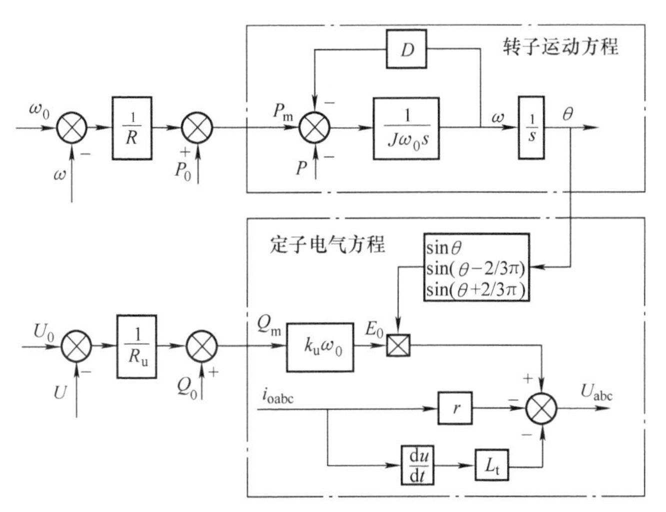

图5-27　VSG控制结构

结合逆变器拓扑结构，与图5-27对应的VSG系统结构如图5-28所示。

5.3.4　虚拟同步发电机与同步发电机的区别

为了更加精确地模拟同步发电机的稳态和暂态特性，国内外学者建立了虚拟同步发电机的二阶、三阶、五阶甚至更高阶模型，然而由于两者物理结构上的区别，整体上看来，VSG和真实同步发电机仍存在许多不同之处。

1）等效输出阻抗方面。同步发电机与VSG在基频处具有几乎相同的输出阻抗，而其他频率段的输出阻抗相差较大，尤其是 *LC* 滤波器或者 *LCL* 滤波器谐振频率处的输出阻抗相差较大，此时VSG输出阻抗大于同步发电机同步电抗。

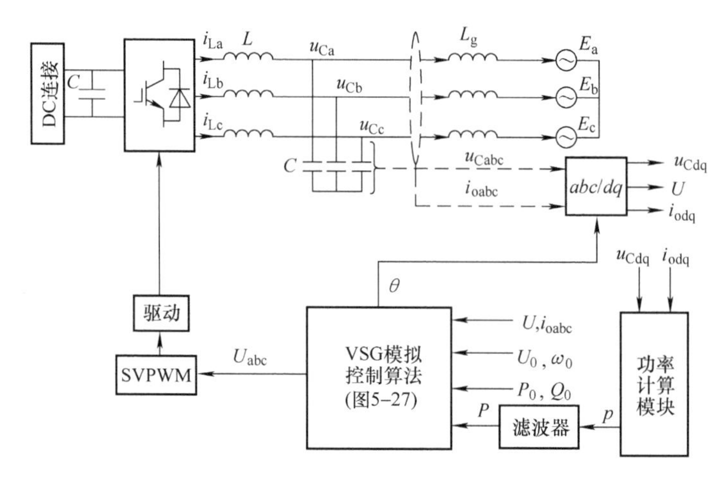

图 5-28 VSG 系统结构

2）转动惯量方面。同步发电机在机电能量转换中所需的能量由原动机提供，其惯性时间常数较大，部分原动机具有非最小相位时滞特性，负载变化时无法提供瞬态功率支撑。为抑制短时频率波动，需要同步发电机释放转子动能，因此要求转子具有较大的转动惯量。而 VSG 动态过程中所需的能量均由分布式电源和储能单元提供，供能来源更加多样化，且响应时间更短，因此虚拟惯量大小的设计应主要从储能容量和功率的配置、储能单元充放电特性以及系统稳定性方面进行考虑。

3）参数设计方面。同步发电机的转动惯量、阻尼系数和同步电抗受物理结构的限制，参数固定。VSG 的转动惯量、阻尼系数和阻抗等设计更加灵活，不仅可以根据需要进行动态调节，而且可达到同步电机无法达到的负值范围。

4）谐波波频率特性方面。同步发电机的气隙磁场由转子励磁电流产生的磁场和定子电枢电流产生的磁场叠加形成，励磁电流产生的主磁通在气隙中的磁密波形由转子的设计形状决定，电枢电流在气隙中产生的旋转脉动磁场与电枢线圈的分布有关，因此同步发电机输出端电压所含谐波与转子的设计、制造工艺和定子电枢线圈的绕制方法有关，主要谐波为低次谐波，控制频带较低。而 VSG 主电路由电力电子器件构成，其输出电压由直流电压经调制和滤波得到，输出电压所含谐波与开关管开关频率、滤波器参数设计、控制器设计以及调制策略等有关，控制频带较宽，低、中、高频率的谐波频谱分布较广。

5）故障特性方面。相比于同步发电机，基于电力电子开关器件的 VSG 抗过电压和过电流能力较弱，过负载能力较差，限电压和限电流阈值较低。鉴于此，逆变器对外提供短路电流的能力受限，短路故障时为系统提供暂态电压支撑的能力受限，暂态稳定性降低。

5.3.5 虚拟同步发电机的应用

分布式电源和智能电网的迅速发展为 VSG 技术提供了广泛的应用平台，目前的应用领域主要包括光伏、风电、储能和电动汽车等组成的微网系统和柔性直流输电等。

（1）VSG 在微网中的应用。

由于光伏、风电、储能等分布式电源均通过电力电子逆变器接入微网，因此可采用 VSG 控制策略对逆变器接口进行控制，使微网实现并网、孤岛模式运行，并在两种模式间无缝切换，同时可增大系统惯性、减小频率和电压波动。目前，不少电力公司已经或正在将 VSG 技术引入微电网或配电网建设中。

2005 年，荷兰代尔夫特科技大学的 Johan Morren 教授提出将模拟同步发电机惯性和一次调频特性的控制算法应用于风力发电中，以增加系统惯性，抑制风电功率波动引起的系统频率波动。VSYNC 项目提出将储能电池的充电状态和功率调度指令相结合的优化控制算法，在提高能源利用效率的同时维持储能电池始终处于较好的运行状态。在上述优化算法的基础上增加了光伏电池板的最大功率点跟踪控制，实现了光 - 储一体化的 VSG 控制。

将 VSG 控制策略应用于光伏、风电、储能电池、柴油机和小型水轮机组成的风 - 光 - 柴 - 储一体化微网系统，不仅可以更加高效地利用分布式能源，而且对配电网的接入具有友好性。

在电动汽车方面，电动汽车作为一种储能形式，可平抑电网的功率波动，然而其大量渗透也为电力系统的安全稳定运行带来了挑战。为了提高电动汽车快充接口的实用性，减小其对配电网造成的谐波污染，将 VSG 控制策略应用于电动汽车快充接口的控制，从而可以减小并网点的电流畸变，且能为电网提供电压和频率支撑。另外，充电接口等效为具有同步发电机特性的负载，可对电网电压和频率的波动进行响应，不仅实现了与电网的交互，而且提高了系统的稳定性。

（2）VSG 在柔性直流输电中的应用。

柔性直流输电是一种基于电压源换流器的高压直流输电技术，由于其具有输出谐波含量低、无换向风险、有功和无功功率可快速解耦等优点，已逐渐成为分布式电源接入和智能电网构建的关键技术。

目前，柔性直流输电技术多用于解决风电并网问题，但由于风速变化较大，所以采用常规的电压源换流器控制方式难以维持风电场电压和频率的稳定，并且柔性输电的接入解耦了风电场和交流配电网，使得风电场的惯性减小，频率稳定性降低，另外，随着风电装机容量的增加，电力系统的惯性进一步减小，严重降低了系统的稳定性。

为增大系统惯性，提高系统的稳定性，一些学者提出将 VSG 技术应用于柔性直流输电的电压源换流器控制，使其模拟同步发电机的运行特性，即在换流站下垂控制中加入一阶虚拟惯性算法，实现了同步发电机转子惯性的模拟。另外有学者提出对直流电容和风力发电的双馈感应发电机转子动能进行协同控制，为电网扰动和故障情况下发挥作用的虚拟惯性提供能量，以提高系统的稳定性。

（3）VSG 在大电网中的应用。

2016 年，国家电网公司提出将 VSG 技术应用于大电网，提高新能源发电的电压和频率调节功能，在张北风光储输电站起动了首个用于大电网的 VSG 示范工程并于 2017

年底通过验收，是世界上规模最大的 VSG 示范工程。此示范工程应用 VSG 技术，对现有风机、光伏发电的逆变器和控制系统进行了改造，并增加了大容量储能装置。虚拟同步发电机分为单元式 VSG 和电站式 VSG，其中单元式 VSG 又分为风电 VSG 和光伏 VSG。风电 VSG 采用转子动能释放控制、变桨距预留备用容量、综合控制等三种实现方案，使风力发电系统具有调频能力。光伏 VSG 主要通过在直流侧配置储能单元，以及光伏与储能的功率协调控制实现主动调频控制。储能电站式 VSG 是将大容量储能电池通过具有虚拟同步功能的变流器在电站 35kV 母线或并网点接入，使电站整体具备主动调频支撑能力。用于大电网的张北 VSG 示范工程 VSG 项目共改造了 59 台风机（容量 118MW）和 24 台光伏逆变器（容量 12MW），并新建两套 5MW 电站式 VSG。虚拟同步发电机的大规模应用加快了功频振荡的平息速度，减轻了系统故障对电网电压和频率的影响，提升了大电网的暂态稳定水平。

本章小结

微网通常接在低压或者中压配电网中，可以运行在孤岛和并网两种模式下。微网逆变器作为微网系统的核心控制部件，利用形式多样的拓扑结构和灵活多变的控制策略来满足任何形式的能源接入和利用。本章首先介绍了微网系统的定义、分类以及基本控制方式，并给出了世界各国典型微网的示范工程。在此基础上介绍了微网逆变器的几种拓扑结构以及三种典型的控制策略，即恒功率控制、恒压频控制以及下垂控制。着重阐述了下垂控制的基本原理、控制方程、下垂参数选取原则以及基于虚拟阻抗的改进型下垂控制策略。给出了三种基于虚拟阻抗的改进型下垂控制策略，基于控制器参数设计、基于端口电压控制的虚拟阻抗策略。最后根据微网的两种运行状态介绍了微网逆变器的双模式运行控制方法以及无缝切换控制策略。

思考题

1. 试说明微网的基本构成，并列举一种典型的微网结构示意图。
2. 与传统电力系统相比，微网的主要特点是什么？
3. 试简述微网的主要运行模式与控制模式。
4. 试简述下垂控制的基本原理，并说明阻抗特性与有功、无功控制之间的关系。
5. 画出 $P-f/Q-U$ 下垂控制的基本结构，并阐述多台并联微网逆变器下垂系统的设计原则。
6. 试推导 $P-f/Q-U$ 下垂控制有功功率环的等效控制结构，推导有功功率控制的闭环传递函数，并计算阻尼和振荡频率。
7. 简述 Vf 控制的基本原理，并画出其中一种典型的控制结构图。
8. 简述 PQ 控制的基本原理，并画出基于电流控制的 PQ 控制结构图。
9. 试简述虚拟同步发电机的基本实现原理，并说明与真实同步发电机的区别。
10. 描述微网逆变器并 - 离网双模式切换的控制要求和基本步骤。

参考文献

[1] LASSETER R. Dynamic models for micro – turbines and fuel cells [C]. Power Engineering Society Summer Meeting, 2001: 761 – 766.

[2] 盛鹍, 孔力, 齐智平, 等. 新型电网 – 微电网 (Microgrid) 研究综述 [J]. 电力系统保护与控制, 2007 (35): 75 – 81.

[3] B U S. Departmentofenergy, Grid 2030: A National Vision For Electricity's Second 100 Years [J]. 2010.

[4] SÁNCHEZ M. Overview of microgrid research and development activities in the EU [J]. Proc the Symposium on Microgrids, 2006.

[5] MOROZUMI S. Overview of microgrid research and development activities in Japan [J]. Proc the Symposium on Microgrids, 2006.

[6] 王成山, 周越. 微电网示范工程综述 [J]. 供用电, 2015.

[7] 杨向真. 微网逆变器及其协调控制策略研究 [D]. 合肥: 合肥工业大学, 2011.

[8] 杨占刚. 微网实验系统研究 [D]. 天津: 天津大学, 2010.

[9] KATIRAEI F, IRAVANI R, HATZIARGYRIOU N, et al. Microgrids management [J]. Power & Energy Magazine IEEE, 2008 (6): 54 – 65.

[10] RADWAN A A A, MOHAMED Y A R I. Analysis and active – impedance – based stabilization of voltage – source – rectifier loads in grid – connected and isolated microgrid applications [J]. IEEE Transactions on Sustainable Energy, 2013 (4): 563 – 576.

[11] COELHO E A A, CORTIZO P C, GARCIA P F D. Small – signal stability for parallel – connected inverters in stand – alone AC supply systems [J]. Industry Applications, IEEE Transactions on, 2002 (38): 533 – 542.

[12] JINWEI H, YUNWEI L. Analysis, Design, and Implementation of Virtual Impedance for Power Electronics Interfaced Distributed Generation [J]. Industry Applications, IEEE Transactions on, 2011 (47): 2525 – 2538.

[13] 刘芳. 基于虚拟同步发电机的微网逆变器控制策略研究 [D]. 合肥: 合肥工业大学, 2015.

[14] LIDONG Z, HARNEFORS L, NEE H P. Power – Synchronization Control of Grid – Connected Voltage – Source Converters [J]. Power Systems, IEEE Transactions on, 2010 (25): 809 – 820.

[15] 阚志忠, 张纯江, 薛海芬, 等. 微网中三相逆变器无互连线并联新型下垂控制策略 [J]. 中国电机工程学报, 2011 (31): 68 – 74.

[16] 吴云亚, 阚加荣, 谢少军. 适用于低压微电网的逆变器控制策略设计 [J]. 电力系统自动化, 2012 (36): 39 – 44.

[17] 王成山, 肖朝霞, 王守相. 微网中分布式电源逆变器的多环反馈控制策略 [J]. 电工技术学报, 2009 (24): 100 – 107.

[18] GUERRERO J M, VICUNA L G D, MATAS J, et al. A Wireless Controller to Enhance Dynamic Performance of Parallel Inverters in Distributed Generation Systems [J]. IEEE Transactions on Power Electronics, 2004 (19): 1205 – 1213.

[19] ZHONG Q C, ZENG Y. Control of Inverters Via a Virtual Capacitor to Achieve Capacitive Output

Impedance [J]. Power Electronics, IEEE Transactions on, 2014 (29): 5568 - 5578.

[20] GUERRERO J M, GARCIA DE VICUNA L, MATAS J, et al. Output Impedance Design of Parallel - Connected UPS Inverters With Wireless Load - Sharing Control [J]. Industrial Electronics, IEEE Transactions on, 2005 (52): 1126 - 1135.

[21] GUERRERO J M, MATAS J, LUIS GARCIA DE V, et al. Decentralized Control for Parallel Operation of Distributed Generation Inverters Using Resistive Output Impedance [J]. Industrial Electronics, IEEE Transactions on, 2007 (54): 994 - 1004.

[22] QING - CHANG Z, YU Z. Can the output impedance of an inverter be designed capacitive? [C]. IECON 2011 - 37th Annual Conference on IEEE Industrial Electronics Society, 2011: 1220 - 1225.

[23] YAO W, CHEN M, MATAS J, et al. Design and Analysis of the Droop Control Method for Parallel Inverters Considering the Impact of the Complex Impedance on the Power Sharing [J]. IEEE Transactions on Industrial Electronics, 2011 (58): 576 - 588.

[24] MATAS J, CASTILLA M, DE VICUÑA L G, et al. Virtual Impedance Loop for Droop - Controlled Single - Phase Parallel Inverters Using a Second - Order General - Integrator Scheme [J]. Power Electronics IEEE Transactions on, 2010 (25): 2993 - 3002.

[25] MAHMOOD H, MICHAELSON D, JIN J. Accurate Reactive Power Sharing in an Islanded Microgrid Using Adaptive Virtual Impedances [J]. Power Electronics, IEEE Transactions on, 2015 (30): 1605 - 1617.

[26] YUNWEI L, CHING - NAN K. An Accurate Power Control Strategy for Power - Electronics - Interfaced Distributed Generation Units Operating in a Low - Voltage Multibus Microgrid [J]. Power Electronics, IEEE Transactions on, 2009 (24): 2977 - 2988.

[27] YU Z, MI Y, FANGRUI L, et al. Instantaneous Current - Sharing Control Strategy for Parallel Operation of UPS Modules Using Virtual Impedance [J]. Power Electronics, IEEE Transactions on, 2013 (28): 432 - 440.

[28] HENG D, ORUGANTI R, SRINIVASAN D. A Simple Control Method for High - Performance UPS Inverters Through Output - Impedance Reduction [J]. Industrial Electronics, IEEE Transactions on, 2008 (55): 888 - 898.

[29] QIN L, FANG ZHENG P, SHUITAO Y. Multiloop control method for high - performance microgrid inverter through load voltage and current decoupling with only output voltage feedback [J], Power Electronics, IEEE Transactions on, 2011 (26): 953 - 960.

[30] 刘芳, 张兴, 石荣亮, 等. 大功率微网逆变器输出阻抗解耦控制策略 [J]. 电力系统自动化, 2015: 117 - 125.

[31] RODRIGUEZ P, POU J, BERGAS J, et al. Decoupled Double Synchronous Reference Frame PLL for Power Converters Control [J]. Power Electronics, IEEE Transactions on, 2007 (22): 584 - 592.

[32] KUNDUR P, BALU N J, LAUBY M G. Power system stability and control [C]. New York: McGraw - hill, 1994 (7) .

[33] 张纯. 微网双模式运行的控制策略研究 [D]. 重庆: 重庆大学, 2011.

[34] 申凯. 基于下垂控制的微网逆变器双模式统一控制器研究 [D]. 合肥: 合肥工业大学, 2013.

［35］牟晓春，毕大强，任先文．低压微网综合控制策略设计［J］．电力系统自动化，2010（34）：91－96.
［36］佟云剑．微网孤岛与并网运行模式切换控制策略研究［D］．哈尔滨：哈尔滨工业大学，2014.
［37］张中锋．微网逆变器的下垂控制策略研究［D］．南京：南京航空航天大学，2013.
［38］LASSETER R，AKHIL A，MARNAY C，et al. Integration of distributed energy resources. The CERTS Microgrid Concept［J］. Office of Scientific & Technical Information Technical Reports，2002.
［39］PIAGI P. Microgrid control［J］. 2005.
［40］周彦．分布式发电系统并网及切换控制技术［D］．武汉：华中科技大学，2009.
［41］丁杰．电网不平衡条件下 LCL－VSR 控制策略研究［D］．合肥：合肥工业大学，2011.
［42］TIRUMALA R，MOHAN N，HENZE C. Seamless transfer of grid－connected PWM inverters between utility－interactive and stand－alone modes［C］. Applied Power Electronics Conference and Exposition，2002. Apec 2002. Seventeenth IEEE，2002：1081－1086.
［43］郑竞宏，王燕廷，李兴旺，等．微电网平滑切换控制方法及策略［J］．电力系统自动化，2011（35）：17－24.
［44］王晓寰，张纯江．分布式发电系统无缝切换控制策略［J］．电工技术学报，2012（27）：217－222.
［45］VASQUEZ J C，GUERRERO J M，SAVAGHEBI M，et al. Modeling，analysis，and design of stationary reference frame droop controlled parallel three－phase voltage source inverters［J］. Industrial Electronics IEEE Transactions on，2011（60）：1271－1280.

第6章 储能功率变换系统及其控制

6.1 储能系统的概述

随着风能、太阳能等新能源发电的不断发展，电力系统中出现越来越多的间歇性、不稳定电源，导致对储能系统的需求越来越强烈。储能系统不仅能解决新能源发电自身出力随机性和不可控所导致的问题，减小新能源出力变化对电网的冲击；还能在电力充沛时储存电能，在负载高峰时释放电能，起到削峰填谷、减少系统备用需求的作用，储能与新能源发电的结合是未来能源发展格局的主要形式。

另外，由于分布式及其新能源发电在电网中所占的比例越来越高，因此基于系统稳定性和经济性的考虑，分布式发电系统需要一定容量的存储。一方面用来应对发电系统的突发故障，另一方面则可以利用储能系统支撑电网，改善新能源并网的电能质量，从而使不稳定的可再生能源变成稳定的具有较高应用价值的新能源。

目前化学储能是技术最成熟、成本最低廉、效率最高的储能方式。储能系统与电网或负载之间的功率变换系统（Power Convert System，PCS）及其控制是新能源发电系统储能应用中的核心技术。本章将首先介绍储能系统的基本类型，分析典型储能系统的变流技术，包括不含DC/DC和包含DC/DC环节的储能系统，重点分析PCS中DC/DC环节的功能和拓扑结构，最后介绍在蓄电池电荷状态（State of Charge，SOC）约束条件下的PCS控制策略。

考虑到相关并网逆变器内容在前面章节已有详细介绍，故本章在变流技术方面将重点讨论PCS系统中的DC/DC变换器技术。

6.1.1 储能系统的基本类型

6.1.1.1 机械储能

机械储能主要包括抽水储能、飞轮储能以及压缩空气储能等。

1. 抽水储能

抽水储能是将电能转换成水位势能的一种机械储能形式，其系统原理结构如图6-1所示。抽水储能基于物理学上电能-势能转换的概念，利用一种具有电动机-发电机两种功能的特殊电机，即水轮机组和分别设在高山和低谷的两个水库工作。在白天和前半夜的用电高峰期，山顶水库放水，利用高水位的水推动机组作为发电机，将低势能转化为电能向电网输电，解决用电高峰时电力不足的问题；到后半夜，电网处于用电低谷，这时将两用机组作为抽水机，利用电网中多余的电能，将低谷水库的水抽上高山水库，将电网中多余的电能转化为水的势能储存在水库中。到用电高峰时，再将高山水库放水，通过发电机转化为电能，向电网送电，如此循环工作。

抽水储能是电力系统中应用最为广泛应用的一种储能技术，其主要应用包括能量管理、频率控制以及提供系统的备用容量等。抽水储能的释放时间为几个小时到几天，对于瞬时功率的调制能力较差，但是抽水储能的能量转换效率已经提高到了 75% 以上。另外，抽水储能电站不仅可以吸收光伏发电、风力发电等可再生能源发出的电力，而且可以通过接收雨水或山泉来增加储水水位以提升发电能力。

抽水储能是目前容量最大的储能方式，具有存储容量大、技术成熟等优势，但抽水储能系统的建设周期长，并且对地理条件有特殊要求。

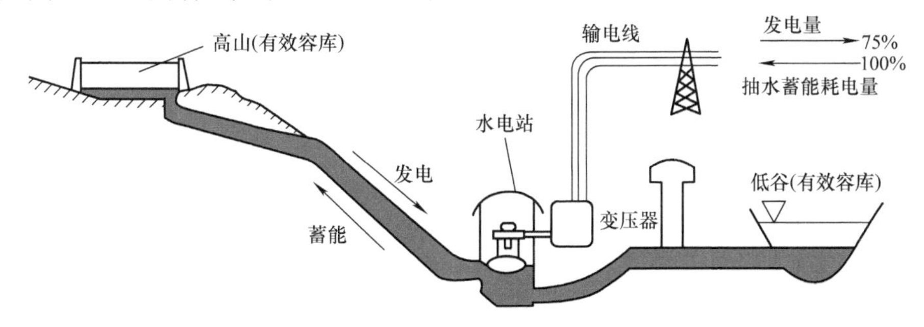

图 6-1　抽水储能系统原理结构图

2. 飞轮储能

飞轮储能是将电能转换成旋转物体动能的一种机械储能形式，其系统原理结构如图 6-2 所示。在储能阶段，通过电动机拖动飞轮旋转，并使飞轮本体加速到一定的转速，

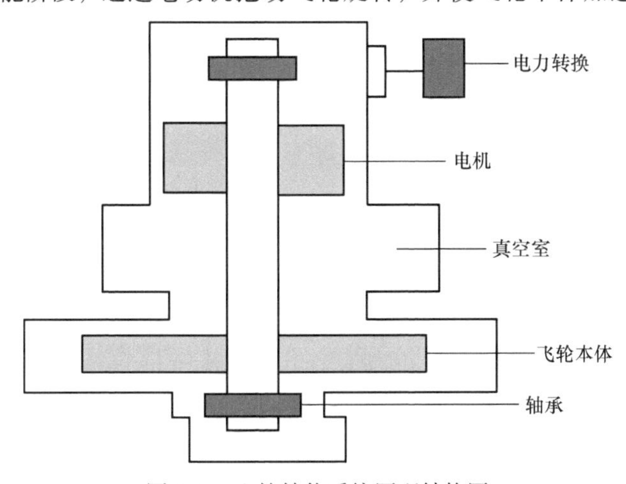

图 6-2　飞轮储能系统原理结构图

将电能转化为机械能；在能量释放阶段，电机作为发电机运行，使飞轮减速，将机械能转化为电能。

在图6-2所示结构中，为了减少能量的损耗，通常将飞轮本体与电机合为一个整体。飞轮本体是飞轮储能系统中的核心部件，其作用是力求提高转子的极限角速度，减轻转子的重量，最大限度地增加飞轮储能系统的储能量。飞轮储能系统的机械能与电能之间的转化是以电机为核心来实现的，电机集成为一个部件。储能时，作为电动机运行，由外界电能驱动电动机，带动飞轮转子加速旋转至设定的某一转速；在释放能量时，电机又作为发电机运行，向外输出电能，此时飞轮的转速不断下降。图6-2中真空室的主要作用是提供真空环境，降低电机运行时的风阻损耗，同时具有屏蔽事故的功能。电力转换装置是为了提高飞轮储能系统的灵活性和可控性，并对输出电能进行变换（调频、整流或恒压等），以适应和满足负载供电的要求。

飞轮储能系统运行于真空度较高的环境中，其特点是没有摩擦损耗、风阻小、寿命长、对环境没有影响，并且几乎不需要维护，适用于电网调频和电能质量保障，是较有发展前途的储能技术之一。飞轮储能的主要缺点是能量密度较低，保证系统安全性方面的费用很高，在小型场合还无法体现其优势，因此主要作为储能系统的补充。

3. 压缩空气储能

压缩空气储能是利用电力进行空气压缩的一种机械储能形式，其系统原理结构如图6-3所示。压缩空气储能的原理是在电网负载低谷时利用剩余电力压缩空气，并将压缩空气储存在高压密封设施内，之后根据用电需求释放储存的能量，并加入一定量的燃气进行发电。

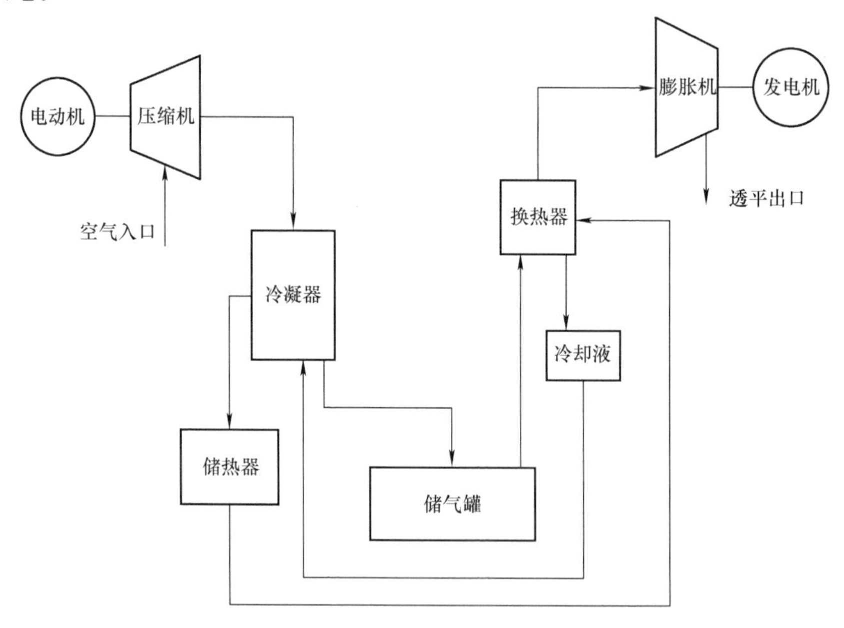

图6-3 压缩空气储能系统原理结构图

在储能过程中，电动机驱动压缩机将空气压缩，然后经过冷凝器换热，降温后的气体存储于储气罐中，同时交换的热量被存储在储热器中。在释放过程中，储气罐中的高压空气首先通过换热器吸收储热器中的热量，升温后驱动透平机运转，从而带动发电机发电。通常情况下，发电时常规燃气轮机大约需要消耗输入燃料的 2/3 进行空气压缩，因此压缩空气储能消耗的燃料要比常规燃气轮机减少约 40%。但压缩空气常常需要存储在合适的地下矿井或者熔岩下的洞穴中。

压缩空气储能系统的建设投资和发电成本虽然均低于抽水储能电站，但压缩空气储能电站的建设受地形制约，对地质结构有特殊要求。压缩空气储能主要用于削峰填谷、频率调制、平衡负载和发电系统备用。就总体而言，压缩空气储能尚处于产业化初期，技术及经济性有待进一步研究与发展。

6.1.1.2　电磁储能

电磁储能主要包括超级电容器储能和超导磁体储能等。

1. 超级电容器储能

超级电容器（Super Capacitor，SC）是一种根据电化学双电层理论研制而成的双电层电容器。超级电容器可以提供强大的脉冲功率，充电时处于理想极化状态的电极表面电荷将吸引周围电解质溶液中的异性离子，使其附于电极表面，从而形成双电荷层，构成双电层电容。

由于使用的电极材料和电解质的不同，超级电容器的储能机理各有差异，但是储能过程基本相同。下面以碳材料双电层电容器为例介绍超级电容器的储能原理，典型的超级电容内部结构如图 6-4 所示。当外加电压在超级电容器的两个电极上时，与普遍电容器一样，电极导体与电解液接触后会在其表面产生极性相反的电荷层，这种正电荷和负电荷排列在两个不同相之间的接触面上，而且是以极小的间隙排列的，这个电荷分布层就叫做界面双电层。由于其中的活性炭多孔化电极和电解液是紧密接触的，因此使得实际电极可以获得极大的有效电极表面积，达到 $1200m^2/g$。如此大的电极表面积使得超级电容器的电容量极大，这样就可以储存很多的静电能量。

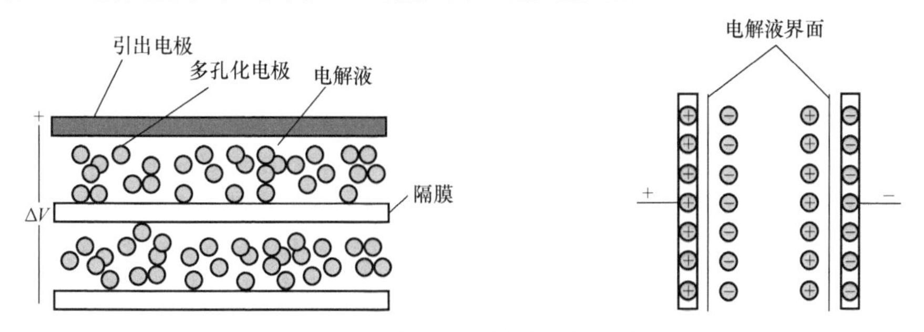

图 6-4　双电层电容器内部结构示意图

当两极板的电动势低于电解液的氧化还原电极电位时，界面双电层上的电荷不会脱离电解液，这时电容器工作在正常状态（一般不低于 3V）。当两极板的电动势高于电解液的氧化还原电极电位时，电解液将发生分解，这时电容器处于非正常状态。超级电容器进行充放电的过程就是正负电荷的转移过程，这一过程始终是物理过程，而没有化学反应。可见，超级电容器是一种介于静电电容器和化学电池之间的新型储能元件。

超级电容器历经三代及数十年的发展，已形成容量为0.5～1000F、工作电压为12～400V、最大放电电流为400～2000A的系列产品，储能系统最大储能量达30MJ。但超级电容器价格较为昂贵，在电力系统中多用于短时间、大功率的负载波动和电能质量峰值功率场合，如大功率直流电机的起动支撑、动态电压恢复器等。超级电容器一般能在充满电的浮充状态下正常工作10年以上，此外超级电容器安装简单且体积相对较小，并可在各种环境下运行（热、冷和潮湿）。但由于超级电容储能的成本较高，所以在实际工程中，超级电容器主要用于短时、大幅值功率波动的平抑。

2. 超导磁体储能

超导磁储能（Superconducting Magnetic Energy Storage，SMES）是利用超导体制成线圈进行电感储能的一种电磁储能形式，其系统原理结构如图6-5所示。通常，超导线圈可以分为螺旋形线圈和环形线圈。螺旋形线圈主要适用于大型SMES以及需要现场绕制的SMES，其优点是结构简单，缺点是容易产生漏磁。环形线圈主要适用于中小型的SMES，较理想的结构是采用环形多级结构，其优点是可以减少管外漏磁场，从而减小占地面积。环形线圈的制造有两种方式，一种是连续的螺旋圆环绕组；另一种是由数个短螺旋管线圈组成圆环。

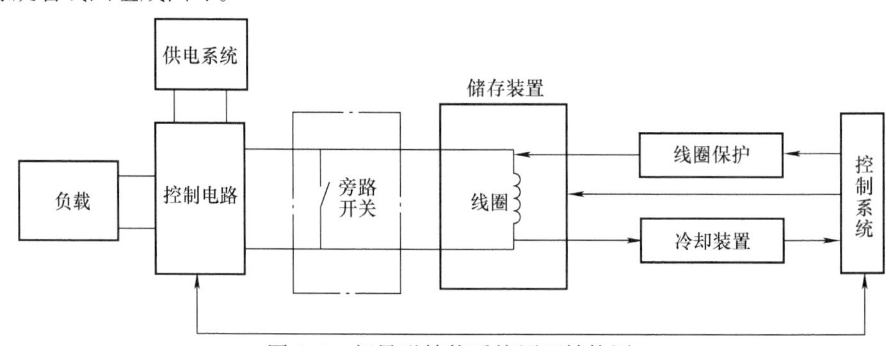

图6-5　超导磁储能系统原理结构图

超导储能线圈中的电流一般都很大，尤其是大型的SMES，其额定电流可达100kA以上，显然，超导线圈的技术性能直接影响超导储能系统的安全运行性能，如何提高超导线圈的耐压强度，克服随电流增大而产生的高压等，是确保超导线圈运行稳定性的关键。利用超导体制成线圈储存磁场能量，在功率输送时无需能源形式的转换，具有响应速度快（ms级），转换效率高（≥96%）、比容量（1～10Wh/kg）和比功率（104～105kW/kg）大等优点，可以实现与电力系统的实时大容量能量交换和功率补偿。

与其他储能系统相比，SMES的缺点在于超导体材料不仅自身成本高，而且为保障超导体材料工作的环境温度需要消耗大量的电能。目前SMES储能系统还处于研究阶段，距离大规模工程应用还需进一步探索和研究。

6.1.1.3　化学电池储能

化学电池储能主要是利用电池正负极的氧化还原反应进行充放电的一种储能形式。

除铅酸、镍氢等常规电池技术外，还包括液流、钠硫、锂离子电池等大容量蓄电池储能技术。以下介绍几种典型的化学电池。

1. 铅酸电池

铅酸电池是一种电极主要由铅及其氧化物制成、电解液为硫酸溶液的蓄电池。充电状态下，正极主要成分为二氧化铅，负极主要成分为铅；放电状态下，正负极的主要成分均为硫酸铅。铅酸电池价格便宜、构造成本低、可靠性好、技术成熟，已广泛应用于电力系统和其他场合（如汽车电源等）。铅酸电池在电力系统正常运行时可为断路器提供合闸电源，在发电厂、变电所供电中断时发挥独立电源的作用，并能为继保装置、拖动电机、通信、事故照明提供电力。然而铅酸电池与镍镉电池类似，具有较低的比能量和比功率，而且其循环寿命较短，制造过程中也存在一定的环境污染。

2. 镍镉电池和镍氢电池

镍镉电池是采用金属镉作为负极活性物质、氢氧化镍作为正极活性物质的碱性蓄电池。镍镉电池效率高、循环寿命长，但随着充放电次数的增加，容量将会减少，电荷保持能力仍有待提高，且因为存在重金属污染问题已被欧盟组织限用。镍氢电池由镍镉电池改良而来，以能吸收氢的金属代替镉。目前，许多种类的金属互化物都已被运用在镍氢电池的制造上。电池充电时，氢氧化钾电解液中的氢离子会被释放出来，这些金属互化物将它吸收，避免形成氢气，以保持电池内部的压力和体积。当电池放电时，这些氢离子便会经由相反的过程而回到原来的位置。

镍氢电池以相同的价格提供比镍镉电池更高的电容量，并具备比较不明显的记忆效应以及比较低的环境污染（不含有有毒的镉）。目前镍氢电池主要作为动力电源使用，同时在通信电子设备电源方面也有一定的应用。

3. 锂离子电池

锂离子电池以碳素材料为负极，以含锂的化合物为正极，只有锂离子而没有金属锂，其原理结构如图 6-6 所示。

电池充电时，Li^+从正级脱出并嵌入负极材料中，正级处于贫锂状态；电池放电时，Li^+从负极脱出并嵌入正极中，正极处于富锂状态。为了保持电荷平衡，充、放电过程中有数量相同的电子经过外电路传递，与Li^+在正负极流动，使正负极发生氧化还原反应，以保持一定的电位。

锂离子电池具有比能量高、使用寿命长、额定电压高、具备高功率承受力、安全环保等诸多优点。常见的锂电池主要有锰酸锂电池、钴酸锂电池和磷酸铁锂电池。相比于前两者，磷酸铁锂电池以较好的安全性能、高温性能、环保性能和超长寿命，在大容量储能应用方面具有较大的优势。磷酸铁锂电池在充电过程中，磷酸亚铁锂中的部分锂离子脱出，经电解质传递到负极，嵌入负极碳材料，同时正极释放出电子，自外电路到达负极，维持化学反应的平衡；放电时，锂离子自负极脱出，经电解质到达正极，同时负极释放出电子，自外电路到达正极，为外界提供能量。磷酸铁锂为正交橄榄石型结构，锂与氧是共价键结构，而锰酸锂、钴酸锂是离子键结构，这一特性决定了在高温下磷酸铁锂更难释放出氧气，从而大大提高了锂离子电池的安全性。另外，磷酸铁锂电池在

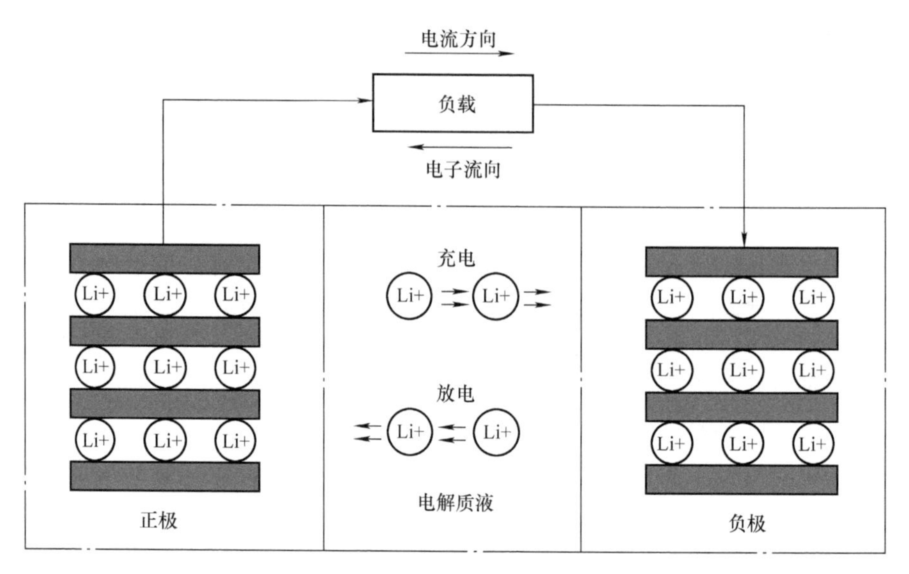

图 6-6 锂电池原理结构图

100% 的放电深度下循环寿命可以达到 2000 次以上，并且即使在 45℃ 的环境下连续工作，对寿命也几乎没有影响，而在 -10℃ 的低温环境下依然可以保持常温时 70% 的容量。

虽然现在磷酸锂电池的价格相对较高，但是磷酸锂电池所用的材料无资源限制，其成本降低的空间还很大。目前，采用负极材料改性、基材改性、新型廉价电解质膜的开发、正极材料振实密度的提升、磷酸锂纳米技术的应用等手段有望大幅降低磷酸铁锂电池的成本。

常见化学电池性能参数比较见表 6-1。

表 6-1 常见化学电池性能参数比较

项目	钴酸锂电池	钴酸锰锂电池	磷酸铁锂电池	镍氢电池	铅酸电池	镍镉电池
体积密度	320Wh/L	200Wh/L	180Wh/L	170Wh/L	64Wh/L	75Wh/L
质量密度	150Wh/kg	110Wh/kg	90Wh/kg	70Wh/kg	27Wh/kg	50Wh/kg
循环寿命	600 次	250 次	2000 次	500 次	300 次	500 次
自放电率	5%	10%	5%	30%	5%	20%
安全性能	较差	较好	很好	较好	很好	很好
高温性能	较差	很差	很好	好	较好	很好
倍率放电	较好	较好	较好	较好	好	很好
性价比	低	适中	高	较高	高	较高
环保性能	无污染	无污染	绿色环保型	绿色环保	污染严重	污染严重

6.1.2 典型储能系统中的变流技术

6.1.2.1 基于DC/AC变换器的单级式PCS拓扑结构

基于DC/AC变换器的单级式PCS拓扑是一种最简单的PCS拓扑结构。在如图6-7所示基于DC/AC变换器的单级PCS拓扑中，蓄电池组直接通过DC/AC变换器输出连接变压器，变压器的设置一方面满足了蓄电池组电压的并网控制要求（直流电压与并网电压相匹配），另一方面实现了电气隔离。当DC/AC变流器工作于整流状态时，将电网的交流电变为直流电，即为蓄电池组充电，能量将储存于储能系统中；当DC/AC变换器工作于有源逆变状态时，蓄电池组放电，并将电能通过DC/AC变换器并入电网。

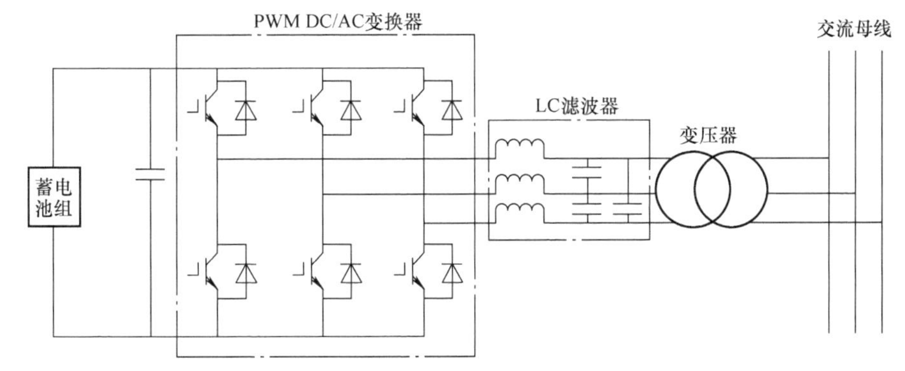

图6-7 基于DC/AC变换器的单级式PCS拓扑结构

实际上，图6-7所示DC/AC变换器即为并网逆变器，这种基于单个并网逆变器的单级式PCS拓扑具有结构简单、可靠性高等优点，较适用于大功率PCS系统应用。实际应用时，单级式PCS拓扑可以根据需要采用两电平、三电平或多电平逆变器拓扑结构，也可以采用单相、三相或三相四桥臂等拓扑结构。单级式PCS拓扑应用的主要缺点是要求电池组电压较高，因此需要多个电池串联，使得电池组造价高、体积大，并且电池组的容量选择灵活性较低，尤其当网侧发生短路故障时，会导致PCS直流侧产生较大电流冲击，并使电池组过电流放电，从而影响电池组寿命。

6.1.2.2 基于前级DC/DC变换器的两级式PCS拓扑结构

上述基于DC/AC变流器的单级式PCS拓扑虽然结构简单，但存在电池组电压高、电池维护控制精度差等诸多不足，因此，对于要求较高的应用场合，可以考虑采用基于前级DC/DC变换器的两级式PCS拓扑结构，如图6-8所示。

图6-8所示两级式PCS拓扑中，前级DC/DC变换器主要是实现升、降压变换，以使直流电压满足后级并网逆变器的并网控制要求，而后级DC/AC变换器则实现并网运行。当后级DC/AC变换器工作在整流状态时，电能从电网传输到DC/AC变换器直流侧，并通过前级DC/DC变换器降压后实现对蓄电池的充电控制；当后级DC/AC变换器工作在有源逆变状态时，前级DC/DC变换器将蓄电池电压升压后，通过后级DC/AC变换器的有源逆变控制，将蓄电池的放电电能回馈给电网，从而实现蓄电池电能的回馈放

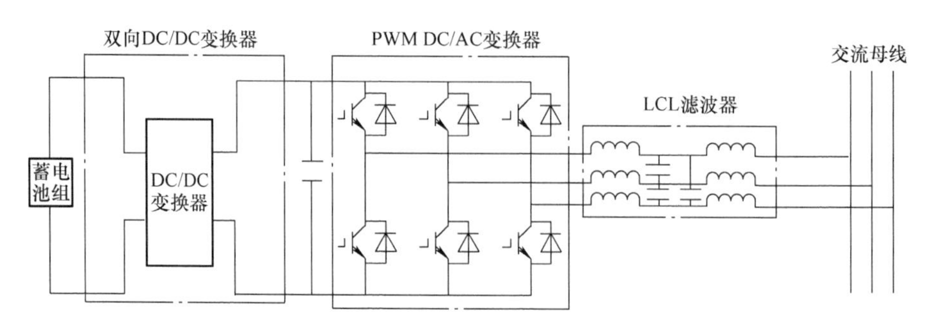

图 6-8　基于前级 DC/DC 变换器的两级式 PCS 拓扑结构

电。对需要充放电控制的两级式 PCS 而言，前级 DC/DC 变换器必须具有双向控制功能。

基于前级 DC/DC 变换器的两级式 PCS 拓扑的主要优点是蓄电池组的电压和容量配置更灵活，可实现多组态蓄电池组的充放电管理，并方便进行模块化设计。两级式 PCS 系统的主要不足在于 DC/DC 变换器增加了系统成本和复杂性，并且两级式 PCS 能量转换效率相对单级式 PCS 更低。

在实际工程应用中，按前级 DC/DC 变换器结构的不同，又可分为基于前级非隔离型 DC/DC 变换器的两级式 PCS 拓扑和基于前级隔离型 DC/DC 变换器的两级式 PCS 拓扑，如图 6-9 所示。

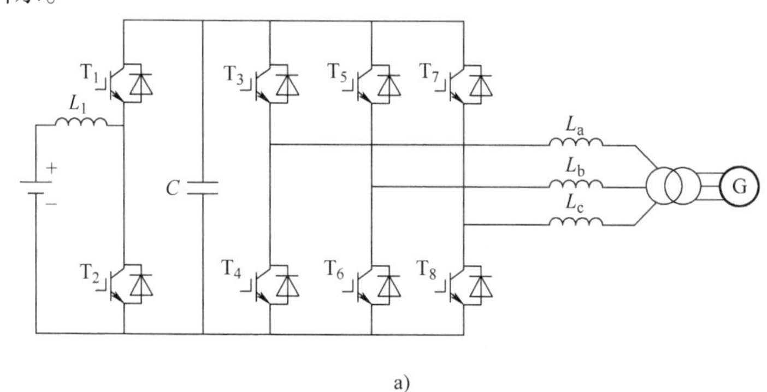

a)

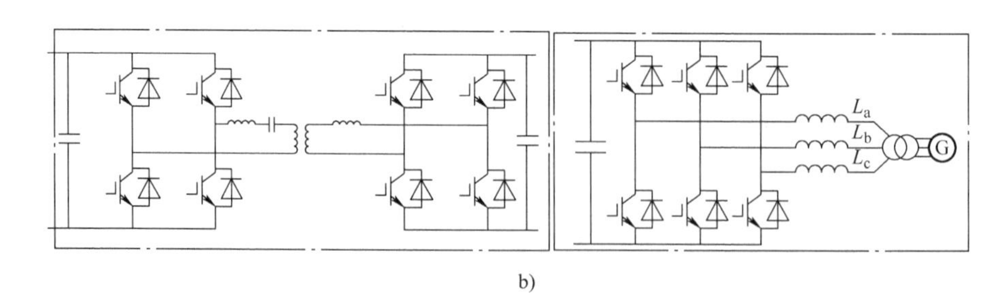

b)

图 6-9　基于前级非隔离（隔离）型 DC/DC 变换器的两级式 PCS 拓扑

a）基于前级非隔离型 DC/DC 变换器的两级式 PCS 拓扑

b）基于前级隔离型 DC/DC 变换器的两级式 PCS 拓扑

基于前级非隔离型 DC/DC 变换器的两级式 PCS 拓扑如图 6-9a 所示。这种 PCS 拓扑的前级采用 Buck - Boost 双向变换器设计，并且可采用多路 Buck - Boost 双向变换器并联以适应多种类型储能电池的接入。基于前级非隔离型 DC/DC 变换器的两级式 PCS 拓扑主要应用于大容量电池储能系统，以及要求电池组出口电压随电池电荷状态变化范围较大的场合。采用这种 PCS 拓扑的储能系统从安全和成本两方面考虑，通常采用大容量工频变压器接入中高压电网。

为了进一步提升变比，可以采用如图 6-9b 所示的基于前级隔离型 DC/DC 变换器的两级式 PCS 拓扑。该拓扑结构的前级采用大容量隔离型双向直流变换器，对电池组出口电压进行高升压比升压，而大容量隔离型高升压比双向直流变换器设计是这一拓扑电路设计的核心难点，其中主要难点包括高频变压器设计、系统绝缘、移相或串联谐振软开关、高功率密度设计等。

在大功率电池储能系统应用中，为实现 PCS 高电压输出，亦可采用多个两级式 PCS 拓扑级联的多电平方案，该方案只需简单增加两级式 PCS 单元数，从而避免了储能电池的串联，典型的两级式非隔离型 H 桥级联 PCS 拓扑结构如图 6-10a 所示。两极式 H 桥级联型多电平 PCS 的每个变流器单元的结构相同，容易进行模块化设计和封装，并且每个功率单元都具有独立的直流电源。由于非隔离系统 PCS 的共模电压问题、电池模组间电气绝缘问题以及电池模组对地共模电流通路引起的共模电流问题难以解决，因此，可采用隔离型两级式级联 H 桥多电平 PCS 拓扑设计，如图 6-10b 所示。

6.1.2.3　基于多端口 DC/DC 变换器的 PCS 拓扑结构

随着新能源分布式发电，特别是微网的出现，储能系统的应用显得尤其重要。根据储能介质的不同，储能系统可分为功率密度型和能量密度型两类，并且两类储能系统的性能具有互补性。因此在对电源稳定性要求较高的分布式发电应用场合，往往将两类储能系统混合应用，以便实现基于不同储能单元的多能量源的控制和管理，所以基于多端口 DC/DC 变换器的 PCS 拓扑得以研究和应用。这种基于多端口 DC/DC 变换器的 PCS 拓扑主要包括直流输出和交流输出两类，前者仅由多端口 DC/DC 变换器组成，而后者则由多端口 DC/DC 变换器和 DC/AC 变换器组合而成。对多端口 DC/DC 变换器而言，主要分为非隔离型和隔离型多端口 DC/DC 变换器两类，现分别讨论如下。

1. 非隔离型多端口 DC/DC 变换器

一种典型的应用于燃料电池电源系统的非隔离型多端口 DC/DC 变换器拓扑如图 6-11所示。三个输入端口分别连接超级电容、燃料电池和蓄电池，并通过双向 Buck - Boost 变换器与输出直流母线连接，再通过母线传递给负载或者其他的电力负载，从而实现了基于不同储能单元的多能量源的控制和管理。

如图 6-11 所示，根据工作需要，Buck - Boost 变换器可分别工作于 Buck 或 Boost 模式下。由于电源端的电压比输出直流母线的端电压更低，因此，在 Boost 模式下，储能单元通过 Buck - Boost 变换器经直流母线向负载供电，即为超级电容和蓄电池放电控制模式；而在 Buck 模式下，负载经直流母线并通过 Buck - Boost 变换器向储能单元反馈电能，即为超级电容和蓄电池充电控制模式。

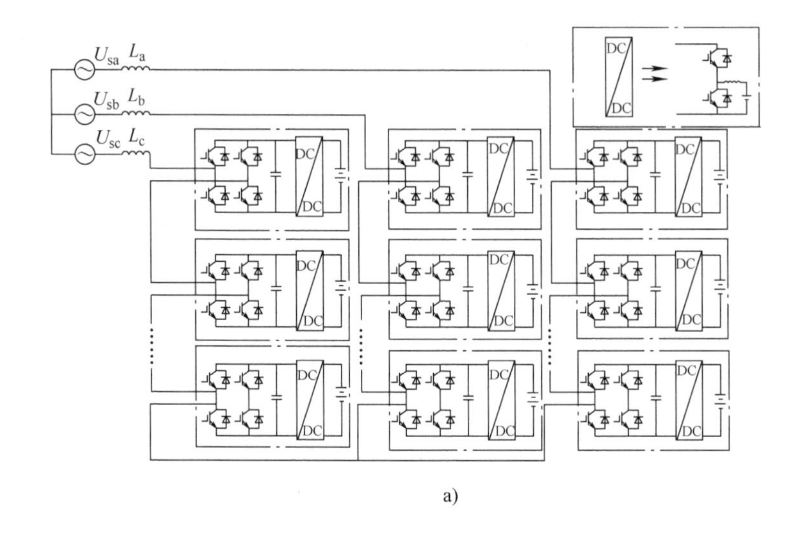

a)

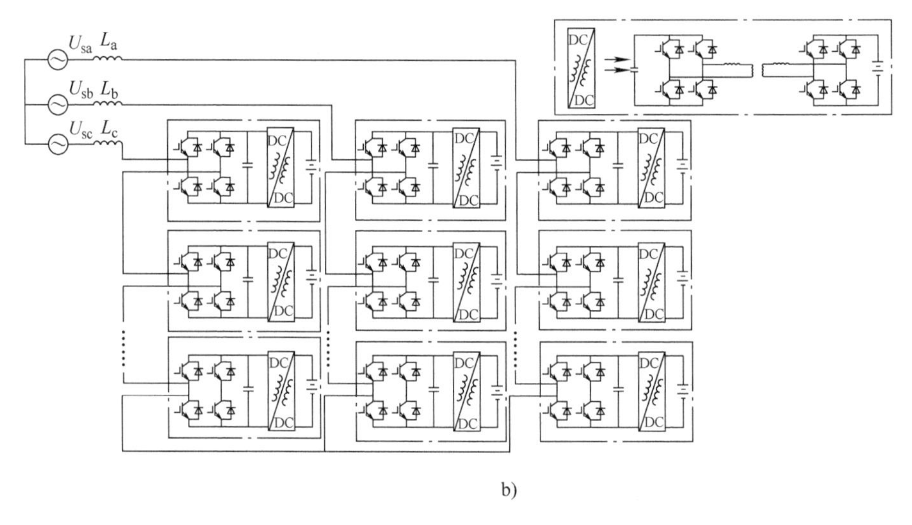

b)

图 6-10　两级式 H 桥级联多电平 PCS 拓扑

a）非隔离型 H 桥两级式级联 PCS 拓扑结构　b）隔离型 H 桥两级式级联 PCS 拓扑结构

在图 6-11 所示基于 Buck - Boost 变换器的非隔离型多端口变换器系统中，Buck - Boost 变换器的控制一方面要满足负载功率变化时输出直流母线电压的稳定，另一方面也要同时考虑到蓄电池、超级电容荷电状态（SOC）变化对蓄电池和超级电容工作寿命的影响，即需要考虑相应储能单元的 SOC 控制。

将图 6-11 所示电源系统应用于燃料电池电动汽车能量供给时，为了满足电动汽车的牵引功率所需，可以通过控制各端口 Buck - Boost 变换器的 PWM 信号实现能量的合理控制。通过燃料电池（Fuel Cell，FC）侧和超级电容（SC）侧端口的 Buck - Boost 变换器控制其通过能量流的大小和方向，使电源系统能够实现功率的快速动态响应和 FC

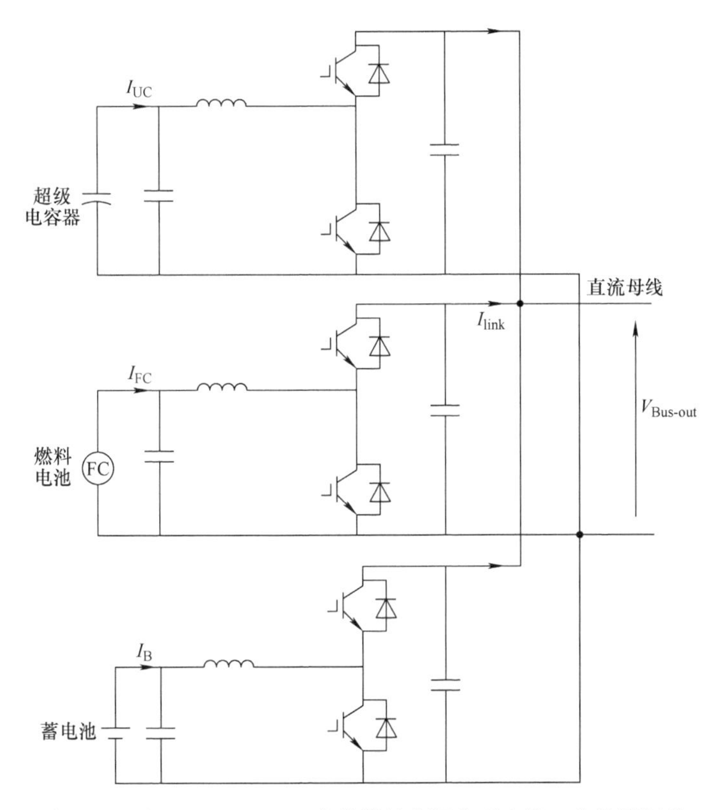

图 6-11　基于 Buck – Boost 变换器的非隔离型多端口变换器拓扑

的最佳 V/I 匹配；而通过蓄电池端口的 Buck – Boost 变换器控制直流母线电压，使输出电压工作于期望值。这种基于 Buck – Boost 变换器的多端口拓扑能实现每个电源的最佳状态控制，如该系统由 FC 提供平均功率，SC 提供瞬时峰值功率，则蓄电池提供实际需求功率与 FC 最大输出功率间的双向功率差额。另外，在进行能量管理过程中需实时考虑蓄电池和 SC 的 SOC 值，以确保系统和储能单元本身的安全运行。

当基于 Buck – Boost 变换器的多端口变换器输出电压值保持恒定时，其实际输出的牵引功率与公共直流母线的电流成正比[14]，即

$$\frac{\mathrm{d}P_{\text{link}}}{\mathrm{d}t}=V_{\text{link}}\frac{\mathrm{d}I_{\text{link}}}{\mathrm{d}t}=V_{\text{link}}\left(\frac{\mathrm{d}I_{\text{FC}}}{\mathrm{d}t}+\frac{\mathrm{d}I_{\text{UC}}}{\mathrm{d}t}+\frac{\mathrm{d}I_{\text{B}}}{\mathrm{d}t}\right) \tag{6-1}$$

式中　I_{FC}，I_{UC}，I_B——燃料电池、超级电容器和蓄电池的输出电流。

式（6-1）反映了图 6-11 所示多端口 DC/DC 变换器中各 Buck – Boost 变换器的控制规律。

显然，基于 Buck – Boost 变换器的非隔离型多端口变换器拓扑的主要特点如下：

1）通过母线直接连接，每个输入电源和负载间没有电气隔离；

2）Buck – Boost 变换器的输出由占空比直接调节，变压能力有限，从而导致当需要

满足高压负载时，需要多个电池和超级电容器串联，这增加了串联带来的成本与均衡控制的不利影响。

2. 隔离型多端口DC/DC变换器

上述基于直流母线输出的非隔离型多端口DC/DC变换器拓扑虽然结构简单，但各Buck-Boost变换器的升、降压能力依然有限，且没有电气隔离。在需要更大电压比及电气隔离的多端口变换器应用场合，可以采用隔离型多端口DC/DC变换器拓扑，这类隔离型多端口DC/DC变换器通常采用高频变压器进行隔离，适用于微网和电动汽车电源系统。隔离型多端口DC/DC变换器有多种拓扑结构，分别简要介绍如下。

（1）隔离型多端口全桥DC/DC变换器拓扑。

图6-12所示为应用于燃料电源系统的隔离型多端口全桥DC/DC变换器拓扑，其中三个外接端口的DC/DC变换器采用H型全桥结构，分别连接主电源燃料电池、辅助电源蓄电池和负载，三个H型全桥DC/DC变换器采用三绕组高频变压器耦合，并通过控制各H桥PWM输出相位和占空比来实现多端口变换器中能量的双向传输。即正向工作时，由燃料电池和蓄电池向负载供电；反向工作时，具有反电势特性的负载作为电源向蓄电池反馈电能。

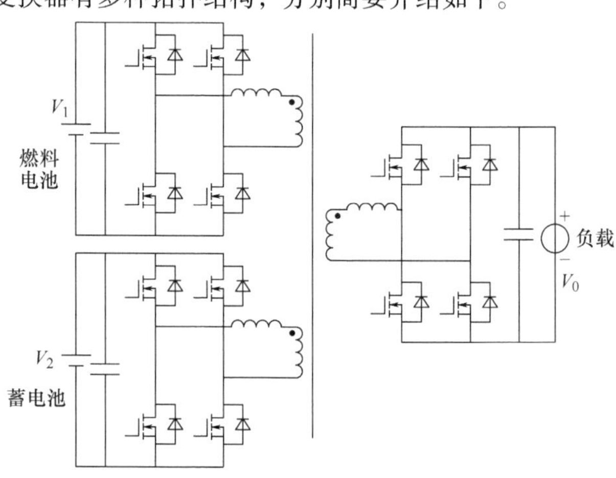

图6-12 隔离型多端口全桥DC/DC变换器拓扑

图6-12所示隔离型多端口全桥DC/DC变换器的优点如下：

1）可以根据系统的工况实现各端口之间的能量传递，并能灵活实现电源单独或组合方式向负载供电；

2）可实现能量的反馈，并由蓄电池实现储能功能；

3）通过变压器的漏感以及MOS管的寄生电容实现软开关功能，有效降低变换器损耗；

4）通过高频变压器实现高、低压侧电气隔离，并通过合理的变压器匝比设计来匹配各端口间的电压需求，另外高频变压器体积小、功率密度高。

这一类多端口变换器拓扑的主要不足如下：

1）电路采用的开关器件数量较多；

2）输入侧无电感，因而电流纹波较大；

3）当输入电压的变化范围较大时，会导致软开关工作范围随之减小。

（2）隔离型多端口串联谐振全桥DC/DC变换器拓扑。

为改进变换器的软开关性能，有学者提出如图6-13所示的隔离型多端口串联谐振全桥 DC/DC 变换器拓扑，其电路结构是在图 6-12 所示多端口变换器输入端口的全桥变换器输出回路上串联谐振电容和电感，以形成输入端口的串联谐振软开关 DC/DC 变换器拓扑。该拓扑电路实现了全桥变换器的软开关功能，使得开关损耗很小，从而提高了变换器的功率密度。该拓扑电路的多端口谐振软开关变换器主要包括两个串联谐振网络，分别由串联电路 L_1、C_1 以及 L_2、C_2 组成，端口 1、2 并分别连接燃料电池和蓄电池。这种多端口 DC/DC 全桥变换器采用移相 PWM 控制，即变换器的 PWM 占空比恒为 $D=0.5$，并通过控制三个全桥变换器 PWM 信号移相角的大小来实现三个端口间的双向功率控制。

该拓扑结构主要用于要求高功率密度的中、大功率多端口变换器应用场合，相比于图 6-12 所示拓扑，该多端口变换器可以采用更高的开关频率运行。

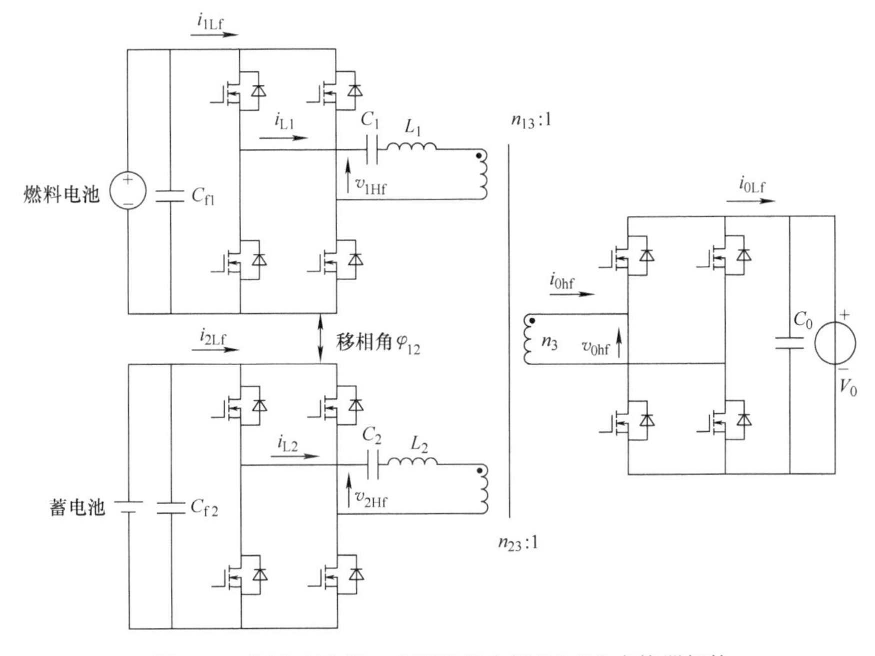

图 6-13　隔离型多端口串联谐振全桥 DC/DC 变换器拓扑

（3）隔离型多端口电流型全桥 DC/DC 变换器拓扑。

以上讨论的多端口变换器均采用了电压型 DC/DC 变换器拓扑，这种电压型拓扑的主要缺点是输入端口直流侧电流纹波较大，为此，有学者提出了隔离型多端口电流型全桥 DC/DC 变换器拓扑，如图 6-14 所示。该拓扑主要由三个 H 桥通过变压器耦合来形成多端口变换器，输入端口通过串联电感连接到 H 桥的输入端，各 H 桥通过隔离变压器耦合在一起，且各 H 桥输出变压器的二次侧绕组接入高频电容并连接成三角形，通过控制三个全桥变换器的移相角来实现三个端口间的双向功率控制。与上述多端口电压型 DC/DC 全桥变换器拓扑相比，图 6-14 所示拓扑的输入侧无并联电容，且由于输入电感 L_1、L_2 的作用，较好地抑制了输入端直流电流纹波，有效提高了对蓄电池的电池管理和

SOC 的估算性能。

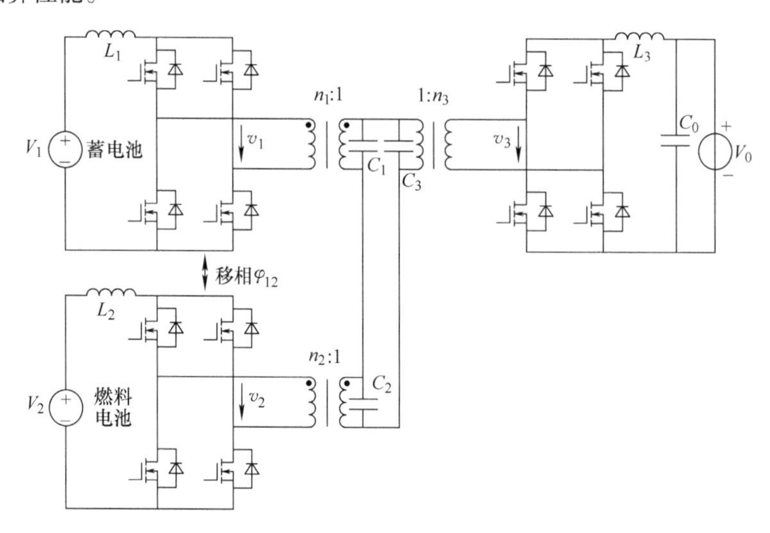

图 6-14 隔离型多端口电流型全桥 DC/DC 变换器拓扑

（4）隔离型多端口半桥 DC/DC 变换器拓扑。

上述全桥变换器拓扑的不足在于有较多的开关器件，为减少变换器系统的成本及简化控制，有学者提出了隔离型多端口半桥 DC/DC 变换器拓扑，如图 6-15 所示。该拓扑的改进在于采用半桥取代全桥电路，元器件比全桥电路少了一半，采用电容支路代替原开关器件的半桥桥臂。然而，与相同功率工作时的全桥变换器相比，这种半桥变换器不仅开关管关断时其承受的电压增加 1 倍，而且开关管导通时流经开关管的电流也增加 1 倍。由图 6-15 所示拓扑电路可以看出，该拓扑增加了谐振电感（或利用变压器漏感）来实现变换器的软开关功能，与图 6-12 所示全桥变换器拓扑的共同问题在于当半桥变换器直流电压大范围变化时，变换器无法实现全工作范围的软开关控制。另外，这类半桥变换器还需考虑电容的中点电压平衡控制，因此增加了控制复杂度，并且这种半桥 DC/DC 变换器的输入电流纹波相对较大。

（5）隔离型多端口电流型半桥 DC/DC 变换器的拓扑。

针对图 6-15 所示的隔离型多端口 DC/DC 半桥变换器拓扑电流纹波大及软开关工作范围小这一不足，有学者提出了一种隔离型多端口电流型半桥 DC/DC 变换器拓扑，如图 6-16 所示。该拓扑的两个输入端口均连接电流型半桥电路（Buck - Boost 半桥电路），通过各半桥电路 PWM 信号的移相角控制实现能量的双向流动，这种电路拓扑的主要特点如下：

1）变压器耦合，具备电气隔离能力，并且可以具有较大的电压变比，适合较低的电压输入，可以减少电池的串联；

2）在无需外加元件的情况下利用电路元件实现谐振软开关，减少开关损耗；

3）电流型半桥电路一方面控制了半桥变换器直流电压的波动，有效扩大了半桥变

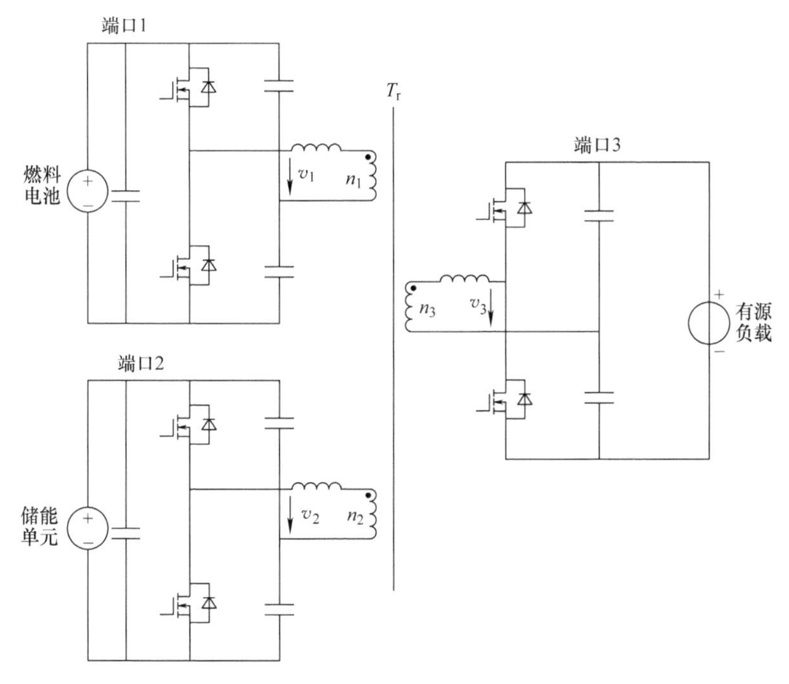

图 6-15　隔离型多端口半桥 DC/DC 变换器拓扑

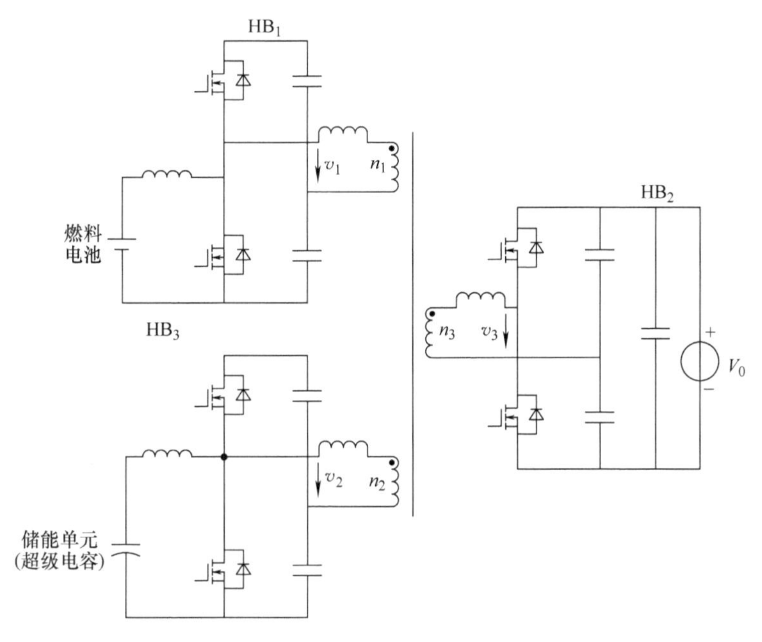

图 6-16　隔离型多端口电流型半桥 DC/DC 变换器的拓扑

换器的软开关工作范围，另一方面通过输入侧串联电感抑制了输入电流纹波；

4）半桥电路开关器件较少，易于控制。

然而，当这种多端口变换器的输入端电压较低时，输入低压侧的电流相应较大，从而会增加输入端 Buck - Boost 半桥电路的损耗，因此多端口变换器的工作效率会有所下降。

（6）隔离型多端口电流型双输入半桥 DC/DC 变换器拓扑。

为简化上述隔离型多端口电流型半桥 DC/DC 变换器的拓扑，有学者提出了隔离型多端口电流型双输入半桥 DC/DC 变换器拓扑，如图 6-17 所示。该拓扑的输入由两个双向 Buck - Boost 半桥拓扑单元 HB_1 和 HB_2 组成，并通过共用的直流母线相连，经过隔离变压器连接电压型半桥单元。同样，电源侧到负载侧能量的双向流动则是通过控制 HB_1 和 HB_2 的移相角来实现的，另外变压器的漏感 L_r 是实现串联谐振和能量传递的储能元件。

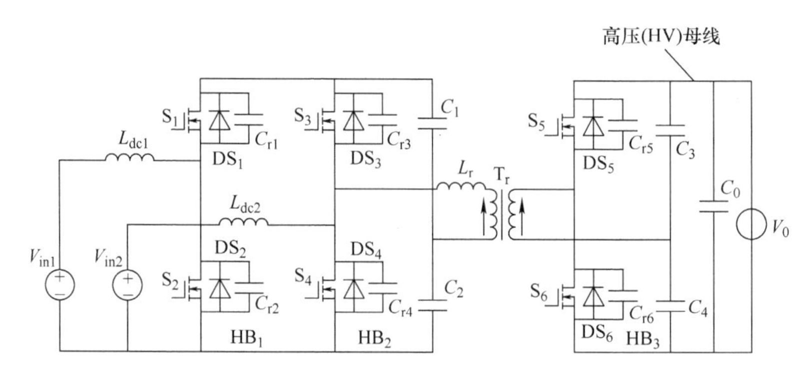

图 6-17 隔离型多端口电流型双输入半桥 DC/DC 变换器拓扑

该拓扑的主要不足如下：

1）电流型 HB_1 半桥的开关管受电压波动无法保证工作在全软开关状态；

2）由于该拓扑输入半桥的不完全对称性，从而相应增加了控制的复杂性。

（7）隔离型多端口三相半桥 DC/DC 变换器拓扑。

以上讨论的均为隔离型多端口单相 DC/DC 变换器，为了提升输出功率及降低变压器损耗，有学者提出了一种隔离型多端口三相半桥 DC/DC 变换器拓扑，如图 6-18 所示。该拓扑可以看成是由三个高频逆变器与三相三端口高频变压器构成，可以理解为是对上述隔离型多端口单相 DC/DC 变换器拓扑结构的扩展。图 6-18 所示电路中的三相高频变压器可采用Y - Y或△ - △联结，该多端口变换器电路利用三个高频逆变器移相角来控制各端口间能量的流动，同时实现电气隔离和能量的双向流动。其主要特点如下：

1）与相同功率情况下的 H 桥变换器电路相比，三相变换器电路器件的电流应力有所减小；

2）三相变换器的直流电压脉动减小，所需的直流滤波电容容量也相应更小，换言之，相同容量情况下能输出更大电流；

3）流过变压器绕组的电流比单相电路更近似于正弦波，因此变压器的高频损耗也相应减小。

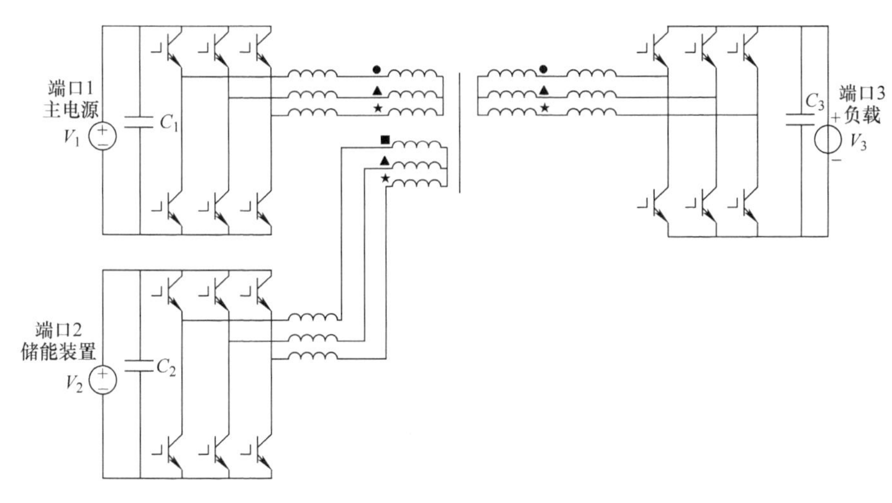

图6-18　隔离型多端口三相半桥DC/DC变换器拓扑

（8）隔离型多端口三相交错型DC/DC变换器拓扑。

为了更好地适应大功率场合应用，有学者提出一种隔离型多端口多相交错型DC/DC变换器拓扑，如图6-19所示。采用多相交错拓扑的主要优点如下：

1）由于其变换器的等效开关频率是交错相数与器件实际开关频率的乘积，因此可以显著提高变换器的等效工作频率，从而有效降低电流纹波；

2）两个电源输入端在能量交换过程中的电流纹波较小；

3）由于三相交错技术的应用，从而提高了功率密度比；

4）利用PWM加移相的复合控制方式增加了ZVS软开关工作范围；

5）对电源端的三相输入电感通过一个单耦合磁心进行集成，在降低电流纹波的同时简化了电路系统。

显然，该拓扑电路也可以实现能量的双向流动。

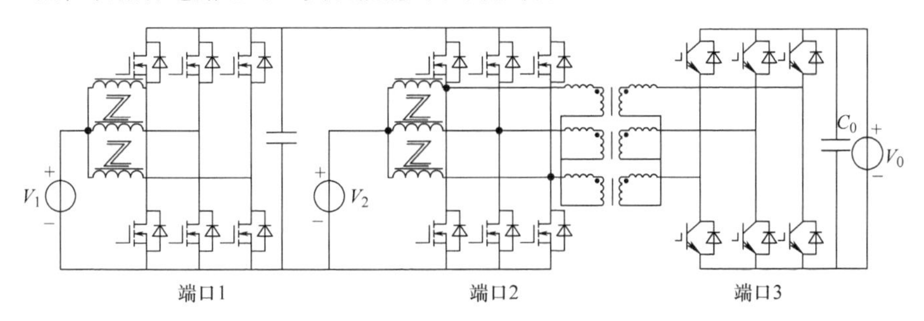

图6-19　隔离型多端口三相交错型DC/DC变换器拓扑

6.2 储能功率变换系统控制策略

储能系统的接入为含风力发电、光伏发电等可再生能源的电力系统，尤其是孤网系统维持其系统能量供求平衡、保证系统电压和频率的稳定起到至关重要的作用。同时，随着可再生能源及电网智能化的蓬勃发展，储能系统的控制技术也随之不断发展，主要表现在接入方式、工作模式及其相关控制策略等方面。

从储能系统接入电网的方式及其控制策略方面来看，目前主要有两种方式：

1）第一种方式是直流汇聚接入方式。所谓直流汇聚接入方式就是将储能系统直接（或通过 DC/DC 变换器）并联在可再生能源的电力电子变换器（AC/DC）的直流端，且通过此变换器来实现储能系统与可再生能源及电网的能量变换与控制。这种直流汇聚接入方式具有可靠性高、损耗低及便于控制等优点，其控制研究的重点在于直流端的可再生能源与储能系统、负载等之间的协调控制，但易受电力电子变换器的容量限制，进而影响储能系统的能量及功率控制能力。

2）第二种方式是交流汇聚接入方式。所谓交流汇聚接入方式就是将储能系统经电力电子变换器（DC/AC 或 DC/DC + DC/AC）直接与电网相连，即并联在可再生能源变换器的交流端。这种交流汇聚接入方式具有易实现容量扩展、便于模块化管理与控制等优点，是实际应用中采用较多的一种接入方式。

另外，从储能系统的工作模式及其控制策略方面来看，在实际应用过程中，一般有两种工作模式，即并网运行模式和孤网运行模式。

当储能系统与大电网相连时，即 PCS 工作于并网运行模式，储能系统通常被视作为 PQ 节点，其 PCS 多采用简单易行的 PQ 控制策略。

当储能系统脱离电网时，即 PCS 工作于孤网运行模式，常用控制方法有 V/F 控制和下垂控制。

以下具体讨论 PCS 控制要求和控制策略。

6.2.1 功率变换系统的控制要求

在可再生能源发电系统中，考虑储能系统 PCS 接入配电网时，需要满足以下要求。

1. 基本要求

储能系统接入配电网时不应对电网的安全稳定运行产生任何不良影响，同时不能轻易改变现有电网的主保护设置。

2. 功率控制与电压调节要求

（1）有功功率控制。

储能系统应在 PCS 控制下具备就地充放电控制功能以及远方控制功能，储能控制系统应遵循分级控制、统一调度的原则，根据电网调度部门指令控制其充放电功率。同时，储能系统在 PCS 控制下的动态响应速度应满足电网运行的要求，并且储能系统在 PCS 控制下切除或充放电切换所引起的公共连接点（Point of Common Coupling，PCC）

功率变化率应在电网调度部门规定的限值内，否则将会对电网系统造成较大的冲击和波动。

（2）电压/无功调。

储能系统以调节其无功功率的方式参与电网电压的调节。储能系统 PCS 的功率因数应在 0.98（超前）~0.98（滞后）范围内连续可调。同时，在其无功输出范围内，储能系统 PCS 在相应控制下应能在电网调度部门的指令下参与电网电压调节，其调节方式和参考电压、电压调差率等参数应由电网调度部门确定。

（3）电能质量要求。

储能系统接入配电网后，PCC 处的总谐波电流应满足 GB/T 14549 的规定。储能系统的起停和充放电切换不应引起 PCC 处的电能质量指标超出 GB/T 14549 和 GB/T 12326 的规定范围。储能系统接入配电网后，PCC 处的三相电压偏差应不超过标称电压的 ±7%。

6.2.2　储能系统功率变换系统控制策略

6.2.2.1　基于功率平滑的 PCS 控制策略

基于功率平滑的 PCS 控制策略是指借助实时调节 PCS 的输出有功功率，对可再生能源发电系统输出有功功率中某一特定频段的功率波动进行补偿，从而实现可再生能源发电系统输出功率的平滑控制。下面以光储发电系统为例来讨论分析基于功率平滑的 PCS 控制策略。

典型的光储发电系统结构如图 6-20 所示，其中光伏电池阵列与储能电池组通过各自的逆变器连接到统一的交流母线处，光伏逆变器采用最大功率跟踪控制（MPPT），光伏发电输出功率P_{pv}主要受温度、光照强度等因素的影响；储能逆变器（PCS）则采用 PQ 控制，即要求 PCS 其输出功率P_{bat}跟随上层有功功率调度指令 P_{bat_ref}的变化。监控装置主要负责采集光伏发电输出有功功率，并计算储能输出功率指令信号 P_{bat_ref}，以此将控制指令发送至 PCS。

根据能量守恒定律，可得出如图 6-20 所示的光储发电系统各进线功率的关系，有

$$P_{pv} + P_{bat} - P_{line} = 0 \tag{6-2}$$

式中　P_{line}——输入变压器线路的功率。若P_{line}值为正，则说明向电网馈送电能；若P_{line}值为负，则说明系统将从电网消耗电能。

基于功率平滑的 PCS 控制策略就是将变化的光伏发电有功功率信号通过一阶低通滤波器滤波后作为光伏发电有功功率参考信号 P_{pv_ref}，并将 P_{pv_ref}与P_{pv}的差值作为储能 PCS 输出有功功率参考信号 P_{bat_ref}，若 P_{bat_ref}值为正，则说明储能电池放电；若 P_{bat_ref}值为负，则说明储能电池充电。

上述实现功率平滑的一阶低通滤波器通常采用一阶巴特沃兹低通滤波器，其传递函数可表示为

$$H(s) = \frac{1}{Ts + 1} \tag{6-3}$$

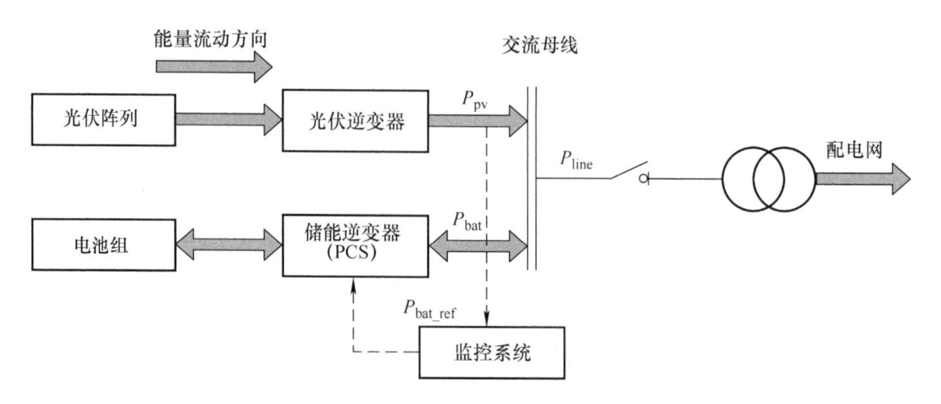

图 6-20　典型的光储发电系统结构

式中　T——功率平滑时间常数，其幅频特性曲线如图 6-21 所示。

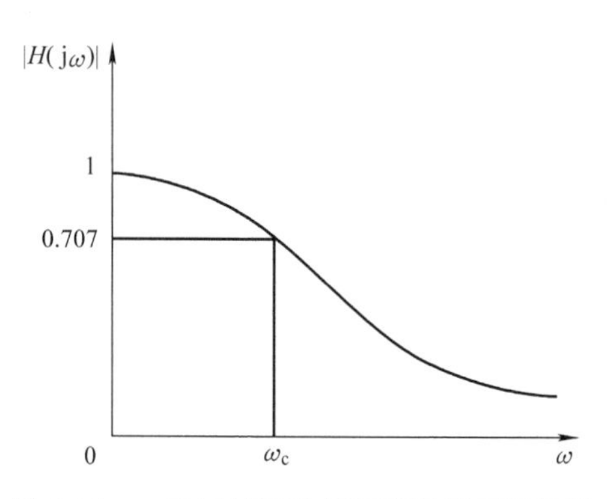

图 6-21　一阶巴特沃兹低通滤波器幅频特性

由图 6-21 可知，巴特沃兹低通滤波器的幅频函数是一个单调递减的函数，当角频率等于 0 时，其传递函数幅值取最大值 1，而当角频率等于截止频率 ω_c 时，其传递函数幅值为 0.707。

实际上，当采用一阶巴特沃兹低通滤波器进行功率平滑控制时，其中各个变量存在如下关系式：

$$\begin{cases} P_{pv\_ref}(s) = \dfrac{1}{1+sT} P_{pv}(s) \\ P_{bat\_ref}(s) = P_{pv\_ref}(s) - P_{pv}(s) = -\dfrac{sT}{1+sT} P_{pv}(s) \end{cases} \tag{6-4}$$

储能系统 PCS 输出有功功率 $P_{bat\_ref}(s)$ 的传递函数幅频特性如图 6-22 所示。

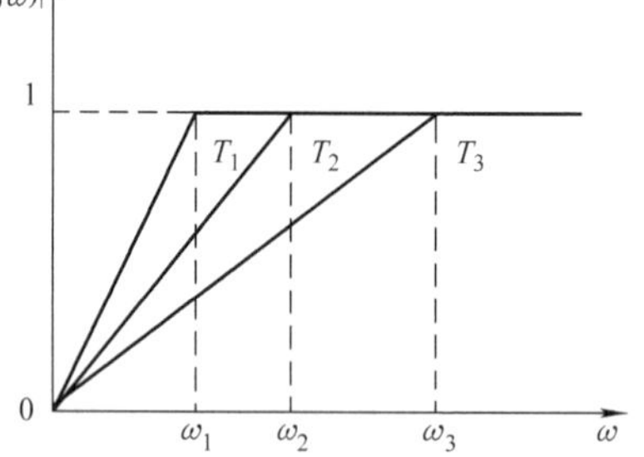

图 6-22　$P_{bat\_ref}(s)$ 幅频特性

图 6-22 中，T 为平滑时间常数，ω 为角频率。由图 6-22 可知，平滑时间常数等于 T_1 时，对于角频率大于 ω_1 的 $P_{bat\_ref}(s)$ 幅频特性，其 $P_{bat\_ref}(s)$ 幅值恒为 1，即理论上 PCS 可以补偿角频率大于 ω_1 的所有有功功率的波动分量。图 6-22 中，$\omega_1 < \omega_2 < \omega_3$，$T_1 > T_2 > T_3$，即时间常数越大，相应特性曲线转折对应的角频率越小，即储能 PCS 所能补偿的频率范围越大，储能 PCS 的输出有功功率也随之变大。

写出式（6-4）对应的差分方程，即

$$\begin{cases}P_{pv\_ref}(t)=\dfrac{T_d}{T}[P_{pv}(t)-P_{pv\_ref}(t-1)]+P_{pv\_ref}(t-1)\\P_{bat\_ref}(t+1)=P_{pv\_ref}(t)-P_{pv}(t)\end{cases}\tag{6-5}$$

式中 T_d——计算周期；

$P_{pv\_ref}(t)$——光伏发电功率 $P_{pv}(t)$ 上一时刻的参考值。

由式（6-5）可知，在实际工程中，计算周期 T_d是已知的，因此下一时刻储能 PCS 输出有功功率的参考信号 $P_{bat\_ref}(t+1)$ 只与平滑时间常数 T 和当前时刻的光伏发电有功功率 $P_{pv}(t)$ 有关。

6.2.2.2 基于储能电池 SOC 约束的 PCS 功率平滑控制策略

储能电池组的电荷状态（SOC）是指电池组当前的剩余容量。在实际工程中，单体电池的工作电压和存储容量都较低，所以大容量电池组都是由多个单体电池单元的串并联所构成的。

电池管理系统（Battery Management System，BMS）对所有电池组的 SOC 进行评估，之后再通过比较得出整个储能系统的 SOC 值。一般情况下当电池充电时，取各个电池组中 SOC 值较大的数值为整个储能系统的 SOC 值；当电池放电时，取各个电池组中 SOC 值较小的数值为整个储能系统的 SOC 值。使用这种方法可以有效地防止单个电池出现过充电或过放电的情况。

上述基于功率平滑的 PCS 控制策略并没有考虑储能电池组的 SOC，只是当储能电池组的 SOC 值达到最大或最小限值时，才对储能电池的充放电进行限制，以避免储能电池组的深度充放电。为此可以进行相应改进，即采用基于实测电池 SOC 可变平滑时间常数的 PCS 控制策略，即利用储能系统对可再生能源输出有功功率中特定频段的功率波动成分进行平滑的同时，通过储能系统的 SOC 值对平滑时间常数进行调整，以使储能的 SOC 值一直稳定在允许的范围内，避免储能电池的过充电或过放电。

传统的平滑控制算法是利用储能平滑特定频段的波动分量，并不实时考虑储能电池 SOC 的变化，只是当储能电池 SOC 值达到最大或最小限值时，PCS 才对储能电池的充放电进行限制，以避免电池的深度充放电。这种简单的 SOC 限值管理容易造成电池长期处于非正常工作状态，最终会影响功率平滑控制的效果和系统可靠性。为此，可以考虑采用基于储能电池 SOC 约束的 PCS 功率平滑控制策略，该控制策略考虑了储能电池 SOC 实时变化对功率平滑控制的影响，即在电池 SOC 越限前启动可变平滑时间常数的控制策略，通过调整平滑时间常数，间接改变储能的输出功率，从而使储能电池在平滑可再生能源输出功率波动的同时，有效避免了储能电池的深度充放电。以下仍然以图 6-20 所示的典型光储发电系统进行讨论。

1. 储能电池 SOC 的限值分级

首先对储能电池 SOC 限值进行分级处理，如图 6-23 所示。

在图 6-23 中，SOC_{high}与 SOC_{low}为储能电池正常工作时的 SOC 上下限值，在 SOC_{high} ~ SOC_{low}的 SOC 限值范围内，PCS 功率平滑控制中的平滑时间常数不变；当 SOC 超过这两个限值时，平滑时间常数开始也随之相应变化；当 SOC 超过储能电池工作时的 SOC 最

大限值 SOC_{max}时，PCS 将禁止储能电池充电运行，而只允许储能电池放电运行；当 SOC 低于储能电池工作时的 SOC 最小限值 SOC_{min}时，PCS 将禁止储能电池放电运行，而只允许储能电池充电运行。

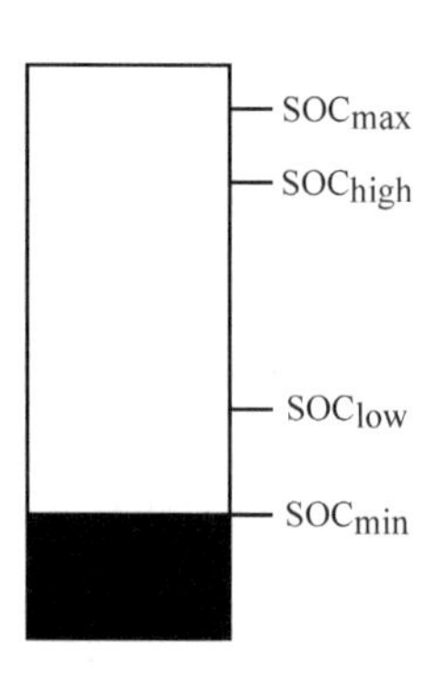

图 6-23 储能电池 SOC 的限值分级

2. 可变平滑时间常数的控制方法

可变平滑时间常数控制是在传统平滑控制的基础上引入基于 SOC 的反馈环节，并通过 SOC 反馈环节对平滑时间常数进行调节，其控制结构如图 6-24 所示。

平滑时间常数的具体调节控制结构如图 6-25 所示。在图 6-25 中，T_d为控制周期，$T(t)$ 为当前时刻的平滑时间常数，$T(t+1)$ 为下一时刻的平滑时间常数，T_{max}、T_{min}分别为平滑时间常数最大值、最小值，C 为平滑时间常数变化速率。显然，C 与 T_d的乘积即为平滑时间常数在一个控制周期中的变化量，即

$$\Delta T = C \times T_d \tag{6-6}$$

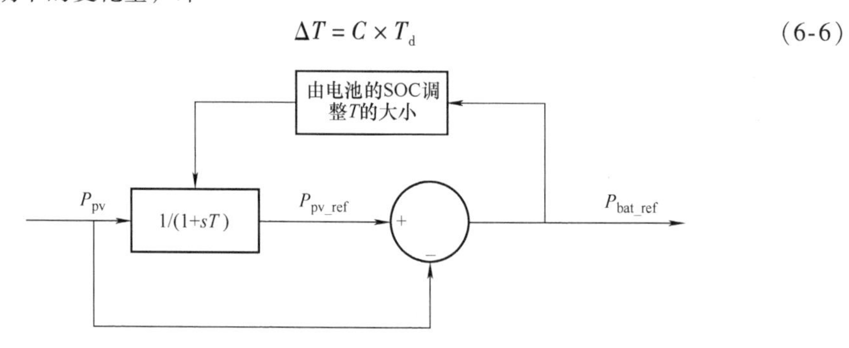

图 6-24 可变平滑时间常数控制框图

根据图 6-24 和图 6-25 可设计出基于储能电池 SOC 约束的 PCS 功率平滑控制策略的控制流程，如图 6-26 所示，具体控制流程步骤分析如下。

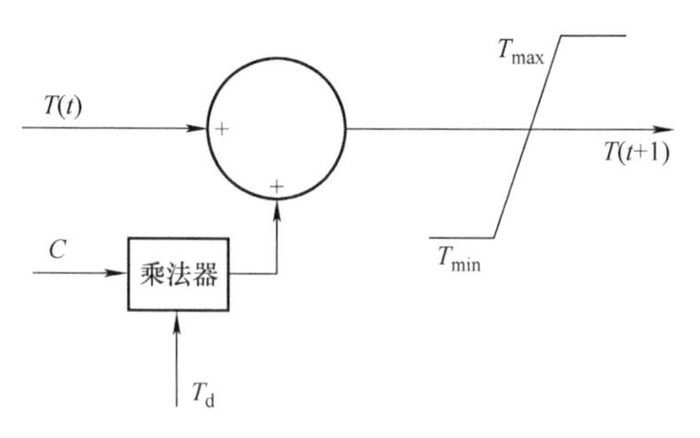

图 6-25 平滑时间常数的调节控制结构

第一步，实时采集储能电池 BMS 系统提供的 SOC 值。

第二步，对 SOC 值进行限值比较，当 $SOC > SOC_{max}$时，储能 PCS 将禁止充电而允许放电，并跳到第五步；否则，进行第三步。

第三步，对 SOC 值进行限值比较，当 $SOC < SOC_{min}$时，储能 PCS 将禁止放电而允许充电，并跳到第五步；否则，进行第四步。

第四步，对 SOC 值进行限值比较。

1）若 $SOC_{low} < SOC < SOC_{high}$，则电池以初始平滑时间常数进行定时间常数控制，并

转到第五步。

2）若 SOC > SOC_{high}，则进入可变平滑时间常数控制逻辑，即判断 P_{bat} 是否大于 0。若 $P_{bat} > 0$，则 $T = T + \Delta T$；若 $P_{bat} < 0$，则 $T = T - \Delta T$，并转到第五步。

3）若 SOC < SOC_{low}，则进入可变平滑时间常数控制逻辑，判断 P_{bat} 是否大于 0。若 $P_{bat} > 0$，则 $T = T - \Delta T$；若 $P_{bat} < 0$，则 $T = T + \Delta T$，并转到第五步。

第五步，由式 $P_{pv\_ref}(t) = T_d\left[P_{pv}(t) - P_{pv\_ref}(t-1)\right]/T + P_{pv\_ref}(t-1)$ 计算出当前时刻光伏发电功率经过平滑控制后的参考值 $P_{pv\_ref}(t)$，并转到第六步。

第六步，由式 $P_{bat\_ref}(t+1) = P_{pv\_ref}(t) + P_{pv}(t)$ 计算出下一时刻储能系统输出的有功功率参考值 $P_{bat\_ref}(t+1)$，并将 $P_{bat\_ref}(t+1)$ 作为储能 PCS 的有功功率控制指令，从而实现光储系统输出功率的平滑控制，同时返回第一步。

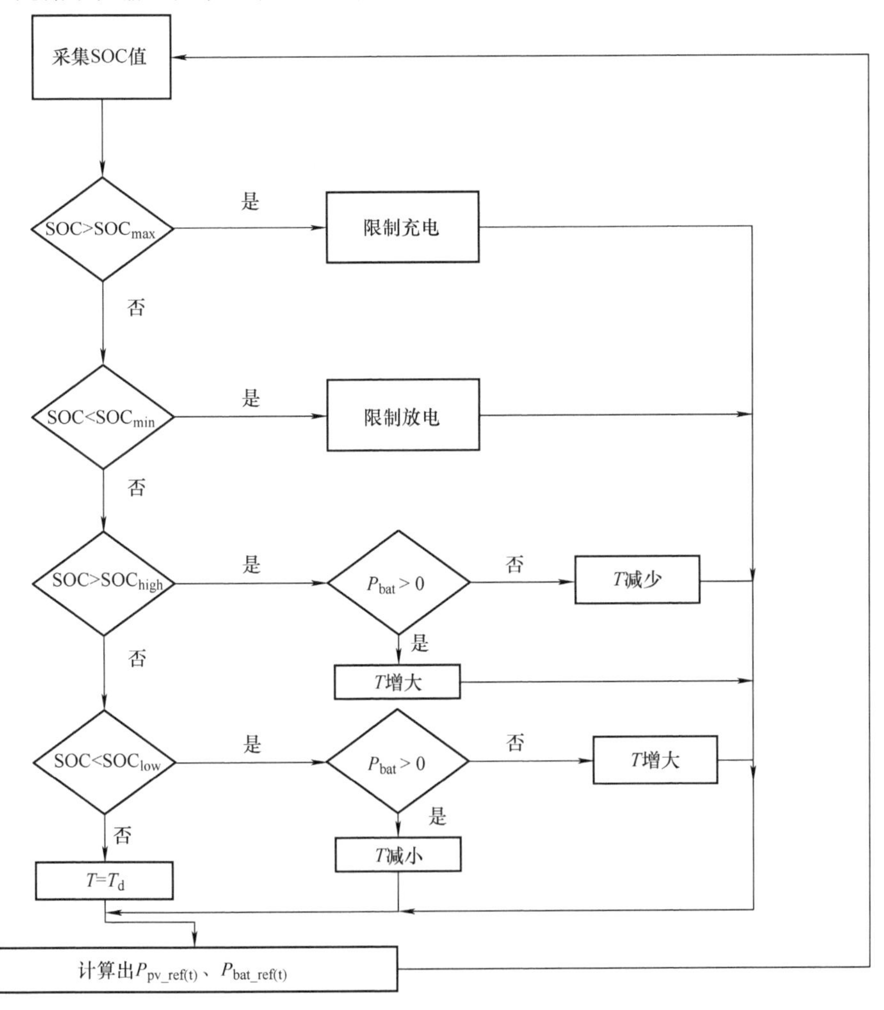

图 6-26　基于储能电池 SOC 约束的 PCS 功率平滑控制策略的控制流程图

上述基于储能电池 SOC 约束的 PCS 功率平滑控制策略通过实时调整平滑时间常数来间接地改变储能 PCS 的输出功率，通过引入 SOC 分级反馈环节，在平滑可再生能源发电系统功率输出的同时，也避免了储能电池的深度充放电，有效提高了储能系统的运行性能和安全可靠性。

思考题

1. 简要分析为什么分布式发电系统需要一定容量的储能系统？
2. 储能系统有哪些基本类型？
3. 从储能系统接入电网的方式及其控制策略方面来看，目前主要有哪几种方式？简述其工作原理并指明其各自的优缺点。
4. 试分析隔离型多端口全桥 DC/DC 变换器的主要优缺点。
5. 基于 Buck - Boost 变换器的非隔离型多端口变换器拓扑的主要特点是什么？
6. 简要叙述隔离型多端口电流型双输入半桥 DC/DC 变换器拓扑的工作原理，并分析其有哪些不足？
7. 储能系统 PCS 有哪些控制要求？
8. 典型储能系统中的变流技术有哪些？
9. 蓄电池组直接通过 DC/AC 变流器输出连接变压器时，其中变压器的主要作用是什么？
10. 简述多端口 DC/DC 变换器的类型，并画出两种典型应用的多端口 DC/DC 变换器拓扑。
11. 简述基于前级 DC/DC 变换器的两级式 PCS 拓扑的主要优点。
12. 试列举 1 ~2 种储能系统 PCS 的控制策略，并简要叙述其特点。

参考文献

[1] 刘胜永. 基于风/光发电系统的储能系统建模与控制 [D]. 合肥：合肥工业大学，2016.
[2] 李战鹰，胡玉峰，吴俊阳. 大容量储能系统 PCS 拓扑结构研究 [J]. 南方电网技术，2010，4 (5)：39 -42.
[3] 李峰，李兴源，郝巍. 不间断电力变电站中分布式电源接入系统研究 [J]. 继电器，2007，35 (10)：13 -18，22.
[4] 廖志凌，阮新波. 独立光伏发电系统能量管理控制策略 [J]. 中国电机工程学报，2009，29 (21)：46 -52.
[5] 金一丁，宋强，刘文华. 储能系统的非线性控制器 [J]. 电力系统自动化，2009，33 (7)：75 -80.
[6] KARAVAS C S，KYRIAKARAKOS G，ARVANITIS K G，et al. A multi - agent decentralized energy management system based on distributed intelligence for the design and control of autonomous polygeneration microgrids [J]. Energy Conversion and Management，2015，103 (10)：166 -179.
[7] 赵晶晶，朱兰，杨秀. 储能系统在微网中的供电性能分析 [J]. 上海电力学院学报，2012，28 (3)：267 -270.
[8] URIAS M E G，SANCHEZ E N，RICALDE L J. Electrical Microgrid Optimization via a New Recur-

rent Neural Network [J]. IEEE Systems Journal, 2015, 9 (9): 945 -953.

[9] 曾杰. 可再生能源发电与微网中储能系统的构建与控制研究 [D]. 武汉: 华中科技大学, 2009.

[10] LI H, PENG F Z, SU G J, et al. A new ZVS bidirectional DC - DC converter for fuel cell and battery application [J]. IEEE Trans. Power Electron, 2004, 19 (2): 54 -65.

[11] PENG F Z, LI H, LAWLER J S. A natural ZVS medium - power bidirectional DC - DC converter with minimum number of devices [J]. IEEE Trans. Ind. Appl, 2003, 39 (2): 525 -535.

[12] TAO H, KOTSOPOULOS A, DUARTE J L. Family of multi - port bidirectional DC - DC converters [J]. IEE Proc, Electr. Power Appl, 2006, 153 (5): 451 -458.

[13] SOLERO L, LIDOZZI A, POMILIO J A. Design of multiple - input power converter for hybrid vehicles [C]. Proc. IEEE Applied Power Electronics Conference and Exposition (APEC'04), Anaheim, California, Feb, 2004: 1145 -1151.

[14] NAPOLI A D, CRESCIMBINI F, CAPPONI F G, et al. Control Strategy for Multiple Input DC - DC Power Converters Devoted to Hybrid Vehicle Propulsion Systems [C]. Proc. IEEE ISIE'02, L' Aquila, Italy, Jul, 2002: 1036 -1041.

[15] DOBBS B G, CHAPMAN P L. A multiple - input DC - DC converter topology [J]. IEEE Power Electronics Letters, 2003, 3 (1): 6 -9.

[16] CHEN Y M, LIU Y C, LIN S H. Double - input PWM DC/DC converter for high/low voltage sources [C]. INTELEC, International Telecommunications Energy Conference (Proceedings), 2003: 27 -32.

[17] KRISHNA P Y, MEHDI F, KEITH C. New Double Input DC - DC Converters for Automotive Applications [C]. VPPC '06, IEEE, 2006. 9: 1 -6.

[18] MICHON M, DUARTE J L, HENDRIX M, et al. A three - port bi - directional converter for hybrid fuel cell systems [C]. Proc. IEEE Power Electronics Specialists Conference (PESC'04), Aachen, Germany, Jun, 2004: 4736 -4742.

[19] KRISHNASWAMI H, MOHAN N. Three - port series - resonant DC - DC converter to interface renewable energy sources with bidirectional load and energy storage ports [J]. IEEE Transactions on Power Electronics, 2009, 24 (10): 2289 -2297.

[20] TAO H, KOTSOPOULOS A, DUARTE J L. Family of multi - port bidirectional DC - DC converters [J]. IEE Proc, Electr. PowerAppl, 2006. 5, (153): 451 -458.

[21] TAO H, KOTSOPOULOS A, DUARTE J L, et al. A soft - switched three - port bidirectional converter for fuel cell and supercapacitor applications [C]. IEEE Annual Power Electronics Specialists Conference, 2005: 2487 -2493.

[22] TAO H, KOTSOPOULOS A, DUARTE J L, et al. Triple - half - bridge bi - directional converter controlled by phase shift and PWM [C]. Twenty - First Annual IEEE Applied Power Electronics Conference and Exposition - APEC, 2006: 1256 -1262.

[23] TAO H, KOTSOPOULOS A, DUARTE J L, et al. Transformer - Coupled Multiport ZVS Bidirectional DC - DC Converter With Wide Input Range [J]. IEEE transactions on power electronics, 2008, 3 (23): 771 -781.

[24] LIU D W, LI H. A ZVS Bi – Directional DC – DC Converter for Multiple Energy Storage Elements [J]. IEEE transactions on power electronics, 2006, 9 (21): 1513 – 1517.
[25] TAO H, DUARTE J L, HENDRIX, et al. High – power three – port three – phase bidirectional dc – dc converter [C]. Conference Record – IAS Annual Meeting (IEEE Industry Applications Society), 2007: 2022 – 2029.
[26] LIU D W, LI H. A novel multiple – input ZVS bidirectional DC – DC converter [C]. IECON 2005: 31st Annual Conference of IEEE Industrial Electronics Society, 2005: 579 – 584.
[27] LIU D W, LI H. Dynamic modeling and control design for bi – directional DC – DC converter for fuel cell vehicles with battery as energy storage element [C]. Conference Record of the 2005 IEEE Industry Applications Conference, 40th IAS Annual Meeting IEEE, 2005: 1632 – 1635.
[28] KRISHNASWAMI H, MOHAN N. A current – fed three – port bi – directional DC – DC converter [C]. INTELEC, International Telecommunications Energy Conference (Proceedings), 2007: 523 – 526.
[29] PENG F Z, LI H, LAWLER J S. A natural ZVS medium – power bidirectional DC – DC converter with minimum number of devices [J]. IEEE transactions on industry applications, 2003, 39 (4): 525 – 535.
[30] LIU D W, LI H. A Three – Port Three – Phase DC – DC Converter for Hybrid Low Voltage Fuel Cell and Ultracapacitor [C]. IECON 2006 – 32nd Annual Conference on IEEE Industrial Electronics IEEE, 2006: 2558 – 2563.
[31] TAO H, DUARTE J L, HENDRIX, et al. Multiport Converters for Hybrid Power Sources [C]. Power Electronics Specialists Conference, PESC, 2008: 3412 – 3418.
[32] TAO H, KOTSOPOULOS A, DUARTE J L, et al. Multi – input bidirectional DC – DC converter combining DC – link and magnetic – coupling for fuel cell systems [C]. Conference Record – 40th IAS Annual Meeting (IEEE Industry Applications Society), 2005, 3 : 2021 – 2028.
[33] 刘胜永，张兴，郭海滨，等. 用于混合储能系统多输入双向 DC/DC 变换器的研究 [J]. 电力电子技术，2010，44 (8): 20 – 21.
[34] 程明，张建志. 可再生能源发电技术 [M]. 北京：机械工业出版社，2014.
[35] 叶锋. 新能源发电的储能技术 [J]. 新能源，2008 (3): 50 – 51.
[36] 骆妮，李建林. 储能技术在电力系统中的研究进展 [J]. 电网与清洁能源，2012 (2): 71 – 78.
[37] 丁明，陈忠. 可再生能源发电中的储能系统综述 [J]. 电力系统自动化，2013 (1): 19 – 23.
[38] 田晓彬. 储能系统的管理控制策略研究 [D]. 天津：河北工业大学，2014.
[39] 彭思敏. 储能系统及其在风 – 储孤网中的运行与控制 [D]. 上海：上海交通大学，2013.
[40] 陈忠储. 能功率调节系统及其控制策略研究 [D]. 合肥：合肥工业大学，2014.
[41] 徐涛. 大容量储能系统的控制与保护策略研究 [D]. 杭州：浙江大学，2013.
[42] 张野. 微网中储能系统控制策略的研究 [D]. 天津：天津大学，2013.
[43] 曹生允，宋春宁. 用于储能系统并网的 PCS 控制策略研究 [J]. 电力系统保护与控制，2014 (12) : 93 – 97.
[44] 李辉，付博. 多级钒储能系统的功率优化分配及控制策略 [J]. 中国电机工程学报，2013 (6): 70 – 77.
[45] 刘刚，梁燕. 储能系统双向 PCS 的研制 [J]. 电力电子技术，2010 (10) : 12 – 14.

[46] 史云鹏．超导储能系统用变流器控制的研究 [D]．杭州：浙江大学，2006.
[47] 马奎安．超级电容器储能系统中双向瓜变流器设计 [D]．杭州：浙江大学，2010.
[48] 陈红兵．储能功率变换系统（PCS）四桥臂功率变换器及控制策略 [D]．合肥：合肥工业大学，2013.
[49] 李凯．储能系统的分层控制策略研究 [D]．成都：电子科技大学，2014.
[50] 李逢兵．含锂电池和超级电容混合储能系统的控制与优化研究 [D]．重庆：重庆大学，2015.
[51] 张磊．考虑储能电池 SOC 的风电场功率波动抑制控制 [D]．沈阳：沈阳工业大学，2014.

第7章 新能源并网发电中的孤岛效应

7.1 孤岛效应的基本问题

所谓孤岛现象是指：当电网供电因故障事故或停电维修而跳闸时，各个用户端的新能源并网发电系统未能及时检测出停电状态而将自身切离市电网络，从而形成一个由新能源并网发电系统和其相连负载组成的一个自给供电的孤岛发电系统，基于并网光伏发电系统的孤岛发电示意图如图7-1所示。

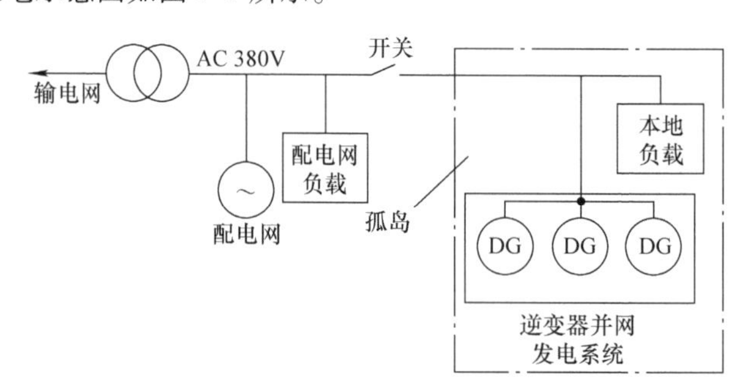

图7-1 基于并网光伏发电系统的孤岛发电示意图

反孤岛效应（可简称为反孤岛）是指禁止非计划孤岛效应的发生，由于这种非计划孤岛效应的供电状态是未知的，因此可能会造成一系列的不利影响，而传统发电系统中的过/欠电压、过/欠频率保护已经无法再满足安全供电的要求，因此UL1741、IEEE Std. 929中规定：并网发电装置必须采用反孤岛方案来禁止非计划孤岛效应的发生。

本章将讨论孤岛发生的基本原理以及几种典型的反孤岛策略，同时也将对不可检测区域（Non - Detection Zone，NDZ）与反孤岛策略的有效性评估这一重要问题进行阐述。

7.1.1 孤岛效应发生的机理

下面以并网光伏发电系统为例分析孤岛效应发生的机理，并阐述孤岛效应发生的必要条件。

图7-2所示为并网光伏发电系统的功率流图，并网光伏发电系统由光伏阵列和逆变器组成，该发电系统通常通过一个变压器和开关K连接到电网。当电网正常运行时，

假设逆变器工作于单位功率因数正弦波控制模式，相关的局部负载用并联 *RLC* 电路表示。图中令逆变器向负载提供的有功功率、无功功率分别为 P、Q，电网向负载提供的有功功率、无功功率分别为 ΔP、ΔQ，负载需求的有功功率、无功功率分别为 P_{load}、Q_{load}。

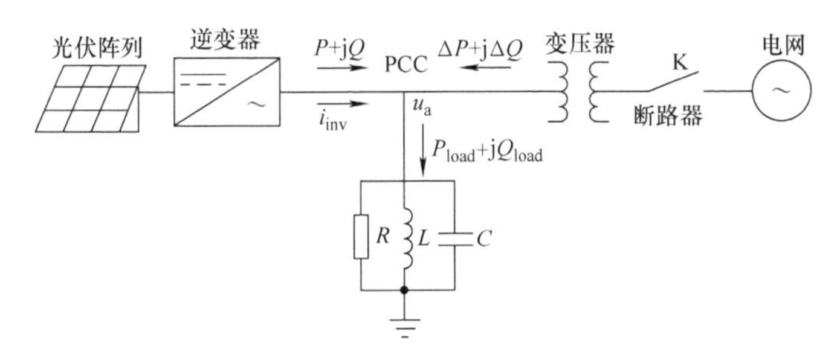

图 7-2　并网光伏发电系统的功率流图

根据能量守恒原理，公共连接点（PCC）处的功率流具有以下规律：

$$\begin{cases} P_{load} = P + \Delta P \\ Q_{load} = Q + \Delta Q \end{cases} \tag{7-1}$$

当电网断电时，通常情况下，由于并网系统的输出功率和负载功率之间的巨大差异会引起系统的电压和频率的较大变化，因而通过监控系统即可以很容易地检测到孤岛效应。但是如果逆变器提供的功率与负载需求的功率相匹配，即 $P_{load} = P$、$Q_{load} = Q$，那么当线路维修或故障而导致网侧开关 K 跳闸时，PCC 处电压和频率的变化不大，很难通过现有的检测设备检测到孤岛的发生，逆变器将继续向负载供电，形成由并网光伏发电系统和周围负载构成的一个自给供电的孤岛。

孤岛系统形成后，PCC 处电压瞬时值 u_a 将由负载的欧姆定律响应确定，并受逆变器控制系统的监控。同时逆变器为了保持输出电流 i_{inv} 与端电压 u_a 的同步，将驱使 i_{inv} 的频率改变，直到 i_{inv} 与 u_a 之间的相位差为 0，从而使 i_{inv} 的频率到达一个（且是唯一的）稳态值，即负载的谐振频率 f_0，这是电网跳闸后 *RLC* 负载的无功需求只能由逆变器提供（即 $Q_{load} = Q$）的必然结果。

这种因电网跳闸而形成的无功功率平衡关系可用相位平衡关系来描述，即

$$\varphi_{load} + \theta_{inv} = 0 \tag{7-2}$$

式中　θ_{inv}——由所采用的反孤岛方案决定的逆变器输出电流超前于端电压的相位角；

φ_{load}——负载阻抗角。

在并联 *RLC* 负载的假设情况下有

$$\varphi_{load} = \arctan[R(\omega C - (\omega L)^{-1})] \tag{7-3}$$

从以上分析可以看出，并网光伏发电系统孤岛效应发生的必要条件是

1）发电装置提供的有功功率与负载的有功功率相匹配；

2）发电装置提供的无功功率与负载的无功功率相匹配，即满足相位平衡关系 $\varphi_{load} + \theta_{inv} = 0$。

7.1.2 孤岛效应的检测

了解孤岛效应发生的机理后，重要的是要能够及时检测出孤岛效应，而要及时检测出孤岛效应应注意以下几点：

1）必须能够检测出不同形式的孤岛系统，每个孤岛系统可能由不同的负载和分布式发电装置（如光伏发电、风力发电等）组成，其运行状况可能存在很大差异。一个可靠的反孤岛方案必须能够检测出所有可能的孤岛系统。

2）必须在规定时间内检测到孤岛效应。这主要是为了防止并网光伏发电装置不同步的重合闸。自动开关通常在0.5～1s的延迟后重新合上，反孤岛方案必须在重合闸发生之前使并网光伏发电装置停止运行。

目前已经研究出很多反孤岛方案，其中一些已经应用于实际或集成在并网逆变器的控制中。

下面总结了已经研究出的反孤岛策略，根据并网光伏发电装置的工作原理，这些方案主要可以分为两类，即基于通信的反孤岛策略和局部反孤岛策略，如图7-3所示。第一类基于通信的反孤岛策略主要是利用无线电通讯来检测孤岛效应；第二类局部反孤岛策略是通过监控并网光伏发电装置的端电压以及电流信号来检测孤岛效应。局部反孤岛策略可以进一步分为两种，一种是被动式方案，即仅根据所测量的电压或频率的异常来判断孤岛的发生，被动式方案通常存在相对较大的不可检测区（NDZ）；另一种是主动式方案，即向电网注入扰动，并通过扰动引起的系统中电压、频率以及阻抗的相应变化来判断孤岛的发生，主动式方案虽然有效地减少了不可检测区，但会或多或少地影响电能质量。

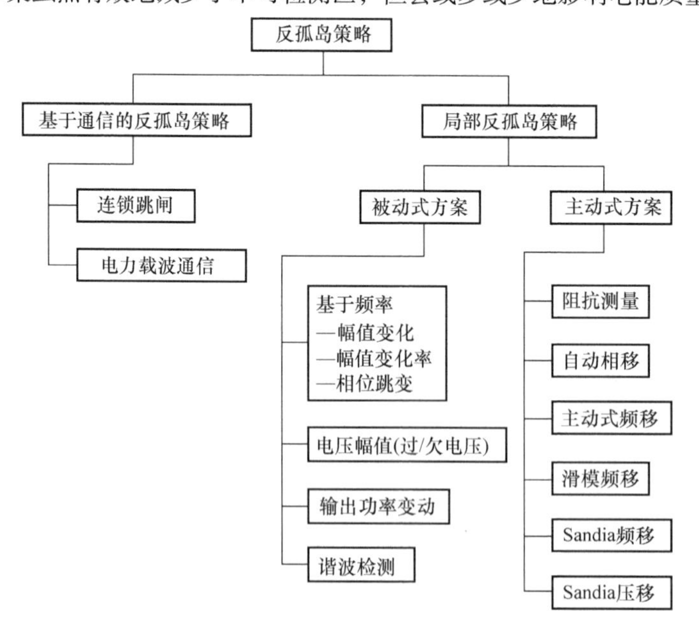

图7-3　反孤岛策略的分类

7.1.3　并网逆变器发生孤岛时的理论分析

7.1.3.1　并网逆变器系统

逆变器并网运行时，输出电压由电网电压箝位，逆变器所能控制的只是输入电网的电流。其中，并网电流的频率和相位应与电网电压的相同，而幅值是根据实际系统的控制来决定的。因为在研究孤岛检测技术时，关心的只是逆变电源的输出特性，因此在研究孤岛检测技术时，逆变电源可以等效为一个幅值一定、频率和相位都跟踪电网的受控电流源。

在实际系统中，负载大多可以等效为 *RL* 串联形式，这种形式在孤岛发生之后可以很容易根据过/欠频率检测到，而研究孤岛检测技术的目的是为了寻找到一种能够检测出任何负载下孤岛状态的技术，即要考虑到检测比较困难的负载形式，所以，在研究孤岛检测技术时，通常把负载等效为 *RLC* 并联形式，分析表明：只要等效负载中的电容和电感值合适，频率偏移就不会太大，使稳态时频率在正常范围内，进而检测不出孤岛状态。

由上述讨论，可得孤岛研究时并网逆变系统的等效模型如图 7-4 所示。

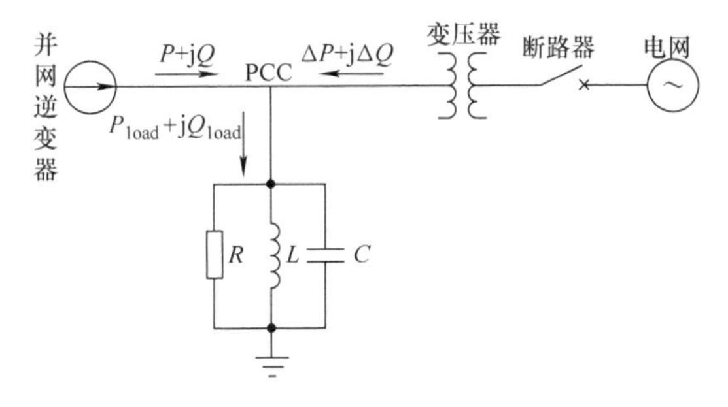

图 7-4　并网逆变系统的等效模型

7.1.3.2　反孤岛测试电路中的负载品质因数 Q_f

1. 负载品质因数 Q_f 的定义

在对反孤岛方案进行研究和测试时发现负载的谐振能力越强，电路系统的频率向上偏移或保持在谐振频率处的趋势越强，利用频率偏移的反孤岛方案实际上就越难使频率发生偏移，也就不会对孤岛状况做出正确并且及时的判断。研究表明：谐振频率等于电网频率的并联 *RLC* 负载可以形成最严重的孤岛状况，因此在进行反孤岛测试之前，必须对负载的谐振能力进行定量的描述，这就需要引入负载品质因数 Q_f 的概念。

IEEE Std. 929 中负载品质因数 Q_f 的定义为负载品质因数 Q_f 等于谐振时每周期最大储能与所消耗能量比值的 2π 倍。这里只考虑与电网频率接近的谐振频率，因为如果负载电路的谐振频率不同于电网频率，则会有驱动孤岛系统的频率偏离频率正常工作范围的趋势。从定义中可以看出，负载品质因数 Q_f 越大，负载谐振能力越强。

如果谐振负载包含具体数值的并联电感 *L*、电容 *C* 和有效电阻 *R*，如图 7-5 所示，那么 Q_f 的大小可由式（7-4）确定

$$Q_f = R\sqrt{C/L} \tag{7-4}$$

由于谐振频率定义为 $\omega = 1/\sqrt{LC}$，因此式（7-4）可化为

$$Q_f = R/\omega L \tag{7-5}$$

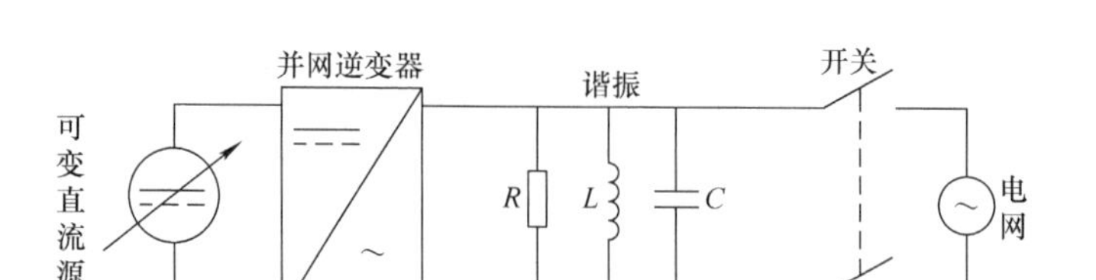

图7-5　含并联谐振 *RLC* 负载的反孤岛测试电路

如果谐振电路中消耗的有功功率为 P，感性负载消耗的无功功率为 P_{qL}，容性负载消耗的无功功率为 P_{qC}，那么品质因数也可用式（7-6）表示

$$Q_f = \frac{\sqrt{P_{qL} \times P_{qC}}}{P} \tag{7-6}$$

要注意式（7-6）中假定负载为并联 *RLC* 负载，实际情况要复杂得多，也要注意实际中 P_{qL} 和 P_{qC} 可用系统频率的函数表示，其大小是不断变化着的，即随着频率的升高，P_{qC} 增加而 P_{qL} 减小；在谐振频率时，P_{qL} 与 P_{qC} 相等，令 $P_q = P_{qL} = P_{qC}$，显然，此时 *RLC* 负载表现为阻性负载，而式（7-6）可以简化为

$$Q_f = \frac{P_q}{P} \tag{7-7}$$

在具体的反孤岛测试中，通常用并联 *RLC* 谐振负载代表局部负载，从而模拟一种最严重的孤岛状况。由于品质因数 Q_f 越大，负载的谐振能力越强，因此反孤岛测试中负载 Q_f 的选择是很重要的。首先，选择太小的 Q_f 将导致逆变器在实验室的试验平台中能顺利通过反孤岛测试，而现场运行时却检测不到孤岛效应；而当选择太大的 Q_f 时，一方面不切实际，而另一方面则将导致逆变器不能做出正确的判断。

2. 负载品质因数 Q_f 的确定

将并联 *RLC* 谐振电路的品质因数 Q_f 与负载电路的位移功率因数（Displacement Power Factor，DPF）联系起来将更有利于反孤岛测试中对负载品质因数 Q_f 的确定，那么负载品质因数 Q_f 与位移功率因数 DPF 究竟有何关系呢？

为了便于定量分析，首先做下列假设：

1）假设负载电路中不含补偿功率因数的电容，并且已知负载电路消耗的有功功率和负载电路的功率因数，由这两个数据和电网电压及其频率，可以计算出负载电路中的电阻 R 和电感 L。

2）假设并上的无功补偿电容刚好使负载电路的功率因数为 1。这种假设是合理的，因为负载电路的功率因数等于 1 意味着负载电路的谐振频率等于电网频率，而这是反孤岛保护所面临的最严重情况（任何其他的谐振频率都将有助于而不是有碍于反孤岛保护），此时 L 和 C 将有一个固定的关系 $\omega L = 1/\omega C$。

通过以上假设获得了并联 *RLC* 谐振电路，并且由式（7-5）可知，一旦确定了上述中的假设 2），计算 Q_f 时就不必明确给出 C 的大小，只需由上述假设 1）中得到的 R 和 ωL 就可以了。因此，实际系统中尽管电路中可能连接有并联电容器来改善功率因数，但是品质因数 Q_f 的确定仍然可以像没有连接电容一样。若利用负载电路的 DPF 来计算品质因数 Q_f，则不难得到以下关系：

$$Q_f = \tan[\arccos(\text{DPF})] \tag{7-8}$$

由于实际电网中负载的品质因数大于 2.5 的情况一般是不可能的，因此 UL1741[1] 和 IEEE Std. 929[2] 规定反孤岛测试电路中并联 RLC 负载的品质因数小于 2.5，实际上测试负载的 Q_f 可以在 1.0～2.5 之间，这样更能代表典型光伏发电系统的实际情况。表 7-1表示了一组由式（7-8）计算得出的 DPF 与品质因数 Q_f 的对应数据。可以看出，随着 DPF 的上升，品质因数 Q_f 将下降。

表 7-1　DPF 与 Q_f 的对应关系

DPF	0.37	0.48	0.707	1
Q_f	10	1.8	1	0

由于稳态时负载电路的 DPF 一般大于 0.75，这样 $Q_f=1$（DPF = 0.707）就比光伏发电装置能够与之形成孤岛系统的负载的品质因数 Q_f 大，所以不必选择更大数值的 Q_f，例如，IEEE Std. 1547.1 中规定 Q_f 为 1 ±0.05 作为比较，IEC 62116 的当前草案规定 Q_f = 0.65（DPF = 0.84）。显然，较低的 Q_f 值允许光伏发电装置的制造商采用给供电质量带来的不利影响较小的主动式反孤岛方案。

7.1.3.3　有功功率和无功功率的不匹配分析

1. 孤岛时系统的功率流图及相关分析

实际上，在电网断电的瞬时，有功和无功不匹配情况下孤岛时的逆变器输出电压和系统频率特性可以通过解析的方法计算出来。

根据前面的讨论，可以将孤岛运行时的供电系统看作一个电流源，系统的负载用 RLC 并联电路来代替，则单相光伏并网发电系统等效电路如图 7-6 所示。

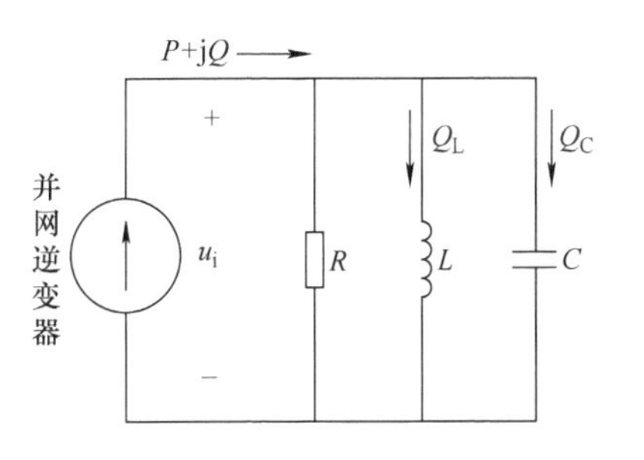

图 7-6　孤岛运行时系统的等效电路图

因为负载是采用最不利情况下的 RLC 并联电路代替，系统孤岛运行时电阻 R 的端电压和 LC 并联的端电压相同，因此，RLC 并联的等效负载导纳为

$$Y(\mathrm{j}\omega) = G + \mathrm{j}\left(\omega C - \frac{1}{\omega L}\right) \tag{7-9}$$

而 LC 并联的阻抗是频率的函数，即

$$\mathrm{Im}[Z_{LC}] = \frac{\omega_i L}{1 - \omega_i^2 LC} \tag{7-10}$$

再由 $U_i^2 = PR = Q\mathrm{Im}[Z_{LC}]$ 得出 LC 并联的阻抗亦为 PV 输出有功、无功功率的函

数，即

$$\mathrm{Im}[Z_{\mathrm{LC}}]=\frac{PR}{Q} \tag{7-11}$$

由式（7-10）和式（7-11）可得系统孤岛运行时系统频率的特性方程为

$$\omega_{\mathrm{i}}^2+\frac{Q}{RCP}\omega_{\mathrm{i}}-\left(\frac{1}{\sqrt{LC}}\right)^2=0 \tag{7-12}$$

将并联电路的品质因数 $q=R\sqrt{\dfrac{C}{L}}$ 代入式（7-12），系统频率的特性方程可表示为

$$\omega_{\mathrm{i}}^2+\frac{R}{q^2L}\frac{Q}{P}\omega_{\mathrm{i}}-\left(\frac{R}{qL}\right)^2=0 \tag{7-13}$$

计算可得系统孤岛运行时的系统频率为

$$\omega_{\mathrm{i}}\approx\frac{1}{\sqrt{LC}}\cdot\left(\frac{1}{2}\frac{Q}{qP}+1\right) \tag{7-14}$$

而根据电网断开前后瞬时的有功功率关系，不难得出系统孤岛运行时的系统电压为

$$U_{\mathrm{i}}=\sqrt{k}\cdot U \tag{7-15}$$

式中，$k=\dfrac{P}{P_{\mathrm{Load}}}$。

从上面的解析分析可以得出以下两点结论：

1）式（7-15）表明，逆变器输出端电压在电网断开的短暂时间里是并网系统实际输出有功功率与负载需求有功之比 $\left(k=\dfrac{P}{P_{\mathrm{Load}}}\right)$ 的函数。

2）式（7-14）表明，孤岛运行时系统的频率 ω_{i} 是并网系统有功输出 P、无功输出 Q 以及系统的谐振频率 $\omega_0=\dfrac{1}{\sqrt{LC}}$（即与负载的性质有关）的函数。

2. 孤岛时系统的功率匹配分析

为了有效检测孤岛效应，下面对不同的负载情况加以说明，表述三种主要的负载情况，以便于相关有功、无功孤岛检测方法的分析。

（1）有功不匹配，而无功基本匹配。

当系统所需要的有功功率和 PV 提供的有功不匹配，即 $\Delta P=P_{\mathrm{Load}}-P$ 绝对值比较大时，在断网瞬时由式（7-15）可知，逆变器的端电压 U_{i} 将会有较大幅度的变化。根据 IEEEStd. 929—2000，电压的允许波动范围为 $0.88U\leqslant U_{\mathrm{i}}\leqslant1.10U$，通过计算得出，当 $\Delta P>\pm20\%$ 时，利用过/欠电压检测容易检测出孤岛效应。

（2）无功功率不匹配，而有功基本匹配。

当系统所需要的无功功率和并网发电系统提供的无功不匹配，即 $\Delta Q=Q_{\mathrm{Load}}-Q$ 绝对值比较大时，在断网瞬时逆变器的端电压频率 ω_{i} 将会有较大幅度的变化。根据 IEEEStd. 929—2000，频率的允许波动范围为 59.3～60.5Hz，当 $\Delta P=0$，$q=2.5$ 时，通过计算得出，当 $\Delta Q>\pm5\%$ 时，利用过/欠频率检测容易检测出孤岛效应。

（3）有功、无功功率都基本匹配。

即介于前两者之间的情况，当 $\Delta P < \pm 20\%$ 且 $\Delta Q < \pm 5\%$ 时，过/欠电压、过/欠频率都不足以检测孤岛，也就是被动检测法中所出现的不可检测区域，因此就需要其他新的方法（如利用有功、无功扰动的相关理论进行孤岛检测）来加强孤岛检测能力，减小不可检测区域。

7.2　基于并网逆变器的被动式反孤岛策略

在并网光伏发电系统中，基于并网逆变器的反孤岛策略主要分为两类，第一类称为被动式反孤岛策略，如不正常的电压和频率、相位监视、谐波监视等；第二类称为主动式反孤岛策略，如频率偏移和输出功率扰动等。第一类方法只能在电源－负载不匹配程度较大时才能有效，在其他情况（例如逆变器输出负载并联电容）下可能会导致孤岛检测的失效。第二类方法，如频率偏移法，则是通过在控制信号中人为注入扰动成分，从而使得频率或者相位偏移，这类主动式方法虽然使系统的反孤岛能力得到了加强，但仍然存在不可检测区，即当电压幅值和频率变化范围小于某一值时，系统无法检测到孤岛的存在。本节及7.3节主要将介绍并网逆变器的被动与主动两种反孤岛策略。

7.2.1　过/欠电压、过/欠频率反孤岛策略

1. 过/欠电压反孤岛策略

过/欠电压反孤岛策略（OUP/UUP）是指当并网逆变器检测出逆变器输出的电网公共连接点（PCC）处的电压幅值超出正常范围（U_1，U_2）时，通过控制命令停止逆变器并网运行以实现反孤岛的一种被动式方法，其中 U_1、U_2 为并网发电系统标准规定的电压最小值和最大值。对于如图7-2所示的并网光伏系统，当断路器闭合（电网正常）时，逆变电源输出功率为 $P+\mathrm{j}Q$，负载功率为 $P_{\text{load}}+\mathrm{j}Q_{\text{load}}$，电网输出功率为 $\Delta P+\mathrm{j}\Delta Q$。此时，公共耦合点电压的幅值由电网决定，不会发现异常现象。断路器断开瞬间，如果 $\Delta P \neq 0$，则逆变器输出有功功率与负载有功功率不匹配，PCC处电压幅值将发生变化，如果这个偏移量足够大，孤岛状态就能被检测出来，从而实现反孤岛保护。

由于并网逆变器大都采用电流控制策略，因此在孤岛形成前后的两个稳态状态下，逆变器输出电流和它与PCC处电压之间的相位差都是不变的，即

$$I = I_0 \tag{7-16}$$

$$\varphi = \varphi_0 \tag{7-17}$$

式中　I，φ——孤岛形成后并达到稳态时逆变电源输出电流和它与PCC处电压之间的相位差；

I_0，φ_0——与 I、φ 对应的在孤岛形成前的稳态值。

一般并网逆变器常采用单位功率因数控制，从而使相位差 φ 趋近于0。在电网正常条件下，由孤岛形成前的电路系统分析可知

$$\begin{cases} I_0 = \dfrac{P_{\text{load}} - \Delta P}{U_0 \cos\varphi_0} \\ \varphi_0 \approx 0 \\ R = \dfrac{U_0^2}{P_{\text{load}}} \end{cases} \tag{7-18}$$

而当电网断开并达到稳态时

$$U = I \cdot R\cos\varphi \tag{7-19}$$

式中　U_0——孤岛形成前 PCC 处的电压；

U——孤岛形成后并达到稳态时 PCC 处的电压。

联立式（7-18）和式（7-19）可得

$$U = U_0\left(1 - \frac{\Delta P}{P_{\text{load}}}\right) \tag{7-20}$$

从式（7-20）可以看出，孤岛形成瞬间，只要 $\Delta P \neq 0$，PCC 处的电压幅值就会发生变化。如果 U 在正常范围内，即

$$U_1 < U < U_2 \tag{7-21}$$

则孤岛检测会失败。联立式（7-20）和式（7-21）可得过/欠电压反孤岛策略的 NDZ 为

$$1 - \frac{U_2}{U_0} < \frac{\Delta P}{P_{\text{load}}} < 1 - \frac{U_1}{U_0} \tag{7-22}$$

2. 过/欠频率反孤岛策略

过/欠频率反孤岛策略（OFP/UFP）是指当并网逆变器检测出在 PCC 处的电压频率超出正常范围（f_1，f_2）时，通过控制命令停止逆变器并网运行以实现反孤岛的一种被动式方法，其中，f_2、f_1 分别为电网频率正常范围的上下限值，IEEE Std1547－2003 标准规定：当标准电网频率 $f_0 = 60\text{Hz}$，$f_1 = 59.3\text{Hz}$，$f_2 = 60.5\text{Hz}$。由于我国标准电网频率采用的是 $f_0 = 50\text{Hz}$，因此根据比例计算出电网频率正常范围的上下限值分别为 $f_1 = 49.4\text{Hz}$，$f_2 = 50.4\text{Hz}$。对于如图 7-2 所示的并网光伏系统，当电网正常时，公共耦合点电压的频率由电网决定，只要电网正常，就不会发生异常现象。电网断开瞬间，如果 $\Delta Q \neq 0$，则逆变器输出无功功率（近似等于 0）与负载无功功率不匹配，PCC 处的电压频率将发生变化。如果偏移出正常范围，则孤岛状态就被检测出来。若并网逆变器运行于单位功率因数状态，则在孤岛形成前后的两个稳态状态下，逆变器输出电流与 PCC 处电压之间的相位差都趋近于 0，即

$$\varphi = \varphi_0 \approx 0 \tag{7-23}$$

在电网正常条件下，由孤岛形成前的电路系统分析可知

$$\begin{cases} \varphi_0 = \arctan \dfrac{Q_{\text{load}} - \Delta Q}{P_{\text{load}} - \Delta P} \\ Q_{\text{Load}} = U_0^2 \left(\dfrac{1}{\omega_0 L} - \omega_0 C \right) \\ Q_{\text{f}} = R \sqrt{\dfrac{C}{L}} \\ R = \dfrac{U_0^2}{P_{\text{load}}} \end{cases} \tag{7-24}$$

式中 ω_0——孤岛形成前 PCC 处电压的角频率；

Q_{f}——负载的品质因数。

而当电网断开并达到稳态时

$$\tan\varphi = R\left(\frac{1}{\omega L} - \omega C \right) \tag{7-25}$$

式中 ω——孤岛状态下并达到稳态时 PCC 处电压的角频率。

联立式（7-23）~式（7-25）可得

$$\omega = \frac{2Q_{\text{f}}P_{\text{load}}\omega_0}{-\Delta Q + \sqrt{(\Delta Q)^2 + 4Q_{\text{f}}^2P_{\text{load}}^2}} \tag{7-26}$$

从式（7-26）可以看出，在孤岛形成瞬间，只要 $\Delta Q \neq 0$，PCC 处的电压频率就会发生变化。如果 ω 在正常范围内，即

$$\omega_1 < \omega < \omega_2 \tag{7-27}$$

则此时孤岛检测会失败。

联立式（7-26）和式（7-27）可得过/欠频率反孤岛策略的 NDZ 为

$$Q_{\text{f}}\left(\frac{\omega_1}{\omega_0} - \frac{\omega_0}{\omega_1} \right) < \frac{\Delta Q}{P_{\text{load}}} < Q_{\text{f}}\left(\frac{\omega_2}{\omega_0} - \frac{\omega_0}{\omega_2} \right) \tag{7-28}$$

3. 优缺点

过/欠电压、过/欠频率反孤岛策略的作用不只限于检测孤岛效应，还可以用来保护用户设备，并且其他产生异常电压或频率的反孤岛方案也依靠过/欠电压、过/欠频率保护方案来触发并网逆变器停止工作；它是孤岛效应检测的一个低成本选择，而成本对并网光伏逆变器的推广应用是很重要的；由于是被动式反孤岛策略，因此正常并网运行时，逆变器不会影响电网的电能质量；多台并网逆变器运行时，不会产生稀释效应。

从过/欠电压、过/欠频率保护检测孤岛效应的方面出发，此反孤岛策略的 NDZ 相对较大，并且这种方案的反应时间是不可预测的。

7.2.2 基于相位跳变的反孤岛策略

1. 基本原理

相位跳变反孤岛策略是通过监控并网逆变器端电压与输出电流之间的相位差来检测孤岛效应的一种被动式反孤岛策略。

为实现单位功率因数运行，正常情况下并网逆变器总是控制其输出电流与电网电压同相，并网逆变器端电压与输出电流间相位差的突然改变意味着主电网的跳闸，而跳闸后逆变器的端电压将不再由电网控制，此时逆变器端电压的相位将发生跳变。

当与电网连接时，并网逆变器通过检测电网电压的上升或下降过零点，利用锁相环使逆变器输出电流与电网电压同步。当电网跳闸时，由于逆变器的端电压 u_a 不再由电网控制，而并网逆变器输出电流 i_{inv} 跟随逆变器锁相环提供的波形固定不变，这必然会导致逆变器端电压的相位发生跳变，此时 i_{inv} 和 u_a 的相位波形如图 7-7 所示。

由于 i_{inv} 和 u_a 的同步只发生在 u_a 的过零点处，而在过零点之间，并网逆变器相当于工作在开环模式。在电网跳闸瞬间，输出电流为固定的参考相位，由于频率还没有改变，负载的阻抗角与电网跳闸前一样，于是逆变器的端电压 u_a 将跳变到新的相位，显然端电压 u_a 跳变后，i_{inv} 和 u_a 的相位差等于负载的阻抗角，即

$$\varphi_{load} = \arctan\left[R\left(\frac{1}{\omega L} - \omega C\right)\right] = \arctan\left(\frac{Q_{load}}{P_{load}}\right) \tag{7-29}$$

从图 7-7 分析不难发现，在逆变器端电压 u_a 发生跳变的下一个过零点，i_{inv} 和 u_a 新的相位差便可以用来检测孤岛效应。如果相位差比相位跳变方案中规定的相位阈值 φ_{th} 大，并网逆变器将停止运行；但若 $|\varphi_{load}| < \varphi_{th}$，则孤岛不会被检测出来，即进入不可检测区。

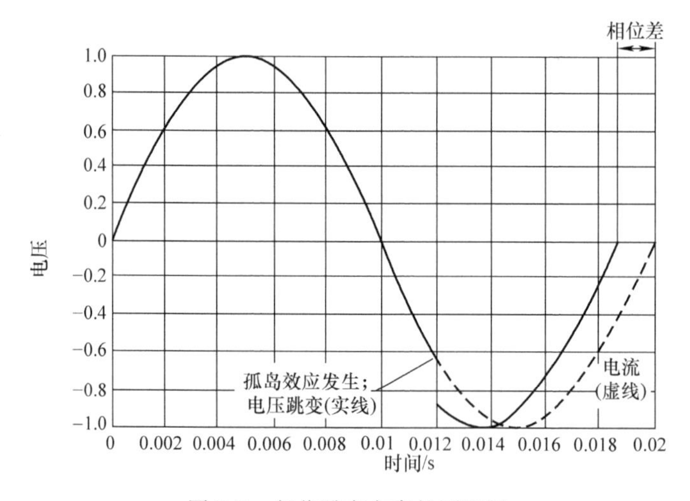

图 7-7　相位跳变方案的原理图

2. 优缺点

相位跳变方案的主要优点是容易实现，由于并网逆变器本身就需要锁相环用于同步，执行该方案只需增加在 i_{inv} 与 u_a 间的相位差超出阈值 φ_{th} 时使逆变器停止工作的功能就可以了；作为被动式反孤岛方案，相位跳变不会影响并网逆变器输出电能的质量，也不会干扰系统的暂态响应；和其他被动式方案一样，在系统连接有多台并网逆变器时，不会产生稀释效应。

但该方案很难选择不会导致误动作的阈值。一些特定负载的起动，尤其是电动机的起动过程经常产生相当大的暂态相位跳变，如果阈值设置的太低，则会导致并网逆变器的误跳闸，并且相位跳变的阈值可能要根据安装地点而改变，这也给实际应用带来不便。

7.2.3　基于电压谐波检测的反孤岛策略

1. 工作原理

电压谐波检测反孤岛策略是通过监控并网逆变器输出端电压谐波失真来检测孤岛效应的一种被动式反孤岛策略。

当电网连接时，电网可以看做一个很大的电压源，并网逆变器产生的谐波电流将流入低阻抗的电网，这些很小的谐波电流与低值的电网阻抗在并网逆变器输出端处的电压响应 u_a 仅含有非常小的谐波（THD≈0）。

然而，当电网跳闸后，存在两个因素使得 u_a 中的谐波增加，其一是电网跳闸后，由于并网逆变器产生的谐波电流流入阻抗远高于电网阻抗的负载，从而使逆变器输出端电压 u_a 产生较大的失真，并网逆变器可以通过检测电压谐波的变化来判断是否发生孤岛效应；其二是系统中分布式变压器的电压响应也会导致电压谐波的增加。如果切离电网的开关位于变压器的一次绕组侧，并网逆变器的输出电流将流过变压器的二次绕组，由于变压器的磁滞现象及其非线性特性，变压器的电压响应将高度失真，从而增加了逆变器输出端电压 u_a 中的谐波分量。当然与之类似的也可能是局部负载中的非线性因素如整流器等亦使 u_a 产生失真。通常上述由于变压器的磁滞现象及其非线性特性引起的电压谐波主要是三次谐波，因此采用电压谐波检测反孤岛策略主要是不断的监控三次谐波，当谐波幅值超过一定的阈值后，便能进行反孤岛保护。

实际应用研究表明，当并网光伏发电系统中包含有数十台并网逆变器时，这种电压谐波检测反孤岛策略能在孤岛发生后的 0.5s 内就能使所有光伏系统和电网断开链接。

可见，电压谐波检测反孤岛策略能够有效阻止孤岛的发生，其可靠性较高，且尤其适用于小规模并网光伏发电系统。

2. 优缺点

理论上，电压谐波检测反孤岛策略能在很大范围内检测孤岛效应；在系统连接有多台逆变器的情况下不会产生稀释效应；即使在功率匹配的情况下，也能检测到孤岛效应；作为被动式反孤岛方案，不会影响并网逆变器输出电能的质量，也不会干扰系统的暂态响应。

然而和相位跳变反孤岛策略一样，电压谐波检测反孤岛策略也存在阈值的选择问题。并网专用标准如 IEEE Std. 929 要求并网光伏逆变器输出电流的 THD 小于额定电流的 5%，通常为留有裕量，设计并网逆变器时允许的 THD 比标准要求的更低。但是如果局部非线性负载很大，并网光伏发电系统的电压谐波可能大于 5%，并且失真的大小随非线性负载的接入和切离而迅速改变，这样就很难选择阈值，既要考虑并网逆变器输出电流谐波相对低的要求，又要使得阈值大于并网光伏发电系统中可能允许出现的电压

THD；另一个实际的问题是当前的并网标准规定反孤岛测试电路使用线性 *RLC* 负载来代表局部负载，忽略了可能提高孤岛系统中电压 THD 的非线性负载的影响，因此电压谐波检测方案还不能广泛应用。

7.3 基于并网逆变器的主动式反孤岛策略

以上讨论了几类被动式反孤岛策略，主要包括：过/欠电压（OUP/UUP）和过/欠频率（OFP/UFP）反孤岛策略、相位突变反孤岛策略以及电压谐波检测反孤岛等方案。其中，相位突变反孤岛策略以及电压谐波检测反孤岛方案由于孤岛检测的阈值难以确定，因而较少应用，而过/欠电压和过/欠频率反孤岛策略则应用较多，但通过实验与仿真分析可知，这两种反孤岛策略具有较大的 NDZ，即在某些情况下无法检测孤岛的发生，为了减小甚至消除 NDZ，研究人员提出了多种主动式反孤岛策略方案。本节主要将介绍的主动式反孤岛策略方案有频移法、功率扰动法和阻抗测量法，以下分类介绍。

7.3.1 频移法

频移法是主动式反孤岛策略方案中最为常用的方案，主要包括主动频移（Active Frequency Drift，AFD）、Sandia 频移以及滑模频移等主动式反孤岛策略。本节首先讨论的主动频移 AFD 反孤岛策略是针对过/欠频率反孤岛策略存在较大 NDZ 而提出的一种主动式反孤岛策略，通过理论仿真与实验研究可以看出，AFD 方案中的 NDZ 比过/欠频率方案的 NDZ 有明显的减少。鉴于 AFD 方案仍然具有比较大的 NDZ，因而提出了 AFD 方案的改进，即带正反馈的主动频移反孤岛策略，也即通常提到的 Sandia 频移反孤岛策略（注：Sandia 国家重点实验室是美国重要的风力发电研究机构）。通过理论仿真和实验研究可知，Sandia 频移方案比起 AFD 方案来说具有更小的 NDZ，因而其检测孤岛的效率更高。但是，无论是 AFD 方案还是 Sandia 频移方案均存在稀释效应，为克服这一不足，最后将讨论无稀释效应的滑模频移反孤岛策略。

7.3.1.1 主动频移反孤岛策略——AFD 方案

1. 工作原理

为了克服单独使用过/欠频率反孤岛策略的不足之处，研究人员首先提出了主动频移反孤岛策略——AFD 方案。

AFD 方案为主动式反孤岛策略方案的一种，这种主动频移反孤岛策略的原理是通过并网光伏系统向电网注入略微有点变形的电流，以形成一个连续改变频率的趋势。当连接有电网时，频率是不可能改变的。而与电网分离后，逆变器输出端电压 u_a 的频率被强迫向上或向下偏移，以此检测孤岛的发生。

常用执行向上频移的方案是向电网注入略微变形的电流，即在正弦波中插入死区，如图 7-8 所示，对比给出的理想正弦波，可见并网光伏系统的输出电流波形的频率被相应提高。

在前半个周期，并网光伏系统输出电流的频率略微高于电网频率，当输出电流达到零时，电流保持 t_Z 直到后半周期的起始点；而在后半周期，当输出电流再次达到过零点，将保持一段时间。

对于阻性负载，电压响应将跟随失真的电流波形，以比纯正弦激励的响应更短的时间到达过零点，如图 7-8 所示，当孤岛发生时，u_a 的上升过零点比期望的提前到达，因此 u_a 和 i_{PV} 之间的相位误差增加了，这样并网光伏逆变器继续检测到频率误差并且再次增加 u_a 的频率，这种状况一直持续直到频率偏移足够大足以触发过/欠频保护，从而实现了主动频移反孤岛保护。

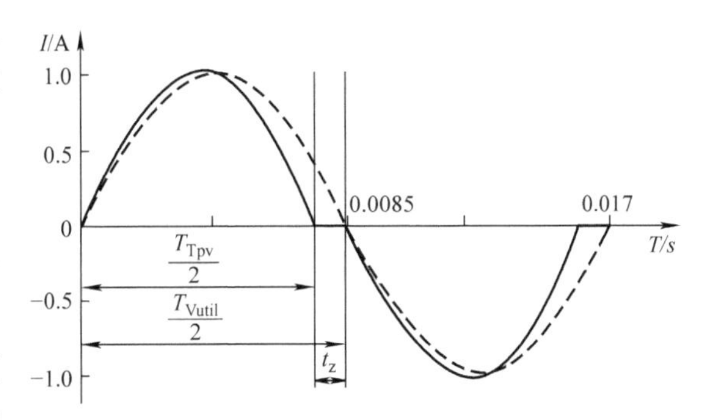

图 7-8 用于 AFD 反孤岛方案的电流波形

但是，对于并联 *RLC* 负载，AFD 可能存在不可检测区，分析如下：

不妨设负载阻抗角 $\varphi<0$，即负载呈阻容性，而负载的阻容性会导致电网跳闸时逆变器输出端的频率向下偏移，因此在孤岛发生后的第 k 个周期，若负载阻抗角 φ 的滞后作用和 Δf 的超前作用相抵消，且此时频率和电压未超出预设阈值，那么，系统将无法检测到孤岛的发生。同理，对于负频率偏移 AFD 方案且 $\varphi>0$ 的情况，也会存在与上述类似的问题。

2. 优缺点

对基于微处理器的并网逆变器来说，主动式频移方案很容易实现；在纯阻性负载的情况下可以阻止持续的孤岛运行；与被动式反孤岛策略相比具有更小的 NDZ。

但频率偏移降低了并网逆变器输出电能的质量，并且不连续的电流波形还可能导致射频干扰；为了在连接有多台并网逆变器的系统中维持反孤岛方案的有效性，必须统一不同并网逆变器的频率偏移方向，如果一些并网逆变器采用向上频移，而另一些采用向下频移，其综合效果可能相互抵消，从而产生稀释效应；并且负载的阻抗特性可能会阻止频率偏移，从而导致主动频移反孤岛策略的失效。

7.3.1.2 基于正反馈的主动频移——Sandia 频移方案

综上所述，相对于被动式反孤岛策略而言，AFD 方案虽然可以减小孤岛检测的盲区，但是该方法引入的电流谐波会降低并网光伏系统输出电能的质量；而在多台光伏系统并网工作的情况下，若频率偏移方向不一致，其作用会相互抵消而产生稀释效应；此外，负载的阻抗特性也可能阻止频率的偏移。因此，AFD 方案仍然存在孤岛不可检测区的问题。

为了克服上述 AFD 方案的一些缺点，美国 Sandia 实验室首先提出了对该方法改进的方法——基于频率正反馈的主动频移反孤岛策略，即 Sandia 频移法，以下具体分析 Sandia 频移方案。

1. 工作原理

相对电网来说，由于并网逆变器呈现出电流源的特性，因此

$$i_{inv}=I_{inv}\sin(\omega t+\varphi_{inv}) \tag{7-30}$$

相应的，并网逆变器输出端电压 u_a 可表示为

$$u_a=U_{am}\sin(\omega t+\varphi_a) \tag{7-31}$$

式中 I_{inv}，φ_{inv}——并网逆变器输出电流 i_{inv} 的幅值和相位；

U_{am}，φ_a——电压 u_a 的幅值和相位；

ω——并网逆变器控制的频率；

u_a 和 i_{inv} 的相位差可用 φ 表示。

Sandia 频移方案就是对 u_a 的频率 ω 运用正反馈的主动式频移方案。首先由图 7-7 定义斩波分数 cf（$cf=2t_z/T_{Vutil}$）为逆变器输出端电压频率与电网电压频率偏差的函数，即

$$cf_k=cf_{k-1}+K\Delta\omega \tag{7-32}$$

式中 cf_k——第 k 周期的斩波分数；

cf_{k-1}——第 $k-1$ 周期的斩波分数；

K——不改变方向的加速增益；

$\Delta\omega$——u_a 频率 ω 与电网电压频率 ω_{line} 的偏差，即 $\Delta\omega=\omega-\omega_{line}$。

Sandia 频移方案其实质是强化了频率偏差。当电网连接时，Sandia 频移方案检测到微小的频率变化，并试图加快频率的变化，但是电网的稳定性禁止了频率的改变。在电网跳闸后，若频率向上偏移，则频率偏差将随 u_a 频率的增加而增加，斩波因子也增加，于是并网逆变器增加了输出电流的频率，这种状况持续直到频率增大到触发过频保护。对于频率向下偏移的情况，u_a 频率下降的情况与此类似，最终斩波因子变为负，i_{inv} 的周期变得比 u_a 的长。

2. 优缺点

比起 AFD 来说，由于正反馈的作用，Sandia 频移方案将导致逆变器输出在电网跳闸后会出现更大的频率误差，这样就得到了比 AFD 更小的 NDZ；且它兼顾考虑了检测的有效性、输出电能质量以及对整个系统暂态响应的影响。

然而由于正反馈增加了电网中的扰动，采用 Sandia 频移方案的并网逆变器降低了输出电能的质量，当连接到弱电网时，并网逆变器输出功率的不稳定可能导致系统不理想的暂态响应；并且当电网中并网逆变器的数量增多、发电量升高时，问题将更严重，这两种现象可以通过减小增益 K 来缓解，但是这将增加不可检测区域。

7.3.1.3 滑模频率偏移法

1. 工作原理

主动频率偏移法是基于频率的偏移扰动，即在逆变器的输出电流中插入死区来扰动电流频率以达到孤岛检测之目的。然而这种基于频率扰动的主动频移法在多个并网逆变器运行时，会产生稀释效应而导致孤岛检测的失败。为克服这一不足，可以考虑采用基于相位偏移扰动的滑模频率漂移反孤岛策略（Slip Mode Frequency Shift）。滑模频移反

孤岛方案是对并网逆变器输出电流－电压的相位运用正反馈使相位偏移进而使频率发生偏移的方案，而电网频率则不受反馈的影响。

在滑模频移反孤岛方案中，并网逆变器输出电流的相位定义为前一周期逆变器输出端电压频率f与电网频率f_g偏差的函数，即

$$\theta_{SMS}=\theta_m\cdot\sin\left(\frac{\pi}{2}\frac{f-f_g}{f_m-f_g}\right) \tag{7-33}$$

式中　f_m——最大相位偏移θ_m发生时的频率。

一般情况下控制并网逆变器工作于单位功率因数正弦波控制模式，所以并网逆变器输出电流与端电压之间相位差被控制为零。而在滑模频移方案中并网逆变器的电流－电压相位被设计成关于电压u_a的频率的函数，使得在电网频率ω_g的附近区域中并网逆变器的电流－电压相位响应曲线增加得比大多数单位功率因数负载的阻抗角的响应曲线快，如图7-9所示，这使得电网频率f_g成为一个不稳定的工作点。当电网连接时，电网提供固定的相位和频率参考使工作点稳定在电网频率f_g；而在电网跳闸后，负载与并网逆变器的相位—频率工作点成为负载阻抗角响应曲线与并网逆变器相位响应曲线的交点。

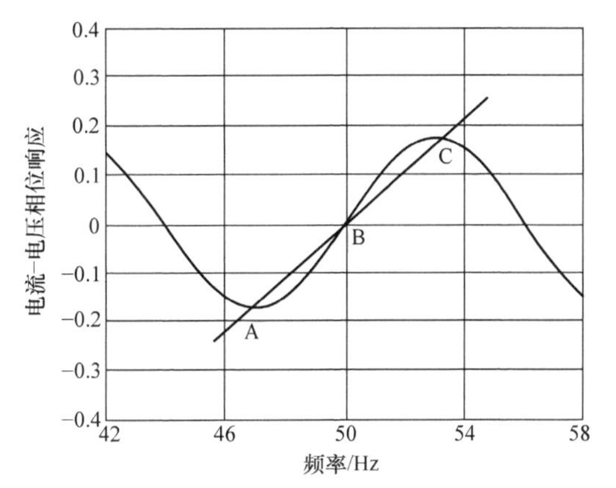

图7-9　滑模频移方案中并网逆变器输出电流－电压相位与频率间的关系

下面通过图7-9中单位功率因数负载的阻抗角响应曲线进行详细分析，当电网连接时，并网逆变器的相位－频率工作点位于B点（频率为50Hz，电流－电压相位为0）。现在假定电网分离，一旦u_a的频率受到任何扰动使之偏离50Hz，并网逆变器的相位响应就将导致相位差增加，而不是下降，例如孤岛系统中的频率向上偏移时，由于滑模频移方案对相位的正反馈，并网逆变器反而加快了输出电流的频率，这就是正反馈的机理，将导致典型的不稳定。而并网逆变器在电网频率处的不稳定加强了扰动，驱使系统到达一个新的工作点，是A点还是C点由扰动的方向决定。如果并网逆变器电流－电压相位响应曲线对*RLC*负载来说，设计得很合适，那么A点或C点的频率将超出频率的正常工作范围，并网逆变器将停止运行。

2. 优缺点

与其他主动式方案相比，滑模频移方案只需要在原有的逆变器锁相环基础上稍加改动，因而易于实现；不可检测区域相对较小。在给定条件下Q_f小于额定值时可以很好地保证检测孤岛，甚至可以消除NDZ；在连接有多台并网逆变器的系统中，滑模频移方案不会产生稀释效应，效率不受多台逆变器并联影响；与Sandia频移方案一样，兼顾考虑了检测的可靠性、输出电能质量以及对整个系统暂态响应的影响。

然而由于滑模频移方案不停地对逆变器输出电流相位进行扰动，在一定程度上影响逆变电源输出电能质量，并且在并网逆变器发电量高以及反馈环的增益大的情况下，该方案可能带来整体供电质量下降以及暂态响应等问题，这些现象在其他使用正反馈的反孤岛方案中普遍存在；在 Q_f 较大时滑模频移方案的孤岛检测效率降低，性能几乎接近被动式孤岛检测，并且当 *RLC* 负载的相位增加变化快于逆变器扰动的相位变化时，会导致孤岛检测失败。

7.3.2 基于功率扰动的反孤岛策略

众所周知，孤岛发生时最不容易检测到的情况就是负载完全匹配，即 $P=P_{Load}$，$Q=Q_{Load}$，在这种情况下，当孤岛发生时，显然逆变器的端电压及其频率是不发生变化的，通常的方法很难检测到电网断电，逆变器继续工作从而形成孤岛。当功率近似匹配时，逆变器的端电压及其频率的变化将非常小，从而进入不可检测区，导致逆变器的孤岛运行。显然，可以采用一些其他的检测方法来加强孤岛的检测能力，如频移法，但各类频移法的共同不足就是会向电网注入谐波而影响并网系统的电能质量。为了可靠检测孤岛并且不向电网注入谐波，其中一种简单思路就是采用基于有功或无功扰动的反孤岛策略，这种基于功率扰动的反孤岛策略亦属于主动式反孤岛策略。

7.3.2.1 基于有功功率扰动的反孤岛策略

1. 工作原理

前面关于孤岛时功率匹配的理论分析表明，系统与电网断开瞬时，系统孤岛运行的系统的电压可表示为 $U_i=\sqrt{k}\cdot U\left(其中\ k=\dfrac{P}{P_{load}}\right)$，显然，当 PV 提供的功率 $P>P_{load}$ 时，逆变器的端电压 U_i 不断线性增加；而当 $P<P_{load}$ 时，逆变器的端电压 U_i 不断地线性减小。

根据以上原理，一种简单的加强孤岛检测的反孤岛策略就是周期性的改变 PV 逆变器的输出有功功率。并网逆变器通常工作在电流控制模式，因此可以采用逆变器输出电流扰动来实现有功的扰动，即主动电流干扰法。

采用主动电流干扰法检测孤岛时，逆变器控制器将周期性地改变逆变器输出电流的幅值，亦即改变了逆变器输出的有功功率 *P*，从而在电网断电时打破逆变器输出有功功率与负载消耗的有功功率平衡以影响公共节点的电压，使其超出过/欠电压保护阈值，从而检测出孤岛。

实际上，在不添加电流扰动的情况下，控制逆变器的输出电流使其跟随给定信号 i_g（i_g 一般为电网信号或者与电网同频同相的正弦信号），此时

$$i_L=i_g \tag{7-34}$$

而在添加干扰信号后，电流的参考信号为正弦信号 i_g 和干扰信号 i_{gi} 的差，则

$$i'_L=i_g-i_{gi} \tag{7-35}$$

电网断电时，PCC 处的电压取决于逆变器输出电流和本地负载。如果逆变器输出与负载消耗的功率相匹配，那么在不添加扰动情况下电网断电时，PCC 处的电压不发生变

化，会导致孤岛的发生。而在添加电流扰动的情况下，PCC处的电压U_a变为

$$U'_a = i'_L Z = (i_g - i_{gi})Z \tag{7-36}$$

式中　Z——负载阻抗。

可以看出，U'_a在原来$i_g Z$的基础上添加了电压降$i_{gi}Z$，当电压降$i_{gi}Z$导致U_a超出欠电压保护阈值时，即使原先在功率相匹配的情况下，孤岛也可以被检测出来。

2. 优缺点

当采用有功功率扰动方案，单台并网逆变器运行时即使在负载完全匹配的情况下也不存在不可检测区；并网运行时，逆变器输出电压电流严格同相位，仅影响逆变器输出功率的大小，而不会像频率偏移等方法给电网引入谐波。

有功功率存在的最大缺陷就是多台并网逆变器运行时，所进行的有功功率扰动必须同步进行，否则各个扰动量可能会相互抵消而产生稀释效应，从而进入不可检测区；并且并网光伏系统实际上受到光照强度等影响，其光伏电池输出功率随时在波动，人为对逆变器加入有功功率扰动将对并网光伏系统的输出效率产生影响；另外，孤岛检测的动作阈值选取困难。如果动作阈值选取过大，显然会增加孤岛不可检测区；而动作阈值选取过小，可能引起孤岛检测与保护系统误动作，如当电网不稳定或大负载的突然投切时，电网电压会出现较大的波动，从而可能引起系统误动作，即出现虚假孤岛保护现象。

7.3.2.2　基于无功功率扰动的反孤岛策略

与传统的AFD等方法相比较，基于有功功率扰动的反孤岛策略，虽然其输出波形谐波含量较小，但该方案最大的问题在于并网运行时会因有功的扰动而降低发电量，这在追求发电量的并网光伏系统是不可行的，因此可以考虑基于无功功率扰动的反孤岛策略。

1. 工作原理

无功补偿方法基于瞬时无功功率理论，利用可调节的无功功率输出改变孤岛状态下的电源-负载之间的无功匹配度，通过负载频率的持续变化达到孤岛检测的目的。

系统并网运行时，负载端电压受电网电压钳制，而基本不受逆变器输出的无功功率多少的影响。当系统进入孤岛状态时，一旦逆变器输出的无功功率和负载需求不匹配，负载电压幅值或者频率将发生变化。根据前面的讨论，当光伏系统提供的无功功率和负载所需的无功功率不匹配时，将导致检测点处频率的变化，因此可以考虑对逆变器输出的无功进行扰动，破坏光伏系统和负载之间的无功功率平衡，使频率持续变化，达到孤岛检测的目的。

由于逆变器输出的无功电流可调节，而负载无功需求在一定的电压幅值和频率条件下是不变的，在实际应用中，可以将逆变器输出设定为对负载的部分无功补偿或波动补偿，避免系统在孤岛条件下的无功平衡，从而使得负载电压或者频率持续变化达到可检测阈值，最终确定孤岛的存在。

基于无功功率扰动的反孤岛策略又可分为基于单向无功扰动的反孤岛策略、基于双向无功扰动的反孤岛策略和基于无功检测的无功扰动反孤岛策略，在此不再赘述。

2. 优缺点

与传统的 AFD 等方法相比较，基于无功功率扰动的反孤岛策略，其输出波形谐波含量小，而且并网时只有极小的无功变化；而与基于有功功率扰动的反孤岛策略相比，并网运行时又不会因扰动而降低发电量。

但无功功率扰动方法要求多台光伏系统同步扰动，需要光伏系统之间进行通信才能实现，这增加了成本，而且若无法保证同步扰动，则该方法很可能会失效。

7.3.3 阻抗测量方案

在并网系统中，当电网连接时，电网可以看做一个很大的电压源，此时 PCC 处的阻抗很低；而当电网断开时，在 PCC 处测得的即为负载阻抗，通常都远大于电网连接时的阻抗。显然，可以通过测量 PCC 处电路阻抗的变化来检测孤岛效应。

德国的 ENS 标准在反孤岛这个领域中要求较高，即要求测量 PCC（逆变器输出端）处电路阻抗的变化来检测孤岛效应，并规定阻抗变化的阈值为 $\Delta Z=0.5\Omega$，且须在 5s 内做出判断。另外，德国的 VDE0126 标准规定：在并网光伏系统中，若检测到 PCC 处电路阻抗变化 1Ω 时，需在 5s 内将其切断。

根据以上孤岛检测要求，在并网系统中需要实时在线监测电网的阻抗，已有较多文献对在线阻抗测量做过研究，一般可分为两类方案：①采用单独的阻抗测量装置，由于需要外加硬件设备，从而增加了孤岛监测的成本；②利用并网逆变器本身来在线测量其输出端电路的阻抗，显然，这是一个降低了孤岛检测成本的方案。然而，基于逆变器在线阻抗测量的孤岛检测要求寻求一种快速、准确、简单的在线阻抗检测算法，以满足孤岛检测的要求。另外，电网阻抗的计算对于配线、线路保护、并网系统的稳态及动态性能也比较重要。

一般而言，阻抗测量技术可分成被动和主动两类。被动测量技术是利用电网中本身存在的次谐波来计算电网阻抗，但是在绝大多数情况下，电网中次谐波都很小，不足以被检测到，因此，不适用于并网系统的孤岛检测。主动测量技术是通过检测装置或并网逆变器给电网施加一个扰动，然后测量电网的电压和电流响应，并经过一系列的运算处理，即可测到电网的阻抗。

该方案有几种不同的实现形式，分为暂态测量法和稳态测量法两种，下面对暂态测量法做简单介绍。

暂态测量法的基本原理为在电路中外加由功率管构成的电路单元，产生一个对称三角波冲击电流，通过周期性的给电网施加冲击电流扰动，然后测量电网的电流和电压响应来计算出电网阻抗。具体实现方法为在冲击电流扰动之前，先检测 PCC 处的电压和电流，然后在施加扰动以后，再检测一次 PCC 处的电压和电流，最后用第二次测得的值减去第一次测得的值就可以得到所需要的冲击电流所产生的电流和电压，通过对检测电流、电压值的计算可以算得各个频率处的阻抗，即

$$Z(f)=\frac{F(U(t))}{F(I(t))} \tag{7-37}$$

式中　F 表示傅里叶变换。

暂态测量法的主要特点就是可以快速得到测量结果，这一点比较符合孤岛检测的要求。但是这一方案对采样环节和数字处理环节的要求比较高，这对于常规的并网逆变系统将很难实现。

其他阻抗测量方法限于篇幅，就不再详细介绍。

总体来说，阻抗测量法虽然可以很好防止孤岛的发生，但还存在以下缺点：持续的输入扰动会影响电网质量（但如果扰动谐波的频率选为电网频率，可以减小对电网质量的影响）；对于弱电网或者电网本身波动较大的情况，很难实现电网阻抗监测；当多个并网逆变器并联运行时，其检测信号会相互干扰，从而使得阻抗估算错误。

7.4　不可检测区域与反孤岛策略的有效性评估

反孤岛保护是并网发电装置必须具备的功能。然而几乎所有的反孤岛方案都存在检测失败的情况即不可检测区域（NDZ），这些检测失败的情况包括功率匹配状况以及一些特殊负载等。为此，应通过理论分析寻找孤岛检测失败的原因、并进行适当的总结，以评估不同孤岛检测算法的适用范围和影响 NDZ 的相关因素，从而提高孤岛检测的有效性。

由于不匹配功率的大小和具体负载可以对 NDZ 进行定量的描述，而反孤岛方案 NDZ 的大小反映了该方案检测孤岛效应的有效性，因此 NDZ 可以作为性能指标来评估反孤岛方案的有效性。由于不匹配功率的大小可用电网向负载提供的有功功率 ΔP 和无功功率 ΔQ 描述，负载可用负载谐振电感 L 和谐振电容 C 或负载品质因数 Q_f 和谐振频率 f_0 描述，因此本章分别定义了以有功功率不匹配 ΔP 为横坐标、以无功功率不匹配 ΔQ 为纵坐标的功率不匹配坐标系 $\Delta P \times \Delta Q$，以负载电感 L 为横坐标而以电容 C_{norm}（$C_{norm}=C/C_{res}$）为纵坐标的负载参数坐标系 $L \times C_{norm}$。在阐述了各坐标系基本概念基础上分析了几种主要反孤岛策略的 NDZ 边界，从而在理论上对反孤岛方案的有效性进行了评估。

为研究方便，以下在结合孤岛系统的原理电路以及具体的反孤岛方案进行理论分析时，作出如下假设：

1）并网逆变器运行于单位功率因数正弦波的控制模式；

2）并网逆变器近似为电流源；

3）局部负载为并联 RLC 负载；

4）电网维持稳定的电压和频率。

7.4.1　基于 $\Delta P \times \Delta Q$ 坐标系孤岛检测的有效性评估

本节从研究孤岛效应的原理电路入手，定义了功率不匹配坐标系 $\Delta P \times \Delta Q$，并推导了 $\Delta P \times \Delta Q$ 坐标系中被动式反孤岛方案的 NDZ 边界，并且由于过/欠压保护和过/欠频保护方案的 NDZ 边界与并网逆变器的恒功率工作模式和恒电流工作模式有关，因此要分别进行讨论。需要注意的是，由于不匹配功率的大小 ΔP、ΔQ 反映的只是电网跳闸前后系统中功率流的变化情况，因此 $\Delta P \times \Delta Q$ 坐标系不能对主动式反孤岛方案的 NDZ 进行定量的描述。

7.4.1.1 $\Delta P \times \Delta Q$ 坐标系及其孤岛检测的 NDZ

图 7-10 描述的孤岛系统的原理电路由并网逆变器、电网、并联 *RLC* 负载以及逆变器侧开关 K_1 和电网侧开关 K_2 组成。其中电网一方面提供负载所需的无功功率，另一方面在并网逆变器输出的有功功率小于负载所需的有功功率时，向负载提供相应的有功功率，而在并网逆变器输出的有功功率大于负载所需的有功功率时，吸收多余的有功功率。

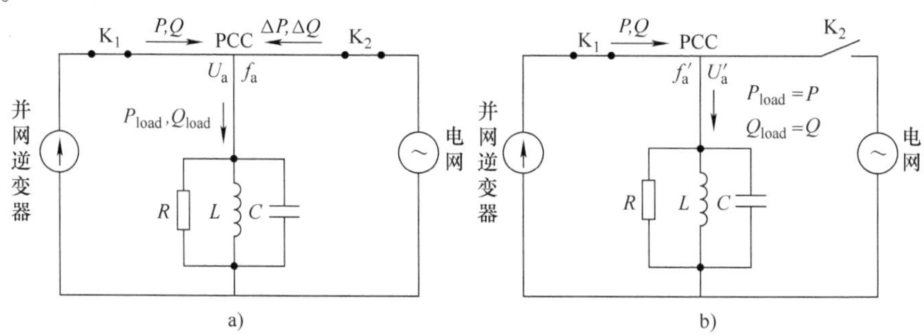

图 7-10 孤岛系统的原理电路及功率分布

a）开关 K_2 闭合时 b）开关 K_2 跳开时

如果并网逆变器工作于恒功率模式，当开关 K_2 跳开时，如果负载需求的功率与并网逆变器提供的功率不匹配，即 ΔP 和 ΔQ 都不为 0，PCC 处电压的幅值和频率将发生变化即电路运行于新的稳态工作点，如图 7-10b 所示，新的稳态工作点处负载需求的有功功率和无功功率等于并网逆变器的输出功率。

如果功率不匹配较严重，即 ΔP 和 ΔQ 足够大，则 PCC 处新的稳态工作点将超出电压、频率的正常工作范围，过/欠电压、过/欠频率保护将启动开关 K_1 跳开，阻止了孤岛效应的持续发生。

如果功率不匹配较轻，即 ΔP 和 ΔQ 足够小，则孤岛时 PCC 处新的电压和频率变化较小，不足以使反孤岛保护在规定的时间内检测到电网断电的情况，孤岛效应将持续发生。

以上两种情况用功率不匹配 $\Delta P \times \Delta Q$ 坐标系来描述，就是指在 $\Delta P \times \Delta Q$ 坐标系的原点即 $\Delta P = 0$ 和 $\Delta Q = 0$ 的附近区域中，PCC 处的电压或频率的变化不足以触发反孤岛保护，这种区域就定义为 $\Delta P \times \Delta Q$ 坐标系中的 NDZ，如图 7-11 所示，其中有功功率不匹配 ΔP 可由电压工作范围的上下限

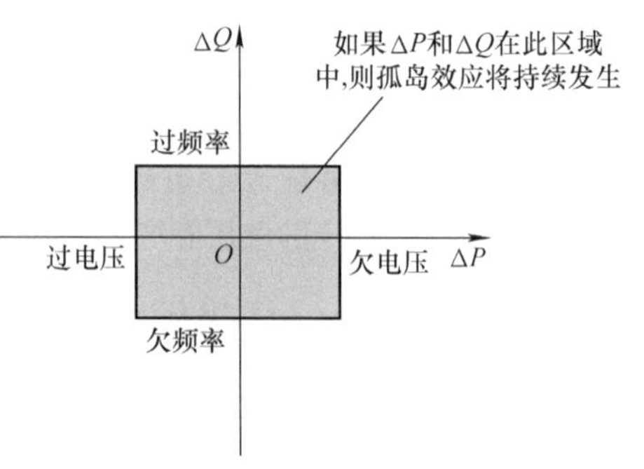

图 7-11 $\Delta P \times \Delta Q$ 坐标系中的 NDZ

反映，无功功率不匹配 ΔQ 可由频率工作范围的上下限反映。

7.4.1.2　$\Delta P \times \Delta Q$ 坐标系中电路的功率流及不匹配功率的影响

1. 原理电路的功率流

图 7-10 所示的电路中，RLC 负载的幅值和相位可以用负载参数 R、L 和 C 或负载品质因数 Q_f 与谐振频率 f_0 来表示，即

$$|Z_{load}| = \frac{1}{\sqrt{\frac{1}{R^2} + \left(\frac{1}{\omega L} - \omega C\right)^2}} = \frac{R}{\sqrt{1 + Q_f^2\left(\frac{f_0}{f} - \frac{f}{f_0}\right)^2}} \tag{7-38}$$

$$\varphi_{load} = \arctan\left[R\left(\frac{1}{\omega L} - \omega C\right)\right] = \arctan\left[Q_f\left(\frac{f_0}{f} - \frac{f}{f_0}\right)\right] \tag{7-39}$$

式中　$f_0 = \frac{1}{2\pi\sqrt{LC}}$；

$Q_f = R\sqrt{\frac{C}{L}}$；

f——任意频率。

当 RLC 负载连接到电压为 U_g、频率为 f_g 的电网时，负载需求的有功功率 P_{load} 和无功功率 Q_{load} 分别为

$$\begin{cases} P_{load} = \frac{U_g^2}{R} \\ Q_{load} = U_g^2\left(\frac{1}{\omega L} - \omega C\right) = P_{load} \cdot Q_f\left(\frac{f_0}{f_g} - \frac{f_g}{f_0}\right) \end{cases} \tag{7-40}$$

由电网提供的有功功率 ΔP 和无功功率 ΔQ，即并网逆变器与负载之间的不匹配功率为

$$\begin{cases} \Delta P = P_{load} - P_{inv} \\ \Delta Q = Q_{load} - Q_{inv} = Q_{load}(Q_{inv} = 0) \end{cases} \tag{7-41}$$

当电网跳闸时，PCC 处的电压和频率取决于局部负载的特性，负载需求的有功功率 P_{load} 和无功功率 Q_{load} 为

$$\begin{cases} P_{load} = P_{inv},\ u_a = \begin{cases} \sqrt{P_{inv}R},\ P_{inv}\text{恒定} \\ I_{inv}R,\ I_{inv}\text{恒定} \end{cases} \\ Q_{load} = Q_{inv} = 0 \end{cases} \tag{7-42}$$

由于电网跳闸后负载消耗的有功功率和无功功率必须与并网逆变器的输出功率相匹配，所以负载电压 u_a 和频率 f_a（即 f_0）的稳态工作点值将由式（7-42）确定。如果 $U_{min} \leqslant U_a \leqslant U_{max}$ 且 $f_{min} \leqslant f_a \leqslant f_{max}$，则过/欠电压和过/欠频率保护将检测失败。

2. 不匹配功率的大小对过/欠电压与过/欠频率孤岛检测方案的影响

由于孤岛系统的运行状况与电网分离开关跳开前瞬间不匹配功率的大小（即 ΔP 和 ΔQ 的大小）有关，下面将详细分析并网逆变器单位功率因数运行条件下（即 $Q_{inv} = 0$），

ΔQ 对过/欠频率孤岛检测方案的影响以及 ΔP 对过/欠电压孤岛检测方案的影响。

1）如果分离开关跳开前瞬间 $\Delta Q>0$，则表明负载功率因数滞后，负载的阻抗是感性的。当分离开关跳开后，电网不再提供无功即 $\Delta Q=0$，于是 $Q_{load}=0$。从式（7-40）中 Q_{load}的函数表达式可知，由于原来负载的感性阻抗特性，要使 $Q_{load}=0$ 成立，故必须满足 $1/\omega L=\omega C$，这样逆变器的输出端电压 v_a 的频率 ω 一定向上偏移，从而可能触发过频率保护。

2）如果分离开关跳开前瞬间 $\Delta Q<0$，则表明负载功率因数超前，负载的阻抗是容性的。当分离开关跳开后，电网不再提供无功即 $\Delta Q=0$，于是 $Q_{load}=0$。同理，由于原来负载的容性阻抗特性，要使 $Q_{load}=0$ 成立，故必须满足 $1/\omega L=\omega C$，这样逆变器的输出端电压 v_a 的频率 ω 一定向下偏移，从而可能触发欠频率保护。

3）如果分离开关跳开前瞬间 $\Delta P>0$，那么由式（7-41）可知，开关跳开前逆变器提供的有功功率小于负载所需求的有功功率，因此当分离开关跳开后，电压将向下偏移，从而可能触发欠电压保护。

4）如果分离开关跳开前瞬间 $\Delta P<0$，那么由式（7-41）可知，开关跳开前逆变器提供的功率大于负载需求功率，因此当分离开关跳开后，电压将向上偏移，从而可能触发过电压保护。

7.4.1.3 $\Delta P\times\Delta Q$ 坐标系中孤岛检测的 NDZ 边界

由于 $\Delta P\times\Delta Q$ 坐标系中的 NDZ 只能用来评估被动式反孤岛方案的有效性，因此下面从分析图 7-10 中原理电路的功率流入手，分别推导出三种常用的被动式反孤岛策略即过/欠电压、过/欠频率保护和相位跳变方案的 NDZ 边界。由于并网逆变器工作于恒功率模式和恒电流模式时的过/欠频率保护的 NDZ 不同，因此必须分别进行讨论。

1. 过/欠电压和过/欠频率孤岛检测方案的 NDZ 边界

下面分别讨论在 $\Delta P\times\Delta Q$ 坐标系中并网逆变器在恒功率工作模式和恒电流工作模式下过/欠电压和过/欠频率孤岛检测的 NDZ。

（1）并网逆变器的并网工作模式为恒功率模式（P_{inv}）。

当并网逆变器恒功率模式运行时，电网跳闸前后的逆变器输出有功功率恒定，那么，电网跳闸前的有功功率不匹配度为

$$\frac{\Delta P}{P_{inv}}=\frac{P_{load}-P_{inv}}{P_{inv}}=\frac{P_{load}}{P_{inv}}-1=\frac{U_g^2/R}{P_{inv}}-1 \tag{7-43}$$

电网跳闸后，由于逆变器的恒功率模式运行，PCC 处电压的有效值为

$$U_a=\sqrt{P_{inv}R} \tag{7-44}$$

将式（7-44）代入式（7-43），并考虑 U_a 的工作范围为 $U_{min}\leqslant U_a\leqslant U_{max}$，则

$$\left(\frac{U_g}{U_{max}}\right)^2-1\leqslant\frac{\Delta P}{P_{inv}}\leqslant\left(\frac{U_g}{U_{min}}\right)^2-1 \tag{7-45}$$

另外，由式（7-40）可知，电网跳闸前的无功功率不匹配度为

$$\frac{\Delta Q}{P_{inv}}=\frac{Q_{load}}{P_{inv}}=\frac{P_{load}Q_f\left(\dfrac{f_0}{f_g}-\dfrac{f_g}{f_0}\right)}{P_{inv}} \tag{7-46}$$

将式（7-44）代入（7-46），得到

$$\frac{\Delta Q}{P_{\text{inv}}}=\frac{U_{\text{g}}^{2}}{U_{\text{a}}^{2}}Q_{\text{f}}\left(\frac{f_{0}}{f_{\text{g}}}-\frac{f_{\text{g}}}{f_{0}}\right) \tag{7-47}$$

电网跳闸后，由于f_{a}由负载的谐振频率f_0决定，即$f_{\text{a}}=f_0$，而f_{a}工作范围为$f_{\min}\leqslant f_{\text{a}}\leqslant f_{\max}$，因此，式（7-40）可化为

$$\frac{U_{\text{g}}^{2}}{U_{\max}^{2}}Q_{\text{f}}\left(\frac{f_{\min}}{f_{\text{g}}}-\frac{f_{\text{g}}}{f_{\min}}\right)\leqslant\frac{\Delta Q}{P_{\text{inv}}}\leqslant\frac{U_{\text{g}}^{2}}{U_{\min}^{2}}Q_{\text{f}}\left(\frac{f_{\max}}{f_{\text{g}}}-\frac{f_{\text{g}}}{f_{\max}}\right) \tag{7-48}$$

由式（7-45）和式（7-48）就可以确定出并网逆变器工作于恒功率模式时的过/欠电压和过/欠频率孤岛检测方案的 NDZ 边界。

（2）并网逆变器的并网工作模式为恒电流模式（I_{inv}）。

当并网逆变器恒电流模式运行时，电网跳闸前后的逆变器输出电流恒定，那么，电网跳闸前的有功功率不匹配度为

$$\frac{\Delta P}{P_{\text{inv}}}=\frac{P_{\text{load}}-P_{\text{inv}}}{P_{\text{inv}}}=\frac{P_{\text{load}}}{P_{\text{inv}}}-1=\frac{U_{\text{g}}^{2}/R}{U_{\text{g}}I_{\text{inv}}}-1 \tag{7-49}$$

电网跳闸后，由于逆变器的恒电流模式运行，PCC 处电压的有效值为

$$U_{\text{a}}=I_{\text{inv}}R \tag{7-50}$$

将式（7-50）代入式（7-49），并考虑U_{a}的工作范围为$U_{\min}\leqslant U_{\text{a}}\leqslant U_{\max}$，则

$$\frac{U_{\text{g}}}{U_{\max}}-1\leqslant\frac{\Delta P}{P_{\text{inv}}}\leqslant\frac{U_{\text{g}}}{U_{\min}}-1 \tag{7-51}$$

另外，电网跳闸前的无功功率不匹配度为

$$\frac{\Delta Q}{P_{\text{inv}}}=\frac{Q_{\text{load}}}{P_{\text{inv}}}=\frac{P_{\text{load}}Q_{\text{f}}\left(\dfrac{f_{0}}{f_{\text{g}}}-\dfrac{f_{\text{g}}}{f_{0}}\right)}{U_{\text{g}}I_{\text{inv}}} \tag{7-52}$$

将式（7-50）代入式（7-52），得到

$$\frac{\Delta Q}{P_{\text{inv}}}=\frac{U_{\text{g}}}{U_{\text{a}}}Q_{\text{f}}\left(\frac{f_{0}}{f_{\text{g}}}-\frac{f_{\text{g}}}{f_{0}}\right) \tag{7-53}$$

考虑U_{a}、f_{a}的工作范围分别为$U_{\min}\leqslant U_{\text{a}}\leqslant U_{\max}$、$f_{\min}\leqslant f_{\text{a}}\leqslant f_{\max}$，因此式（7-53）可化为

$$\frac{U_{\text{g}}}{U_{\max}}Q_{\text{f}}\left(\frac{f_{\min}}{f_{\text{g}}}-\frac{f_{\text{g}}}{f_{\min}}\right)\leqslant\frac{\Delta Q}{P_{\text{inv}}}\leqslant\frac{U_{\text{g}}}{U_{\min}}Q_{\text{f}}\left(\frac{f_{\max}}{f_{\text{g}}}-\frac{f_{\text{g}}}{f_{\max}}\right) \tag{7-54}$$

显然，由式（7-51）和式（7-54）就可以确定出并网逆变器工作于恒电流模式时的过/欠电压和过/欠频率孤岛检测方案的 NDZ 边界。

从以上的分析可以看出，并网逆变器工作于恒功率模式和恒电流模式时，过/欠电压和过/欠频率孤岛检测方案的 NDZ 是不同的，因此必须分别进行讨论。此外如果功率不匹配ΔP和ΔQ的大小在允许范围内，电网跳闸后的电压和频率将不会偏离正常范围，这样孤岛效应将持续发生。尽管从式（7-45）、式（7-48）、式（7-51）和式（7-54）中可以看出，虽然可以通过减小电压和频率的上下限来减小孤岛检测的 NDZ，但这很

容易导致误跳闸。

2. 相位跳变孤岛检测方案的NDZ边界

相位跳变孤岛检测的NDZ边界可用$|\varphi_{load}|<\varphi_{th}$表示，$\varphi_{th}$是相位跳变孤岛检测方案中规定的相位阈值。由式（7-39）和式（7-40）可知，φ_{load}可表示为

$$\varphi_{load}=\arctan\left[R\left(\frac{1}{\omega L}-\omega C\right)\right]=\arctan\left(\frac{Q_{load}}{P_{load}}\right) \tag{7-55}$$

因此$|\varphi_{load}|<\varphi_{th}$也可化为

$$\left|\arctan\left(\frac{Q_{load}}{P_{load}}\right)\right|\leqslant\varphi_{th} \tag{7-56}$$

为了在功率不匹配坐标系$\Delta P\times\Delta Q$中描述相位跳变孤岛检测方案的NDZ，将式(7-33)和式（7-41）代入式（7-56），得到

$$\left|\arctan\left(\frac{\Delta Q}{P_{inv}+\Delta P}\right)\right|\leqslant\varphi_{th} \tag{7-57}$$

若采用功率不匹配度表示，则

$$\left|\arctan\left(\frac{\Delta Q/P_{inv}}{1+\Delta P/P_{inv}}\right)\right|\leqslant\varphi_{th} \tag{7-58}$$

由式（7-58）就可以确定相位跳变孤岛检测方案的NDZ边界，可以看出，如果φ_{th}设置得较小，相位跳变方案的NDZ将减小，但是这同样容易导致误跳闸。

3. 小结

从以上过/欠电压、过/欠频率孤岛检测方案的NDZ边界以及相位跳变孤岛检测方案的NDZ边界的推导过程可以看出，$\Delta P\times\Delta Q$坐标系中NDZ的上下边界分别由频率工作范围的上下限决定，而NDZ的左右边界分别由电压工作范围的上下限决定。

7.4.2 基于$L\times C_{norm}$坐标系孤岛检测的有效性评估

在功率不匹配ΔP和ΔQ较小时，过/欠电压和过/欠频率孤岛检测方案将检测失败。虽然通过减小电压和频率的工作范围可以减小NDZ，但是这样会导致误跳闸。许多主动式反孤岛方案通过向系统引入扰动以使系统的工作点偏离正常范围，从而可以减小孤岛检测的NDZ以提供更好的孤岛检测性能，然而，由于功率不匹配坐标系$\Delta P\times\Delta Q$不能用来评估主动式反孤岛策略的有效性，因此需要一种基于具体负载参数的坐标系以准确评估主动式反孤岛策略的有效性。本节定义了以负载电感L为横坐标而以负载“标准化电容”C_{norm}为纵坐标的负载参数坐标系$L\times C_{norm}$，“标准化电容”C_{norm}考虑了负载谐振频率等于电网频率时的最不利孤岛检测因素，因而可以针对最不利孤岛检测情况的负载进行分析。另外，在负载参数坐标系$L\times C_{norm}$基础上，推导出以R、L和C为变量的几种基于频率的反孤岛策略的相位判据。

7.4.2.1 $L\times C_{norm}$坐标系及其孤岛检测的相位判据

相位判据是用来分析基于频率变化的反孤岛策略有效性的一项指标。由于触发过/欠电压保护需要较大的有功功率不匹配，且系统中电压变动比频率变动相对难实现，所

以许多主动式反孤岛方案都采用偏移频率来触发过/欠频率保护的方法，因此对基于频率的反孤岛方案有效性的研究是有意义的。

由于负载参数坐标系 $L\times C_{\mathrm{norm}}$ 中反孤岛策略的 NDZ 与其对应的相位判据密切相关，因此必须弄清相位判据的含义。考虑图 7-10 所示的原理电路，并参阅前面章节中的孤岛效应发生机理可知，孤岛效应的发生必须满足相位平衡关系，即 $\varphi_{\mathrm{load}}+\theta_{\mathrm{inv}}=0$，其中 θ_{inv} 是由所采用的反孤岛方案决定的并网逆变器输出电流超前于逆变器输出端电压的相位角，φ_{load} 是负载阻抗角。由于这种相位平衡关系是孤岛效应发生的必要条件之一，因此 $\varphi_{\mathrm{load}}+\theta_{\mathrm{inv}}=0$ 可作为孤岛效应发生的一个判断标准，简称为相位判据。

在 RLC 负载的情况下，相位判据可用具体负载参数（即 R、L 和 C）和频率 ω 的表达式来描述，即

$$\arctan[R((\omega L)^{-1}-\omega C)]=-\theta_{\mathrm{inv}} \tag{7-59}$$

式中　ω——电压 u_{a} 的频率；

R，L，C——负载的电阻、电感、电容值。

如果满足式（7-59）的 ω 在频率正常工作范围内，孤岛效应将持续发生，因此可用式（7-52）来评估基于频率的反孤岛方案的有效性。

采用相位判据，可以在以负载电感 L 为横坐标而以负载“标准化电容” C_{norm} 为纵坐标的负载参数坐标系 $L\times C_{\mathrm{norm}}$ 中描绘出基于频率的反孤岛方案的 NDZ。

为研究负载谐振频率等于电网频率时的孤岛检测最不利情况，“标准化电容” C_{norm} 定义为负载电容 C 与谐振电容 C_{res} 之比，而谐振电容 C_{res} 定义为 C_{res} 和负载电感 L 的谐振频率等于电网频率 ω_{g}，即 $\omega_{\mathrm{g}}=1/\sqrt{L\cdot C_{\mathrm{res}}}$，于是 C_{norm} 可以用负载电感 L 的函数式表示

$$C_{\mathrm{norm}}=C/C_{\mathrm{res}}=C\omega_{\mathrm{g}}^2L \tag{7-60}$$

将式（7-60）带入式（7-59），得到

$$\arctan\left[\frac{R}{\omega L}\left(1-\frac{\omega^2}{\omega_{\mathrm{g}}^2}C_{\mathrm{norm}}\right)\right]=-\theta_{\mathrm{inv}} \tag{7-61}$$

式（7-61）可称为 $L\times C_{\mathrm{norm}}$ 坐标系中孤岛发生的相位判据。由式（7-61）可知，对负载参数坐标系 $L\times C_{\mathrm{norm}}$ 中的每一点，孤岛系统的稳态频率都能用特定反孤岛方案的相位判据来计算。如果孤岛系统的稳态频率在过/欠频阈值范围内，那么孤岛系统中的 RLC 负载的稳态工作点就位于所采用的反孤岛方案的 NDZ 以内，否则就位于 NDZ 之外。值得注意的是：相位判据只能预测基于频率的反孤岛方案 NDZ 的大小和位置，而不能预测孤岛效应持续发生的时间。

此外，与在 $\Delta P\times\Delta Q$ 坐标系中过/欠频率孤岛检测 NDZ 的分析不同，并网逆变器的恒功率工作模式和恒电流工作模式对负载参数坐标系 $L\times C_{\mathrm{norm}}$ 中过/欠频率保护的 NDZ 没有影响，所以无需就恒功率模式和恒电流模式分别进行讨论。

7.4.2.2　$L\times C_{\mathrm{norm}}$ 坐标系中孤岛检测的 NDZ 边界

本小节将讨论以 R、L 和 C 为变量的几种基于频率的反孤岛策略的相位判据，包括过/欠频率保护、相位跳变、滑模频移、主动式频移以及 sandia 频移方案。利用相位判据，并考虑频率的工作范围，可以得出 $L\times C_{\mathrm{norm}}$ 坐标系中各方案的 NDZ 边界，根据 NDZ

的大小就可以评估反孤岛方案的有效性。

1. 过/欠频率孤岛检测的 NDZ 边界

若考虑并网逆变器的单位功率因数运行，即 $\theta_{inv}=0$，由式（7-54）易得 $L\times C_{norm}$ 坐标系中过/欠频率孤岛检测的相位判据为

$$\arctan\left[\frac{R}{\omega L}\left(1-\frac{\omega^2}{\omega_g^2}C_{norm}\right)\right]=0 \tag{7-62}$$

式（7-62）可以等效为

$$\frac{R}{\omega L}\left(1-\frac{\omega^2}{\omega_g^2}C_{norm}\right)=0 \tag{7-63}$$

以上推导表明，孤岛发生后，系统中的频率会持续变化直到式（7-63）成立，而满足式（7-63）的频率就是负载的谐振频率 ω_0（$\omega_0=1/\sqrt{LC}$）。在谐振频率 ω_0 处，系统频率到达稳态，如果此时 ω_0 超出了频率正常工作范围，反孤岛保护动作，孤岛效应将不会持续发生。

根据式（7-63），$L\times C_{norm}$ 坐标系中过/欠频孤岛检测的 NDZ 边界可以通过分别计算 $\omega=2\pi f_{max}$ 和 $\omega=2\pi f_{min}$ 情况下的 L 和 C_{norm} 而得到，即

$$\begin{cases} C_{norm\_max}=\dfrac{f_g^2}{f_{min}^2} \\ C_{norm\_min}=\dfrac{f_g^2}{f_{max}^2} \end{cases} \tag{7-64}$$

式中 f_g——电网频率。

2. 相位跳变孤岛检测的 NDZ 边界

类似过/欠频孤岛检测的 NDZ 分析，相位跳变孤岛检测的相位判据如下：

$$\left|\arctan\left[\frac{R}{\omega L}\left(1-\frac{\omega^2}{\omega_g^2}C_{norm}\right)\right]\right|\leqslant\varphi_{th} \tag{7-65}$$

式中 φ_{th}——相位跳变孤岛检测中规定的相位阈值。

可见，负载阻抗角 $\varphi_{load}(f)$ 是频率 f 的非线性函数，当逆变器单位功率运行时，由于 θ 足够小，因而可利用 $\arctan\theta\approx\theta$ 对式（7-65）进行微偏线性化，这样相位跳变孤岛检测的 NDZ 边界为

$$\begin{cases} C_{norm\_max}=\dfrac{f_g^2}{f_{min}^2}\left(1+\dfrac{2\pi\cdot f_{min}\cdot L\cdot\varphi_{th}}{R}\right) \\ C_{norm\_min}=\dfrac{f_g^2}{f_{max}^2}\left(1-\dfrac{2\pi\cdot f_{max}\cdot L\cdot\varphi_{th}}{R}\right) \end{cases} \tag{7-66}$$

3. 滑模频移孤岛检测的 NDZ 边界

滑模频移是对并网逆变器输出电流 - 电压的相位运用正反馈使得其相位偏移进而使

得频率发生偏移的孤岛检测方案。当电网连接时，电网提供固定的相位和频率参考使工作点稳定在电网频率处；而当电网跳闸后，负载和并网逆变器的相位-频率工作点为负载阻抗角与并网逆变器相位响应曲线的交点，即 $\varphi_{load}(f) = -\theta_{SMS}(f)$，其中 θ_{SMS}是滑模频移方案中定义的并网逆变器输出电流超前于逆变器输出端电压的相位角，因此滑模频移孤岛检测的相位判据为

$$\arctan\left[\frac{R}{\omega L}\left(1-\frac{\omega^2}{\omega_g^2}C_{norm}\right)\right] = -\theta_{SMS}(f) \tag{7-67}$$

同理可利用$\arctan\theta\approx\theta$ 对式（7-67）进行微偏线性化，考虑频率工作范围为$f_{min}\leqslant f_a\leqslant f_{max}$，于是滑模频移方案的 NDZ 边界由下式确定

$$\begin{cases} C_{norm\_max} = \dfrac{f_g^2}{f_{min}^2}\left(1+\dfrac{2\pi\cdot f_{min}\cdot L\cdot\theta_{SMS}}{R}\right) \\ C_{norm\_min} = \dfrac{f_g^2}{f_{max}^2}\left(1+\dfrac{2\pi\cdot f_{max}\cdot L\cdot\theta_{SMS}}{R}\right) \end{cases} \tag{7-68}$$

4. 主动式频移方案的 NDZ 边界

前面的分析已知，当孤岛系统中的负载是容性的情况下，孤岛系统的频率有下降趋势。如果系统采用向上频移的主动式频移反孤岛策略，那么孤岛发生后，容性负载所导致的频率下降趋势将抑制或抵消并网逆变器向上主动频移的趋势，从而使孤岛效应能够持续进行。换言之，对 *RC* 或 *RLC* 负载的并网系统，主动式频移方案必然存在 NDZ。

采用恒频率偏移（即 δf 不变）的并网逆变器的输出电流可由式（7-69）表示

$$i_k = \sqrt{2}I\cdot\sin[2\pi(f_{vk-1}+\delta f)]t \tag{7-69}$$

因此，采用恒频率偏移的并网逆变器输出电流的基波分量超前于逆变器输出端电压的相位角 θ_{inv}可近似表示为

$$\theta_{inv} = 0.5\omega t_z \tag{7-70}$$

式中　t_z——主动式频移反孤岛策略中正弦波电流中插入的死区时间。

由于 $t_z = 1/f_v - 1/f_i \approx 1/f - 1/(f+\delta f)$，于是式（7-70）可化为

$$\theta_{inv} = \pi f t_z = \pi f(1/f - 1/(f+\delta f)) \tag{7-71}$$

将式（7-71）代入式（7-61），得到主动式频移方案的相位判据为

$$\arctan\left[\frac{R}{\omega L}\left(1-\frac{\omega^2}{\omega_g^2}C_{norm}\right)\right] = -\pi f\left(\frac{1}{f}-\frac{1}{f+\delta f}\right) \tag{7-72}$$

一方面，小的 δf 取值使$\dfrac{f}{f+\delta f}\approx 1$，由此简化式（7-72），得到

$$\arctan\left[\frac{R}{\omega L}\left(1-\frac{\omega^2}{\omega_g^2}C_{norm}\right)\right] \approx -\frac{\pi\cdot\delta f}{f} \tag{7-73}$$

另一方面，由于$|\theta_{inv}| = |\varphi_{load}|$很小，即$\arctan\theta\approx\theta$，代入式（7-72）可得到孤岛系统的稳态频率的近似表达式为

$$f \approx \sqrt{\left(\frac{1}{2\pi\sqrt{LC}}\right)^2 + \frac{\delta f}{2RC}} \tag{7-74}$$

一旦孤岛系统到达式（7-74）确定的且比负载谐振频率略高的稳态频率时，系统的频率将不再升高。如果这一稳态频率在逆变器过/欠频率阈值范围内，并且 RLC 负载的电压幅值也在逆变器过/欠电压阈值范围内时，孤岛效应将持续进行。

根据式（7-73），$L \times C_{\mathrm{norm}}$ 坐标系中主动式频移孤岛检测的 NDZ 边界可以通过分别计算 $\omega = 2\pi f_{\max}$ 和 $\omega = 2\pi f_{\min}$ 情况下的 L 和 C_{norm} 得到，即

$$\begin{cases} C_{\mathrm{norm\_max}} = \dfrac{f_{\mathrm{g}}^2}{f_{\min}^2}\left(1 + \dfrac{2\pi^2 \cdot L \cdot \delta f}{R}\right) \\ C_{\mathrm{norm\_min}} = \dfrac{f_{\mathrm{g}}^2}{f_{\max}^2}\left(1 + \dfrac{2\pi^2 \cdot L \cdot \delta f}{R}\right) \end{cases} \tag{7-75}$$

5. Sandia 频移方案的 NDZ 边界

Sandia 频移是带正反馈的主动式频移，其斩波因子 cf 在每个周期都会发生变化，即

$$cf_{\mathrm{k}} = cf_{\mathrm{k-1}} + K \cdot \Delta\omega_{\mathrm{k}} \tag{7-76}$$

式中 cf_{k}——第 k 周期的斩波因子；

$cf_{\mathrm{k-1}}$——第 $k-1$ 周期的斩波因子；

K——不改变方向的加速增益；

$\Delta\omega_{\mathrm{k}}$——第 k 周期电压 u_{a} 的采样频率 ω_{k} 与电网频率 ω_{g} 之间的偏差，即 $\Delta\omega_{\mathrm{k}} = \omega_{\mathrm{k}} - \omega_{\mathrm{g}}$。

当采用向上频移的 Sandia 频移反孤岛策略时，并网逆变器输出电流超前于端电压的相位角 $\theta_{\mathrm{inv}} = 0.5\omega t_{\mathrm{z}} = 0.5\pi cf$，因此 Sandia 频移方案的相位判据为

$$\tan^{-1}\left[\frac{R}{\omega L}\left(1 - \frac{\omega^2}{\omega_{\mathrm{g}}^2}C_{\mathrm{norm}}\right)\right] = -0.5\pi(cf_{\mathrm{k-1}} + K \cdot \Delta\omega_{\mathrm{k}}) \tag{7-77}$$

这一相位关系表明：当频率偏差增加时，孤岛效应能够持续发生，所要求的负载阻抗角也应增加，因此要到达稳态，必须使频率偏离负载的谐振频率，这就使得采用 Sandia 频移反孤岛策略时系统所达到的稳态频率要比采用主动式频移反孤岛策略时系统所达到的稳态频率大，从而增加了触发过/欠频保护的可能性。Sandia 频移反孤岛策略的 NDZ 边界可以通过分别计算 $\omega = 2\pi f_{\max}$ 和 $\omega = 2\pi f_{\min}$ 情况下的 L 和 C_{norm} 加以确定。

6. 小结

从以上几种基于频率的反孤岛方案的相位判据可以看出：孤岛效应发生后，系统到达稳态时的频率与负载参数有关，然而有功功率及无功功率不匹配并不是由负载参数唯一决定，考虑负载需求的无功功率表达式，即

$$Q_{\mathrm{load}} = u_a^2((\omega L)^{-1} - \omega C) = \Delta Q \tag{7-78}$$

式（7-78）表明，有很多 L 和 C 的组合可以得到同样的 ΔQ，于是对一个给定的 ΔP，这些组合都将绘制在功率不匹配坐标系中的同一点上，但是其中有些组合可能导

致孤岛检测失败，而另外一些可能不会。因此在功率不匹配坐标系 $\Delta P \times \Delta Q$ 中评估反孤岛策略的有效性时，只针对特定负载而不是针对最严重情况下负载得出的 NDZ 可能会导致错误的结论。

总的来说，Sandia 频移方案是所讨论方案中孤岛检测性能最好的一种。谐振频率等于电网频率且 Q_f 较大的负载将使得孤岛检测变得更困难。对于需求功率较高的负载，孤岛效应持续时间可能减少。

思　考　题

1. 什么是孤岛效应？简述孤岛效应的危害。
2. 在断路器跳闸之后，什么情况下孤岛效应最不容易被检测？（提示：功率、谐振）
3. 有功功率失配之后对 PCC 点电压幅值有什么影响？请用公式说明。
4. 若并网逆变器以单位功率因数运行，那么无功功率失配在电网跳闸后对 PCC 点电压频率有什么影响？请进行定量分析。
5. 现有的孤岛检测方法主要分为哪几大类？各自的优缺点是什么？
6. 阐述两种主动孤岛检测方法的基本原理。
7. 在反孤岛测试中，如何衡量负载的选择是否合理？为什么？
8. 如何评估孤岛检测方法的有效性？试举例分析一种主动孤岛检测方法的有效性。

参 考 文 献

[1] 张兴. 太阳能光伏并网发电及其逆变控制 [M]. 北京：机械工业出版社，2011.
[2] 姚丹，张兴，倪华. 基于 Sandia 频移方案的光伏并网主动式反孤岛效应的研究 [C]. 华东六省一市自动化学术年会，2005.
[3] 刘宁. 分布式发电系统的被动式孤岛检测方法研究 [D]. 合肥：合肥工业大学，2016.
[4] 谢东. 分布式发电多逆变器并网孤岛检测技术研究 [D]. 合肥：合肥工业大学，2014.
[5] 杜成孝. 基于小波包变换的光伏并网逆变器孤岛检测方法研究 [D]. 合肥：合肥工业大学，2016.
[6] 姚丹. 分布式发电系统孤岛效应的研究 [D]. 合肥：合肥工业大学，2006.
[7] 蔡逢煌，郑必伟，王武. 结合同步锁相的光伏并网发电系统孤岛检测技术 [J]. 电工技术学报，2012 (10)：202-206.
[8] 刘芙蓉，王辉，康勇，等. 滑模频率偏移法的孤岛检测盲区分析 [J]. 电工技术学报，2009，24 (2)：178-183.
[9] SERBAN E，PONDICHE C，ORDONEZ M. Islanding Detection Search Sequence for Distributed Power Generators Under AC Grid Faults [J]. Power Electronics IEEE Transactions on，2015，30 (6)：3106-3121.
[10] HERNANDEZ-GONZALEZ G，IRAVANI R. Current injection for active islanding detection of electronically-interfaced distributed resources [J]. IEEE Transactions on Power Delivery，2006，21 (3)：1698-1705.

[11] VAHEDI H, KARRARI M. Adaptive Fuzzy Sandia Frequency - Shift Method for Islanding Protection of Inverter - Based Distributed Generation [J] . IEEE Transactions on Power Delivery, 2013, 28 (1): 84 - 92.

[12] TASK V. Evaluation of islanding detection methods for photovoltaic utility interactive power systems [J] . Report Iea Pvps T5.

[13] 张纯江，郭忠南，孟慧英，等. 主动电流扰动法在并网发电系统孤岛检测中的应用 [J] . 电工技术学报，2007，22 (7)：176 - 180.

[14] WANG G, YU S, CHENG Q, et al. An islanding detection method based on adaptive reactive power disturbance [C] . Chinese Automation Congress, 2017: 6268 - 6273.

[15] PALETHORPE B, SUMNER M, THOMAS D W P. Power system impedance measurement using a power electronic converter [C] . International Conference on Harmonics and Quality of Power, 2000. Proceedings. IEEE, 2000 (1): 208 - 213.

[16] STEVENS J W I, BONN R H, GINN J W, et al. Development and Testing of an Approach to Anti - Islanding in Utility - Interconnected Photovoltaic Systems [J] . Office of Scientific & Technical Information Technical Reports, 2000, 266 (5): 873 - 881.

[17] SUN H, LOPES L A C, LUO Z. Analysis and comparison of islanding detection methods using a new load parameter space [C] . Industrial Electronics Society, 2004. IECON 2004. Conference of IEEE. IEEE, 2005 (2): 1172 - 1177.

[18] HORGAN S, IANNUCCI J, WHITAKER C, et al. Assessment of the Nevada Test Site as a Site for Distributed Resource Testing and Project Plan: March 2002 [J] . Nrel/sr, 2002, 9 (1): 10 - 11.

第8章 新能源发电并网导则及故障穿越

8.1 新能源发电并网导则

大规模开发利用风电、光伏等新能源所面临的挑战主要来源于电力系统对新能源发电系统的要求，主要取决于三个方面，即电力系统的配置、发电系统的装机容量以及发电系统输出电能的变化。新能源发电的装机容量对电力系统的影响通常用其发电量与电力消耗量的百分比，即“穿透率（Penetration）”来描述。新能源发电量占总电力消耗量的比重小于5%的情况通常被认为是低穿透率，而高于10%的情况通常被认为是高穿透率。新能源发电的时变性是由风能、日照条件等变化所引起的，这些变化都会直接影响到风电、光伏等新能源发电系统输出电能的变化。

新能源发电对电力系统的影响从时间上可以分为短期影响和长期影响，从整体上可分为局部影响和系统影响。其中短期影响包括电压控制、常规电厂（热电厂、水电厂等）的发电效率、输配电的效率、电能储备等；而长期影响主要是指对电力系统可靠性的响应。在以上各种影响中，除电压控制为局部影响外，其他皆为系统影响。新能源发电对电力系统的影响主要取决于新能源发电的电网穿透率、电网的容量以及电力系统中电能的混合状况等，为了更有效地利于大规模新能源发电，确保电力系统的安全稳定运行，就要求新能源并网发电必须遵循一定的并网导则（规范、规定、标准等），以下以风力发电为例进行讨论。

为了大规模利用风能，电力系统必须应对和解决以下问题：

1）电力系统的稳定运行，包括电能储存和供需平衡问题、风能的短期预测问题等；

2）并网风力发电系统和电力系统暂态稳定性问题，包括电网对风力发电机的并网要求以及风力发电机的控制等问题；

3）电网的基础设施建设，包括传输线路的延伸和已有电力线路的加强等问题；

4）电能的充足性问题，电力系统必须有充足的发电容量以满足用户负载的变化；

5）电力市场规划问题；

6）相应的政策法规问题。

针对风力发电的装机状况，许多电力运营商出台了针对风力发电系统的并网规定，概括起来这些规定主要涉及有功功率控制、频率控制、频率运行范围、无功功率控制、电压控制以及电压运行范围等方面。

1. 有功功率控制

电力系统通常要求对风力发电机的输出有功功率按照一定的变化率进行控制，如要求风力发电机并网后具有功功率的变化率不得超过20%，主流的双馈型、全功率型风力发电机等大功率变速变桨距风力发电机均有较强的输出功率控制能力。但考虑到风电场以及单台风力发电机的运行通常要求最大限度地利用风能资源，因而限制风力发电机的输出功率必然会导致风能利用效率的下降。

2. 频率控制

电力系统中的频率变化反映的是系统的供需关系，当发电量超过需求量时会导致电网频率向上漂移，反之当发电量小于需求量时电网频率将向下漂移。电力系统运行是通过对发电厂发电量的调度来调控电力系统供需关系的，一般来说这种调控是根据各发电厂发电成本的不同进行调控的，因此，风力发电厂一般以最大风能利用率运行。但在动态过程中，比如电力需求突然增大，就要求风力发电机迅速增加其输出功率，反之则要求风力发电机迅速降低其输出功率，以满足对电力系统频率调控的要求。显然，风力发电机输出功率必须按频率的变化加以控制，风力发电机输出功率随频率的变化关系如图8-1所示。

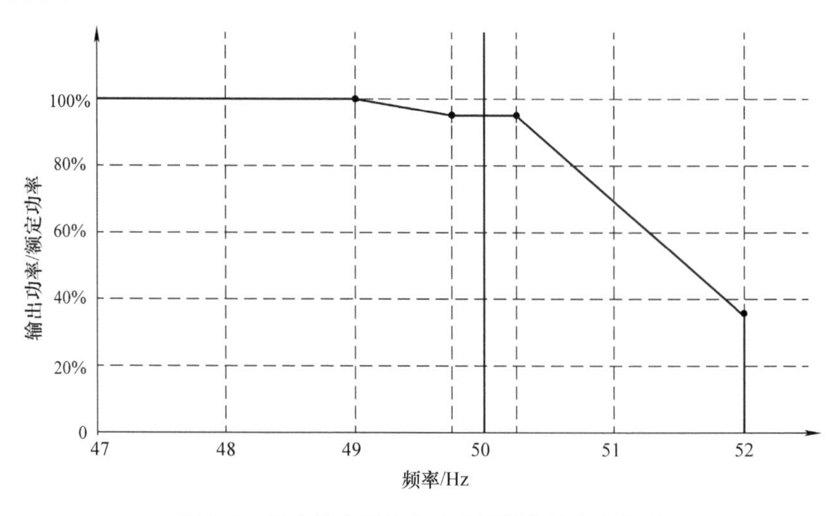

图8-1　风力发电机输出功率随频率的变化关系

当然，对于风力发电对其频率的控制关系，不同电力运营商又有不同的规定，具体与风电穿透率以及风场所处位置等因素有关。变速风力发电机对电网频率的控制，除控制风力发电机的发电功率外，有时还可以配合其惯性储能进行控制。例如当需要瞬间增加风力机输出功率时，可以通过瞬间降低运行速度释放其动能，反之，当需要瞬间减小其输出功率时，则可以增加其运行速度，利用风力机的惯性对风能进行储能。

3. 频率运行范围

电力系统供给量与电力消耗量的突然变化通常会引起频率的漂移，电力系统频率的陡然变化会增加发电机绕组的发热量，影响发电机的绝缘性能，并且在有电力电子装置控制的场合甚至会造成电力电子器件的损坏。在早期的风力发电系统运行过程中，当发生电网频率故障时，电力运营商通常允许风力发电机从电网脱离。然而，随着风力发电装机容量的不断增加，风力发电的电网穿透率也相应提高，大量风力发电机脱离电网将不利于电力系统故障的恢复。为了确保电力系统的安全和可靠运行，一些电力运营商开始要求风力发电机在一定的频带范围内不允许脱离电网，并且要进行有功功率控制以支持电网频率。图8-2所示为部分国家电网对风力发电机的频率运行要求。

图8-2　部分国家电网对风力发电机的频率运行要求

值得注意的是，尽管风力发电机能够在较大的频率变化范围内运行，但风力发电机对电网频率的支撑能力还受风力机的惯性、实际风况以及系统控制策略等因素的影响。

4. 无功功率和电压控制

在定速风力发电机并网运行时，主要通过外接电容器进行无功功率补偿，通常不具有无功功率和电压控制能力。而双馈型和全功率型变速恒频风电机组由于采用电力电子变流技术，均能够实现风力发电机输出无功功率和并网电压的控制。随着大规模风电的并网接入，风力发电机需要具有向电网提供无功功率的能力，并具有相应的动态无功功率响应性能，以维持电网无功功率的平衡和电网要求。对整个风电场而言，应能够将其电力系统公共连接点（PCC）的电压控制在预先设定的水平。对风力发电机而言，其容量因子（平均功率占额定功率的百分比）通常较低，例如离岸风电机组的容量因子通常在20%～40%，而近海风电机组的容量因子也只能达到45%～60%，这就意味着风力机在多数情况下不能满载运行，这使得风力发电机具有较大的无功功率和电网电压控制能力。电网对无功功率的要求通常使其功率因数在 0.85（感性）~0.925（容性）之间，部分国家电网对风力发电机的无功功率要求如图 8-3 所示。

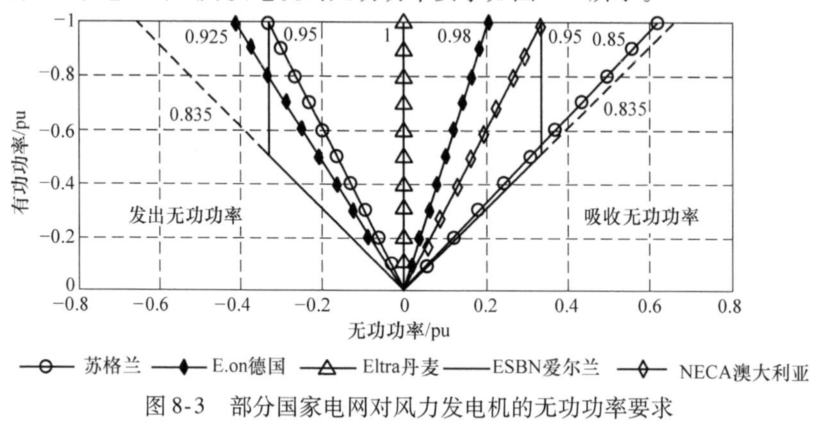

图 8-3 部分国家电网对风力发电机的无功功率要求

5. 风力发电机对电网电压的适应性要求

对风力发电机，尤其是对双馈型风力发电机而言，对电网电压变化的适应能力，特别是电网故障情况下（如短路故障等）的适应能力，一直是风力发电领域广为关注的关键问题之一。对基于笼型异步电机直接并网的定速风力发电机而言，当电网电压跌落严重时将脱离电网，由于不具有低电压穿越（Low Voltage Ride Through，LVRT）特性，因此不适合现代电力系统对风力发电机并网的要求。对基于双馈型发电机的变速风电机组而言，由于双馈电机定子与电网之间直接耦合，因此电网电压的任何波动都会在电机内部引起电磁过渡过程，这一振荡过程甚至会造成转子变流器的损坏。由于双馈型风力发电机是 MW 级大功率风力发电机的主流机型，因而双馈型风力发电机的电网适应性问题具有一定的控制复杂性和典型性。而对基于全功率型的变速风电机组而言，由于发电机与电网之间完全解耦，因此电网电压的波动对风力发电机的影响较小，其 LVRT 特性主要取决于风力机网侧全功率变流器的控制。

早期，由于与常规发电厂（如热电厂、水电厂、核电厂等）相比，风力发电容量相对较小，因此在电网发生扰动时，风机所采取的多是自我保护性措施，即电网故障时，风机脱离电网，直到电网电压恢复正常时，风机再次投入运行。然而，当风力发电容量与常规电厂容量相比不可忽视时，如果在电网出现故障的情况下，所有的风机都同时脱离电网，而不能像常规能源机组那样在电网故障时为电网提供频率和电压的支撑，将会给电力系统的安全运行带来不利的影响。因此，为了能使风力发电得到大规模的应用，并且不会危及到电网的稳定运行，当电网发生电压跌落故障时，在一定范围内，风机必须能够不脱离电网运行，而且要像常规能源机组那样，为电网提供有功功率（频率）和无功功率（电压）支撑。为此电力部门针对风力发电机并网发电出台了一些相关的并网导则，这些并网导则在不同国家甚至同一国家的不同地区也可能有不同的规定，并且有些规定还在不断的修改之中。图 8-4 所示为几个较为典型的低电压运行并网导则，其主要区别在于电压跌落度和持续运行时间的要求不同。

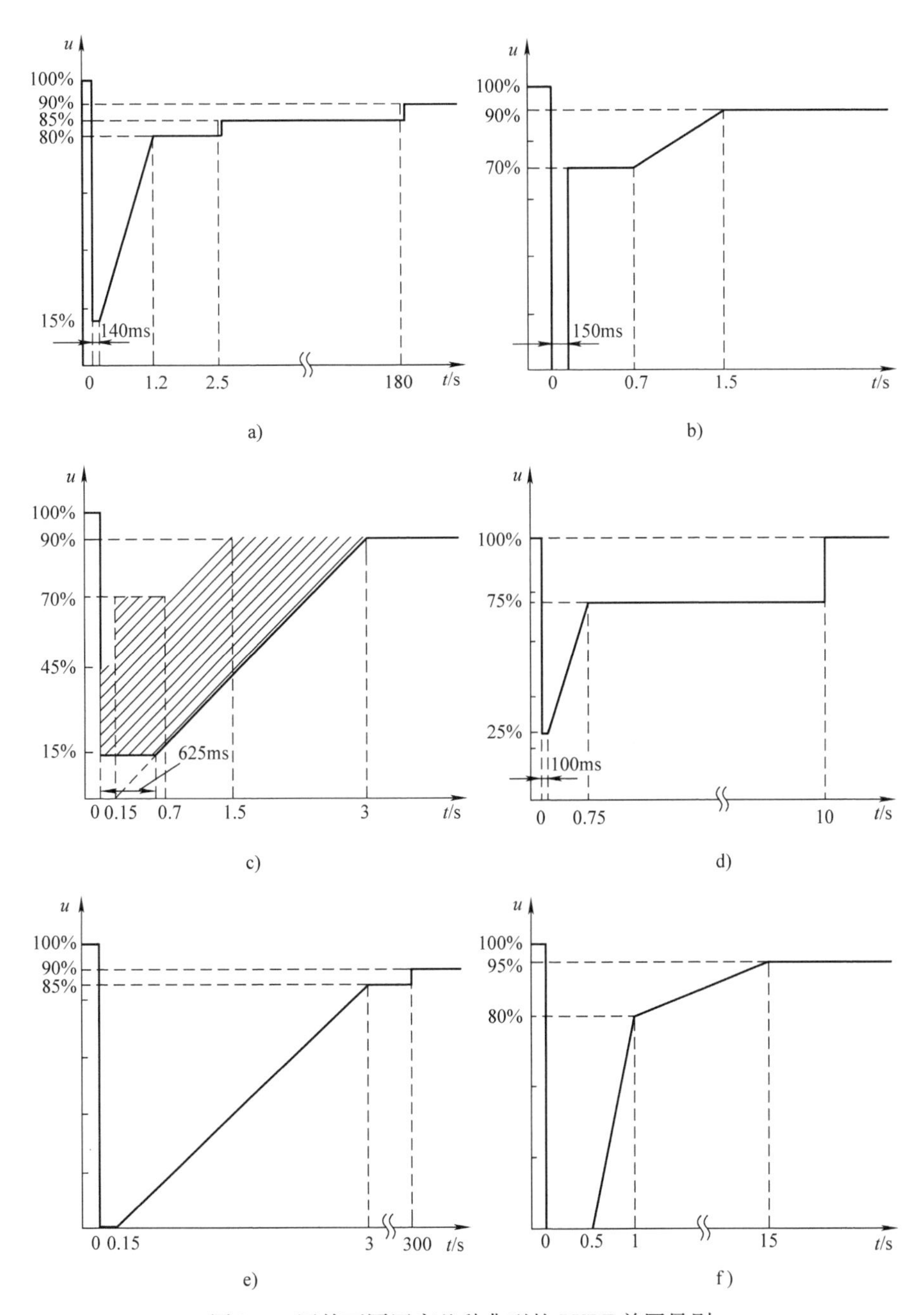

图 8-4　国外不同国家几种典型的 LVRT 并网导则

a）英国国家电网　b）德国 E. on 对大故障电流发电机的要求　c）德国 E. on 对非大故障电流发电机的要求

d）丹麦 Ekraft 和 Eltra 对风力发电机的要求　e）加拿大 CanWEA 对风力发电机的要求

f）西班牙 RED Electrica De ESpana 的要求

注：德国 E. on 公司的大故障电流指发电机故障电流为额定电流的两倍以上。

图 8-4 所示 LVRT 并网导则表明，当电网电压处在图 8-4 中低电压限值以上时，风力发电机不得脱离电网，并且必须按要求向电网提供有功功率和无功功率的支撑。例如图 8-4c 要求在电网电压位于图中阴影区域时，风力发电机必须向电网提供无功功率支撑。

我国作为风电大国，装机容量不断扩大，大规模风电并网对电网的影响日趋增加，国家电网公司也针对风力发电出台了专门性的并网标准。如 2009 年制定的《国家电网风电场接入电网技术规定》对 LVRT 问题做了明确规定，其 LVRT 特性要求如图 8-5 所示。

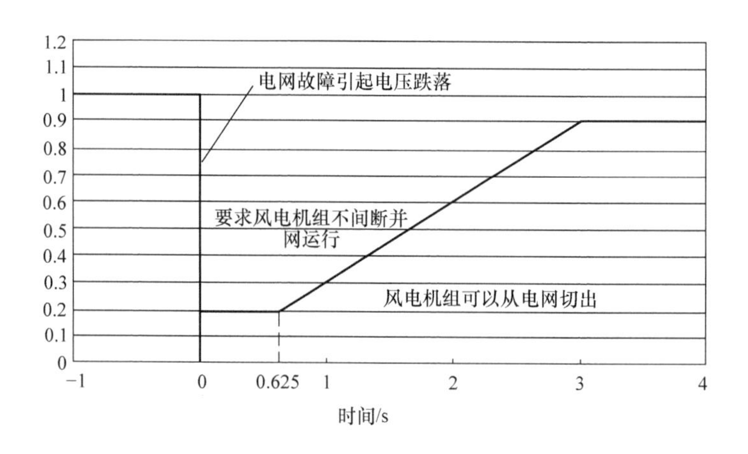

图 8-5 中国国家电网对风电接入的 LVRT 并网导则

按照图 8-5 所示 LVRT 并网导则要求，风电场并网点（即 PCC）的电压在图 8-5 中所示电压轮廓线及以上区域时，场内风电机组必须保持不脱网运行；并网点电压在图 8-5中电压轮廓线以下区域时，场内风电机组允许从电网切出。具体而言，我国国家电网对风电接入的 LVRT 要求可表述如下：

1）风电场内的风电机组具有在并网点电压跌至 20% 额定电压时能保持并网运行 625ms 的 LVRT 能力；

2）风电场并网点电压在发生跌落后 3s 内能够恢复到额定电压的 90% 时，风电场的风电机组保持并网运行；

3）对故障期间没有切出电网的风电场，其有功功率在故障切除后快速恢复，以至少 10% 额定功率/s 的功率变化率恢复至故障前的值。

综上所述，针对各国电力部门所提出的不同 LVRT 并网导则要求，风力发电机在进行并网发电时，必须满足相应的 LVRT 要求，这就要求并网风力发电机必须具备 LVRT 能力。显然，要实现风力发电机的 LVRT 控制，首先应了解电网电压跌落故障的分类，具体讨论见 8. 2 节。

8.2　电网电压跌落故障的分类

电网电压的跌落通常是指电力系统中某点电压突然跌落 10% ~90%，并且持续 0.5 个工频周期 ~1min 的时间。

电网电压跌落根据其形成原因的不同可分为三类，即电网故障引起的电压跌落（Fault Related Sags，FRS）、大容量电机起动引起的电压跌落（Large Motor Starting Related Sags，MSRS）和电机再加速引起的电压跌落（Motor Re - acceleration Related Sags，MRRS），分别如图 8-6a、b、c 所示。

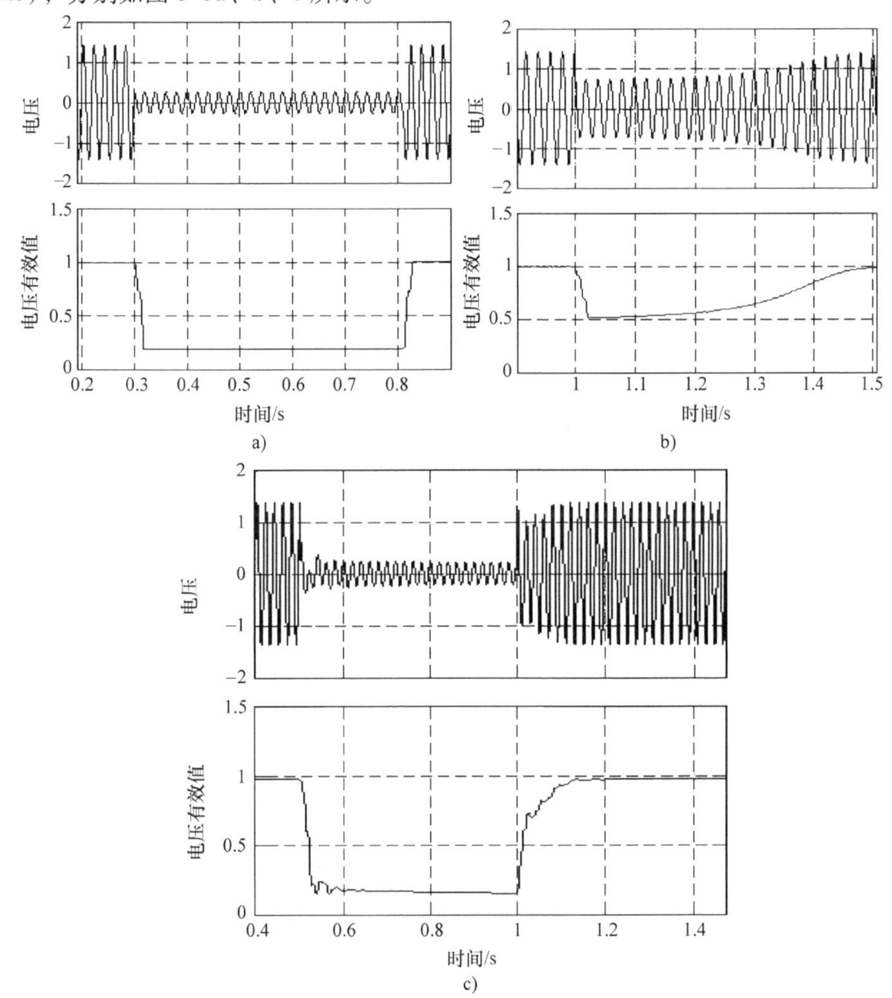

图 8-6　电网电压跌落的分类描述

a）电网故障引起的电压跌落（FRS）　b）大容量电机启动引起的电压跌落（MSRS）

c）大容量电机再加速引起的电压跌落（MRRS）

从图 8-6 中可以看出，对于由电网故障引起的电压跌落，如图 8-6a 所示，其电压跌落和电压恢复几乎瞬时发生，电压跌落和电压恢复所需时间一般很短；对于由大容量电机起动引起的电网电压跌落，如图 8-6b 所示，其电压恢复所需时间相对较长，通常需要几百 ms ~ 几 s 的时间；对于由大容量电机再加速引起的电压跌落，如图 8-6c 所示，在电机再加速起始时刻，由于大容量电机惯性的作用会短暂延缓电网电压的跌落，因此电机加速后仍然呈现出较快的电压跌落过程，而在电网电压恢复时，由于电机再加速过程及其所吸收无功功率的增加，因此在一定程度上阻碍并延缓了电网电压的恢复。

在上述三种电网电压跌落故障中，由电网故障所引起的电压跌落通常伴随电压相位突变和三相电压不对称等故障特征。

针对电网故障引起的电网电压跌落，按照电压跌落后的三相电压对称与否，又可以将其分为对称电压跌落和不对称电压跌落两种情况，具体讨论如下。

（1）对称电压跌落描述。

对于对称电压跌落，若考虑三相静止 abc 坐标系，则其电压跌落初始时刻的电压矢量可以表述为

$$V_g(t=0_+) = Ve^{j(\theta_g+\varphi)} \tag{8-1}$$

式中 $V_g(t=0_+)$——电网电压跌落初始时刻的电网电压矢量；

V——电网电压跌落初始时刻的电网电压幅值；

θ_g——电网电压跌落初始时刻的电网电压矢量角；

φ——电网故障使得电网电压矢量角的跃变量。

（2）不对称电压跌落描述。

对于不对称电压跌落的故障，通常可分为三种情况，即单相接地故障（Single Line to Ground Fault，SLGF）、两相接地故障（Two Lines to Ground Fault，TLGF）和相间短路故障（Line To Line Fault，LLF）。与对称电网电压跌落故障不同，不对称电网电压跌落故障会使得电网电压矢量中不仅含有正序分量，而且还含有负序分量甚至零序分量，如图 8-7 所示。

显然，与对称电压跌落故障相比，不对称电压跌落故障的描述更为复杂，为了简化起见，通常假设正序分量、零序分量和负序分量的电网线路阻抗相等，基于这一假设的电网电压不对称故障可分别描述如下：

当电网发生单相接地故障时，其电压跌落初始时刻的电网相电压可描述为

$$\begin{cases} V_A(t=0_+) = V\cos(\theta_g+\varphi) \\ V_B(t=0_+) = V_g\cos(\theta_g-2\pi/3) \\ V_C(t=0_+) = V_g\cos(\theta_g+2\pi/3) \end{cases} \tag{8-2}$$

当电网发生两相接地故障时，其电压跌落初始时刻的电网相电压可表述为

$$\begin{cases} V_A(t=0_+) = V_g\cos(\theta_g) \\ V_B(t=0_+) = V\cos(\theta_g-2\pi/3+\varphi) \\ V_C(t=0_+) = V\cos(\theta_g+2\pi/3+\varphi) \end{cases} \tag{8-3}$$

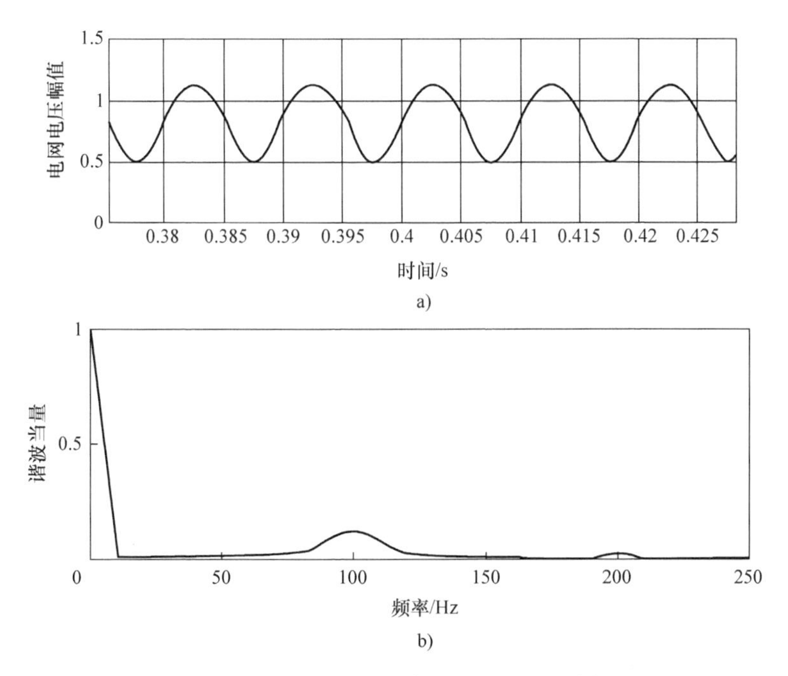

图 8-7　发生不对称故障时的电网电压分析

a）电网电压矢量的幅值　b）电网电压幅值的频谱

当电网发生相间短路故障时，其电压跌落初始时刻的电网相电压可表述为

$$\begin{cases} V_{A}(t=0_{+}) = V_{g}\cos(\theta_{g}) \\ V_{B}(t=0_{+}) = V\cos(\theta_{g}-2\pi/3-\varphi) \\ V_{C}(t=0_{+}) = V\cos(\theta_{g}+2\pi/3+\varphi) \end{cases} \tag{8-4}$$

（3）实际风力发电机的不对称电压跌落分析。

以上非对称故障的描述仅仅针对电网可能发生的不对称故障，但对一个实际的风力发电机而言，通常通过一个三相△/丫变压器与电网 PCC 相连，由于三相△/丫变压器的相位变换作用，当电网跌落故障发生时，变压器一次侧和二次侧所呈现的电压跌落故障类型将有可能不同。

以双馈型风力发电系统为例进行讨论，电网故障时双馈型风力发电机并网系统示意图如图 8-8 所示。以下在考虑双馈型风力发电机本身所承受的电网电压跌落类型时，皆以此拓扑结构为依据。

通常有两种电网故障类型的划分方案，即 ABC 划分方案和对称分量法划分方案。其中对称分量法划分方案是基于对电网非对称故障系统分析提出的一种划分方案，而 ABC 划分方案则是一种更为直观的划分方案。与 ABC 划分方案相比，对称分量法划分方案是一种系统性的划分方法，便于对电网故障的监测和统计。而 ABC 划分方案具有较为限定的故障类型，因此较适合于实际电力电子并网装置的测试与评估。

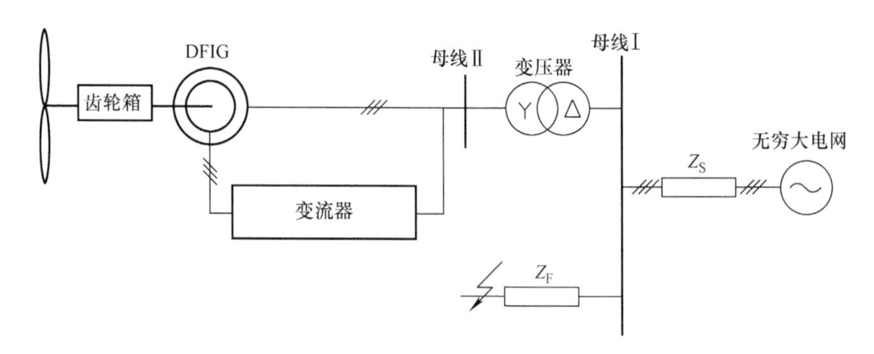

图 8-8　电网故障时双馈型风力发电机并网系统示意图

以下采用 ABC 划分方案对实际风力发电机的电网故障类型进行划分，根据 ABC 划分方案，通常将电网电压跌落划分为六种类型，如图 8-9 所示。

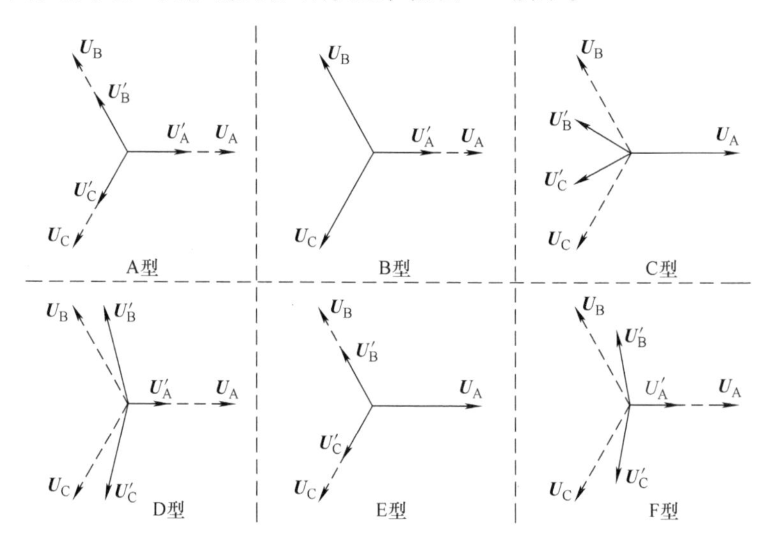

图 8-9　电压跌落类型 A ~ F

图 8-9 以矢量形式示出了 ABC 划分方案的 A ~ F 六种电压跌落类型，在如图 8-8 所示的双馈型风力发电机并网系统中，当电网发生不同故障时，母线 I 和母线 II 所形成的电压跌落类型见表 8-1。

表 8-1　电网故障时不同母线的电压跌落分类

所发生的故障	在母线 I 产生的跌落类型	在母线 II 产生的跌落类型
三相故障	A 型	A 型
一相故障	B 型	C 型
两相对地短路	E 型	F 型
两相之间短路	C 型	D 型

对 A ~ F 六种电压跌落类型，电网三相电压的矢量描述见表 8-2。

表 8-2 电压跌落类型与电压矢量

A 型	B 型	C 型
$U'_A=V$ $U'_B=-\frac{1}{2}V-j\frac{\sqrt{3}}{2}V$ $U'_C=-\frac{1}{2}V+j\frac{\sqrt{3}}{2}V$	$U'_A=V$ $U'_B=-\frac{1}{2}E-j\frac{\sqrt{3}}{2}E$ $U'_C=-\frac{1}{2}E+j\frac{\sqrt{3}}{2}E$	$U'_A=E$ $U'_B=-\frac{1}{2}E-j\frac{\sqrt{3}}{2}V$ $U'_C=-\frac{1}{2}E+j\frac{\sqrt{3}}{2}V$
D 型	E 型	F 型
$U'_A=V$ $U'_B=-\frac{1}{2}V-j\frac{\sqrt{3}}{2}E$ $U'_C=-\frac{1}{2}V+j\frac{\sqrt{3}}{2}E$	$U'_A=E$ $U'_B=-\frac{1}{2}V-j\frac{\sqrt{3}}{2}V$ $U'_C=-\frac{1}{2}V+j\frac{\sqrt{3}}{2}V$	$U'_A=E$ $U'_B=-\frac{1}{2}V-j\left(\frac{\sqrt{3}}{3}E+\frac{\sqrt{3}}{6}V\right)$ $U'_C=-\frac{1}{2}V+j\left(\frac{\sqrt{3}}{3}E+\frac{\sqrt{3}}{6}V\right)$

8.3 风力发电机的低电压穿越及控制

风力发电机的 LVRT 问题涉及电网故障特征、变流器控制以及风电机组系统控制（包括变桨、限速等）等。以下将讨论双馈型和全功率型风力发电机的 LVRT 及其控制问题，相关 LVRT 的控制只涉及风电变流器的控制。

8.3.1 双馈型风力发电机的低电压穿越及控制

由于双馈型风力发电机采用转子背靠背变流器驱动控制，其定子直接连接电网，即双馈电机与电网直接耦合，因此当电网电压发生跌落故障时，双馈电机的定、转子将发生相应的电磁暂态冲击，同时也会造成网侧变流器的电网电压跌落响应。以下主要分析电网电压跌落故障时双馈风力发电机的电磁暂态过程，以及机侧变流器的 LVRT 控制，网侧变流器的控制可参考相关章节。

8.3.1.1 电压跌落时双馈电机的电磁暂态过程分析

静止坐标系下双馈电机定、转子的电压方程和磁链方程分别为

$$\boldsymbol{u}_s=R_s\boldsymbol{i}_s+\frac{d}{dt}\boldsymbol{\psi}_s \tag{8-5}$$

$$\boldsymbol{u}_r=R_r\boldsymbol{i}_r+\frac{d}{dt}\boldsymbol{\psi}_r-j\omega_r\boldsymbol{\psi}_r \tag{8-6}$$

$$\boldsymbol{\psi}_s=L_s\boldsymbol{i}_s+L_m\boldsymbol{i}_r \tag{8-7}$$

$$\boldsymbol{\psi}_r=L_r\boldsymbol{i}_r+L_m\boldsymbol{i}_s \tag{8-8}$$

其对应的等效电路如图 8-10 所示。

由式（8-7）和式（8-8）可得

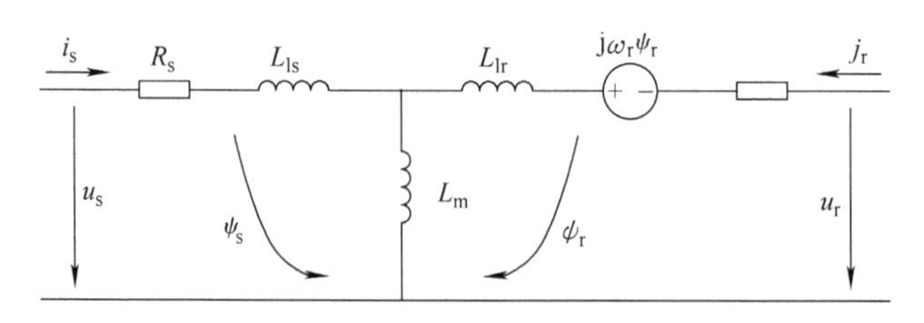

图 8-10 双馈电机等效电路

$$\boldsymbol{\psi}_r = \frac{L_m}{L_s}\boldsymbol{\psi}_s - \sigma L_r \cdot \boldsymbol{i}_r \tag{8-9}$$

式中 $\sigma = 1 - \dfrac{L_m^2}{L_s \cdot L_r}$

将式（8-9）代入式（8-6），则转子电压可进一步表述为

$$\boldsymbol{u}_r = \frac{L_m}{L_s}\left(\frac{d}{dt} - j\omega_r\right)\boldsymbol{\psi}_s + \left(R_r + \sigma L_r\left(\frac{d}{dt} - j\omega_r\right)\right)\boldsymbol{i}_r \tag{8-10}$$

显然，式（8-10）中的转子电压可分为两部分，等式右边第一部分是由定子磁链引起的转子回路反电动势所对应的电压；等式右边第二部分为转子回路所对应的阻抗压降。

将式（8-10）右边第一部分记为 $\boldsymbol{u}_{r0}$，其表达式为

$$\boldsymbol{u}_{r0} = \frac{L_m}{L_s}\left(\frac{d}{dt} - j\omega_r\right)\psi_s \tag{8-11}$$

由式（8-10）不难看出，$\boldsymbol{u}_{r0}$即为转子回路的开环电压。

而式（8-10）右边第二部分则与转子电流有关，表示转子电流在转子电阻和暂态电感上所形成的压降。

将式（8-10）和式（8-11）变换到转子坐标系下（以上标“r”标注），并重新表示为

$$\boldsymbol{u}_r^r = \frac{L_m}{L_s}\frac{d\psi_s^r}{dt} + \left(R_r + \sigma L_r\frac{d}{dt}\right)\boldsymbol{i}_r^r \tag{8-12}$$

$$\boldsymbol{u}_{r0}^r = \frac{L_m}{L_s}\frac{d\psi_s^r}{dt} \tag{8-13}$$

据此，转子坐标系下转子回路的等效电路如图 8-11 所示。

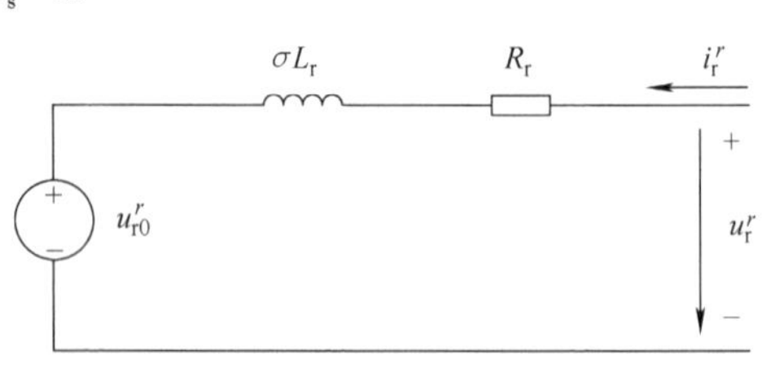

图 8-11 转子回路的等效电路图

稳态时，定子电压矢量可以表示为

$$\boldsymbol{u}_s = V \cdot e^{j\omega_s t} \tag{8-14}$$

若忽略定子电阻 R_s，则稳态时的定子磁链矢量可以表示为

$$\boldsymbol{\psi}_s = \frac{V}{j\omega_s} \cdot e^{j\omega_s t} = \boldsymbol{\psi}_s \cdot e^{j\omega_s t - \frac{\pi}{2}} \tag{8-15}$$

可见，双馈电机稳定运行时，其定子磁链矢量为一个幅值与电网电压成正比，且与电网电压矢量保持同步旋转的矢量。

将式（8-15）代入式（8-13），可得双馈电机稳态运行时，转子坐标系中的转子开路电压矢量为

$$\boldsymbol{u}_{r0}^{r}=\frac{L_{m}}{L_{s}}\frac{\omega_{s}-\omega_{r}}{\omega_{s}}\cdot V\mathrm{e}^{\mathrm{j}\cdot s\omega_{s}t-\pi/2}=\frac{L_{m}}{L_{s}}s\cdot V\mathrm{e}^{\mathrm{j}\cdot s\omega_{s}t-\frac{\pi}{2}} \tag{8-16}$$

由式（8-16）可知，在转子坐标系中，由定子磁链产生的转子开路电压幅值大小与转差频率成正比。对双馈型风力发电机而言，其双馈电机的转差频率一般不超过 ±30% 定子频率，因此双馈电机的转子开路电压相对较低，这样双馈电机驱动变流器所需的输出交流电压也相应较低。

假设双馈型风力发电机系统在 t_0 时刻前稳定运行，而电网电压在 t_0 时刻发生对称跌落故障，且令跌落深度（电压跌落/跌落前的电压幅值）为 ρ，则定子电压可以表示为

$$\boldsymbol{u}_{s}=\begin{cases}V\cdot\mathrm{e}^{\mathrm{j}\omega_{s}t} & t<t_{0}\\(1-\rho)\cdot V\cdot\mathrm{e}^{\mathrm{j}\omega_{s}t} & t\geqslant t_{0}\end{cases} \tag{8-17}$$

电压跌落前、后双馈电机的定子磁链可以表示为

$$\boldsymbol{\psi}_{sf}=\begin{cases}\dfrac{V}{\mathrm{j}\omega_{s}}\cdot\mathrm{e}^{\mathrm{j}\omega_{s}t} & t<t_{0}\\\dfrac{(1-p)\cdot V}{\mathrm{j}\omega_{s}}\cdot\mathrm{e}^{\mathrm{j}\omega_{s}t} & t\geqslant t_{0}\end{cases} \tag{8-18}$$

因磁链不能发生突变，故在电网电压跌落后，双馈电机定子磁链在由跌落前稳态值到跌落后稳态值的动态过程中，必然存在衰减的暂态分量。图 8-12 所示为电网电压跌落过程中双馈电机定子磁链幅值的动态过程。显然，其定子磁链在电压跌落过程中存在衰减的暂态分量。

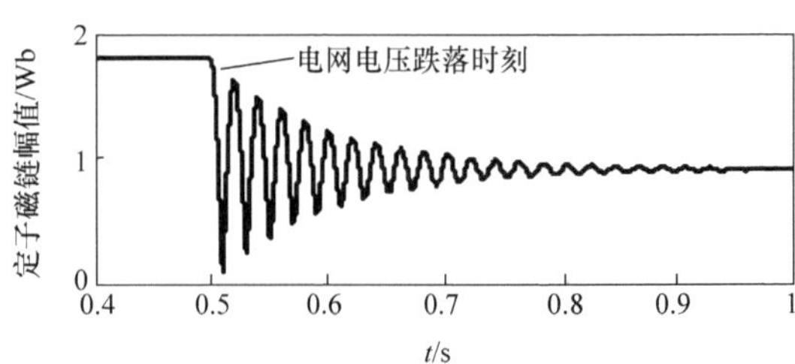

图 8-12　电网电压跌落过程中双馈电机定子磁链幅值的动态过程

若双馈电机的转子侧绕组开路，即转子电流为零，则此时定子磁链暂态方程可以表示为

$$\frac{\mathrm{d}}{\mathrm{d}t}\boldsymbol{\psi}_{s}=\boldsymbol{u}_{s}-\frac{R_{s}}{L_{s}}\cdot\boldsymbol{\psi}_{s} \tag{8-19}$$

显然，由微分方程式（8-19）所求解出的定子磁链将分为齐次解与非齐次解两部

分。定子磁链的非齐次解即为跌落后定子磁链的稳态值$\boldsymbol{\psi}_{sf}$；而定子磁链的齐次解则为跌落后定子磁链的暂态分量$\boldsymbol{\psi}_{sn}$，可以求出其表达式为

$$\boldsymbol{\psi}_{sn}=\psi_{n0}\cdot e^{-t\cdot R_s/L_s}=\psi_{n0}\cdot e^{-t/\tau_s} \tag{8-20}$$

式中　$\tau_s=L_s/R_s$——定子时间常数；

ψ_{n0}——暂态磁链的初始值。

暂态磁链分量使电压跌落过程中的磁链连续变化（不发生突变），因此初始磁链ψ_{n0}可由初始状态$t=t_0$时刻的值得出，即

$$\begin{aligned}\boldsymbol{\psi}_s(t_0^-)&=\boldsymbol{\psi}_s(t_0^+)\\ \boldsymbol{\psi}_{sf}(t_0^-)&=\boldsymbol{\psi}_{sf}(t_0^+)+\boldsymbol{\psi}_{sn}(t_0^+)\end{aligned} \tag{8-21}$$

式中　t_0^-，t_0^+——电压跌落前的瞬时时刻和电压跌落后的瞬时时刻。

电压跌落过程的双馈电机定子磁链的暂态过程可用如图8-13所示的矢量图加以描述。

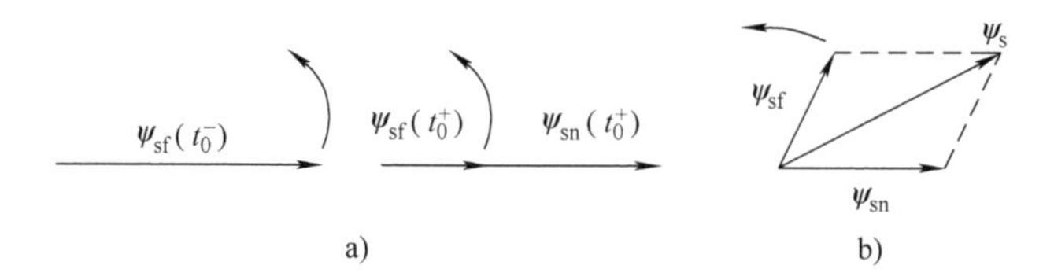

图8-13　电网电压跌落期间双馈电机定子磁链矢量的分解

a）电压跌落瞬时前、后时刻磁链矢量的分解　b）电压跌落期间磁链矢量的分解

假设$t_0=0$，可求解出电网电压跌落后的双馈电机定子磁链矢量为

$$\boldsymbol{\psi}_s(t)=\frac{(1-p)\cdot V}{j\omega_s}\cdot e^{j\omega_s t}+\frac{pV}{j\omega_s}\cdot e^{\frac{-t}{\tau_s}} \tag{8-22}$$

由式（8-22）不难得出，当电网电压发生对称跌落，且跌落深度为50%时，两相静止坐标系下双馈电机定子磁链的变化轨迹如图8-14所示。由图8-14可知，在电压跌落前的稳定状态下，定子磁链轨迹为圆心、幅值固定，且旋转频率为电网频率的同心圆；当电压跌落发生后，暂态衰减过程使得定子磁链轨迹随着圆心位置移动，轨迹圆的半径也随之逐渐减小，直至暂态磁链衰减为零，系统进入跌落后新的稳定状态，此时磁链轨迹为新的同心圆，旋转频率仍为电网频率。

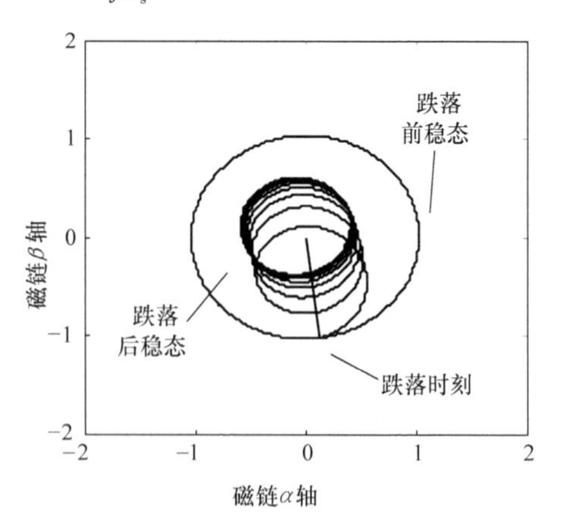

图8-14　电网对称跌落深度为50%时的定子磁链变化轨迹

电网电压跌落时，双馈电机定子磁链中的稳态分量和暂态分量都将在转子绕组中感应出相应的电压分量，分别记为$\boldsymbol{u}_{rf}$、$\boldsymbol{u}_{rn}$。此时，转子绕组的开路电压矢量$\boldsymbol{u}_{r0}$可以表

示为

$$\boldsymbol{u}_{r0} = \boldsymbol{u}_{rf} + \boldsymbol{u}_{rn} \tag{8-23}$$

将式（8-23）中定子磁链的稳态分量和暂态分量分别代入式（8-19），可得$\boldsymbol{u}_{rf}$和$\boldsymbol{u}_{rn}$的表达式为

$$\begin{cases} \boldsymbol{u}_{rf} = (1-p) \cdot V\dfrac{L_m}{L_s} \cdot s \cdot e^{j\omega_s t} \\ \boldsymbol{u}_{rn} = -\dfrac{L_m}{L_s}\left(\dfrac{1}{\tau_s} + j\omega_r\right) \cdot \dfrac{pV}{j\omega_s} e^{\frac{-t}{\tau_s}} \end{cases} \tag{8-24}$$

若忽略较小的$1/\tau_s$项，联立式（8-23）和式（8-24），并将$\boldsymbol{u}_{r0}$转换到转子坐标系下，则可得转子坐标系下转子开路电压矢量为

$$\boldsymbol{u}_{r0}^{r} \approx (1-p) \cdot V\frac{L_m}{L_s} \cdot s \cdot e^{j\omega_{sl}t} - (1-s)\frac{L_m}{L_s} \cdot pV \cdot e^{-j\omega_r t} \cdot e^{\frac{-t}{\tau_s}} \tag{8-25}$$

观察式（8-25），由于双馈型风力发电机的双馈电机转差率s的取值通常在±0.3范围内，因此转子开路电压主要由定子磁链暂态分量决定，并且转子暂态电压幅值与电网电压跌落深度成正比，而其频率为转子旋转频率。

实际上影响双馈电机转子端电压的不仅有开路电压，还有转子电流。图8-15所示为当电网发生50%电压跌落时，双馈电机转子端电压和的转子电流的动态响应。

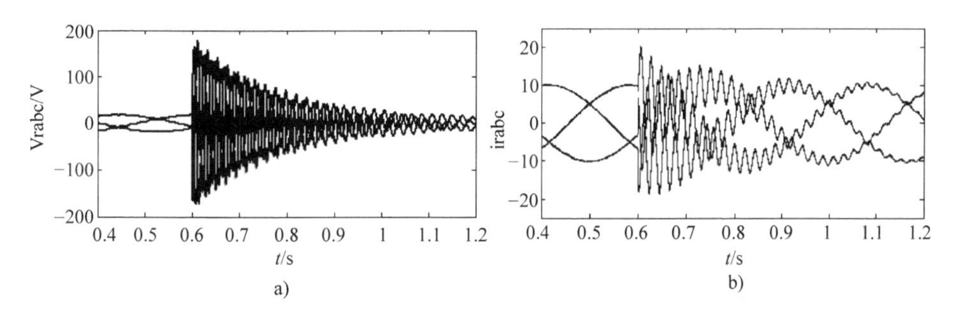

图8-15 电网电压跌落50%时，双馈电机转子端电压和的转子电流的动态响应
a）转子端电压的动态响应 b）转子电流的动态响应

8.3.1.2 双馈型风力发电机的LVRT控制方案

双馈风力发电机的转子侧采用背靠背变流器驱动控制，当电网电压跌落时，一方面电压跌落会导致网侧变流器的输出功率快速减小，另一方面，由于双馈电机的定子直接接入电网，因此电压跌落时双馈电机定、转子的暂态电磁冲击会导致双馈电机转子电压和电流的突增，如果不采取相应的LVRT控制方案，则会导致双馈风力发电机脱网，甚至损坏变流器。双馈风力发电机的LVRT控制方案主要包括基于附加硬件的LVRT方案和基于软件控制算法的LVRT方案，主要涉及机侧变流器控制。

1. 基于附加硬件的LVRT方案

基于附加硬件的LVRT方案主要包括转子附加撬棒电路、定子串联电力电子开关、

定子串联变流器、附加阻抗网络以及基于转子变流器切换的柔性拓扑等方案，现简要介绍如下。

（1）转子附加撬棒电路的 LVRT 方案。

转子附加撬棒（Crowbar）电路方案是双馈型风力发电机工程应用较为广泛的一种 LVRT 控制方案，该方案主要包括被动式撬棒电路方案和主动式撬棒电路方案，分别讨论如下。

图 8-16a 所示为一种较早应用于双馈型风电机组的被动式撬棒电路拓扑。该撬棒电路由晶闸管和泄能电阻构成，当 LVRT 时，一旦双馈电机转子电压或电流超出设定安全工作阈值，将触发晶闸管导通，以此对转子侧变流器进行旁路保护，此时双馈电机转变成转子串联电阻的异步电机工作模式。由于晶闸管不能自关断，因而撬棒电路被触发工作之后，转子侧变流器断开撬棒电路的时刻具有不确定性，所以是一种被动式撬棒电路方案，显然，该方案难以实现准确的 LVRT 控制要求。

图 8-16b 所示为一种基于全控型器件控制的主动式撬棒电路拓扑。该撬棒电路通过全控型器件的开合，同样可以使双馈电机运行在转子串联电阻的异步电机工作模式，从而实现转子变流器的旁路保护。与被动式撬棒电路不同的是，全控器件的引入使得撬棒电路的切除时刻可控，从而使驱动变流器能实时恢复对双馈电机的控制，以满足并网导则的 LVRT 要求，因此这是一种主动式撬棒电路方案。该方案实现简单、运行可靠，在双馈型风电机组中得到了广泛应用。然而该方案的主要缺陷是在撬棒动作期间，双馈电机转变为异步电机模式运行时，需要从电网吸收一定的无功功率，从一定程度上影响了电压的恢复性能。

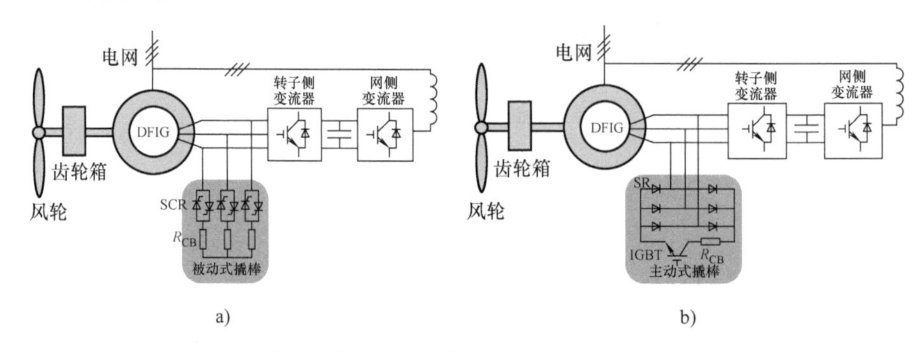

图 8-16 附加撬棒电路的双馈型风力发电机 LVRT 拓扑方案
a）被动式撬棒电路 b）主动式撬棒电路

（2）定子串联电力电子开关的 LVRT 控制方案。

为克服转子撬棒电路触发后双馈电机的无功功率和电磁转矩冲击问题，有学者提出了在双馈电机定子回路中串联电力电子开关的 LVRT 控制方案，其电路拓扑如图 8-17 所示。

从图 8-17 可知，通过控制定子回路中串联的电力电子开关，能使得在出现诸如深度跌落而可能激起强暂态响应过程时，实现双馈电机定子从电网短时脱离和再并网，从而避免了强暂态响应过程的发生。然而，该方案也存在不足之处，一方面，短时脱网会对电网造成一定影响；另一方面，若选用晶闸管作为电力电子开关，则难以实时关断暂态初期具有较大直流偏量的定子电流，虽然选用诸如IGBT等全控器件可以避免这一问题，但这无疑将增加器件成本；另外，串联电力电子器件的通态损耗还会降低变流系统的工作效率。

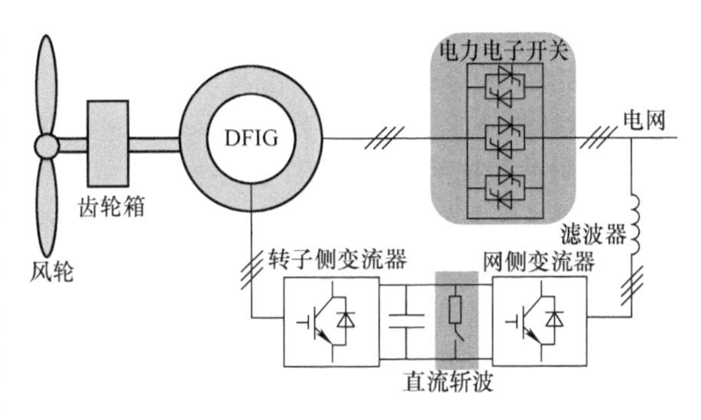

图8-17　定子串联电力电子开关的LVRT拓扑方案

（3）定子串联变流器的LVRT控制方案。

该方案主要是通过定子串联变流器的定子电压补偿控制，以补偿和缓冲电网电压跌落故障，从而有效提高双馈风力发电机的LVRT能力。定子串联变流器的LVRT控制方案主要有两种，一种是将双馈电机定子绕组的末端（Y点）打开来直接串联变流器的直接串联方案，另一种则是将变流器输出通过变压器串联接入定子并网回路的串联变压器方案，如图8-18所示。

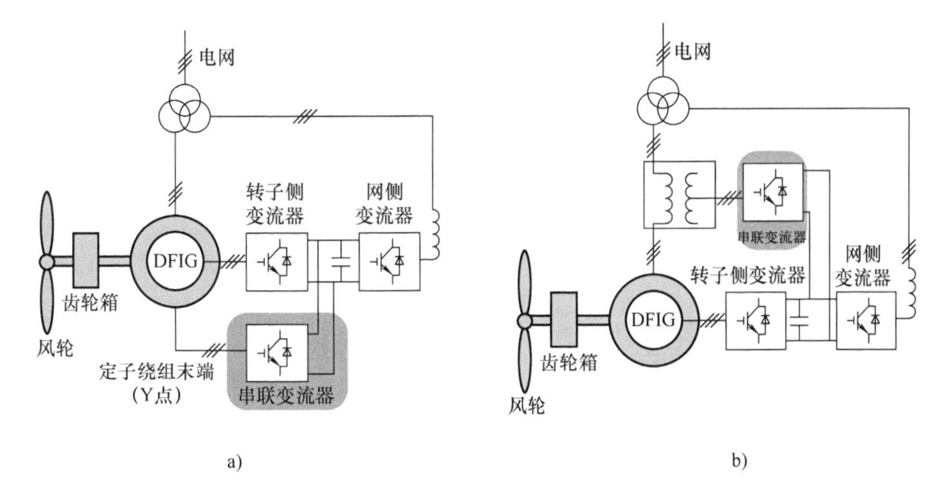

图8-18　定子串联变流器的LVRT拓扑方案
a）定子绕组末端（Y点）直接串联方案　b）通过串联变压器串联方案

图8-18a所示的定子绕组末端（Y点）直接串联变流器方案的控制较为复杂，且需要定子电阻、电感以及频率等参数的精确观测；而图8-18b所示的通过串联变压器的串联方案控制则相对较为简单。

定子串联变流器的LVRT拓扑方案虽然具有较好的LVRT能力，但其突出不足主要表现如下：

1）需要增加串联变流器甚至需要附加串联变压器，系统成本相应增加；

2）附加硬件设备增加了系统复杂性和损耗；

3）附加硬件的设计和安装工程上存在一定困难。

（4）附加阻抗网络的 LVRT 拓扑方案。

类似定子串联变流器的 LVRT 拓扑方案，在双馈电机定子、转子回路上串联阻抗也能起到缓冲电网电压跌落扰动和抑制双馈电机电磁暂态冲击的作用，例如，可以在转子回路中串联电阻以限制暂态转子电流，也可以在定子回路串联电阻，与转子回路串联电阻相比，定子回路串联电阻不仅能够有效抑制暂态电流，而且可以使系统具有较好的暂态过程。为了降低损耗以及更好地抑制变流器的 LVRT 暂态电流冲击，可以同时串联电阻和电感，电感的引入进一步限制了暂态电流的冲击，然而这种方案存在系统阻尼降低和参数优化问题。

进一步的改进方案是在定子回路接入阻抗网络的 LVRT 拓扑方案，其系统结构如图 8-19a 所示，该方案中的阻抗网络由无源阻抗网络和功率开关构成。为分析该方案的工作原理，给出了电网电压跌落前后系统相应的单相等效电路，如图 8-19b 和 c 所示。

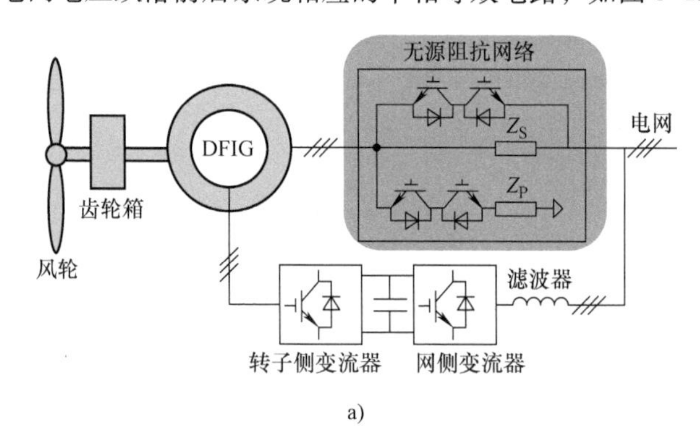

a)

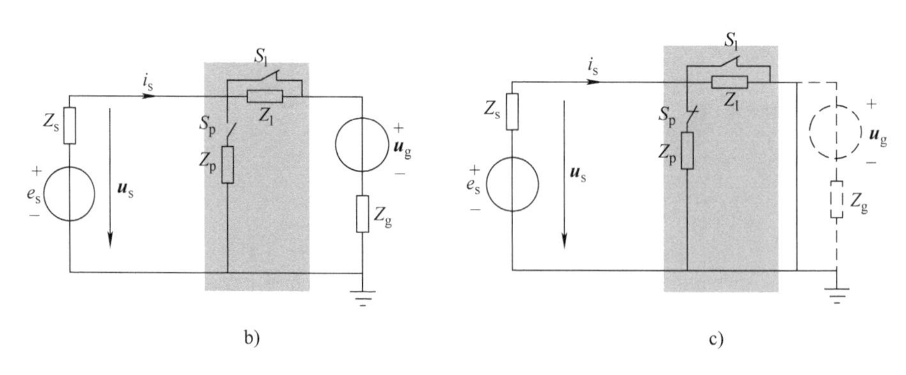

b) c)

图 8-19 定子回路接入阻抗网络方案的系统结构及其等效电路

a）定子回路接入阻抗网络方案的系统结构 b）电压跌落前的单相等效电路 c）电压跌落后的单相等效电路

定子回路接入阻抗网络方案的基本思路是选择合适的阻抗网络，使电网电压跌落前、后双馈电机的定子电压保持不变，即对双馈电机而言，其定子电压没有发生扰动，从而实现 LVRT。以下从电网电压跌落前、后系统的等效电路进行原理分析。

电压发生跌落故障前，系统单相等效电路如图 8-19b 所示，此时开关 S_p 导通、S_l 关断，即无源阻抗网络没有接入定子回路，此时双馈电机定子电压方程为

$$\boldsymbol{u}_s = \boldsymbol{u}_g + Z_g \boldsymbol{i}_s \tag{8-26}$$

电压发生跌落故障后，系统单相等效电路如图 8-19c 所示，此时开关 S_p 导通、S_l 关断，即无源阻抗网络接入定子回路，此时双馈电机定子电压方程为

$$\boldsymbol{u}_s = (Z_p // Z_l // Z_g) \boldsymbol{i}_s \tag{8-27}$$

观察式（8-26）和式（8-27），显然，要使电网电压跌落前、后双馈电机的定子电压保持不变，无源阻抗应满足

$$(Z_p // Z_l // Z_g) = \frac{\boldsymbol{u}_g}{\boldsymbol{i}_s} + Z_g \tag{8-28}$$

换言之，若选择合适的阻抗网络，并使其阻抗满足式（8-28），则理论上可以保持电网电压跌落前、后双馈电机的定子电压不变，即电网跌落故障时双馈电机无电磁暂态过程发生，从而实现双馈风力发电机的 LVRT。

然而，该方案在实际应用时，由于无源阻抗网络的参数设计难以严格满足式（8-28），因此影响了该方案的 LVRT 性能，并且无源阻抗也增加了系统损耗和成本，从而影响了方案的工程实用性。

（5）基于转子侧变流器切换的 LVRT 柔性拓扑方案。

为了在不额外附加过多电力电子硬件设备的条件下，提升配备撬棒电路 LVRT 拓扑方案中撬棒电路动作时的无功补偿能力，有学者提出一种基于转子侧变流器切换的 LVRT 柔性拓扑方案，其拓扑结构如图 8-20 所示。基本思路是在 LVRT 撬棒动作期间，转子变流器实际上被旁路而停止工作，但如果将转子侧变流器通过电力电子开关切换至网侧，并与网侧变流器并联运行，则将成倍增加网侧变流器的容量，从而有效提升了撬棒动作期间的网侧无功补偿能力，改进了双馈风力发电机的 LVRT 性能。

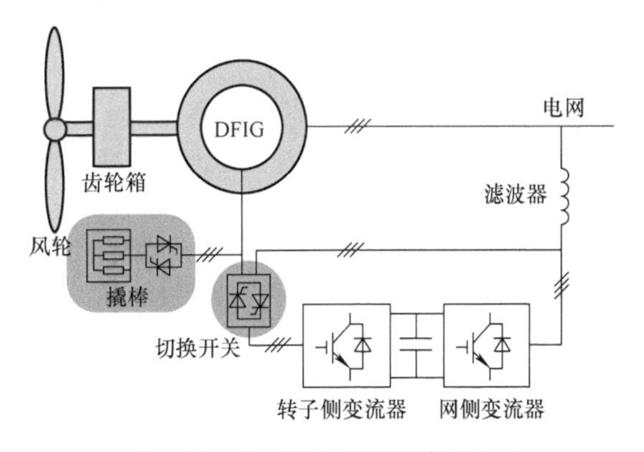

图 8-20　转子侧变流器切换至电网侧的 LVRT 柔性拓扑结构

图 8-20 所示柔性拓扑思路拓展了风电变流器的 LVRT 拓扑方案设计，但也存在如下不足：

1）两变流器并联运行时，其环流问题较为突出。

2）由于双馈风力发电机变流器容量仅为电机容量的 30% 左右，故并联后依然不具

有100%无功电流输出能力，无功补偿能力依然不足。

3）网侧变流器的输出滤波器通常采用*LCL*滤波器设计，如果将机侧变流器与网侧变流器并联且仍然采用原有*LCL*滤波器参数以及额定电流设计，则由于网侧变流器的容量增加，显然将无法满足网侧变流器的增容和稳定控制要求。如何使*LCL*滤波器满足柔性拓扑切换时网侧变流器的增容和稳定控制要求，在工程实现上存在一定困难。

4）依然存在撬棒电路方案设计所存在的相关问题。

2. 基于软件控制算法的LVRT方案

基于软件控制算法的LVRT方案较为典型的是暂态灭磁控制方案，具体讨论如下。

从前面双馈电机电磁暂态过程的分析可知，其转子侧电流会对暂态磁链以及转子控制电压产生影响，合理控制转子电流会加快双馈电机LVRT过程中的磁链衰减，这样使得控制转子所需的电压也相应减小，从而相应增加双馈风力发电机的LVRT故障范围。基于这一思路，有学者提出了双馈风力发电机LVRT的“灭磁控制”方案，并具体衍生出定子电流跟踪控制、定子磁链跟踪控制、虚拟电感控制等一系列的控制方案。尤其是虚拟电感控制方案从被动式灭磁的角度，对双馈电机的暂态过程进行控制，较好地提升了双馈风力发电机的LVRT性能。下面对灭磁控制的机理进行简要介绍与分析。

基于转子坐标系的双馈电机磁链矢量可以描述为

$$\boldsymbol{\Psi}_{\mathrm{r}}=\frac{L_{\mathrm{m}}}{L_{\mathrm{s}}}\boldsymbol{\Psi}_{\mathrm{s}}+\frac{L_{\mathrm{s}}L_{\mathrm{r}}-L_{\mathrm{m}}^{2}}{L_{\mathrm{s}}}\boldsymbol{I}_{\mathrm{r}}\approx\boldsymbol{\Psi}_{\mathrm{s}}+(L_{\mathrm{sl}}+L_{\mathrm{rl}})\boldsymbol{I}_{\mathrm{r}} \tag{8-29}$$

观察式（8-29）不难看出，为了抑制电网电压跌落时双馈电机定子磁链$\boldsymbol{\Psi}_{\mathrm{s}}$中直流分量和负序分量对转子磁链$\boldsymbol{\Psi}_{\mathrm{r}}$的影响，进而抑制定子磁链$\boldsymbol{\Psi}_{\mathrm{s}}$中直流分量和负序分量在转子电路中感应出频率分别为$\omega_{\mathrm{r}}$和$\omega_{\mathrm{s}}+\omega_{\mathrm{r}}$的电动势，为此可通过对转子电流$\boldsymbol{I}_{\mathrm{r}}$的控制，使得漏磁链（$L_{\mathrm{sl}}+L_{\mathrm{rl}}$）$\boldsymbol{I}_{\mathrm{r}}$能够起到削弱甚至消除定子磁链$\boldsymbol{\Psi}_{\mathrm{s}}$中直流分量和负序分量的作用。由于转子电流矢量$\boldsymbol{I}_{r}$的方向即为漏磁链（$L_{\mathrm{sl}}+L_{\mathrm{rl}}$）$\boldsymbol{I}_{\mathrm{r}}$的方向，因此，控制转子电流$\boldsymbol{I}_{\mathrm{r}}$以抵消定子磁链$\boldsymbol{\Psi}_{\mathrm{s}}$中直流分量和负序分量的关键是对转子电流矢量中位于定子磁链$\boldsymbol{\Psi}_{\mathrm{s}}$直流分量和负序分量反方向上的转子电流分量进行控制，其转子电流矢量$\boldsymbol{I}_{\mathrm{r}}$与定子磁链$\boldsymbol{\Psi}_{\mathrm{s}}$之间的矢量位置关系以及相应的控制流程示意如图8-21所示。

图8-21中，$\boldsymbol{\Psi}_{\mathrm{s}}^{n}$、$\boldsymbol{\Psi}_{\mathrm{s}}^{0}$、$\boldsymbol{\Psi}_{\mathrm{s}}^{p}$分别为定子磁链矢量$\boldsymbol{\Psi}_{\mathrm{s}}$的负序分量、直流分量和正序分量；$\boldsymbol{I}_{\mathrm{r}}^{m}$、$\boldsymbol{I}_{\mathrm{r}}^{0}$分别为转子电流矢量$\boldsymbol{I}_{\mathrm{r}}$在矢量$\boldsymbol{\Psi}_{\mathrm{s}}^{n}$、$\boldsymbol{\Psi}_{\mathrm{s}}^{0}$反方向上的电流分量。

通过暂态灭磁控制可以有效提升双馈风力发电机的LVRT性能，然而，这种方案受变流器容量的限制，其控制有效性受制于电网电压跌落深度。当电网电压跌落深度达到一定值时，变流器的暂态灭磁控制饱和，仍需撬棒的投入。但是，当电网电压轻度跌落时，暂态灭磁控制能有效避免撬棒的投切，一定程度上减少了撬棒的投切次数，扩大了电压跌落过程中双馈电机的受控范围。

8.3.2 全功率型风力发电机的低电压穿越及控制

尽管全功率风力发电机组可以采用不同类型的发电机，但其变流器主电路通常采用背靠背拓扑结构，如图8-22所示。

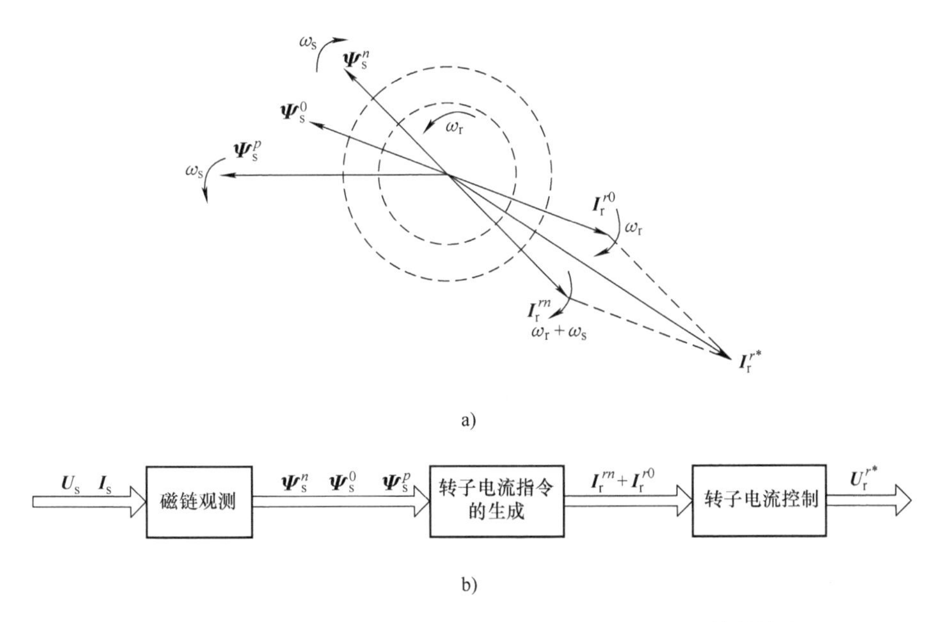

a)

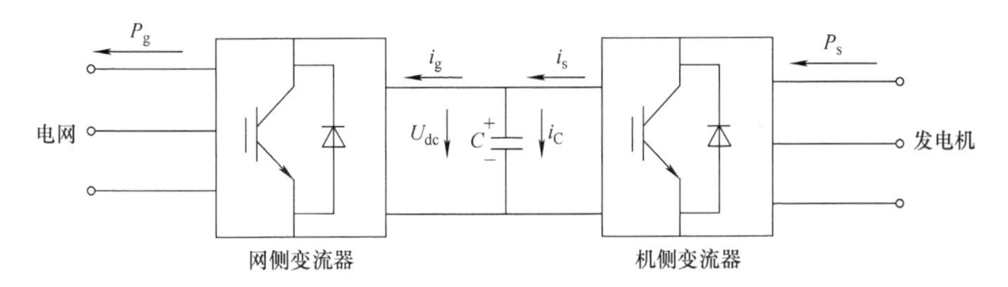

b)

图 8-21　故障情况下基于暂态磁链补偿原理的转子电流控制策略

a）转子电流矢量与定子磁链矢量间的关系　b）控制流程示意

图 8-22　全功率风电机组背靠背变流器主电路拓扑

从图 8-22 可以看出，全功率变流器的背靠背主电路结构使得发电机和电网之间不再直接相连，因而电网电压的跌落也不会直接影响发电机的电磁响应。因此全功率型风力发电机的 LVRT 问题主要是网侧变流器的 LVTR 控制，以及网侧、机侧功率功率不匹配而导致的直流母线电压的稳定控制问题。

如图 8-22 所示，若流经机侧变流器和网侧变流器的直流侧电流分别为 i_s、i_g，则流经直流母线支撑电容的电流 i_C 为

$$i_C = i_s - i_g \tag{8-30}$$

若直流母线支撑电容的电容量为 C，则直流电压为 U_{dc}，有

$$C\frac{dU_{dc}}{dt} = i_s - i_g \tag{8-31}$$

如果忽略背靠背变流器的功率损耗，则发电机输出的有功功率 P_s 和网侧变流器输

出的有功功率 P_g 满足

$$U_{dc}C\frac{dU_{dc}}{dt}=P_s-P_g \tag{8-32}$$

当电网正常且全功率型风力发电机稳态运行时，若忽略背靠背变流器的功率损耗，则机侧变流器的输入功率等于网侧变流器的输出功率，即 $P_s=P_g$，此时背靠背变流器的直流母线电压的平均值能够保持恒定。

当电网电压发电跌落故障时，因并网点电压的快速跌落，网侧变流器的功率输出也随之快速减小，而此时发电机仍正常运行，如果不对发电机的输出功率进行限制，则机侧变流器的输入功率将大于网侧变流器的输出功率，即 $P_s>P_g$，在此情况下，背靠背变流器的直流母线电压必然升高，严重时将损坏变流器。以下主要讨论几种直流母线电压限制方案。

（1）基于直流斩波器的直流母线电压限制方案。

基于直流斩波器（Chopper）的直流母线电压限制方案是全功率风力发电机中广泛采用的 LVRT 控制方案，其主电路系统结构如图 8-23 所示。该方案主要包括基于单开关管的 Chopper 方案和基于 Buck 变换器的 Chopper 方案。

基于单开关管的 Chopper 方案电路结构如图 8-23 中“方案一”点画线框所示。该电路通常需采用滞环控制方式，即实时检测直流母线电压值，当直流母线电压超过所设定的电压滞环上限值时，即刻开通开关管，卸载电阻开始放电，此时母线直流电压下降；当直流母线电压降低到所设定的电压滞环下限值时，关断开关管，卸载电阻开路，此时母线直流电压停止下降。当开关管开关频率足够高时，其背靠背变流器的直流母线电压将被限制在电压滞环上、下限值内。显然，这种基于单开关管的 Chopper 电路工作时，其卸载电阻中的电流为脉冲电流，因而其开关管导通时的电流应力较大。

基于 Buck 变换器的 Chopper 方案电路结构如图 8-23 中“方案二”点画线框所示。该电路通常采用固定开关频率的 Buck 变换器控制方式，即实时检测直流母线电压值，当直流母线电压超出电压上限值时，即刻起动其中的 Buck 变换器工作，卸载电阻放电，且电流连续，直流母线电压下降；当直流母线降低到电压下限值时，即刻封锁开关管而使 Buck 变换器停止工作，直流母线电压则停止下降，显然通过调节开关占空比可以调

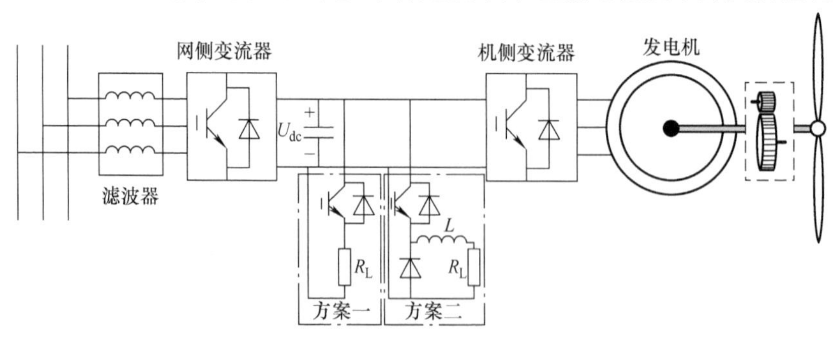

图 8-23　直流母线卸载电路

节放电电流大小。与基于单开关管的 Chopper 电路相比，该电路由于 Buck 变换器的引入，使卸载电阻电流连续，有效降低了卸载电阻的瞬时电压和开关管导通时的电流应力。

（2）基于附加直流储存单元的直流母线电压限制方案。

当全功率风力发电机 LVRT 时，如果在直流母线上附加相应的储能单元，则也能有效限制 LVRT 过程中背靠背变流器的直流母线电压。图 8-24 所示为基于附加直流储存单元的直流母线电压限制方案系统结构，其储能单元（图 8-24 中点画线框所示电路）由储能部件（Energy Storage System，ESS）和 Buck – Boost 双向变换器组成。ESS 通常由蓄电池或蓄电池和超级电容器组成。当电网电压跌落时，实时检测直流母线电压，若电压上升至上限值，则通过开关管 Q_1 的 PWM 控制，使 Buck – Boost 变换器工作在 Buck 模式（此时 Q_2 截止），将多余的能量储存在 ESS 中，从而限制直流母线电压。当电网电压恢复后，通过开关管 Q_2 的 PWM 控制，使 Buck – Boost 变换器工作在 Boost 模式，将 ESS 的存储电能回馈背靠背变流器的直流侧，并同时通过网侧变流器的控制回馈电网。

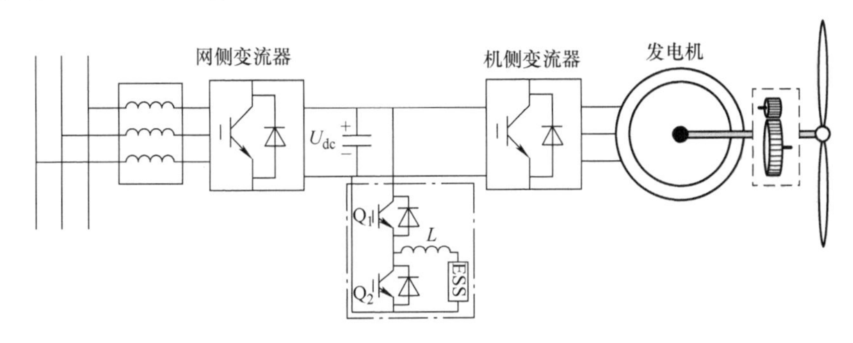

图 8-24　增加储能装置

（3）基于减小发电机输出功率的直流母线电压限制方案。

对全功率风力发电机而言，其背靠背变流器直流母线电压的升高是由于在电网电压跌落期间，发电机发出的功率不能被及时送入电网所导致的，因而可以通过减小发电机的输出功率来抑制直流母线电压的上升，实现风电机组的 LVRT 运行。减小发电机的输出功率，一般可以采取两种主动控制方式，即主动提高风力机转速控制方式以及主动减小发电机有功输出控制方式。由于风力发电机的功率输出源自风力机捕获的风能，故依据风力机的特性可知，改变其转速使其偏离最佳叶尖速比可以减小其捕获的能量。

当主动提升风力转速控制时，风力机偏离最佳叶尖速比控制，从而有效减小了风能的捕获，抑制了直流母线电压的上升。另外，可利用转速上升时风力机储存的动能，在电网恢复正常后，再将所储存的动能通过变流器的控制输送至电网，并恢复风力机的最佳叶尖速比控制，实现最大风能的捕获。

当主动减小发电机有功输出控制时，即在电压跌落期间，将原来基于网侧变流器的直流稳压控制切换成基于机侧变流器的直流稳压控制即可，这样在电压跌落期间，机侧变流器通过直流母线电压的闭环控制，自动减小发电机的转矩指令，进而减小发电机的有功输出，抑制了直流母线电压的上升，但同时风力机的转速也相应上升，以满足其自身的功率平衡。

8.4 光伏发电系统的低电压穿越及控制

与全功率型风力发电机组相似，光伏发电系统 LVRT 的主要问题也是因电网电压的跌落使得网侧变流器向电网输送功率的能力有限，造成功率不匹配，进而影响到直流母线电压的稳定性。但光伏电池的电压电流特性使得其与全功率型风力发电机组相比具有一定的优势。

光伏发电系统与全功率型风力发电机组具有类似的功率平衡方程，当电网电压跌落较深时，由于网侧变流器输出电流的限制，并网逆变器输出有功功率减小，若故障瞬间光伏电池板输出有功功率不变，则输入输出的不平衡有功功率 ΔP 将会导致直流母线电压 V_{dc}上升。若电网故障为不对称故障，则除了直流母线电压上升以外，电网电压的负序分量还会导致变流器直流母线电压和光伏发电系统输出功率的脉动。

与风电机组不同，光伏发电系统不存在机械旋转部件，光伏电池端电压的变化会导致其输出功率迅速变化，该特性使得光伏发电系统能够较好地适应电网电压跌落。此外，由于不存在机械旋转部件，所以光伏发电系统对不对称电网故障的适应性也要优于全功率型风力发电机组。

由光伏电池原理特性可知，光伏电池本质上是一个 PN 结，其基本特性与二极管相似。当光伏电池端电压从零开始上升时，其输出功率也从零开始增加；当端电压达到最大功率点电压时，其输出功率达到最大。若端电压继续增加，则其输出功率将逐步减少，当端电压达到光伏电池的开路电压时，其输出功率减小到零。如果光伏电池稳态运行于最大功率点，则当电网故障时，由于瞬间功率不平衡将导致直流母线电压上升，而由光伏电池特性可知，随着直流母线电压的升高，光伏电池的输出功率将自动减小，直流母线电压的上升趋势得以抑制，这将有利于光伏并网发电系统的 LVRT。因此，LVRT 过程中，光伏并网发电系统一般不需要增加额外的能量泄放支路，或通过改进其控制算法主动减小发电单元的有功功率输出。

图 8-25 所示为某光伏并网逆变器的 LVRT 的实际测试波形。$t=10\text{s}$ 时，电网发生相间短路故障，故障后两相电压跌落深度为 80%，1s 后电网电压恢复正常，故障前光伏电池运行于最大功率点处的端电压为 640V，而光伏电池的开路电压为 775V。由图 8-25a可知，电网故障时，直流侧电压迅速上升，根据光伏电池的 $P-U$ 特性，其输出有功功率会迅速减少，直至直流侧电压达到开路电压，另外，在电网电压跌落过程中，电网的不对称故障会引起直流侧电压纹波。为支撑电网运行，在电网电压跌落期间，要求并网逆变器输出一定的无功功率，电网电压恢复后，光伏发电系统的有功功率输出也逐渐恢复至故障前的数值，其 LVRT 过程中的有功和无功功率曲线如图 8-25b 所示。

与全功率型风力发电系统相同，电网电压跌落故障初始阶段，由于输入、输出功

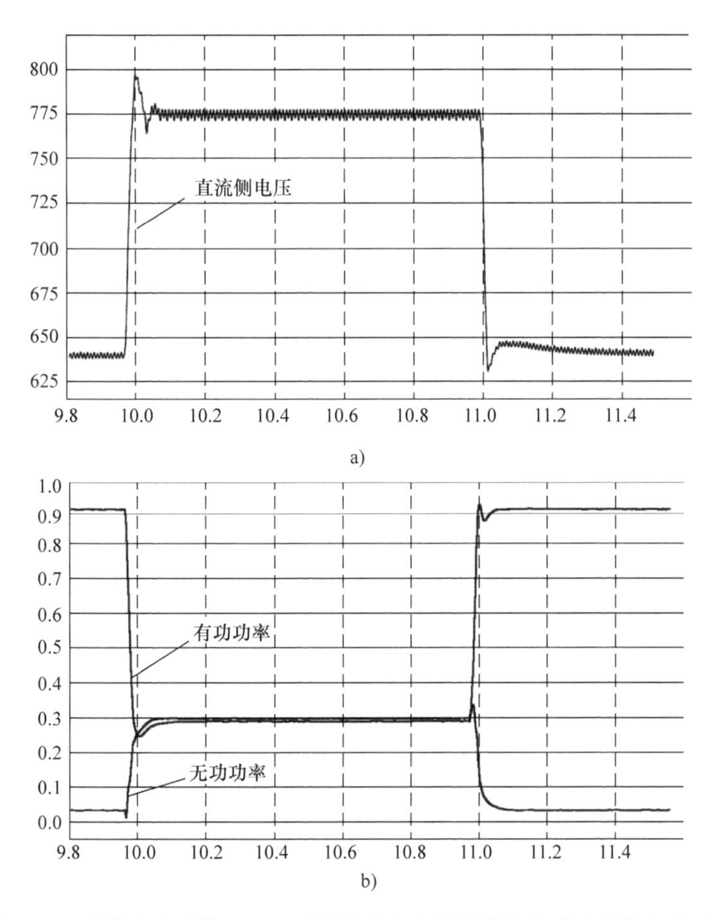

图 8-25　光伏发电系统 LVRT 过程中直流电压及输出有功功率的变化过程
a）直流侧电压　b）有功无功功率输出

率的不平衡，光伏发电系统的直流母线电压将迅速升高，但由于光伏电池的自身特性，随着直流母线电压的升高，其输出有功功率将迅速降低，因此，光伏发电系统的 LVRT 不需要增加额外的卸载措施。

已有的光伏并网导则明确规定了不对称故障下光伏发电系统的正序无功电流控制要求。光伏发电系统的正序无功电流输出能力仅由并网逆变器决定。对称故障下，并网逆变器的输出电压可以远高于电网电压，其电流输出能力受逆变器功率开关额定参数的限制；不对称故障下，电网电压负序分量可能会导致并网逆变器直流母线电压的波动。在风电机组中，若变流器直流母线电压波动过大，则可能会影响机侧变流器的发电机控制性能，严重时甚至会引起风电机组的脱网保护。然而，由于光伏发电系统不存在机械旋转部分，由电网电压负序分量引起的直流母线电压脉动不会导致光伏并网系统的故障保护，因此在光伏并网逆变器的 LVRT 控制方法中可以不考虑消除此脉动，但在对称和不对称电网跌落故障下，光伏并网发电系统需输出相应的正序无功电流来控制电网电压的稳定。

根据8.3节的分析，对称故障和不对称故障下，光伏并网系统逆变器可采用基于双同步坐标系的解耦控制策略（参考相关文献），其控制结构如图8-26a所示，其中电流指令模块和双 dq 坐标系解耦模块分别如图8-26b和c所示。

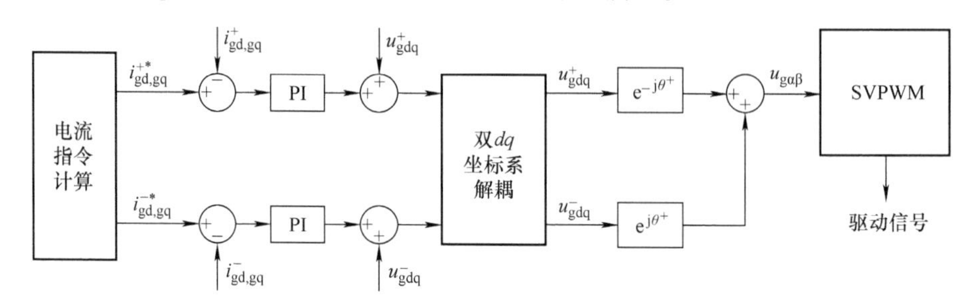

a)

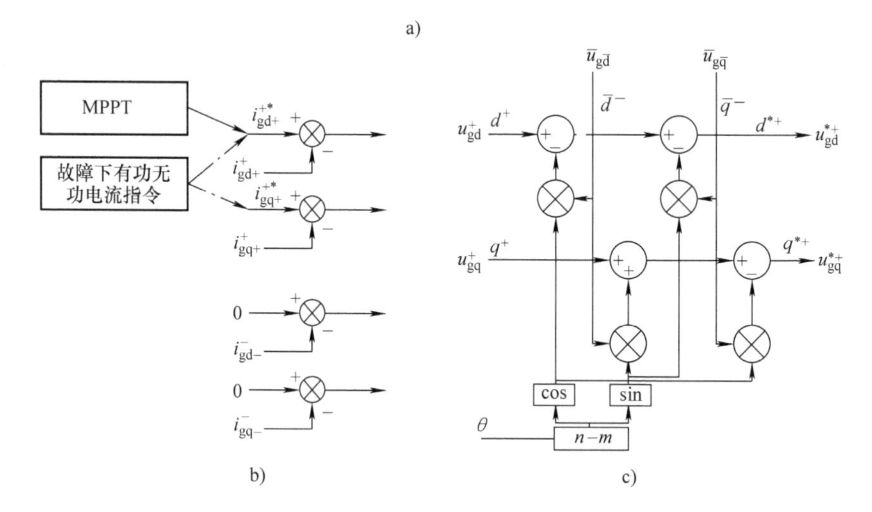

b) c)

图8-26 故障持续阶段光伏并网逆变器控制系统与算法结构

a）控制系统结构 b）电流指令给定运算结构 c）双 dq 坐标系解耦算法结构

在光伏逆变器的LVRT过程中，并网逆变器需根据并网导则的要求输出相应的正序无功电流，同时限制正序有功电流输出；由于光伏逆变器无需抑制直流母线电压的脉动，因此负序有功与无功电流分量指令可以设置为零。综上，故障持续阶段光伏并网逆变器的控制指令如图8-26b所示。正常工况时，并网逆变器的有功功率指令由光伏电池的MPPT控制环给出，电流内环采用基于双 dq 坐标系模型的解耦控制方法，负序分量指令值均设为0。电网故障时，并网逆变器正序有功和无功指令需根据并网导则的要求给定。双 dq 坐标系的解耦算法结构如图8-26c所示。

当电网电压发生对称跌落故障时，根据并网导则的规定，故障持续阶段光伏系统输出的正序无功电流指令值应为

$$I_{gq}^{*}=K\cdot\Delta U \tag{8-33}$$

式中 I_{gq}^*——无功电流指令值，用标幺值表示，上限值为 1pu；

K——无功电流补偿系数，该系数由光伏系统对电网的渗透率决定，通常取 2；

ΔU——电网电压跌落深度比例。

此时，有功电流指令由系统容量和无功电流指令决定，系统总电流输出上限为 1pu。实际工况中，光伏发电系统较少运行在额定功率工况下。当辐照度较小时，即使电压跌落故障发生后的并网逆变器需要输出一定的无功电流，其有功电流输出能力也足以实现光伏系统的 MPPT，此时光伏并网逆变器的有功电流输出不受故障的影响。当辐照度较大时，电压跌落故障发生后由于并网逆变器无法输出 MPPT 所需的有功电流，因此应优先保证光伏并网逆变器无功电流的输出，其剩余容量再用于有功电流的输出。

当电网电压发生不对称跌落故障时，式（8-33）中的 I_{gq}^* 表示正序无功电流指令值，其计算公式保持不变，但上限值设为 0.4pu。

当电网电压跌落故障恢复时，系统容易出现不稳定与过电压现象，为了尽快稳定电压，应在光伏并网逆变器 LVRT 结束一段时间内，仍然保持相应的无功功率补偿。根据 8.3 节的电压骤升特性分析可知，在系统出现过电压时，应要求进行感性无功补偿，从而对本地负载起到一定的同步调节作用。

图 8-27 所示为电网电压对称跌落时光伏并网逆变器的 LVRT 波形。其中，电网电压跌落深度为 15%，故障持续时间为 350ms；由式（8-33）可知故障持续阶段的并网逆变器输出无功电流指令为 0.3pu；由于系统额定容量的限制，故此时有功电流指令限制

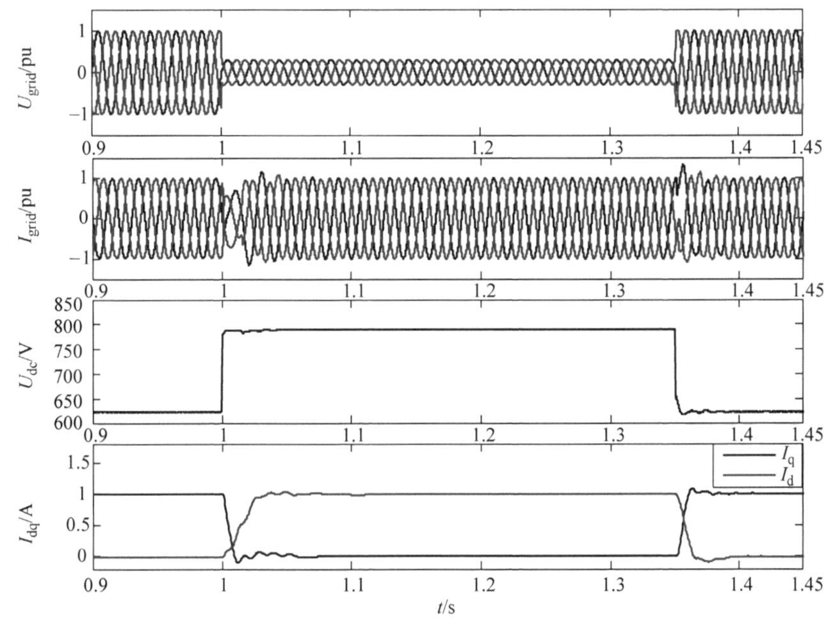

图 8-27 电网电压对称跌落时光伏并网逆变器的 LVRT 波形

为0.7pu。故障期间，直流母线电压升高，由于电网电压跌落幅度较小，故光伏并网逆变器的 LVRT 响应速度较快。

图8-28所示为两相不平衡电压对称跌落时光伏并网逆变器的 LVRT 波形。其中，A、B 两相电压跌落深度均为75%，故障持续时间为350ms，经分序计算可知，电网电压正序分量由1pu 跌落至0.45pu；根据并网导则要求，系统正序无功电流指令应限制为0.4pu，有功电流指令为0；故障持续阶段，直流侧电压升高。由于电网电压不平衡，所以并网逆变器输出有功功率存在两倍频波动，直流侧电压则存在两倍频纹波。尽管电网电压跌落深度达到75%，但基于双 dq 解耦坐标系的控制策略可以使光伏并网逆变器输出相应的正、负序电流分量，以满足并网导则的相关要求。在电网跌落和恢复过程中，并网电流始终在额定范围内，光伏并网逆变器具有较好的 LVRT 控制性能。

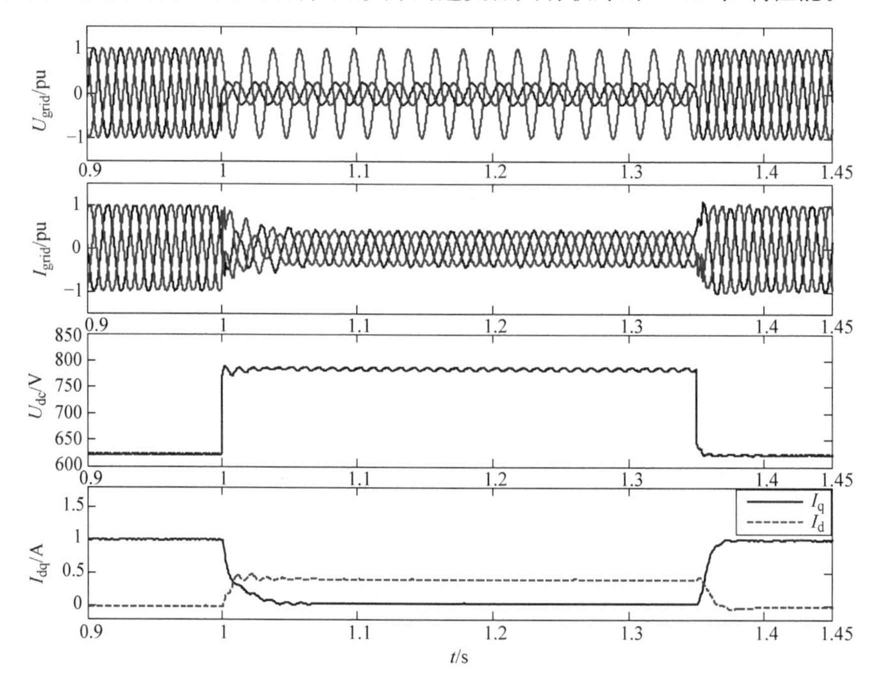

图8-28 两相不平衡电压跌落时光伏并网逆变器的 LVRT 波形

8.5 并网系统的低电压穿越测试

并网系统 LVRT 测试的目的在于验证新能源发电系统的 LVRT 能力，并检验系统 LVRT 过程中的动态特性。通常，新能源发电系统和装置企业进行相关产品的 LVRT 测试是为了验证并改善其产品的 LVRT 性能，而认证机构的测试则是为了获得商业化发电系统和装置的 LVRT 数据，以此作为相应发电系统和装置能否获得入网许可的重要凭证。

LVRT 测试系统通常由电网模拟器和测试对象组成，当测试对象不包括风机（光伏阵列）时，系统还需要加入风机（光伏阵列）模拟器。电网模拟器是模拟典型的电网故障并作用于测试对象的电能输出装置。在 LVRT 测试中，电网模拟器要求能够基于 LVRT 测试认证的需求，完成对电网电压跌落与恢复动态的模拟，在额定电网电压基础上实现 0 ~ 130% 的跌落与恢复，每一相电压的变化程度和持续时间能够根据测试需求而独立设定。

由 8.2 节可知，典型的电网故障特征与电网结构息息相关，除电压幅值跌落外，电网电压的频率变化和波形畸变也属于典型的电网故障特征。

1）电压频率突变是指电网电压频率偏离正常范围。当负载和发电设备之间的动态有功功率平衡发生变化时，电网电压的频率会随之变化，频率变化的幅度和持续时间由负载的特性及发电系统的频率响应特性决定。

2）波形畸变是指电网电压波形偏离理想正弦波的一种稳态特征，畸变主要由直流偏置、谐波、次谐波引起。直流偏置指电网电压中存在直流分量，一般由电磁干扰或半波整流器产生；谐波电压主要由电网内非线性负载造成；次谐波电压主要由静止变频器、循环换流器和电弧设备等产生，其频率是基波频率的分数次倍。

以上电网故障典型特性可由电网模拟器根据不同的故障类型和应用场合来实际模拟。

8.5.1 电网模拟器

针对不同使用场合，电网模拟器有不同结构。从测试方式角度，现有电网模拟器可分为移动式（集装箱形式，方便测试认证机构对不同地点的对象进行测试）、固定式和简化式（抽检用）。从电路结构和实现方式角度，电网模拟器又可分为阻抗分压式、变压器式和电力电子式模拟器。现已广泛被测试机构所采用的电网模拟器有电力电子式电网模拟器与阻抗分压式电网模拟器。

电力电子式电网模拟器输出电压波形的品质是衡量模拟器性能优劣的重要指标，电网模拟器应符合以下要求，即输出电压稳态精度高，模拟电网正常情况下输出三相对称的标准正弦波，模拟电网故障时可精确复现电压故障；系统稳定性和可靠性高、动态响应快，具有较强的过负载能力和抗负载扰动能力。在电力电子式电网模拟器中，其逆变环节的作用是将前级输出的直流电压转换成交流电压，主要完成各种电网电压波形的发生以及输出电压的控制，因此逆变环节的控制性能决定了电网模拟器的性能指标。

针对电压跌落时出现的瞬时非线性、畸变率高、谐波含量大、动态响应慢和鲁棒性差等特点，逆变器可采用经典的电压电流双闭环控制方法，或在此基础上采用状态反馈控制、无差拍控制、重复控制、滑模变结构控制、模糊控制或自适应控制等方法来改善其动态特性，具体可参阅相关参考文献。

8.5.2 新能源发电系统的低电压穿越测试

目前，大部分国家的电网运营商在授予新能源发电系统入网许可之前，都要求接入电网的发电系统在电能质量、功率、电压调节及系统稳定性等方面进行严格、规范的测试。随着电力系统对新能源发电系统 LVRT 能力的要求越来越高，新能源发电系统的 LVRT 测试成为系统测试中的重要环节。

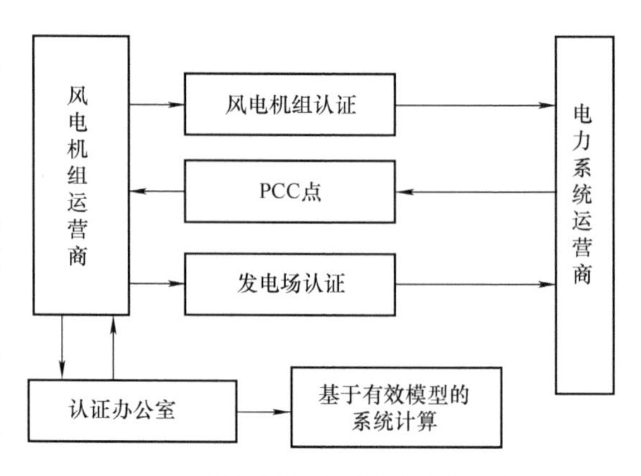

图 8-29　新能源发电系统测试认证流程

以风力发电系统为例，新能源发电系统测试认证的具体流程如图 8-29 所示。风电机组认证和发电场认证是认证测试的核心内容。风电机组认证是针对单个发电单元具体性能的测试认证。测试过程包括实验测试和性能评估，如有要求，还需提供仿真和实验结果的对比验证。具体的测试内容包括系统输出特性、电能质量、LVRT 能力等多项指标；发电场认证是系统级的测试认证，评估认证机构通过对系统供应商提供的相关说明文档、系统数学模型和仿真模型进行系统级的仿真与数据计算，结合单个发电单元的测试报告，对整个发电场的可靠性、稳定性和合理性进行认证，出具评估报告与认证证书。在认证过程中，电力系统运营商需要提供发电场电网接入点的具体参数。

测试标准与规范的制定对于规范新能源发电系统的测试程序和确立其测试标准具有重要意义。德国风能和其他可再生能源发展协会（FGW）是一个非营利组织，成立于 1985 年，伴随德国风力发电事业的迅速发展，一直致力于制定先进发电装置与系统的测试和评估方法，德国 FGW 制定的测试指南是目前针对新能源发电系统最为规范和完整的指南之一，不仅严格规范对新能源发电系统本身的性能测试，还对发电装置及系统提出仿真要求，目前该技术指南已全面应用于德国境内新能源发电系统的测试认证，其具体内容见表 8-3。

表 8-3　德国 FGW 发电机组测试技术指南

1	噪声测定
2	功率曲线和容量测定
3	中高压及特高压电网中发电机组的电气特性测定
4	建模和验证方面对于发电装置及系统电气仿真模型的要求
5	参考收益率测定
6	风能潜力与可利用规模测定
7	风电场维护规定
8	中高压及特高压电网中发电机组及系统的电气特性认证

在该技术指南中，第 3、4、8 部分为新能源发电系统的电气特性测试规范和标准，制定依据德国的相关并网导则。第 3 部分（FGW TR3）主要规定发电单元的单机测试

规程，第4部分（FGW TR4）主要规定单机及系统仿真在建模与验证方面的具体要求，第8部分（FGW TR8）规定了新能源发电系统的认证流程。如图8-30所示，认证测试工作分为实验测试和模型验证两部分。在实验测试中，FGW TR3对不同类型的发电单元设定了具体的实验测试规程；在模型验证中，FGW TR4要求在对单个发电装置进行模型验证的基础上，建立整个发电场的仿真模型。最终，认证机构综合两部分测试结果并依据FGW TR8整理出完整的认证报告，并提交给电力系统运营商。上述测试内容构成了新能源发电系统电气测试的主要框架。该技术指南也同样适用于光伏发电系统的测试与认证。目前，新能源技术发达的国家都基于各自并网导则建立了相关的测试规程，基本框架与德国FGW测试规程类似。

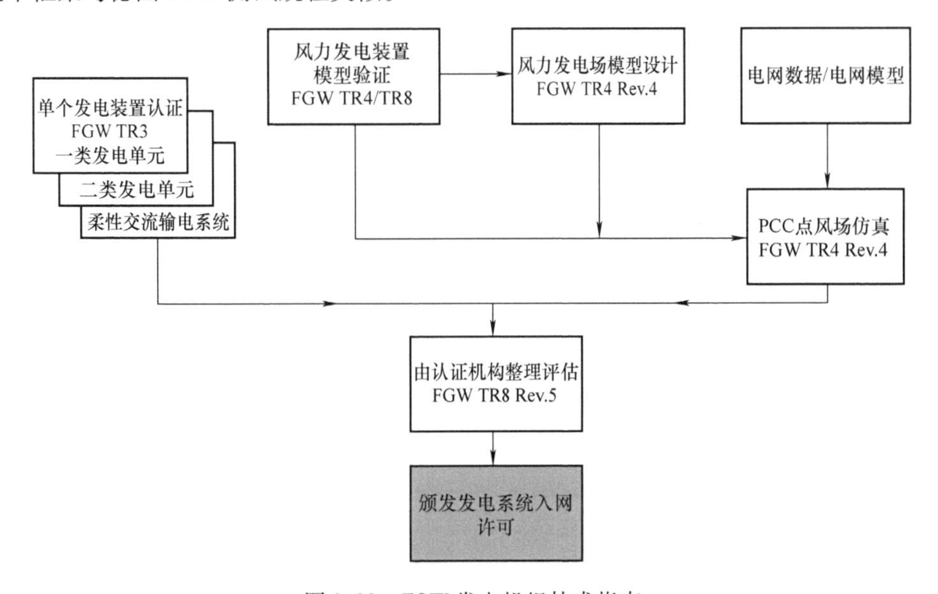

图8-30 FGW发电机组技术指南

我国近年来也逐步建立起较为完整、规范的测试认证体系，发布了相应的测试规程。国家能源局在中国电力科学研究院批准建立了国家能源大型风电并网系统研发（实验）中心和国家能源太阳能发电研发（实验）中心；建设了较为完善的新能源系统仿真研究平台、风电与光伏试验数据库及风电预测调度控制研究平台。与此同时，国家电网公司在河北建立了张北风电试验基地和风机并网检测平台，该基地具备风电机组全部特性的检测能力，具有国际最先进的风电电气测试手段，可以进行新生产风电机组的形式认证和入网检测，为我国新能源发电系统测试规程的实施提供了有效的技术保障。

风力发电系统包含机械与电气两部分，系统结构较复杂，测试项目多且复杂，是具有典型代表意义的测试对象。

某厂家系列风电机组中的某一机型测试的完整流程如图8-31所示。

以下简要说明图8-31中的主要材料和环节。

（1）书面材料。

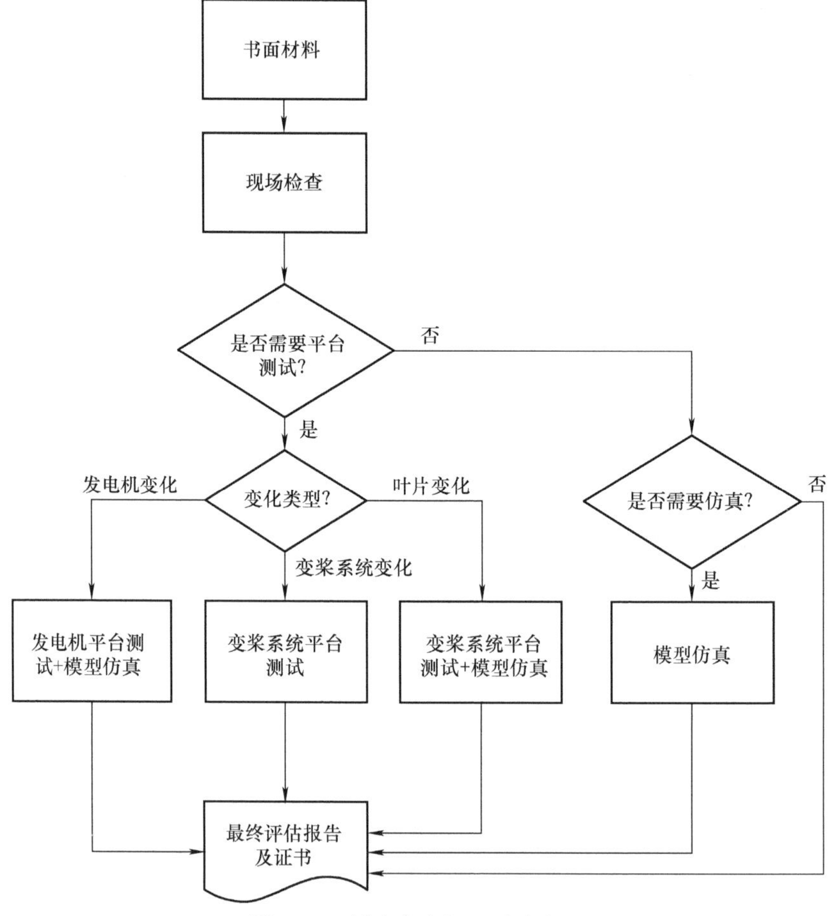

图 8-31　风力发电机组测试流程

书面材料为风电机组制造商基于仿真和理论分析所提供的相关文件，用于证明发电机、变桨系统或叶片的改变不会影响 LVRT 性能，需要提供的书面材料原则上应包括以下内容：

1）风电机组 LVRT 测试报告；

2）风电机组参数；

3）描述各种机型发电机、变桨系统和叶片的不同之处，如发电机等值电路及参数、叶片翼形、长度等，需从技术角度解释各部件对 LVRT 性能的影响；

4）LVRT 过程中主控、变桨和变流器的主要控制及配合逻辑；

5）风电机组电气接线图；

6）其他具有不同参数的部件，提供文件说明不同点，并提供分析报告证明这些改进/变化不会影响到 LVRT 特性；

7）仿真模型（能够用于 LVRT 仿真的模型）及说明文档，要求仿真模型的 LVRT

特性应与实际测试的机型相同，模型参数应可以改变，并且通过改变这些参数可以校验同系列风电机组的 LVRT 特性；说明文档应包括对模型的仿真说明和参数设置说明等。

（2）现场检查。

现场检查的目的是核实实际机组与文件提供的机组具有相同的结构配置，并确认同系列风电机组中各个机型之间的差别。

（3）平台测试。

平台测试包括对变桨系统和发电系统进行的实验测试，测试目的在于通过测试各子系统在 LVRT 过程中的特性来验证整个系统的 LVRT 能力。

1）变桨系统平台测试。测试方法采用稳态测试和故障测试相结合的方法。稳态测试为正常工况时变桨系统的工作特性测试；故障测试即为零电压穿越测试，要求在三相或两相电网电压跌落到零时变桨系统还应能够执行正常的变桨动作。

2）"发电机－变流器"平台测试。在风力发电系统与光伏发电系统中，发电机－变流器部分是 LVRT 的核心测试对象，系统的 LVRT 控制与保护措施都直接在该部分实现。测试目的在于确定发电机－变流器单元是否具有检测故障并安全穿越故障的能力。测试应达到以下目的：

① 验证发电机－变流器单元的 LVRT 能力，当电网电压出现三相或两相跌落时，系统穿越特性应符合相关并网导则中 LVRT 曲线要求；

② 验证发电机－变流器单元在 LVRT 过程中的功率控制能力和保护能力，系统应符合相关并网导则对 LVRT 过程中有功和无功功率的输出与保护要求。

LVRT 测试平台中故障模拟装置的实际参数，包括短路阻抗值、变压器参数等必须在测试报告中指明，电网电压和阻抗等测试参数要求与被测对象实际接入的电网系统参数基本一致。该参数在每一项测试前都需要通过空载跌落测试进行确认。

（4）模型仿真。

通过电气模型仿真，校验同系列机组仿真模型的一致性，进一步确认所提供文本文件的真实性。更换发电机或叶片时应进行模型仿真。

对电气模型仿真验证的步骤如下：

1）提供与实际测试具有相同 LVRT 特性的电气仿真模型；

2）验证提供的模型仿真结果与现场测试特性是否一致；

3）对满足要求的模型，改变模型参数后进行同系列其他机型的仿真。

光伏发电系统由于结构相对简单，不存在机械部分，所以 LVRT 测试的流程与内容都大为减少，与风力发电系统相比，只需要进行"发电机－变流器"平台的 LVRT 测试（光伏发电系统中的发电机为光伏电池组件），该部分测试内容与风力发电系统完全一致。

思　考　题

1. 结合低电压穿越并网导则，简要讨论低电压穿越对电力系统的意义。

2. 通常认为双馈风电机组的电网适应性差，请结合电机的电磁暂态过程谈谈您的理解。

3. 请简要分析双馈电机电磁暂态过程较长的原因，并思考如何加快电磁暂态过程。

4. 讨论全功率型风力发电机低电压穿越可能存在的问题。

5. 请分别讨论双馈型风力发电机撬棒电路和全功率型风力发电机直流母线卸载电路实现低电压穿越的原现。

6. 请分别在静止和同步旋转坐标系下绘制双馈电机在电压跌落过程中的定子磁链变化曲线。

7. 光伏发电系统的低电压穿越性与直驱型风力发电系统的低电压穿越特性的主要区别是什么？

8. 故障穿越过程中应该如何设置光伏发电系统的有功电流和无功电流指令值？

9. 新能源发电系统的低电压穿越测试所采用的电网模拟器应具有什么功能？通常有哪几种类型？

10. 德国 FGW 发电机组测试标准有哪几部分组成？具体测试内容是什么？

11. 目前对故障穿越测试对象电气模型的仿真验证步骤有哪几步？

参考文献

[1] 耿华，刘淳，张兴，等．新能源并网发电系统的低电压穿越［M］．北京：机械工业出版社，2014.

[2] 黄晶生，刘美茵，陈志磊，等．中德光伏发电并网标准技术要求异同分析［J］．电网与清洁能源，2014，30（1）：97-101.

[3] 丁至屏，许国东，王桂峰．风电机组模型及其在低电压穿越过程中的有效性认证［J］．能源工程，2010（5）：34－36.

[4] 宋海涛．低电压穿越（LVRT）测试装置的研制［D］．北京：北京交通大学，2011.

[5] 王莹．大功率电网模拟器的拓扑与控制研究［D］．合肥：合肥工业大学，2011.

[6] 杨秀云．PWM 逆变器重复控制策略的研究［D］．杭州：浙江工业大学，2009.

[7] RABELO B，HOFMANN W，GLUCK M. Emulation of the static and dynamic behaviour of a wind－turbine with a DC－machine drive［C］. Power Electronics Specialists Conference，2004. PESC 04. 2004 IEEE 35th Annual. IEEE，2004，3：2107－2112.

[8] LIN F J，TENG L T，SHIEH P H，et al. Intelligent controlled－wind－turbine emulator and induction－generator system using RBFN［C］. Electric Power Applications，IEE Proceedings－. IET，2006，153（4）：608-618.

[9] ENERGIEAGENTUR D. English summary of the dena Grid Study［J/OL］. http：//www.deutsche－energie－agentur. de，2005.

[10] KARL H W. Low－Voltage Ride Through（LVRT）Requirements and Testing［C］. LVRT Workshop Beijing 06/07，2009.

[11] KARL H W. LVRT Testing Procedures of single WECs via field tests［C］. LVRT Workshop Beijing 06/07，2009.

[12] 国家能源局．风电机组低电压穿越能力测试规程：NB/T 31051—2014［S］．北京：中国电力出版社，2014.

[13] 国家能源局. 风电机组低电压穿越建模及验证方法：NB/T 31053—2014 [S]. 北京：中国电力出版社，2014.

[14] 杨淑英. 双馈风力发电变流器及其控制 [D]. 合肥：合肥工业大学，2007.

[15] 徐殿国，王伟，陈宁. 基于撬棒保护的双馈电机风电场低电压穿越动态特性分析 [J]. 中国电机工程学报，2010，30 (22)：29-36.

[16] 周宏林，杨耕. 不同电压跌落深度下基于撬棒保护的双馈式风机短路电流特性分析 [J]. 中国电机工程学报，2009，29：184-191.

[17] ANDREAS P. Analysis, modeling and control of doubly-fed induction generators for wind turbines [D]. Göteborg：Chalmers University of Technology，2005.

[18] 姚骏，廖勇，李辉. 采用串联网侧变换器的DFIG风电系统低电压穿越控制 [J]. 电力系统自动化，2010，34 (6)：98-103.

[19] YAN X W，GIRI V，PATRICK S F，et al. Voltage-sag tolerance of DFIG wind turbine with a series grid side passive-impedance network [J]. IEEE Transactions on Energy Conversion，2010，25 (4)：1048-1056.

[20] ERLICH I，WINTER W，DITTRICH A. Advanced grid requirements for the integration of wind turbines into the German transmission system [C]. Proceedings of IEEE PES，Montreal，Canada，Jun. 18-22，2006：1-7.

[21] ZHAN C，BARKER C D. Fault ride-through capability investigation of a doubly-fed induction generator with an additional series-connected voltage source converter [C]. Proceedings of IEEE ACDC，London，UK，Mar. 28-31，2006：79-84.

[22] NITIN J，NED M. A novel scheme to connect wind turbines to the power grid [J]. IEEE Transactions on Energy Conversion，2009，24 (2)：504-510.

[23] PATRICK S F，GIRI V. Evaluation of voltage sag ride-through of a doubly fed induction generator wind turbine with series grid side converter [C]. Proceedings of IEEE PESC，Orlando，USA，Jun. 17-21，2007：1839-1845.

[24] PATRICK S F，GIRI V. Unbalanced voltage sag ride-through of a doubly fed induction generator wind turbine with series grid-side converter [J]. IEEE Transactions on Industry Applications，2009，45 (5)：1879-1887.

[25] WEI Q，RONALD G H. Grid connection requirements and solutions for DFIG wind turbines [C]. Proceedings of IEEE Energy 2030，Atlanta，USA，Nov. 17-18，2008.

[26] PATRICK S F，GIRI V. A Fault Tolerant Doubly Fed Induction Generator Wind Turbine Using a Parallel Grid Side Rectifier and Series Grid Side Converter [J]. IEEE Transactions on Power Electronics，2008，23 (3)：1126-1135.